高等学校新工科计算机类专业系列教材

U0170035

操作系统原理

主　编　何静媛
参　编　石　锐　郭　平　袁金凤

西安电子科技大学出版社

内 容 简 介

本书在详细介绍操作系统发展历史的基础上，系统地阐述了传统操作系统五大基本功能的实现原理、所需的结构和主要涉及的技术，具体包括用户接口、进程与处理器管理、内存管理、I/O 系统管理和文件系统等内容。全书共 12 章，前 11 章每章的最后一节对 Linux 操作系统的内核进行了详细剖析，第 12 章引入了国产优秀操作系统华为 EulerOS 的基础内容，目的在于使读者通过本书的学习，能够对一个完整的操作系统的整体框架结构和工作原理有比较透彻的了解，为以后在开源操作系统内核中进行开发打下基础。

本书每章章末都有小结和习题。附录部分提供了课程配套的实验指导书。

本书可作为计算机类专业本科生的教材，还可供计算机及相关专业从业人员参考。

图书在版编目 (CIP) 数据

操作系统原理 / 何静媛主编 . —西安：西安电子科技大学出版社，2020.7(2025.2 重印)

ISBN 978 - 7 - 5606 - 5722 - 6

Ⅰ . ① 操…　Ⅱ . ① 何…　Ⅲ . ① 操作系统—高等学校—教材　Ⅳ . ① TP316

中国版本图书馆 CIP 数据核字 (2020) 第 112852 号

策　　划　陈　婷
责任编辑　陈　婷
出版发行　西安电子科技大学出版社 (西安市太白南路 2 号)
电　　话　(029)88202421　88201467　　邮　　编　710071
网　　址　www.xduph.com　　电子邮箱　xdupfxb001@163.com
经　　销　新华书店
印刷单位　西安日报社印务中心
版　　次　2020 年 8 月第 1 版　　2025 年 2 月第 2 次印刷
开　　本　787 毫米 ×1092 毫米　1/16　印张 25
字　　数　590 千字
定　　价　59.00 元

ISBN 978 - 7 - 5606 - 5722 - 6

XDUP 6024001 - 2

前言

Preface

随着中美贸易战进入白热化阶段，美国接连封杀中兴通信和华为的事件表明中美“科技新冷战”正在形成。在我国信息产业领域，通用芯片与操作系统已经成为发展的瓶颈。“科技新冷战”的现状警醒着我们，只有我们拥有完全的自主知识产权，才能没有后顾之忧地发展国家的信息科技产业。为了配合国家产业发展的战略规划，高校正在积极推广国产优秀开源操作系统，并大力开展后备人才的培养工作。在这个时代背景下，我们规划编写了本书。

本书针对操作系统的基本原理进行了较为全面的介绍，全书共 12 章，第 1 章、第 2 章分别介绍了操作系统的基本概念、功能、发展历史、设计方法和目标；第 3 ～ 5 章在详细讲解了进程和线程概念的基础上，深入探讨了进程同步的各种方式以及如何处理多进程之间死锁的问题；第 6 章深入阐述了常见的处理器调度算法；第 7 章对物理内存的管理方法以及虚拟存储技术进行了深入探讨；第 8 章、第 9 章分别剖析了文件系统、I/O 系统各层次的工作原理和机制；第 10 章、第 11 章分别介绍了常见的大容量存储器、系统安全方面的基础知识；第 12 章引入了国产优秀操作系统华为 EulerOS 的基础内容。

前 11 章中，每章的最后一节对 Linux 操作系统内核的对应内容进行了详细剖析，目的是希望读者通过本书的学习，能够对一个完整的操作系统的整体框架结构和工作原理有比较透彻的了解，为国产操作系统的进一步推广和普及奠定基础，同时也为以后解决操作系统领域技术瓶颈培养后备人才。

本书最后的附录 A 提供了华为 EulerOS 系统部分接口的详细说明，帮助读者熟悉 EulerOS 系统环境，了解各种应用场景中的编程细节；附录 B 总结了 Linux 系统常用命令的用法，方便初学用户快速使用 Linux 系统；附录 C 提供了 8 个实验方案，强化学生对操作系统内核工作原理的理解，便于教师指导学生完成实践环节。

本书在编写上有如下特点：

(1) 可读性强，易于理解。参编教师教学经验丰富，对知识结构、重点、难点理解透彻。本书的编写强调从学生认知的角度出发，引入更多的与生活密切相关的实例，进行理论问题的阐述，即采用“章节引例—知识铺垫—任务驱动—学练相辅—总结提高”的方式。本书内容撰写力争做到深入浅出，易于学生理解。

(2) 与同类教材对比，本书更具前瞻性。目前，我国信息产业中面临着通用芯片和操作系统的双重瓶颈问题。虽然市面上陆续推出了拥有自主知识产权的国产芯片和操作系统，但是它们的应用生态环境并不理想，普及率尚待提升。国内同类教材中使用的操作系统大部分为 Windows 系统或者 Linux 系统，几乎没有紧密结合国产开源操作系统展开详细阐述的在售教材。本书紧抓时代契机，紧跟国家发展规划，将国产优秀操作系统引入本科教学课堂。目前，我们在设计与课程配套的实践内容时，考虑使用自主芯片，运行自己的编译系统，安装国产开源操作系统进行内核代码的各种实验，力争在下一版本推出时，能够提供新的实践指导书。

本书由何静媛主编，石锐、郭平、袁金凤参与编写。其中，何静媛老师负责全书框架的构思与制定，同时负责第2、4、5、7、8(部分)、9、10(部分)、11章以及附录 B 的编写；郭平老师负责第 1 章的编写；石锐老师负责第3、6、8(部分)、10(部分)章的编写；袁金凤老师负责编写附录C；特别感谢重庆南开中学的彭欣洁同学，她参与了第 8 章、第10章的校对工作；第12章及附录A的内容由华为公司陈睿提供。此外，茅胜强、李宇昂、唐蕾、余凤曦、唐嵩、李洪等同学参与了本书内容的策划与校对。

本书可作为高等学校计算机类专业的本科生教材，也可供计算机及相关专业的从业人员参考。

编　者

2020 年 4 月

目录
Contents

第一篇 操作系统基本原理

第 1 章 绪论 ……2
1.1 操作系统的定义 ……2
1.2 操作系统的功能 ……4
1.2.1 处理器管理 ……4
1.2.2 存储器管理 ……5
1.2.3 设备管理 ……6
1.2.4 文件管理 ……7
1.2.5 用户接口 ……8
1.3 操作系统的发展历史 …… 10
1.3.1 无操作系统阶段 …… 11
1.3.2 监督程序阶段 …… 13
1.3.3 多道程序系统 …… 14
1.3.4 快速发展阶段 …… 15
1.4 Linux 系统简介 …… 19
1.4.1 Linux 发展历史 …… 19
1.4.2 Linux 内核版本 …… 22
1.4.3 Linux 内核构架 …… 22
1.4.4 Linux 内核开发的特点 …… 24
1.4.5 Linux 内核中 GNU C 和标准 C 的区别 …… 25
1.4.6 Linux 内核中常用的数据结构和算法 …… 29
小结 …… 36
习题 …… 37
第 2 章 操作系统的结构 …… 38
2.1 操作系统接口 …… 39
2.1.1 命令接口基本概念 …… 39
2.1.2 Linux 的命令接口 …… 39
2.2 系统调用 …… 41
2.2.1 系统调用的基本原理 …… 41
2.2.2 系统调用与 API 的关系 …… 43
2.2.3 系统调用的工作过程 …… 43
2.3 操作系统结构 …… 44
2.3.1 整体式结构 …… 44
2.3.2 层次式结构 …… 44
2.3.3 微内核 …… 45
2.3.4 模块化结构 …… 46
2.4 虚拟机 …… 47
2.4.1 虚拟机的实现原理 …… 47
2.4.2 虚拟机的主要实例 …… 49
2.5 Linux 系统调用 …… 50
2.5.1 Linux 系统调用的原理 …… 50
2.5.2 Linux 上的系统调用实现过程 … 51
2.5.3 系统调用的实例分析 …… 53
2.5.4 一个简单的系统调用的实现 … 54
2.6 Linux 模块的实现机制及其管理 …… 55
小结 …… 57
习题 …… 57
第 3 章 进程与线程 …… 58
3.1 进程基础 …… 58
3.1.1 程序的顺序执行和并发执行 … 58
3.1.2 进程的定义与特征 …… 59
3.1.3 进程的状态及其转换 …… 61
3.2 进程控制 …… 63
3.2.1 进程的执行模式 …… 63
3.2.2 进程切换 …… 63
3.2.3 进程的创建与终止 …… 64
3.3 线程 …… 68

3.3.1 线程的引入 …… 68
3.3.2 线程与进程的比较 …… 69
3.3.3 用户级线程与内核级线程 …… 70
3.3.4 线程库 …… 71
3.4 进程与线程比较举例 …… 75
3.5 与进程或线程相关的其他技术 …… 77
3.5.1 写时复制 …… 77
3.5.2 线程池 …… 79
3.5.3 进程间的远程通信 …… 79
3.6 Linux 系统中的进程与线程 …… 86
3.6.1 Linux 进程简介 …… 86
3.6.2 进程状态及转换 …… 86
3.6.3 Linux 进程控制 …… 89
3.6.4 Linux 中的线程 …… 93
小结 …… 97
习题 …… 98
第 4 章 进程同步 …… 99
4.1 进程的互斥 …… 99
4.1.1 临界资源和临界区 …… 99
4.1.2 使用硬件实现互斥 …… 101
4.1.3 信号量实现互斥 …… 103
4.2 进程的同步 …… 106
4.2.1 信号量与同步 …… 106
4.2.2 生产者/消费者问题 …… 108
4.2.3 读者/写者问题 …… 109
4.2.4 信号量机制的其他应用 …… 110
4.3 进程之间的通信 …… 113
4.3.1 共享内存方式 …… 113
4.3.2 管道通信 …… 114
4.3.3 消息传递通信 …… 116
4.4 管程 …… 119
4.4.1 管程的概念 …… 119
4.4.2 使用管程解决生产者－消费者问题 …… 122
4.5 Linux 内核同步机制 …… 123
4.5.1 原子操作 …… 124
4.5.2 per-CPU 变量 …… 125
4.5.3 自旋锁 …… 125
4.5.4 读写自旋锁 …… 127
4.5.5 信号量 …… 128
4.5.6 互斥体 …… 130
4.5.7 顺序锁 …… 130
4.5.8 内存屏障 …… 132
小结 …… 133
习题 …… 135
第 5 章 死锁 …… 137
5.1 死锁的原理 …… 137
5.1.1 资源分配图 …… 137
5.1.2 死锁的条件 …… 138
5.2 死锁的处理方法 …… 139
5.2.1 死锁的预防 …… 139
5.2.2 死锁的避免 …… 141
5.2.3 死锁的检测 …… 145
5.3 死锁的解除 …… 146
5.4 经典死锁问题——哲学家进餐问题 …… 147
5.5 Linux 操作系统中的死锁解决方案 …… 149
5.5.1 D 状态死锁 …… 149
5.5.2 R 状态死锁 …… 150
小结 …… 151
习题 …… 152
第 6 章 处理器调度 …… 154
6.1 处理器调度算法的目标 …… 154
6.2 分级调度 …… 155
6.2.1 长程调度 …… 155
6.2.2 中程调度 …… 155
6.2.3 短程调度 …… 156
6.3 常用的调度算法 …… 156
6.3.1 先来先服务调度算法 …… 156
6.3.2 优先级调度算法 …… 157
6.3.3 最短作业优先调度算法 …… 158
6.3.4 最高响应比优先调度算法 …… 160
6.3.5 轮转调度算法 …… 161
6.3.6 多级反馈轮转调度算法 …… 162
6.3.7 实时系统的调度算法 …… 162
6.4 多处理器调度 …… 165
6.4.1 多处理器调度原理 …… 165

6.4.2 处理器亲和性 ……166
6.4.3 负载均衡 ……166
6.5 Linux 系统的进程调度 ……167
6.5.1 Linux 调度器的简史 ……167
6.5.2 Linux 进程调度的优先级表示 ……168
6.5.3 Linux 内核调度策略 ……169
6.5.4 CFS 调度算法 ……171
6.5.5 实时调度策略 ……173
小结 ……173
习题 ……174
第 7 章 内存管理 ……177
7.1 内存相关基本概念 ……177
7.1.1 什么是内存 ……177
7.1.2 指令运行的原理 ……177
7.1.3 地址重定位 ……178
7.1.4 程序链接 ……179
7.2 内存的覆盖与交换 ……180
7.2.1 内存覆盖 ……180
7.2.2 内存交换 ……181
7.3 内存空间连续分配方案 ……182
7.3.1 单一连续分配 ……182
7.3.2 固定分区分配 ……182
7.3.3 动态分区分配 ……184
7.4 分页存储管理 ……187
7.4.1 分页存储管理的基本思想 ……187
7.4.2 地址变换机构 ……189
7.4.3 两级或多级页表 ……191
7.4.4 页的共享 ……192
7.5 段式存储管理 ……193
7.5.1 段式存储管理的基本思想 ……193
7.5.2 段式存储管理的地址转换 ……193
7.5.3 段的共享 ……194
7.6 段页式存储管理 ……196
7.7 存储保护的实现 ……197
7.8 虚拟存储技术 ……198
7.8.1 请求分页存储管理 ……199
7.8.2 页面置换算法 ……201
7.8.3 页面缓冲算法 ……205
7.8.4 页帧分配算法 ……205
7.8.5 页帧分配策略 ……206
7.9 Linux 系统内存管理 ……208
7.9.1 Linux 进程地址空间 ……208
7.9.2 物理内存管理 ……210
7.9.3 Linux 内核高端内存 ……213
7.9.4 进程用户空间管理 ……215
小结 ……227
习题 ……228
第 8 章 文件系统 ……230
8.1 文件和文件系统 ……230
8.1.1 文件 ……230
8.1.2 文件系统层次结构 ……231
8.2 文件的逻辑结构 ……233
8.2.1 堆结构文件 ……233
8.2.2 顺序结构文件 ……234
8.2.3 散列结构文件 ……234
8.2.4 文件的读写方式 ……236
8.3 文件的物理结构与组织 ……238
8.3.1 磁盘的成组与分解 ……238
8.3.2 连续文件 ……239
8.3.3 链接文件 ……240
8.3.4 索引文件 ……241
8.4 目录管理 ……243
8.4.1 文件控制块 ……243
8.4.2 文件目录 ……243
8.4.3 目录结构 ……244
8.5 空闲空间的管理 ……246
8.5.1 位示图 ……246
8.5.2 空闲块列表 ……247
8.5.3 空闲链表法 ……247
8.6 文件的存取控制 ……249
8.6.1 文件共享 ……249
8.6.2 文件保护 ……251
8.7 文件系统的其他功能 ……253
8.7.1 文件系统调用的实现 ……253
8.7.2 虚拟文件系统 ……255
8.8 Linux 文件系统 ……255

8.8.1 Linux 支持的常见文件系统 …256
8.8.2 VFS 中的数据结构 ……256
8.8.3 文件系统相关的数据结构 ……265
8.8.4 和进程相关的数据结构 ……267
小结 ……269
习题 ……270
第 9 章 I/O 系统 ……271
9.1 I/O 系统概述 ……271
9.2 I/O 设备与控制器 ……272
9.2.1 I/O 设备的分类 ……272
9.2.2 设备控制器的结构 ……273
9.2.3 设备控制器的 I/O 端口 ……273
9.2.4 设备控制器的基本功能 ……274
9.3 设备数据传输控制方法 ……275
9.3.1 轮询方式 ……275
9.3.2 中断控制方式 ……276
9.3.3 DMA 方式 ……277
9.3.4 通道方式 ……278
9.4 缓冲技术 ……279
9.4.1 缓冲区的引入 ……279
9.4.2 缓冲区的分类 ……280
9.4.3 缓冲技术的种类 ……281
9.4.4 虚拟设备的实现 ……283
9.5 设备的分配 ……284
9.5.1 设备分配的原则 ……284
9.5.2 设备分配相关的技术 ……285
9.5.3 设备分配相关的数据结构 ……286
9.6 I/O 相关软件 ……287
9.6.1 I/O 软件的基本概念 ……287
9.6.2 中断服务程序 ……288
9.6.3 设备驱动程序 ……290
9.6.4 设备独立性软件 ……290
9.6.5 用户层 I/O 软件 ……291
9.7 Linux 系统 I/O 相关技术 ……291
9.7.1 Linux 系统设备及驱动程序简介 ……291
9.7.2 Linux 系统支持的 I/O 数据传输方式 ……295
9.7.3 I/O 相关重要数据结构 ……296
9.7.4 Linux 系统中断处理机制 ……300
小结 ……307
习题 ……308
第 10 章 大容量存储器 ……309
10.1 大容量存储器简介 ……309
10.1.1 硬盘 ……309
10.1.2 光盘 ……311
10.1.3 磁带 ……312
10.2 磁盘基础知识 ……313
10.2.1 磁盘结构 ……313
10.2.2 磁盘工作原理 ……314
10.2.3 磁盘读写原理 ……315
10.3 磁盘调度 ……316
10.3.1 FCFS 调度算法 ……317
10.3.2 SSTF 调度算法 ……317
10.3.3 SCAN 调度算法 ……318
10.3.4 C-SCAN 调度算法 ……319
10.3.5 LOOK 调度算法 ……320
10.3.6 磁盘调度算法的选择 ……320
10.4 磁盘初始化 ……321
10.5 初始引导 ……321
10.5.1 引导相关概念 ……321
10.5.2 初始引导过程 ……323
10.6 网络存储技术 ……325
10.6.1 直接连接存储 ……325
10.6.2 网络附加存储 ……326
10.6.3 存储区域网络 ……327
10.6.4 新的网络存储技术 IP-SAN …327
10.6.5 云存储 ……328
10.7 Linux 磁盘调度算法 ……329
10.7.1 NOOP 调度算法 ……329
10.7.2 CFQ 调度算法 ……330
10.7.3 DEADLINE 调度算法 ……330
10.7.4 ANTICIPATORY 调度算法 …331
小结 ……331
习题 ……332

第 11 章　系统安全 ……………………………334
11.1　系统安全的定义 ……………………334
11.1.1　安全需求 ……………………334
11.1.2　安全层次 ……………………336
11.1.3　安全问题 ……………………337
11.2　系统威胁的分类 ……………………339
11.2.1　系统漏洞 ……………………339
11.2.2　恶意代码 ……………………340
11.2.3　端口扫描威胁 ………………343
11.3　系统安全防御 ………………………343
11.3.1　密码术 ………………………343
11.3.2　用户验证 ……………………347
11.3.3　安全策略 ……………………348
11.3.4　入侵检测 ……………………349
11.3.5　病毒防护 ……………………351
11.3.6　审计、会计和日志 …………351
11.3.7　防火墙 ………………………352
11.4　Linux 安全基础……………………354
11.4.1　Linux 安全模块……………354
11.4.2　Linux 权限系统……………355
小结 ……………………………………………358
习题 ……………………………………………358

第二篇　国产操作系统实例

第 12 章　EulerOS 操作系统 ………………360
12.1　EulerOS 系统概述 …………………360
12.1.1　EulerOS 系统的特点…………360
12.1.2　系统架构 ……………………362
12.1.3　典型应用场景 ………………362
12.2　EulerOS 系统的相关术语 …………364
12.2.1　虚拟机和容器 ………………364
12.2.2　STaaS 解决方案 ……………365
12.3　EulerOS 系统的架构支持 …………366
12.4　EulerOS 系统的主要软件支持 ……368
12.4.1　虚拟化平台 …………………368
12.4.2　数据库服务 …………………369
12.4.3　分布式服务 …………………370
12.4.4　其他软件 ……………………370
12.5　EulerOS 系统功能特性 ……………371
12.5.1　系统管理 ……………………371
12.5.2　网络 …………………………374
12.5.3　内存管理 ……………………375
12.5.4　处理器调度 …………………375
12.5.5　调测运维 ……………………376
12.5.6　性能/开关说明 ………………377
12.6　容器的介绍 …………………………378
12.6.1　iSula 自研容器………………378
12.6.2　容器存储 Elara ……………379
12.6.3　云核 IVS 场景 ………………381
12.7　安全的管理 …………………………382
附录 A　EulerOS 系统部分接口 ……………384
附录 B　Linux 常用命令 ……………………385
附录 C　操作系统实验指导书…………………386
参考文献…………………………………………388

第一篇

操作系统基本原理

第1章 绪 论

操作系统作为计算机开机后先于所有应用程序(软件)启动的系统软件，在计算机系统中具有特殊而重要的作用。本章从操作系统的概念、作用、功能以及发展等方面对它作简要的介绍，目的在于使读者了解操作系统是什么，为什么需要操作系统以及为什么要学习和掌握操作系统。

1.1 操作系统的定义

计算机系统由硬件和软件组成。硬件指计算机系统中的所有电子设备和器件，它提供计算机系统运行的物质基础，例如CPU、内存、总线、硬盘、网卡等。从硬件的角度来看，计算机系统的组成如图1-1所示。

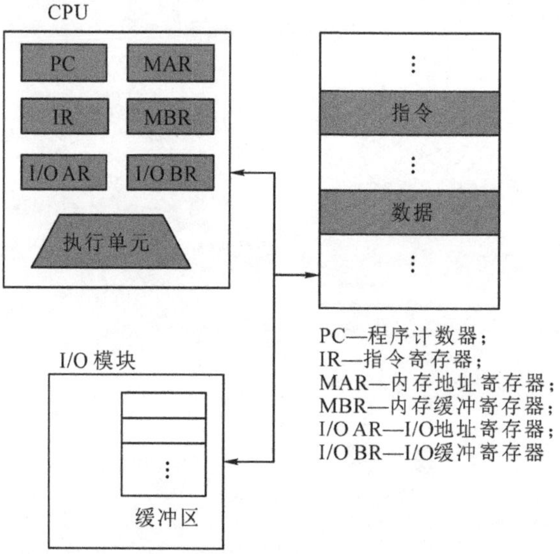

图1-1 计算机系统的组成

利用计算机系统硬件完成数据存储、管理及处理的则是软件。软件与硬件的结合使计算机系统能够完成各种计算任务，两者互相依存、相辅相成，缺一不可。

例如，需要在计算机上进行线性方程组求解。软件需要给出求解的计算过程(算法或程序)，硬件则按照软件的要求一步一步地实施计算并最终将计算的结果通过显示屏显示出来。如果没有计算机系统的硬件，软件(算法或程序)只能存在于我们的头脑中或者纸面上。如果没有软件，硬件只是电子器件，不能发挥作用。硬件和软件的结合，不仅使硬件能够按照软件的要求完成线性方程组求解的计算过程并将计算结果显示出来，而且还能将求解线性方程组的软件(程序)存储起来，方便求解其他的线性方程组。

仔细分析，可以发现这个例子要完成以下任务：

(1) 硬件完成具体的计算和存储。

(2) 求解线性方程组的程序(算法)给出计算步骤。

(3) 如何将程序中的计算步骤转换成硬件操作，如何将计算结果转换成显示屏的显示操作，如何将求解程序存储到硬件(硬盘)，如何管理硬盘中存储的数据与程序。

(4) 如果计算机在执行求解线性方程组程序的同时还在使用播放器播放音乐，那么如何协调程序与播放器在机器中的执行。

完成上述第(3)和第(4)项的任务需要特殊的软件就是操作系统(Operating System，OS)。一般来说，操作系统是管理计算机系统中的软件与硬件资源，控制程序执行，改善人机界面，合理组织计算机工作流程和为用户使用计算机提供良好运行环境的一种系统软件。

用户通过操作系统使用计算机硬件的功能，而计算机硬件通过操作系统向用户提供服务。在计算机系统中，用户、软件、操作系统以及硬件之间的关系如图1-2所示。

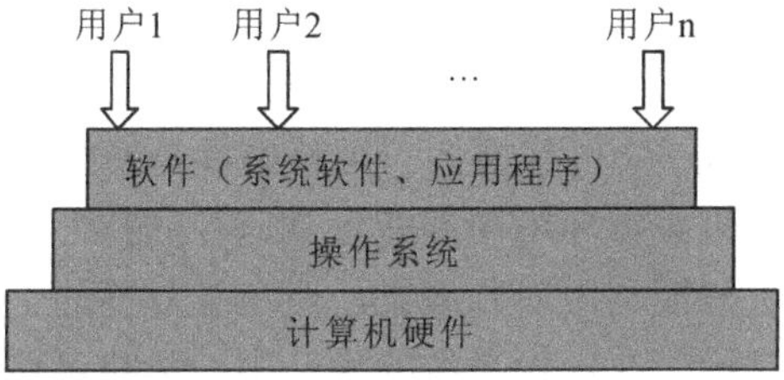

图1-2 用户、软件、操作系统以及硬件之间的关系

操作系统是在计算机硬件之上的第一层软件，它本身也是系统软件。它提供了计算机硬件与其他系统软件和应用程序之间的接口——系统软件与应用程序通过调用操作系统来使用硬件提供的功能与服务。用户要使用硬件功能，例如通过计算机硬件求解线性方程组，需要通过执行系统软件或者应用程序再调用操作系统才能完成。

操作系统是计算机开机后先于其他软件运行的系统软件，它不仅提供了用户对计算机中资源的管理、使用和维护，也提供了计算机中软件运行的组织与协调。在设计操作系统时，关于定义操作系统的需求，没有唯一的解决方案。但是，现实中各种类型的操作系统大多数拥有类似的设计目标，如保证系统的方便性、高效性、易维护性、开放性等。

1. 方便性

(1) 方便用户使用计算机。这要求操作系统能够提供简便的操作和友好的界面，使用户不需要了解许多有关硬件和系统软件的知识和细节就能够方便灵活地使用计算机。例如，操作系统提供的鼠标操作和图形化界面给用户使用计算机带来了更多的方便。

(2) 方便计算机系统资源的管理。标准的软硬件接口使得操作系统在管理计算机资源时更加方便。例如，可拔插的硬件直接接入系统无需配置就能够使用。

2. 高效性

系统的高效性包括两个方面：

(1) 提高系统资源的利用率。在无操作系统的计算机中，各种设备诸如CPU、I/O设备等各种资源，由于难以管控而得不到充分的利用；在有操作系统的计算机中，可以通过操作系统合理地组织资源，使 CPU、I/O 设备等得到有效的利用。

(2) 提高系统的吞吐量。操作系统还可以通过合理组织计算机的工作流程，进一步改善资源的利用率，加速程序的运行，缩短程序运行的周期，从而提高系统的吞吐量。

3. 易维护性

易维护性包括易读性、易扩充性、易剪裁性、易修改性等。一个操作系统投入实际运行后，有时会希望增加新的功能，删去不需要的功能，或修改在运行过程中所发现的错误。为了对操作系统实施增、删、改等维护操作，必须首先了解系统，为此要求操作系统具有良好的可读性；此外，随着计算机应用范围的不断扩大，连接到计算机系统的新硬件也在不断涌现，扩充性能够使操作系统不断地适应新硬件和应用新需求。

4. 开放性

开放性是指系统能遵循世界标准规范，特别是遵循开放系统互连 (OSI) 国际标准。凡遵循国际标准所开发的硬件和软件，均能彼此兼容，可方便地实现互连。开放性已成为 20 世纪 90 年代以后计算机技术的一个核心问题，也是一个新推出的系统或软件能否被广泛应用的至关重要的因素。

开放性还包括另一个内涵——可移植性。可移植性是指把一个程序系统从一个计算机系统环境中移到另一个计算机系统环境中并能正常运行的特性。操作系统的设计开发是一项庞大的工程，人们为了更好地利用研制成果，避免重复性的工作，大都将可移植性作为操作系统一个重要的设计目标。在操作系统的设计中，影响可移植性的最大因素就是系统和计算机硬件有关部分的处理。为了提高设计完成的操作系统的可移植性，应当在设计时就考虑把操作系统程序中和硬件相关的部分与操作系统的其他部分相对独立。通常操作系统与硬件有关的部分被设计在操作系统程序的底层，在进行操作系统的移植时，只需修改操作系统的底层即可。

1.2 操作系统的功能

操作系统作为一类系统软件，它管理和控制着计算机系统中的软、硬件资源，使它们能够方便高效地被使用。计算机系统的主要硬件资源有处理器(CPU)、存储器(内存)、I/O 设备(外设)等，软件资源(信息资源)有程序、数据和文件等。从资源管理和方便使用的角度来看，操作系统主要具有以下功能。

1.2.1 处理器管理

处理器管理的目的在于协调计算机系统中的多个用户进程/线程，使它们能够高效、有序地执行，并使得计算机系统的其他设备也处于忙的状态。

在单道程序环境下，因为只有一个用户进程，处理器管理相对简单，所有可用资源都分配给该进程；在多道程序环境下，处理器需要分配给多个进程/线程供它们运行。处理器管理就涉及处理器调度、分配和回收，以及由此引起的其他资源(如内存、I/O设备等)的分配调度。

处理器管理在操作系统中占有重要的地位，它不仅决定了每个进程/线程在处理器上的执行效率，还对整个计算机系统资源的利用效率有很大的影响。操作系统对处理器管理策略的不同，其提供的作业处理方式也不同，形成了批处理操作系统、分时操作系统和实时操作系统等不同类型的操作系统。

进程是操作系统的核心，所有基于多道程序设计的操作系统都建立在进程的概念之上。目前的计算机系统均提供了多任务并行环境。无论是应用程序还是系统程序，都需要针对每一个任务创建相应的进程。处理器管理的核心对象就是进程，主要包括以下任务。

1. 进程控制和管理

进程控制和管理是对系统中所有进程从创建、执行到撤销的全过程实行有效的管理和控制。在整个进程的生命周期中，实现各种状态管理与切换。进程控制一般是由操作系统内核的相应程序(原语)来实现的，具有执行过程的不可中断性。

2. 进程同步和互斥管理

互斥最基本的场景是指：一个公共资源同一时刻只能被一个进程或线程使用，多个进程或线程不能同时使用公共资源；而同步则是指：两个或两个以上的进程或线程在运行过程中协同步调，按预定的先后次序运行。比如，A 任务的运行依赖于 B 任务产生的数据。操作系统对进程同步和互斥的管理就是提供软件或硬件的机制，来确保多个进程按照预想的步调顺利推进。

3. 进程间通信管理

由于不同的进程运行在各自不同的内存空间中，一方对于变量的修改另一方是无法感知的，因此，进程之间的信息传递不可能通过变量或其他数据结构直接进行，只能通过进程间通信来完成。进程间通信管理的主要任务是让程序员能够协调不同的进程，使之能在一个操作系统里同时运行，并相互传递、交换信息。

4. 处理器调度

处理器调度是多道程序系统的基础。通过在进程间切换 CPU，操作系统可以使计算机运行得更加高效。处理器调度的目标是以满足系统目标(如响应时间、吞吐率、处理器效率)的方法，把进程分配到一个或多个处理器中执行。

5. 线程控制和管理

在早期的计算机系统的 OS 中，能拥有资源和独立运行的基本单位是进程，然而随着计算机技术的发展，进程出现了很多弊端，由于进程是资源拥有者，创建、撤销与切换进程存在较大的时空开销，因此需要引入更轻型的调度单位。一个线程指的是进程中一个单一顺序的控制流，一个进程中可以并发多个线程，每条线程并行执行不同的任务。在多线程的操作系统中，线程是处理器能够进行调度的最小单位。处理器需要对线程进行必要的控制与管理。

1.2.2　存储器管理

存储器(内存)是计算机系统的重要资源。程序要执行必须先装入到内存。什么时机装入、如何装入等都是存储器管理需要解决的问题。存储器管理的目的是合理分配和利用存储器，使系统中的进程/线程能够高效地利用有限的内存资源为其运行提供支撑。

在多道程序环境下，存储器将被分配给多个程序。存储器管理的任务是：将根据用户进程/线程的需要给它分配合理的存储器资源，使主存中的多个用户实现存储资源的共享，以提高存储器的利用率；为用户存放在存储器中的信息提供保护，使这些信息不被破坏；提供逻辑上的存储器扩展，使用户拥有比内存实际容量大得多的编程空间，方便用户的编程和使用。

1. 存储分配与回收

在多道批处理系统中，内存中可同时驻留多道程序，这些程序可以并发执行。内存管理最基本的任务是为每道程序分配与回收内存空间，使用合理的存储分配方案提高存储空间的利用率。现代操作系统常见的存储分配方法包括内存连续分配(分区分配)、页式存储分配、段式存储分配、段页式存储分配等。

2. 存储共享

在多处理器系统中，存储共享是指两个或多个处理器共用一个主存储器，每一个处理器都可以把信息存入主存储器，或从中取出信息，处理器之间的通信通过访问共享存储器来实现。在单处理器系统中，存储共享的概念是指在内存中的不同进程之间进行信息共享，共享内存可以作为进程间通信的一种方式。

3. 存储保护

计算机系统资源为一同执行的多个用户程序所共享。就主存来说，它同时存有多个用户的程序和系统软件。为使系统正常工作，必须防止由于一个用户程序出错而破坏同时存储在主存内的系统软件或其他用户的程序，还须防止一个用户程序不合法地访问并非分配给它的主存区域。因此，存储保护是多道程序和多处理器系统必不可少的部分，也是存储管理中非常重要的一部分。

4. 存储扩充

有限的内存容量远远不能满足大程序以及共存于内存的多个程序的存储要求，这就得借助于一些存储技术来实现内存的扩充，如覆盖与交换技术。现代操作系统使用虚拟存储技术实现内存扩充，它把外存当作内存的直接延伸，从而将有限的实际内存与大容量的外存统一组织成一个远大于实存的虚拟存储器(简称虚存)，使用户感觉到主存空间无限大。当一个进程运行时，只需要将部分代码和数据载入内存即可，而其他部分则存于外存。当所访问的信息不在内存时，由操作系统负责调入所需部分。进程可以通过合理的内外存数据的交换而顺利执行。

1.2.3 设备管理

I/O设备无论是种类还是数量都非常多。随着计算机应用的不断发展，I/O设备还将不断涌现，这给操作系统中的设备管理带来了更多的困难。为此，操作系统通过建立设备的逻辑模型以及分层管理策略来进行设备管理。设备管理的目标是合理地分配和调度I/O资源，使系统中运行的进程/线程减少I/O阻塞并使I/O设备有高的利用率。

设备管理需要根据进程/线程提出的I/O资源请求，为它们分配I/O设备并采取合适的管理策略提升I/O设备的利用率，同时隐藏I/O设备的硬件细节，使设备的使用更方便。为此，设备管理包括以下任务。

1. 设备分配

在多道程序环境下，系统中的设备供所有进程共享。为防止诸进程对系统资源的无序竞争，特规定系统设备不允许用户自行使用，必须由系统统一分配。每当进程向系统提出I/O请求时，只要是可能和安全的，设备分配程序便按照一定的策略把设备分配给请求用户(进程)。在有的系统中，为了确保在CPU与设备之间能进行通信，还应分配相应的控制器和通道。

2. 设备驱动

设备驱动程序是一种可以使计算机和设备进行相互通信的特殊程序。相当于硬件的接口，操作系统只有通过这个接口，才能控制硬件设备的工作。设备驱动程序用来将硬件本身的功能告诉操作系统，完成硬件设备电子信号与操作系统及软件的高级编程语言之间的互相翻译。设备驱动程序通常会占到一大半的操作系统内核源码，且设备驱动程序的更新维护往往会牵涉到超过三分之一的源码修改，因此设备驱动程序的管理在设备管理系统中的地位可见一斑。

3. 缓冲管理

例如一个程序，它时而进行长时间的计算而没有输出，时而又阵发性把输出送到打印机。由于打印机的速度跟不上 CPU，而使得 CPU 进行长时间的等待。如果设置了缓冲区，程序输出的数据先送到缓冲区暂存，然后由打印机慢慢地输出。这时，CPU 不必等待，可以继续执行程序，从而实现了 CPU 与 I/O 设备之间的并行工作。事实上，凡在数据的到达速率与其离去速率不同的地方，都可设置缓冲，以缓和它们之间速度不匹配的矛盾。除此之外，引入缓冲管理还有其他的目的，如解决传送数据大小不一致的问题以及在 I/O 过程中语义复制的问题。

4. 设备虚拟

通过虚拟技术将一台独占设备虚拟成多台逻辑设备，供多个用户进程同时使用，通常把这种经过虚拟的设备称为虚拟设备。在 I/O 系统中支持虚拟设备技术的最典型的代表是 SPOOLING 系统，使用由 SPOOLING 技术所提供的设备就称为虚拟设备。

1.2.4 文件管理

文件管理是对计算机系统中的信息资源的管理。信息资源通常以文件的形式存储在大容量存储设备(例如硬盘)上。文件管理的目的是合理地给文件分配存储空间，不仅使存储空间利用率高而且使文件操作访问速度快。

在现代计算机中，文件既是计算机(程序)也是用户识别和使用存储在计算机系统中信息的逻辑单位。就用户而言，希望能够方便快速地按文件名或文件特征找到文件并对文件进行操作。对计算机而言，还需要高效地利用文件存储器空间，同时实现文件的共享、保护和保密以保障文件的安全。为此，操作系统的文件管理包括以下任务。

1. 统一文件界面

现代操作系统通常会支持多种不同的文件系统(例如Linux系统)，也可以支持ext、

ext2、fat32、ntfs等多种文件系统。为了实现这一目的，需要所有的文件系统采用统一的文件界面，用户通过文件的操作界面来实现对不同文件系统的操作。对于用户来说，不用去关心不同文件系统的具体操作过程，而只需对一个虚拟的文件操作界面来进行操作，这个操作界面就是 Linux 的虚拟文件系统(VFS)。现代操作系统为了达到支持多个文件系统共存的目的，均需要提供类似的统一文件界面，以方便用户对不同文件系统的访问。

2. 文件组织结构管理

文件的组织结构可分为逻辑结构与物理结构。从用户观点出发，所见到的文件组织形式称为文件的逻辑组织；文件在存储设备上的存储组织形式称为文件的物理组织。不同的组织结构对应不同的视角，一个完整的文件系统需要实现逻辑结构到物理结构之间的平滑映射，以实现文件的按名存取。

3. 文件目录管理

操作系统对文件的存取主要是通过文件目录来实现的。文件目录是一种数据结构，用于标识系统中的文件及其物理地址，供检索时使用。文件目录管理的主要方法是：为每个文件建立一个目录项，并对众多的目录项加以有效的组织，以实现方便的按名存取，即用户只需提供文件名便可对该文件进行存取。文件目录管理还应能实现文件共享，这样，只需在外存上保留一份该共享文件的副本。此外，还应能提供快速的目录查询手段，以提高对文件的检索速度。

4. 存储空间管理

操作系统通过文件系统来组织和管理在计算机中所存储的大量程序和数据。存储空间管理的主要任务是：为每个文件分配必要的外存空间，以提高外存的利用率，并能有助于提高文件系统的存取速度。为此，系统应设置相应的数据结构，用于记录文件存储空间的使用情况，以供分配存储空间时参考。系统还应具有对存储空间进行分配和回收的功能。

5. 文件访问控制

为了防止文件共享可能会导致文件被破坏或未经核准的用户修改文件，文件系统必须控制用户对文件的存取，即解决对文件的读、写、执行的许可问题。为此，必须在文件系统中建立相应的文件保护机制。文件保护通过口令保护、加密保护和访问控制等方式来实现。其中，口令保护和加密保护是为了防止用户文件被他人存取或窃取，而访问控制则用于控制用户对文件的访问方式。

1.2.5 用户接口

无论用户是直接通过操作系统管理和使用计算机系统的资源，还是通过编程(程序)管理和使用计算机系统的资源，操作系统都需要提供操作的接口，我们称为用户接口。用户接口的目的是让用户能够方便快捷地使用计算机系统拥有的各种资源，同时屏蔽操作系统和硬件的细节。

总体而言，操作系统提供的用户接口包括两方面：一是程序级接口，即提供一组供用户程序或其他系统程序调用的函数库，如系统调用库、开发库等。当程序需要进行数据传输、文件操作或者使用其他资源时，通过调用函数库中的函数就能向操作系统提出请求，并由操作系统完成操作。二是作业级接口，即提供一组操作控制命令，由用户自己组织和控制作业运行。目前，多数操作系统提供两种类型的用户接口：命令接口和系统调用。

1. 命令接口

命令接口是操作系统提供给用户的一类最基本的接口，实现用户与机器的交互。它是操作系统为用户提供的调用操作系统功能、请求操作系统为其服务的手段。用户使用计算机时的用户界面即是这类接口。联机接口由一组命令及命令解释程序组成，也称为命令接口。当用户在用户界面上输入或选择一条命令后(例如，通过键盘输入一条命令或者通过鼠标点击一个图标)，操作系统便转入命令解释程序，对命令进行解释和执行。在完成命令规定的任务后，控制返回用户界面，等待用户的下一条命令。用户可以通过一条或一组命令来实现对他的作业的控制，直至作业完成。

不同操作系统的命令接口可能不完全相同。从用法和形式来看，可以把操作命令分成两种方式：

(1) 命令行方式。一个命令行由操作命令和一组参数构成。使用者通过在命令行输入命令来请求操作系统完成规定的功能。例如，在命令行输入 dir *.*，操作系统解释执行命令后将列出当前目录下的所有文件及文件属性。

命令行方式的缺点是需要使用者记住众多的操作命令及参数格式，优点是灵活方便。许多操作者至今仍支持这种命令形式。关于命令行方式的更多内容，请参考第 2 章 2.1 节。

(2) 图形化方式。用户虽然可以通过命令行方式和批命令方式来获得操作系统的服务，并控制自己的作业运行，但却要牢记各种命令的名字和参数，严格按规定的格式输入命令，这样既不方便又花费时间。于是，图形化用户接口 (Graphics User Interface，GUI) 便应运而生，是近年来最为流行的联机用户接口。

GUI通过引入各种形象化图形符号，将操作系统的功能、各种应用程序和文件直观、逼真地表示出来，形成可视化界面。用户通过定位设备(例如鼠标)来选择图标、菜单、对话框和滚动条等完成各种控制和操作。

图形化用户接口已经在许多操作系统中得到应用。例如，Apple 公司的 Macintosh，Microsoft 公司的 Windows 和 IBM 公司的 OS/2。

图形化方式的优点是用户不必死记硬背操作命令就可以轻松自如地完成各项工作，用户使用计算机更加方便。相比命令行方式，特别是某些专业用户，图形化方式的效率不够高。

2. 系统调用

系统调用是操作系统为编程人员提供的接口，它是用户程序或其他系统程序访问计算机系统资源的唯一途径。

每个系统调用都可以看作是一条广义指令，它是一个由操作系统实现的，能完成特定功能的函数或子程序。国际标准化组织的系统调用国际标准 POSIX 9945-1 指定了系统调用的功能，但未明确规定其表现形式。目前，许多操作系统都有完成类似功能的系统调用，但在细节上的差异较大。早期操作系统的系统调用使用汇编语言编写，因而只能在汇编语言编程的程序中才能直接使用系统调用。目前 Unix、Windows 和 OS/2 等操作系统的系统调用都是用 C 语言编写并以库函数形式提供，故在用 C 语言编制的程序中可直接使用系统调用。系统调用按功能大致可以分成进程管理、文件操作、设备管理、信息维护和通信等类别。有关系统调用更多的细节，请参考第 2 章 2.2 节。

随着个人计算机的广泛流行，缺乏计算机专业知识的用户随之增多，如何不断更新技术，为用户提供形象直观、功能强大、使用简便、掌握容易的用户接口，便成为操作系统领域的一个热门研究课题。例如，具有沉浸式和临场感的虚拟应用环境已走向实用。目前，多通道用户接口，自然化、人性化用户接口，甚至智能化用户接口的研究都取得了一定的进展。

1.3 操作系统的发展历史

操作系统是由于客观的需要而产生的，它伴随着计算技术及其应用的发展而逐渐发展和完善。它从无到有，功能由弱到强，至今已成为计算机系统中不可缺少的核心系统软件。

为有效地管理计算机系统中的软、硬件，操作系统与计算机硬件的发展密切相关。已经历 4 代发展的计算机硬件，其上的操作系统也随之发生了巨大的变化。一般地，计算机硬件中主要器件的发展可以划分为：

(1) 20 世纪 40 年代中期— 50 年代末期：第一代计算机，硬件以电子管为主(如图 1-3 所示)，无操作系统。

图 1-3 第一代电子管计算机

世界上第一台电子计算机 1954 年诞生在美国宾夕法尼亚大学，它是个庞然大物，重 30 吨，占地 150 平方米，肚子里装有 18800 只电子管。

在这一时期，美籍匈牙利科学家冯 • 诺伊曼提出了“程序存储”的概念，其基本思想是把一些常用的基本操作都制成电路，每一个这样的操作都用一个数代表，于是这个数就可以指令计算机执行某项操作。程序员根据解题的要求，用这些数来编制程序，并把程序同数据一起放在计算机的内存储器里。当计算机运行时，它可以依次以很高的速度从存储器中取出程序里的一条条指令，逐一予以执行，以完成全部计算的各项操作，它自动从一个程序指令进到下一个程序指令，作业顺序通过“条件转移”指令自动完成。“程序存储”使全部计算成为真正的自动过程，它的出现被誉为电子计算机史上的里程碑，而这种类型的计算机被人们称为“冯 • 诺伊曼机”。

(2) 20 世纪 60 年代初期— 60 年代中期：第二代计算机，硬件主要是晶体管(如图 1-4 所示)，出现了以监督程序(Monitor)为代表的批处理系统。

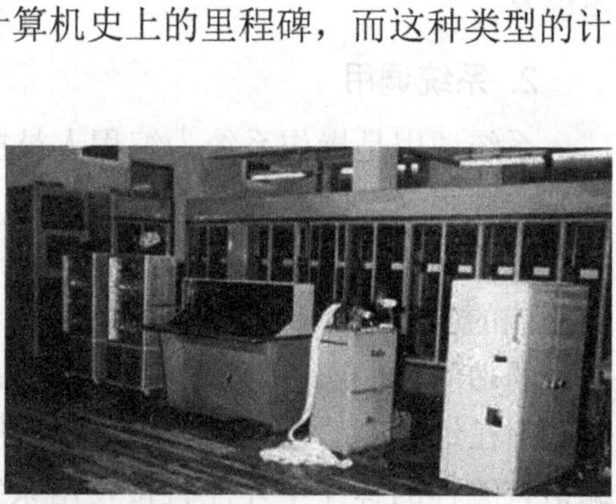

图 1-4 第二代晶体管计算机

电子管元件在运行时产生的热量太多、可靠性较差、运算速度不快、价格昂贵、体积庞大，这些都使计算机发展受到限制。于是，晶体管开始被用来作计算机的元件。晶体管不仅能实现电子管的功能，又具有尺寸小、重量轻、寿命长、效率高、发热少、功耗低等优点。使用晶体管后，电子线路的结构大大改观，制造高速电子计算机就更容易了。

第二代计算机增加了浮点运算，使数据的绝对值可达2的几十次方或几百次方，计算机的计算能力实现了一次飞跃。同时，用晶体管取代电子管，使得第二代计算机体积减小，寿命大大延长，价格降低，为计算机的广泛应用创造了条件。

图 1-5 第三代集成电路计算机

(3) 20 世纪 60 年代后期—70年代中期：第三代计算机，集成电路成为硬件的主流(如图 1-5 所示)，产生了以多道程序系统为代表的通用操作系统。

第三代集成电路计算机(1965—1970年)，是指由小规模集成电路(每片上集成几百到几千个逻辑门)LSI(Large-Scale Integration)来构成计算机的主要功能部件，集成电路是把多个电子元件集中在几平方毫米的基片上形成的逻辑电路。第三代计算机的基本电子元件是每个基片上集成几个到十几个电子元件(逻辑门)的小规模集成电路和每个基片上集成几十个元件的中规模集成电路。

计算机软件技术的进一步发展，尤其是操作系统的逐步成熟是第三代计算机的显著特点。多处理机、虚拟存储器系统以及面向用户的应用软件的发展，大大丰富了计算机软件资源。为了充分利用已有的软件，解决软件兼容问题，出现了系列化的计算机。最有影响的是 IBM 公司研制的 IBM-360 计算机系列。

图 1-6 第四代计算机

(4) 20 世纪 70 年代后期至今：第四代计算机，大规模集成电路和超大规模集成电路是硬件的主流(如图 1-6所示)，分时系统、实时系统、嵌入式系统等适应不同应用场景的操作系统相继涌现。

由于集成技术的发展，半导体芯片的集成度更高，每块芯片可容纳数万乃至数百万个晶体管，并且可以把运算器和控制器都集中在一个芯片上，从而出现了微处理器；而且可以用微处理器和大规模、超大规模集成电路组装成微型计算机，就是我们常说的微电脑或 PC。微型计算机体积小，价格便宜，使用方便，掀起了计算机大普及的浪潮。软件方面出现了数据库管理系统、网络管理系统和面向对象语言等。应用领域从科学计算、事务管理、过程控制逐步走向家庭。

1.3.1 无操作系统阶段

第一代计算机由于速度慢(几千次基本运算/秒～几万次基本运算/秒)、规模小、外部设备少以及运行在其上的程序简单使得需要管理的软硬件资源少，因此没有相应的管理软件——操作系统。在这一代计算机中，用户是通过手工操作的方式直接控制计算机的运行。

程序员首先使用机器语言编程，然后使用打孔机或穿孔机将程序和数据穿孔在纸带或卡片上，接着启动纸带或卡片输入机将程序和数据输入计算机，再通过控制台上的按钮、开关和氖灯来操纵和控制程序的执行。计算完成后，打印机输出计算结果，程序员取走结果并卸下纸带或卡片(如图1-7所示)。到此，完成一次计算任务，下一个程序员重复这个过程以完成新的计算任务。手工操作过程如图1-8所示。

图 1-7　记录程序和数据的穿孔纸带

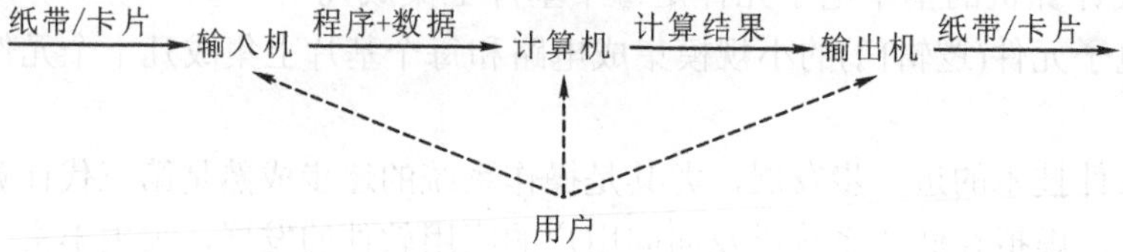

图 1-8　手工操作过程

到20世纪50年代后期，随着高级程序设计语言的出现，编写程序变得相对容易，程序员写的源程序需要经过解释或编译后才能运行。用户使用计算机的过程大致如下：

(1) 人工把源程序用穿孔机穿制在纸带或卡片上；

(2) 将准备好的汇编解释程序或编译系统装入计算机；

(3) 汇编程序或编译系统读入人工装在输入机上的穿孔卡或穿孔带；

(4) 执行汇编过程或编译过程，产生目标程序；

(5) 通过引导程序把目标程序读入计算机；

(6) 启动目标程序执行，从输入机上读入人工装好的数据卡或数据带；

(7) 产生计算结果，执行结果从打印机上或卡片机上输出。

手工操作方式有以下两个特点：

(1) 用户独占全机。不会出现因资源已被其他用户占用而等待的现象，但是资源利用率低。

(2) CPU 等待手工操作。CPU 速度很低的时候，手工操作耗费的时间是可以接受的。但是，随着 CPU 速度的提升，手工操作期间 CPU 的浪费越来越大。

例如，一个作业在每秒1万次的计算机上需运行1个小时，作业的建立和人工干预(手工操作)花了3分钟，那么手工操作时间占总运行时间的5%。如果计算机速度提高到每秒10万次，此时，作业的运行时间仅需6分钟，而手工操作不会有多大变化仍为3分钟，这时手工操作时间占了总运行时间的50%。由此看出，缩短手工操作时间十分必要。

1.3.2 监督程序阶段

计算机发展到第二代后，CPU的运算速度达到数十万次基本运算/秒～数百万次基本运算/秒，手工操作明显不能适应硬件发展的需求。为了充分利用计算机时间，减少CPU空闲等待，缩短作业的准备和建立时间，实现作业管理的自动化也迫在眉睫。为此，人们研究了驻留在内存的监督和管理作业执行的监督程序(Monitor)。例如，FMS(FORTRAN Monitor System)和IBSYS (IBM 7094 Monitor System)是典型的这类程序。

1. 联机批处理系统

首先出现的监督程序是联机批处理系统，即作业的输入 / 输出由 CPU 来处理，如图 1-9 所示。

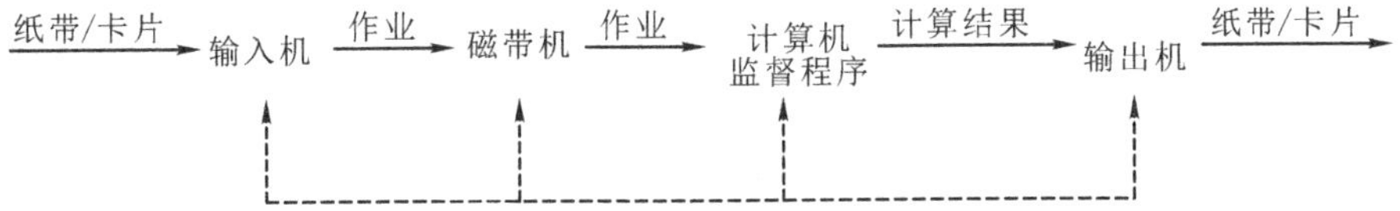

图 1-9 联机批处理过程

在计算机主机与输入机(输入设备)之间增加一个存储设备(磁带)用于存储用户作业。在运行于主机上的监督程序的自动控制下，计算机首先成批地把输入机上的用户作业读入磁带机中的磁带，然后依次把磁带上的用户作业读入主机内存并执行，再把计算结果由输出机(输出设备)输出到纸带/卡片上。完成了一批作业后，监督程序又从输入机上输入另一批作业保存在磁带上，并按上述步骤重复处理。

原来的手工操作被监督程序代替，从而实现了作业到作业的自动转接，减少了作业建立时间和手工操作时间，有效克服了人机矛盾，提高了计算机的利用率。然而，在作业输入和结果输出时，主机的CPU仍处于空闲状态，等待慢速的输入/输出设备完成工作，主机虽一直处于“忙等”状态，但是CPU的效率依然较低。

2. 脱机批处理系统

为克服快速主机与慢速外部设备(输入/输出设备)之间速度上的差异，提高CPU的利用率，另一种监督程序——脱机批处理系统被引入，使输入/输出过程脱离主机控制，如图 1-10所示。

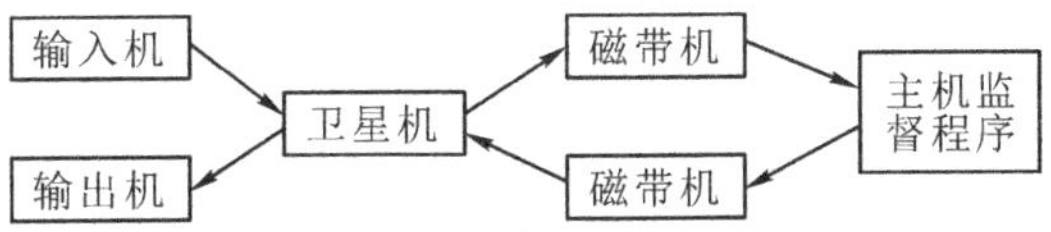

图 1-10 脱机批处理过程

这样，主机不直接与慢速的输入/输出设备打交道，而是与速度相对较快的磁带机发生关系，有效缓解了主机与外部设备的矛盾。主机与卫星机并行工作，二者分工明确，使得主机CPU的效率得到较大的提升。

脱机批处理系统在 20 世纪 60 年代应用十分广泛，如 IBM-7090/7094 的监督程序就是脱机批处理系统。

监督程序在作业从输入到计算结果的输出过程中作为计算机系统的管理程序完成的主要功能包括：

(1) 作业流自动控制。监督程序把作业执行的控制权赋予一个作业，当作业运行结束后又收回控制权，继续对下一个作业进行调度。这样的作业流控制减少了作业的准备和建立时间，从而提高了系统的效率。

(2) 提供操作命令。用户通过打字机输入命令，监督程序识别并执行命令，这样不仅速度快，用户也可进行一些复杂的操作控制。输出信息可打印出来且更易于理解。这种交互方式不仅提高了效率，也便于使用。

(3) 提供外部设备的驱动和控制。用户通过监督程序获得和使用I/O设备，减轻了用户驱动物理设备的负担。监督程序还能处理某些特殊设备和设备故障，从而改进了设备的可靠性和可用性。

(4) 提供库程序和程序装配功能。程序库中包括解释程序、编译程序、标准I/O程序、常用函数等。监督程序调用程序库中的解释或编译程序将用户源程序转换为中间代码，再将程序中的函数与中间代码进行装配，并转换成绝对地址形式的目标程序以供执行。

(5) 提供简单的文件管理功能。监督程序提供将用户通过输入设备输入的大量程序和数据以文件的形式保存起来，以便随时使用，由此产生了文件管理功能。用户可按文件名字而不是物理地址存取文件，既方便灵活也更安全可靠。

监督程序与用户程序在主机内存中的组织如图1-11所示。显然，监督程序已具备计算机系统资源的管理能力。

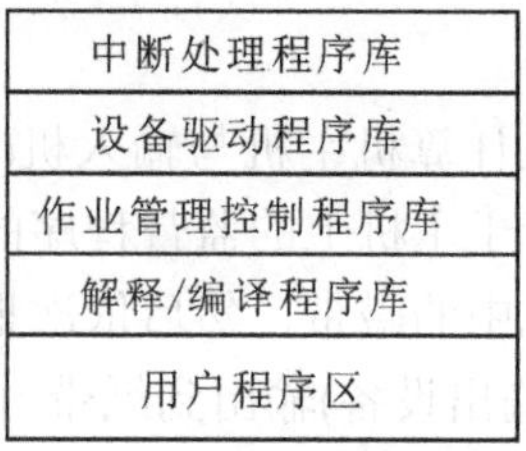

图1-11 含有监督程序的内存组织

1.3.3 多道程序系统

第三代计算机的性能进一步提高，不仅CPU运算速度可达几百万次基本运算/秒～几千万次基本运算/秒，而且内存容量增大、I/O设备增多以及具有大容量高速磁盘。基于监督程序的管理方式，每个时刻内存中只有1个用户程序。当该程序在等待外部设备(I/O设备)进行程序或数据读写时，高速的主机CPU是空闲的，宝贵的CPU资源被浪费掉了。为了改善这种情况，于是多道程序系统被提出来。

多道程序环境是指允许多个程序同时进入内存并运行，即同时把多个程序装入内存并交替地在CPU上运行，它们共享计算机系统中的各种硬、软件资源。当一个程序因等待I/O操作而暂停运行时，CPU便立即转去运行另一道程序。图1-12是单道程序运行示意图，图1-13是多道程序运行示意图。程序 P_i $(1 \leqslant i \leqslant 4)$ 由输入 I_i、计算 C_i 和输出 O_i 组成。在多道程序系统下，计算机系统资源利用率最高的情况是：程序 P_i 在执行输出 O_i 时，程序 P_j 在进行计算 C_j，程序 P_k 在执行输入 I_k。

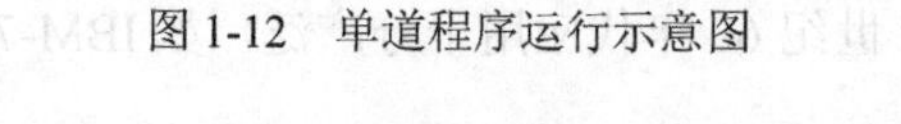

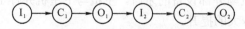

图1-12 单道程序运行示意图

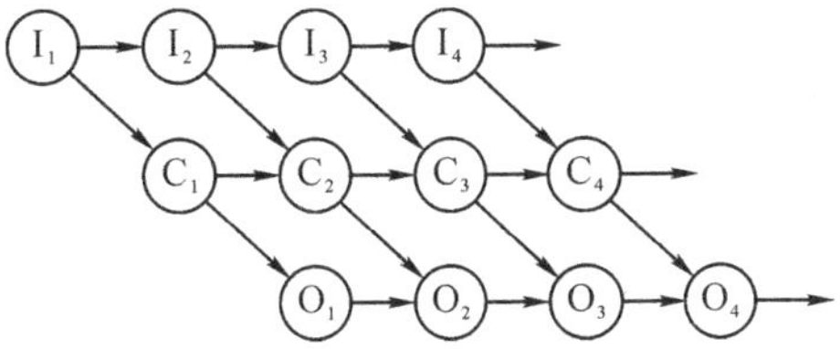

图 1-13　多道程序运行示意图

从图 1-13 所示可知，在多道程序环境中，内存中存在多个同时使用不同软硬件资源的程序。在这样的环境下，形成的管理计算机系统资源和有效地组织和协调程序运行的软件就是多道程序系统。我们可以看到，多道程序系统不仅使 CPU 得到充分利用，同时改善了 I/O 设备和内存的利用率，从而提高了整个计算机系统的资源利用率。

在单处理器的计算机系统中，多道程序系统有以下特征：

(1) 多程序并存：计算机内存中同时有多个相互独立的用户程序及数据。

(2) 宏观上并行：在计算机内的每个用户程序都占有一定数量的资源，都处于运行过程中，但都没有结束。

(3) 微观上串行：每个程序都轮流使用计算机系统的资源，如 CPU、I/O 设备等。它们的执行是串行的。

多道程序系统需要解决的问题包括：

(1) 资源调度与管理。在计算机中的程序为了执行都要竞争使用 CPU、内存、I/O 等资源，需要解决如何调度和管理这些资源使每个程序都能有序执行的问题。

(2) 资源的高效利用。使用覆盖、交换、虚拟化等技术扩展有限的资源以提高系统的整体效率。

(3) 资源的安全保护。为计算机中的多道程序提供信息保护，既保护执行中的程序和数据，也保护存储在外部存储器中的信息。

这些问题的解决标志计算机资源管理与高效利用软件逐步走向成熟。多道程序系统的出现标志着操作系统正式形成。

1.3.4　快速发展阶段

在第四代计算机中，单个 CPU 的速度已达到几亿次基本运算 / 每秒，同时各类 I/O 设备大量涌现，内存越来越大，硬盘不仅容量大而且速度快。硬件的快速发展为计算机应用的广泛深入开展提供了坚实的支持，它们共同促进了操作系统的进一步发展，先后形成了分时操作系统、实时操作系统、网络操作系统、分布式操作系统、嵌入式操作系统等。

1. 分时操作系统

在多道程序系统中，用户不能干预自己程序的运行，无法及时得知程序运行情况，对程序的调试和排错不利。为了克服这一缺点，每个用户将自己的终端连接到一台计算机系统中，并通过终端控制自己程序的执行。计算机系统则把 CPU 的时间划分成时间片，轮流分配给各个程序供它们执行时使用，同时将程序执行的情况及时通过联机终端反馈给用户以实现用户与程序执行的交互。若分配的时间用完而程序还未执行结束，则等待下次分配的时间。这种资源管理与调度的方式使每个程序在一定的时间之内都能够分享到一定的

CPU 时间来执行，我们称这样的资源管理与调度系统为分时操作系统。

分时操作系统中，每个用户每次对程序执行控制的交互请求都能得到快速响应，就好像他独占了这台计算机一样(如图1-14所示)。分时操作系统具有以下特性：

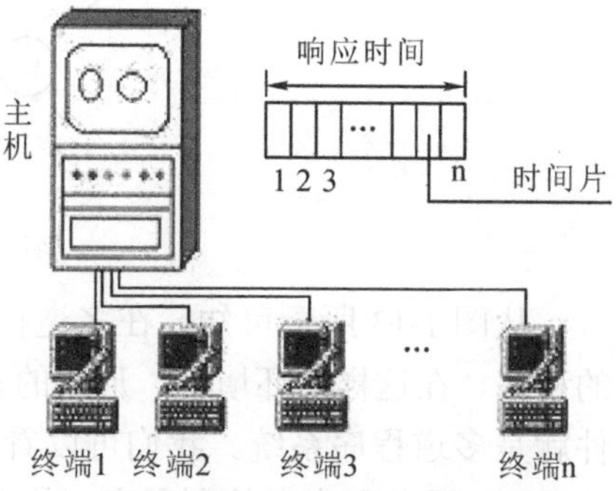

图 1-14　分时操作系统

(1) 同时性：若干个终端用户同时连接到一台计算机主机上，每个用户感觉好像独占了这台计算机。

(2) 独立性：终端用户彼此独立，互不干扰。系统保证各用户程序运行的完整性，不会发生相互混淆或破坏现象。

(3) 及时性：终端用户的立即型请求能在足够快的时间之内得到响应。这一特性与计算机 CPU 的处理速度、分时系统中联机终端用户数和时间片的长短密切相关。

(4) 交互性：用户可根据系统对请求的响应结果进一步向系统提出新的请求。例如，程序调试中可以及时进行排错修改。这种能使用户与系统进行人机对话的工作方式使分时系统又被称为交互式系统。

2. 实时操作系统

快速对输入接口获得的信息进行处理并将处理结果通过输出接口进行反馈是某些领域的应用需求。例如，计算机用于生产过程控制时，要求系统能现场实时采集数据，并对采集的数据进行及时处理，进而能自动地发出控制信号控制相应执行机构，使生产过程符合预定的规律，以保证产品质量。又如，银行业务处理系统中，每次银行客户发生业务往来，均需修改相应的文件或数据库中的数据，这就要求计算机系统不仅要能够快速响应，而且还要安全可靠。

实时操作系统(Real Time Operating System，RTOS)是指当外部数据发生变化时，能够调度计算机系统一切可利用的资源完成实时任务(数据处理和处理结果反馈)，并控制计算机系统中的所有实时任务协调一致运行的操作系统(如图1-15所示)。

图 1-15　飞行控制实时操作系统

实时操作系统具有以下特性：

(1) 及时性：对外部进入系统的信号或信息能做到快速及时响应。每一个信息接收、分析处理和发送的过程需要在限定的时间内完成。

(2) 通用性：能够对一类或多类实时应用提供支撑，满足一般实时任务的要求，对操作处理具有一定的可预见性。

(3) 操作性：实时系统终端一般作为执行和询问使用，需要具有一定的交互能力。

(4) 可靠性：能够满足较高的安全性和可靠性要求。系统常采用双工工作方式和冗余措施以确保其可靠性，双机系统前后台工作须包括必要的保密措施。

在实时操作系统中通常存在若干个实时任务，它们反映和控制若干外部事件，可以从不同角度进行分类。按任务执行是否呈现周期性分类，实时任务可分成周期性实时任务和非周期性实时任务；按截止时间分类，实时任务可分成硬实时任务和软实时任务。

3. 网络操作系统

计算机网络是通过通信设施将地理上分散并具有自治功能的多个计算机系统互联起来，以实现这些计算机系统的信息交换、资源共享、互操作和协作的计算机系统集群。它主要由若干台主机、通信子网和通信协议组成。

网络操作系统除了具有计算机系统软硬件资源管理与操作外，还须向计算机网络中计算机提供网络通信、网络资源共享和网络服务。在功能上，网络信息传送、资源共享与服务是网络操作系统的主要特征。具体来讲，网络操作系统的功能包括：

(1) 网络通信：在网络中的计算机之间实现无差错高效的数据传输。

(2) 资源管理：对网络中的所有软、硬件资源实施有效管理，协调共享资源使用，保证数据的一致性、完整性。

(3) 网络管理：能高效地进行安全控制、性能监视、系统维护。

(4) 网络服务：提供如电子邮件、文件传输、共享设备等服务。

4. 分布式操作系统

分布式计算机系统是指由多台分散的计算机经网络连接而成的计算系统。其中的每台计算机既高度自治又相互协同，能在整个计算系统范围内实现资源管理、任务分配，并行地运行分布式程序。

用于管理分布式计算机系统的操作系统称为分布式操作系统，它管理分布式计算机系统中的所有资源，负责全系统的资源分配和调度、任务划分、信息传输和控制协调，并为用户提供统一的接口。

区别于其他操作系统，分布式操作系统具有以下特征：

(1) 统一管理：将分布式计算机系统作为一台计算机进行管理，实现管理的统一。

(2) 统一使用：将分布式计算机系统的所有资源统一分配与调度，实现统一使用。

(3) 统一界面：分布式计算机系统中所有的计算机都有统一的用户操作接口，实现界面统一。

(4) 高容错性：分布式计算机系统中的任意一台计算机出错都不影响整个系统运行。

(5) 并行运算：提供分布式程序在分布式计算机系统中多个节点上并行执行支持。

5. 嵌入式操作系统

嵌入式系统是为满足应用特定需求而设计的专用计算机系统，具有高可靠性、实时性、小型化和功耗低等特点。近年来，嵌入式系统在工业生产、日常生活、工业控制、航空航天等多个领域得到了快速的发展。

嵌入式操作系统是负责嵌入式系统全部软、硬件资源分配、调度、控制和协调的系统软件。为满足嵌入式系统的应用需求，嵌入式操作系统具有以下特征：

(1) 微型化：由于嵌入式系统一般是应用于小型电子装置，系统资源相对有限，因此，嵌入式操作系统较之传统的操作系统要小得多。

(2) 专用性：由于嵌入式系统都是面向特定应用的，相应地，嵌入式操作系统必须也具有较强的专用性，精简传统操作系统中的多数功能。

(3) 实时性：嵌入式系统广泛应用于过程控制、数据采集与通信等要求迅速响应的场景，嵌入式操作系统应该具有高实时性。

(4) 可靠性：嵌入式系统的高可靠性必然要求嵌入式操作系统具有高可靠性。

常见的嵌入式操作系统不仅包括嵌入式实时多任务操作者系统(RTOS)、开源的Android、机器人和路由器操作系统，还包括新型的物联网操作系统以及边缘计算操作系统平台。下面介绍近年来获得广泛应用的物联网操作系统。

一般来说，物联网操作系统由内核、通信支持(WiFi/蓝牙、2/3/4G等通信支持、NFC、RS232/PLC支持等)、外围组件(文件系统、GUI、Java虚拟机、XML文件解析器等)、集成开发环境等组成，基于此，可衍生出一系列面向行业的特定应用。物联网操作系统为了适应物联网应用领域内特定需求，操作系统内核需要具备以下特点：

(1) 内核尺寸伸缩性强，能够适应不同配置的硬件平台。

(2) 内核的实时性必须足够强，以满足关键应用的需要。

(3) 内核架构可扩展性强。

(4) 内核应足够安全和可靠。

(5) 节能省电，以支持足够的电源续航能力。

物联网操作系统中，比较经典的有 Android Things、ConTIki、eLinux 等。随着中国物联网产业迅猛发展，国产装备自主可控需求旺盛，国产嵌入式操作系统发展步入快车道，如 RT-Thread 是国内物联网操作系统中的佼佼者，目前合作和支持芯片的厂商众多，社区开发者踊跃，组件丰富，应用领域广泛。

华为 LiteOS 是另外一个在物联网领域颇具影响力的嵌入式操作系统。LiteOS 是华为面向IoT领域，构建的“统一物联网操作系统和中间件软件平台”，具有轻量级(内核小于10k)、低功耗、互联互通、安全等关键能力。华为 LiteOS 目前主要应用于智能家居、穿戴式、车联网、智能抄表、工业互联网等 IoT 领域的智能硬件上，还可以和LiteOS生态圈内的硬件互联互通，提高用户体验。

在 HDC 2019 大会上，鸿蒙操作系统的当前架构里面，LiteOS 也是其内核之一。随着鸿蒙系统的出现，未来 LiteOS 还是一个谜，但其针对 IoT 设备特有的素质，必将会融合进入华为操作系统的布局里面。

6. 云操作系统

云操作系统也叫云管理平台，是以云计算、云存储技术作为支撑的操作系统。它是指构架于服务器、存储、网络等基础硬件资源和单机操作系统、中间件、数据库等基础软件之上的、管理海量的基础硬件、软件资源的云平台综合管理系统。

一般来讲，国内外大的网站，比如Google、网易、腾讯等都有该类产品，但由于该系统是各自的核心竞争力，都是自产自用并对外发售。国外的有Microsoft Windows Azure、Google Chrome OS、VMware的VDC-OS；国内的有浪潮云海OS、云宏的WinCloud、华为的FusionSphere等。不同厂家的云操作系统总体的功能看起来相差不大，但是在性能上会有侧重点。

2019年8月8日，首款国产通用型云操作系统安超OS在北京隆重发布。安超OS依托中国云计算领军企业华云数据集团的雄厚资源，是一款具有应用创新特性的轻量级云创新平台，能够让政府和企业客户通过简单便捷的操作实现云部署和数字化转型，从而推动经济快速发展。

近年来，云计算的发展已经成为国家战略，对于云计算核心的云操作系统的意义就变得更加非凡。自主通用云操作系统安超OS的意义不仅仅局限在一个产品上，它的核心意义和价值在于以下两个方面：

(1) 在国家层面上。在全面云化背景下，云操作系统的信息创新、自主可控意味着可以实现把关键基础设施、关键能力掌握在自己手里，而不是在未来的整体发展过程中受制于人。

(2) 在产业层面上。云计算发展到今天不仅仅是产品方面的竞争，更是合作、生态上的竞争，而云操作系统的产品完善化能实现底层的芯片和上层应用的结藕化，所以做好一个云操作系统，可以很好地促进整个云计算产业。

回顾操作系统的发展历程，促使操作系统不断发展的主要动力有以下几个方面：

(1) 器件快速地更新换代。微电子技术是推动计算机技术飞速发展的“引擎”，从8位机、16位机到当前的64位机，操作系统也由8位操作系统发展到了64位操作系统。

(2) 计算体系结构的发展。计算机内存分页/分段硬件的出现，操作系统便增加了分页/分段存储管理功能；图形终端的使用，使操作系统中增加了窗口管理功能，允许用户通过多个窗口在同一时间提出多个操作请求；计算机网络的出现和发展，使分布式操作系统和网络操作系统得到了广泛的应用。

(3) 提高资源利用率的需要。在多用户共享计算机系统资源时，为提高计算机系统中资源的利用率，各种调度算法和分配策略被研究和采用。

(4) 满足用户使用方便的需要。从批处理系统到分时操作系统的出现，用户操作控制程序执行变得更加方便；从命令行接口到GUI用户界面，操作系统的界面变得也越来越友好。

1.4 Linux系统简介

1.4.1 Linux发展历史

1968年，MIT、Bell实验室、美国通用电气有限公司走到了一起，致力于开发Multics项目。到后期，由于开发进度不是很好，MIT和Bell实验室相继离开这个项目的开发，最终导致项目搁浅。

1970 年，Unix诞生于当时在开发Multics项目的时候，实验室中有一个开发成员开发了一款游戏(Travel Space：遨游太空)，因为两个实验室相继离开项目开发，导致这名开发人员没法玩游戏，后来他提议组织人员重新在Multics项目之上进行新的开发，也就出现了1970 年的Unix。当时，Unix操作系统是由汇编语言(机器语言)开发的。因为汇编语言有一个最大的局限性，即对于计算机硬件过于依赖，导致移植性不好，所以Unix操作系统的后期在1973 年使用了C语言对其进行重新开发。

1975 年，Bell实验室允许大学使用Unix操作系统用于教学作用，而不允许用于商业用途。Linux的开发作者、Linux之父——李纳斯·托瓦兹(如图1-16所示)在Linux诞生时是荷兰的在校大学生。

图 1-16　Linux 创始人

当时李纳斯在学校使用的就是 Unix 操作系统，然后其对系统的底层代码进行了修改，放到了学校为学生开放的网站上。原先他把文件命名为 Linus's Unix，后来网络管理发现之后觉得这个名字不好，自己手动将名字改成 Linux。随后，其他同学下载之后发现这个版本还是挺好用的，于是都把自己代码贡献给了李纳斯。

关于 Linux 操作系统重要的里程碑编年史如下：

1991年10月5日，李纳斯·托瓦兹在comp.os.minix新闻组上发布消息，正式向外宣布Linux内核的诞生(Freeminix-like kernel sources for 386-AT)。

1993 年，大约有100余名程序员参与了Linux内核代码编写/修改工作，其中核心组由5人组成，此时Linux 0.99的代码大约有10万行，用户大约有10万左右。

1994 年 3 月，Linux1.0 发布，代码量为 17 万行，当时是按照完全自由免费的协议发布，随后正式采用 GPL 协议。

1995 年 1 月，Bob Young 创办了 RedHat(小红帽)，以 GNU/Linux 为核心，集成了400 多个源代码开放的程序模块，搞出了一种冠以品牌的 Linux，即 RedHat Linux，称为 Linux “发行版”，在市场上出售。这在经营模式上是一种创举。

1996 年 6 月，Linux 2.0 内核发布，此内核有大约 40 万行代码，并可以支持多个处理器。此时的 Linux 已经进入了实用阶段，全球大约有 350 万人使用。

2001 年 1 月，Linux 2.4 发布，它进一步地提升了 SMP 系统的扩展性，同时也集成了很多用于支持桌面系统的特性，包括 USB、PC 卡 (PCMCIA) 的支持、内置的即插即用等功能。

2003 年 12 月，Linux 2.6 版内核发布，相对于 2.4 版内核 2.6 版内核在对系统的支持方面都有很大的变化。

2004 年 10 月，Canonical 发布了 Ubuntu 4.1 ，该发行版的特点是注重用户体验。

2007 年 1 月，多家领先的移动技术公司，包括 Motorola、NEC、Samsung、NTT DoCoMo、Panasonic 和 Vodafone 推出基于 Linux 的智能手机。

2007 年 11 月，Open Handset Alliance 联盟包括 Google、Intel、Sony、HTC、Motorola

以及其他 78 家公司发布了 Android 预览版，一周以后发布了 Android SDK。Android 是一种基于 Linux 的自由及开放源代码的操作系统，主要使用于移动设备，如智能手机和平板电脑。

2008 年 10 月，第一台商用的 Android 手机 T-Mobile G1 发布，而 Android 已经成为苹果 iOS 一个强有力的竞争对手。

……

Linux 是一套开放源代码程序的、并可以自由传播的类 Unix 操作系统软件。其在设计之初，就是基于 Intel x86 系列 CPU 架构的计算机的。它是一个基于 POSIX 的多用户、多任务并且支持多线程和多 CPU 的操作系统。

Linux是由世界各地成千上万的程序员设计和开发实现的。在过去的20年里，Linux系统主要应用于服务器端、嵌入式开发和个人PC桌面三大领域，其中服务器端领域是重中之重。大型、超大型互联网企业(百度、新浪、淘宝等)都在使用Linux系统作为其服务器端的程序运行平台，全球及国内排名前十的网站使用的主流系统几乎都是Linux系统。

Linux的发行版本是免费的，但是很多企业都会在原有的基础上进行改编，然后这些新的版本需要收费，比如redhat、Ubuntu、国产的红旗、中标麒麟等版本(如图1-17所示)。

图 1-17　各个版本的 Linux

Linux 具备许多优势：

(1) 不用支付任何费用就可以获得系统和系统的源代码，并且可以根据自己的需要对源代码进行必要的修改，无偿使用，无约束地自由传播。

(2) Linux 具有 Unix 的全部优秀特性，任何使用 Unix 操作系统或想要学习 Unix 操作系统的人，都可以通过学习 Linux 来了解 Unix，同样可以获得 Unix 中的几乎所有优秀功能。并且，Linux 系统更开放，社区开发和全世界的使用者也更活跃。

(3) Linux 是一个完善的多用户、多任务，支持多进程、多 CPU 的系统，并且有完善的网络服务，支持 HTTP、FTP、SMTP、POP、SAMBA、SNMP、DNS、DHCP、SSH、

TELNET 等。Linux 基于 GNU 许可，是自由开放的系统，并且有大量第三方免费应用程序，得到了众多业界厂商支持，如 IBM、ORACLE、INTEL、HP、MOTO、Google 等。

1.4.2 Linux 内核版本

内核是操作系统的心脏，它提供了一个在裸机与应用程序间的抽象层。Linux 内核又分为稳定版和开发版，两种版本相互联系，相互循环。稳定版的内核具有工业级强度，可以广泛地应用和部署，新的稳定版相对于较旧的只是修正一些 bug 或加入一些新的驱动程序。开发版的内核由于要适应各种解决方案，变化较快。

Linux内核版本命名由“.”分开的三个部分组成：major.minor.patch-build.desc。其中，major表示主版本号；minor表示次版本号，次版本号有奇数偶数之分，奇数表示开发版本，偶数表示稳定版；patch表示对minor版本的修订次数，每次对内核修订一次或打一次补丁就递增版本号中的patch域；build表示编译次数，当对少量代码做了优化或者修改并重新编译一次时就递增版本号中的build域；desc表示当前版本的特殊信息，如是否为候选版本，是否支持多处理器。以版本号4.6.9-5.ELsmp为例，说明当前该内核主版本号为4，次版本号为6 (表示这是一个稳定版本)，修订版本号为9，5表示这个当前版本的第5次微调patch，而ELsmp指出了当前内核是为ELsmp特别调校的(EL表示支持企业级的Linux，smp表示该内核版本支持多处理器)。

1.4.3 Linux 内核构架

在纯技术层面上，内核是硬件与软件之间的一个中间层。其作用是将应用程序的请求传递给硬件，并充当底层驱动程序，对系统中的各种设备和组件进行寻址。从应用程序的视角来看，内核可以被认为是一台增强的计算机，将计算机抽象到一个高层次上。例如，在内核寻址硬盘时，它必须确定使用哪个路径来从磁盘向内存复制数据，数据的位置，经由哪个路径向磁盘发送哪一条命令，等等。另一方面，应用程序只需发出传输数据的命令。实际的工作如何完成与应用程序是不相干的，因为内核抽象了相关的细节。应用程序与硬件本身没有联系，只与内核有联系，内核是应用程序所知道的层次结构中的最底层，因此内核是一台增强的计算机。

本节以内核的核心功能为出发点，描述Linux内核的整体架构，以及架构之下主要的软件子系统。如图1-18所示，Linux内核只是Linux操作系统一部分。对下，它管理系统的所有硬件设备；对上，它通过系统调用向Library Routine(例如GNU C库)或者其他应用程序提供接口。

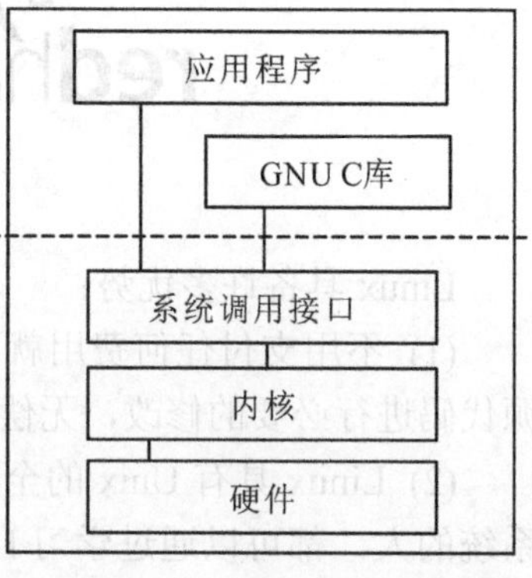

图 1-18　Linux 内核在系统中的地位

因此，其核心功能就是管理硬件设备，供应用程序使用。而现代计算机(无论是PC还是嵌入式系统)的标准组成，就是CPU、内存、输入/输出设备、网络设备和其他的外围设备。所以为了管理这些设备，Linux内核提出了如图1-19所示的架构。

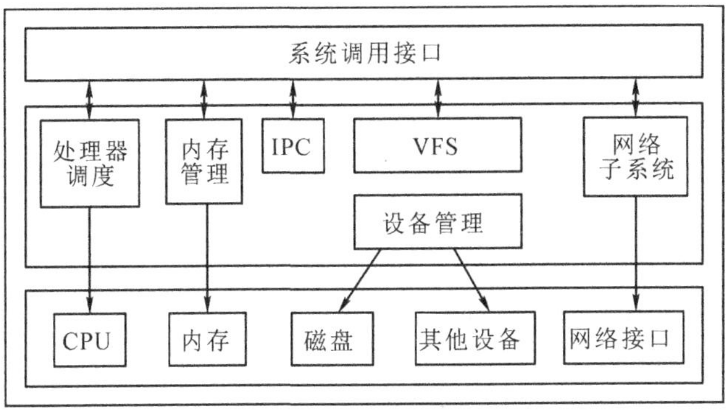

图 1-19　Linux 内核的架构

图 1-19 说明了 Linux 内核的整体架构。根据内核的核心功能，Linux 内核提出了五个子系统，分别负责以下功能：

(1) 处理器调度。处理器调度也称作进程管理、进程调度，主要负责管理 CPU 资源，以便让各个进程能以尽量公平的方式访问 CPU。

(2) 内存管理。内存管理负责管理内存资源，以便让各个进程可以安全地共享机器的内存资源。另外，内存管理会提供虚拟内存的机制，该机制可以让进程使用多于实际内存大小的空间。

(3) 虚拟文件系统(VFS)。Linux内核将不同功能的外部设备抽象为可以通过统一的文件操作接口(open、close、read、write等)来访问。这就是Linux系统“一切皆是文件”的体现。

(4) 网络子系统 (Network)。其负责管理系统的网络设备，并实现多种多样的网络标准。

(5) 进程间通信 (Inter-Process Communication，IPC)。IPC 不管理任何的硬件，它主要负责 Linux 系统中进程之间的通信。

Linux 内核源代码包括三个主要部分：

(1) 内核核心代码：包括图1-19中所描述的各个子系统和子模块，以及其他的支撑子系统，如电源管理、Linux初始化等。

(2) 其他非核心代码：例如GNU C库文件、固件集合、KVM(虚拟机技术)等。

(3) 编译脚本、配置文件、帮助文档、版权说明等辅助性文件。

安装好内核之后，内核源代码由许多目录组成，具体描述如下：

include：内核头文件，需要提供给外部模块(例如用户空间代码)使用。

kernel：Linux内核的核心代码，包含了3.2小节所描述的进程调度子系统，以及和进程调度相关的模块。

mm：内存管理子系统。

fs：VFS子系统。

net：不包括网络设备驱动的网络子系统。

ipc：IPC(进程间通信)子系统。

arch：体系结构相关的代码，如arm，x86，等等。

init：Linux系统启动初始化相关的代码。

block：提供块设备的层次。

sound：音频相关的驱动及子系统，可以看作“音频子系统”。

drivers：设备驱动程序。

lib：实现需要在内核中使用的库函数，如CRC、FIFO、list、MD5等。

crypto：加密、解密相关的库函数。

security：提供安全特性(Linux安全模块)。

virt：提供虚拟机技术(KVM等)的支持。

usr：用于生成initramfs的代码。

firmware：保存用于驱动第三方设备的固件。

samples：一些示例代码。

tools：一些常用工具，如性能剖析、自测试等。

scripts：用于内核编译的配置文件、脚本等。

1.4.4 Linux 内核开发的特点

相对于用户空间内应用程序的开发，内核在开发上是有一些区别的。尽管这些区别不会增大内核开发的难度，但是依然与开发用户代码有很大不同。其最主要的差异主要包括：内核编程时既不能访问 C 库也不能访问标准的 C 头文件；缺乏内存保护机制；难以执行浮点运算；内核只分配给每个进程很小的定长堆栈；由于内核支持异步中断、抢占和 SMP，因此必须时刻注意同步和并发；要考虑可移植的重要性。下面对重要的差异分别进行讨论。

1. 内核编程时必须使用 GUN C

Linux 的内核是由 C 语言编写的，但是内核并不完全符合 ANSI C 标准。实际上，内核开发者总是用到 gcc 提供的许多语言的扩展部分。(gcc 是多种 GUN 编译器的集合，它包含的 C 编译器既可以编译内核，也可以编译 Linux 系统上用 C 语言编写的其他代码。)

内核不能链接使用标准的 C 函数库，而且其他的库也不行。造成这种情况的主要原因是速度和大小，对于内核而言，完整的 C 库或者仅仅是其一个子集，都太低效了。针对这样的情况，大部分常用的 C 库在内核中都已经得到了实现。当然也存在没有实现的函数，如 printf() 函数。内核代码虽然无法调用 printf() 函数，但是它提供了 printk() 函数，与 printf() 函数几乎相同。printk() 函数负责把格式化好的字符串复制到内核日志缓冲区上，syslog 程序就可以通过读取该缓冲区来获得内核信息。

2. 没有内存保护机制

如果一个用户程序试图进行一次非法访问内存，内核就会发现这个错误，发送 SIGSEGV 信号，并结束这个进程。如果是内核自己非法访问内存，那么结果很难控制。内核中发生内存错误会导致 oops。当某些比较致命的问题出现时，会打印出 oops 信息，把目前的寄存器状态、堆栈内容以及完整的追踪信息给用户看，这样就可以帮助用户定位错误。在内核中，不应该去做访问非法的内存地址，以及引用空指针之类的操作。此外，内核中的内存不分页。也就是说，每用掉一个字节，物理内存就减少一个字节。

3. 谨慎使用浮点类型的数据

在用户空间的进程内进行浮点操作的时候，内核会完成从整数操作到浮点数操作的模式转换。在执行浮点指令时到底会做些什么，因体系结构不同，内核的选择也不同，但是，内核通常捕获陷阱并着手于整数到浮点方式的转变。与用户空间进程不同，内核并不能完美地支持浮点操作，因为它本身不能陷入。在内核中使用浮点数时，除了要人工保存和恢复浮点寄存器以外，还有其他一些琐碎的事情要做。如果要直截了当地回答，那就是：除了一些极少的情况，不要在内核中使用浮点操作。

浮点数的编码跟整数编码是不一样的，计算时需要专门的寄存器和浮点计算单元来处理，一个浮点运算指令使用的 CPU 周期也更长。因此，对于内核来说就会想尽量回避浮点数运算，比如浮点数经过定点整数转换后进行运算，效率会高很多，即使 CPU 带有浮点数运算部件，一般内核还是要避免直接进行浮点数运算，因为这些部件有可能被用户进程占用了，内核要判断这些浮点数部件是否被占用，先保护现场，然后用浮点运算部件计算结果，恢复现场，开销会很大。如果 CPU 不支持浮点数运算，也就只能通过软件实现浮点数运算，要是设计内核的话，相比起多做额外功夫 (写浮点数实现代码) 并且使得内核的效率不高，大家更加情愿避免这个问题。

4. 内核编程时其他注意事项

(1) 内核很容易产生竞争条件。这是因为内核的许多特性要求能够并发地址访问共享数据，这就要求有同步机制以保证不出现竞争条件。因为 Linux 是支持抢占的多任务操作系统，内核中一段正在执行的代码可能被另一段代码抢占，从而导致几段代码访问相同资源；Linux 内核也支持对称多处理器系统 (SMP)，两个或多个处理器上执行的中断代码可能会同时访问共享的资源；系统中断是异步到来的，完全不顾及当前正在执行的代码。如果不加以适当地保护，中断完全可能会在代码访问资源时到来，这样中断处理函数就可能访问同一资源。 故在内核编程时需要注意处理进程之间同步的控制问题。

(2) 尽管用户空间的应用程序不太注意移植问题，然而 Linux 却是一个可移植的操作系统，并且一直保持这种特点。也就是说，大部分 C 代码应该与体系结构无关，在许多不同体系结构的计算机上都能够编译和执行，因此，必须把体系结构相关的代码从内核代码树的特定目录中适当地分离出来。诸如保持字节序、64 位对齐、不假定字长和页面长度等一系列准则都有助于保持系统的可移植性。

1.4.5 Linux 内核中 GNU C 和标准 C 的区别

Linux 系统上可用的 C 编译器是 GNU C 编译器，它建立在自由软件基金会的编程许可证的基础上，因此可以自由发布。GNU C 对标准 C 进行进一步扩展，以增强标准 C 的功能。下面我们对 GNU C 中的扩展进行一下总结。

1. 零长度数组

GNU C 允许使用零长度数组，在定义变长对象的头结构时，这个特性非常有用。例如：

```
struct minix_dir_entry {
    __u16 inode;
```

```
        char name[0];
    };
```

结构的最后一个元素定义为零长度数组，它不占结构的空间。在标准 C 中则需要定义数组长度为 1，分配时计算对象大小比较复杂。

2. case 范围

GNU C 允许在一个 case 标号中指定一个连续范围的值。例如：

```
case '0' ... '9': c - = '0'; break;
case 'a' ... 'f': c - = 'a'-10; break;
case 'A' ... 'F': c - = 'A'-10; break;
```

其中，case '0' ... '9': 相当于 case '0': case '1': case '2': case '3': case '4': case '5': case '6': case '7': case '8': case '9':。

3. 语句表达式

GNU C 把包含在括号中的复合语句看作是一个表达式，称为语句表达式。它可以出现在任何允许表达式的地方，用户可以在语句表达式中使用循环、局部变量等，而这原本只能在复合语句中使用。例如：

```
#define min_t(type,x,y) \
  ({ type __x = (x); type __y = (y); __x < __y ? __x: __y; })
```

复合语句的最后一个语句应该是一个表达式，它的值将成为这个语句表达式的值。这里定义了一个安全的求最小值的宏，在标准 C 中，通常定义为：

```
#define min(x,y) ((x) < (y) ? (x) : (y))
```

这个定义分别计算 x 和 y两次，当参数有副作用时(比如出现参数自增或自减语句时)，将产生不正确的结果，使用语句表达式只计算参数一次，避免了可能的错误。语句表达式通常用于宏定义。

4. typeof 关键字

使用前一节定义的宏需要知道参数的类型，利用 typeof 可以定义更通用的宏，不必事先知道参数的类型。例如：

```
#define min(x,y) ({ \
    const typeof(x) _x = (x);   \
    const typeof(y) _y = (y);   \
    (void) (&_x = = &_y);   \
    _x < _y ? _x : _y; })
```

这里，typeof(x) 表示 x 的值类型；const typeof(x) _x = (x); 中定义了一个与 x 类型相同的局部变量 _x 并初使化为 x；(void) (&_x = = &_y); 的作用是检查参数 x 和 y 的类型是否相同。typeof 可以用在任何类型可以使用的地方，通常用于宏定义。

5. 可变参数的宏

在 GNU C 中，宏可以接受可变数目的参数，就像函数一样。例如：

```
#define pr_debug(fmt,arg...) \
```

```
printk(fmt,##arg);
```

这里，arg 表示其余的参数，可以是零个或多个，这些参数以及参数之间的逗号构成 arg 的值，在宏扩展时替换 arg。例如：

```
pr_debug("%s:%d",filename,line);
```

会被扩展为：

```
printk("%s:%d", filename, line);
```

使用 ## 的原因是处理 arg 不匹配任何参数的情况，这时 arg 的值为空，GNU C 预处理器在这种特殊情况下，丢弃 ## 之前的逗号。这样，

```
pr_debug("success!\n") ;
```

会被扩展为：

```
printk("success!\n");
```

而不是printk("success!\n",); (注意最后的逗号)。

6. 标号元素

标准 C 要求数组或结构变量的初始化值必须以固定的顺序出现，在 GNU C 中，通过指定索引或结构域名，允许初始化值以任意顺序出现。指定数组索引的方法是在初始化值前写 '[INDEX] ='，要指定一个范围使用 '[FIRST ... LAST] =' 的形式。例如：

```
static unsigned long irq_affinity [NR_IRQS] = { [0 ... NR_IRQS-1] = ~0UL };
```

将数组的所有元素初始化为 ~0UL，这可以看作是一种简写形式。

要指定结构元素，在元素值前写 'FIELDNAME:'。例如：

```
struct file_operations ext2_file_operations = {
    llseek: generic_file_llseek,
    read:   generic_file_read,
    write:  generic_file_write,
    ioctl: ext2_ioctl,
    mmap:   generic_file_mmap,
    open:   generic_file_open,
    release: ext2_release_file,
    fsync:  ext2_sync_file,
};
```

将结构 ext2_file_operations 的元素 llseek 初始化为 generic_file_llseek，元素 read 初始化为 genenric_file_read，依次类推。这是 GNU C 扩展中最好的特性之一，当结构的定义变化导致元素的偏移改变时，这种初始化方法仍然保证已知元素的正确性。对于未出现在初始化中的元素，其初值为 0。

7. 当前函数名

GNU C 预定义了两个标志符保存当前函数的名字，__FUNCTION__ 保存函数在源码中的名字，__PRETTY_FUNCTION__ 保存带语言特色的名字。在 C 函数中，这两个名字是相同的，在 C++ 函数中，__PRETTY_FUNCTION__ 包括函数返回类型等额外信息，Linux 内核只使用了 __FUNCTION__。

```
void example()
{
    printf{"This is function:%s", __FUNCTION__};
}
```

代码中，__FUNCTION__ 意味着字符串“example”。

8. 特殊属性声明

GNU C 允许声明函数、变量和类型的特殊属性，以便手工的代码优化和更仔细的代码检查。要指定一个声明的属性，在声明后写 attribute((ATTRIBUTE))，其中 ATTRIBUTE 是属性说明，多个属性以逗号分隔。GNU C 支持十几个属性，这里介绍最常用的 5 个。

(1) 属性 noreturn 用于函数，表示该函数从不返回。这可以让编译器生成稍微优化的代码，最重要的是可以消除不必要的警告信息，比如未初始化的变量。例如：

```
# define ATTRIB_NORET    __attribute__((noreturn))....
asmlinkage NORET_TYPE void do_exit(long error_code) ATTRIB_NORET;
```

(2) 属性 format 用于函数，表示该函数使用 printf、scanf 或 strftime 风格的参数。使用这类函数最容易犯的错误是格式串与参数不匹配，指定 format 属性可以让编译器根据格式串检查参数类型。例如：

```
asmlinkage int printk(const char * fmt, ...)    __attribute__ ((format (printf, 1, 2)));
```

表示第一个参数是格式串，从第二个参数起根据格式串检查参数。

(3) 属性 unused 用于函数和变量，表示该函数或变量可能不使用。这个属性可以避免编译器产生警告信息。

(4) 属性 aligned 用于变量、结构或联合类型，指定变量、结构域、结构或联合的对齐量，以字节为单位。例如：

```
struct example_struct
{
    char a;
    int  b;
    long c;
} __attribute__((aligned(4)));
```

表示该结构类型的变量以 4 字节对界。

(5) 属性 packed 用于变量和类型，用于变量或结构域时表示使用最小可能的对齐，用于枚举、结构或联合类型时表示该类型使用最小的内存。例如：

```
struct example_struct
{
    char a;
    int b __attribute__ ((packed));
    long c__attribute__((packed));
};
```

对于结构体 example_struct 而言，在 i386 平台下，其 sizeof 的结果为 9，如果删除其中的两个 __attribute__((packed))，其 sizeof 将为 12。

9. 内建函数

GNU C 提供了大量的内建函数，其中很多是标准 C 库函数的内建版本，如 memcpy。它们与对应的 C 库函数功能相同，不属于库函数的其他内建函数的名字通常以 __builtin 开始。例如：

- __builtin_return_address (LEVEL)

内建函数 __builtin_return_address 返回当前函数或其调用者的返回地址，参数 LEVEL 指定在栈上搜索框架的个数，0 表示当前函数的返回地址，1 表示当前函数的调用者的返回地址，依此类推。

- __builtin_constant_p(EXP)

内建函数 __builtin_constant_p 用于判断一个值是否为编译时常数，如果参数 EXP 的值是常数，函数返回 1，否则返回 0。

- __builtin_expect(EXP, C)

内建函数 __builtin_expect 用于为编译器提供分支预测信息，其返回值是整数表达式 EXP 的值，C 的值必须是编译时常数。

例如，下面的代码检测第一个参数是否为编译时常数以确定采用参数版本还是非参数版本代码。

```
#define test_bit(nr,addr) \
  (__builtin_constant_p(nr) ? \
  constant_test_bit((nr),(addr)) : \
  variable_test_bit((nr),(addr)))
```

1.4.6 Linux 内核中常用的数据结构和算法

1. 内核中的链表结构

Linux 内核代码大量使用了链表这种数据结构。链表是在解决数组不能动态扩展这个缺陷而产生的一种数据结构。链表所包含的元素可以动态创建并插入和删除。链表的每个元素都是离散存放的，因此不需要占用连续的内存。链表通常由若干节点组成，每个节点的结构都是一样的，由有效数据区和指针区两部分组成。有效数据区用来存储有效数据信息，而指针区用来指向链表的前继节点或者后继节点。因此，链表就是利用指针将各个节点串联起来的一种存储结构。比较常见的链表包括单向链表和双向链表。

1) 普通单向链表

单向链表的指针区只包含一个指向下一个节点的指针，因此会形成一个单一方向的链表。代码如下：

```
struct list
{ int data;            /* 有效数据 */
struct list *next;     /* 指向下一个元素的指针 */
};
```

如图 1-20 所示，单向链表具有单向移动性，也就是只能访问当前节点的后继节点，而无法访问当前节点的前继节点，因此在实际项目中运用得比较少。

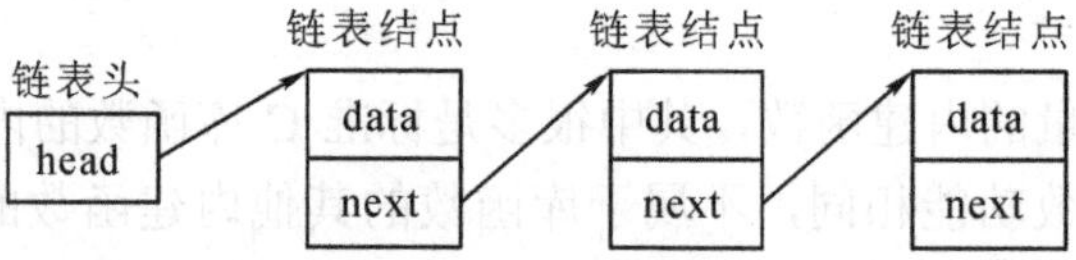

图 1-20 普通单向链表

2) 普通双向链表

如图 1-21 所示，双向链表和单向链表的区别是指针区包含了两个指针，一个指向前继节点，另一个指向后继节点。代码如下：

```
struct list {
    int data; /* 有效数据 */
    struct list *next; /* 指向下一个元素的指针 */
    struct list *prev; /* 指向上一个元素的指针 */
};
```

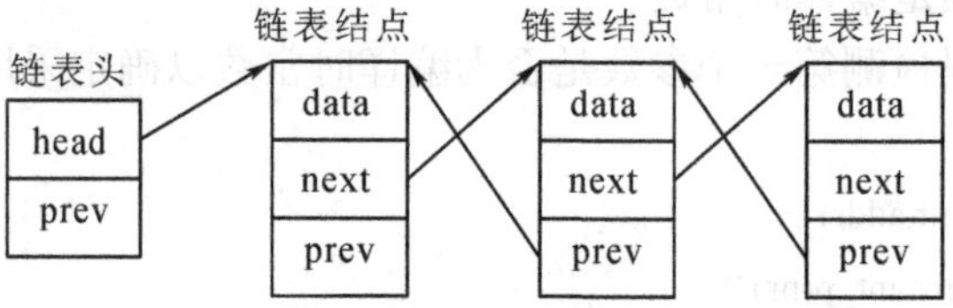

图 1-21 普通双向链表

3) Linux 内核链表实现

单向链表和双向链表在实际使用中有一些局限性，如数据区必须是固定数据，而实际需求是多种多样的。这种方法无法构建一套通用的链表，因为每个不同的数据区需要一套链表。为此，Linux 内核把所有链表操作方法的共同部分提取出来，把不同的部分留给代码编程者自己去处理。Linux 内核实现了一套纯链表的封装，链表节点数据结构只有指针区而没有数据区，另外还封装了各种操作函数，如创建节点函数、插入节点函数、删除节点函数、遍历节点函数等。

Linux 内核链表使用 struct list_head 数据结构来描述。

```
<include/linux/types.h>
    struct list_head {
        struct list_head *next, *prev;
    };
```

struct list_head 数据结构不包含链表节点的数据区，通常是嵌入其他数据结构。假定我们有一个 fox 数据结构来描述犬科动物中的一员。

```
struct fox{
    unsigned long tail_length;          /* 尾巴长度，以厘米为单位 */
    unsigned long weight;               /* 重量，以千克为单位 */
```

```
        bool is_fantastic;              /* 这只狐狸奇妙吗？ */
    };
```

存储这个结构到链表里的通常方法是在数据结构中嵌入一个链表指针。例如：

```
    struct fox{
        unsigned long tail_length;      /* 尾巴长度，以厘米为单位 */
        unsigned long weight;           /* 重量，以千克为单位 */
        bool is_fantastic;              /* 这只狐狸奇妙吗？ */
        struct fox *next;               /* 指向下一个狐狸 */
        struct fox *prev;               /* 指向前一个狐狸 */
    };
```

但是在 Linux 内核中，链表不是将数据结构塞入链表，而是将链表节点塞入数据结点。

```
    struct fox{
        unsigned long tail_length;      /* 尾巴长度，以厘米为单位 */
        unsigned long weight;           /* 重量，以千克为单位 */
        bool is_fantastic;              /* 这只狐狸奇妙吗？ */
        struct list_head list;          /* 所有 fox 结构体形成链表 */
    };
```

链表头的初始化有两种方法：一种是静态初始化，另一种是动态初始化。把 next 和 prev 指针都初始化并指向自己，这样便初始化了一个带头节点的空链表。

```
    <include/linux/list.h>
    /* 静态初始化 */
    #define LIST_HEAD_INIT(name) { &(name), &(name) }
    #define LIST_HEAD(name) \
    struct list_head name = LIST_HEAD_INIT(name)
    /* 动态初始化 */
    static inline void INIT_LIST_HEAD(struct list_head *list)
    {
        list->next = list;
        list->prev = list;
    }
```

添加节点到一个链表中，内核提供了几个接口函数，如 list_add() 是把一个节点添加到表头，list_add_tail() 是插入表尾。

```
    <include/linux/list.h>
    void list_add(struct list_head *new, struct list_head *head)
    list_add_tail(struct list_head *new, struct list_head *head)
```

遍历节点的接口函数。例如：

```
    #define list_for_each(pos, head) \
    for (pos = (head)->next; pos != (head); pos = pos->next)
```

这个宏只是遍历一个一个节点的当前位置，那么如何获取节点本身的数据结构呢？这里还需要使用 list_entry() 宏。例如：

```
#define list_entry(ptr, type, member) \
    container_of(ptr, type, member)
```

container_of() 宏的定义在 kernel.h 头文件中。例如：

```
#define container_of(ptr, type, member) ({          \
        const typeof( ((type *)0)->member ) *__mptr = (ptr);   \
    (type *)( (char *)__mptr - offsetof(type,member) );})


#define offsetof(TYPE, MEMBER) ((size_t) &((TYPE *)0)->MEMBER)
```

其中，offsetof() 宏是通过把 0 地址转换为 type 类型的指针，然后去获取该结构体中 member 成员的指针，也就是获取了 member 在 type 结构体中的偏移量。最后用指针 ptr 减去 offset，就得到 type 结构体的真实地址了。下面是遍历链表的一个例子。

```
<drivers/block/osdblk.c>
static ssize_t class_osdblk_list(struct class *c,
                                struct class_attribute *attr, char *data)
{
    int n = 0;
    struct list_head *tmp;
      list_for_each(tmp, &osdblkdev_list) {
        struct osdblk_device *osdev;
        osdev = list_entry(tmp, struct osdblk_device, node);
            n += sprintf(data + n, "%d %d %llu %llu %s\n",
        osdev->id,
        osdev->major,
        osdev->obj.partition,
        osdev->obj.id,
        osdev->osd_path);
    }
return n;
}
```

2. 内核中的队列

在 Linux 内核中，通用的队列实现称为 kfifo，它采用无锁环形缓冲区的方法来实现。FIFO 的全称是“First In First Out”，即先进先出的数据结构，它采用环形缓冲区的方法来实现，并提供一个无边界的字节流服务。采用环形缓冲区的好处是，当一个数据元素被消耗之后，其余数据元素不需要移动其存储位置，从而减少复制，提高效率。kfifo 的结构如下：

```
<include/linux/kfifo.h>
struct kfifo {
    unsigned char *buffer;  /* 用于存放数据的缓存 */
    unsigned int size;  /* 空间的大小，在初化时将它向上扩展成2的幂，为了高效地进行与
                           操作取余 */
    unsigned int in;  /* 如果使用不能保证任何时间最多只有一个读线程和写线程，需要使用
                         该lock实施同步 */
    unsigned int out;  /* 一起构成一个循环队列，in指向buffer中的队头，而out指向buffer
                          中的队尾 */
    spinlock_t *lock;  /* 用于put和get过程中加锁防止并发 */
};
```

1) 创建kfifo

在使用kfifo之前需要进行初始化，这里有静态初始化和动态初始化两种方式。

```
int kfifo_alloc(fifo, size, gfp_mask)
```

该函数创建并分配一个大小为size的kfifo环形缓冲区。第一个参数fifo是指向该环形缓冲区的struct kfifo数据结构；第二个参数size是指定缓冲区元素的数量；第三个参数gfp_mask表示分配kfifo元素使用的分配掩码。

静态分配可以使用如下的宏。

```
#define DEFINE_KFIFO(fifo, type, size)
#define INIT_KFIFO(fifo)
```

2) 入列

把数据写入kfifo环形缓冲区可以使用kfifo_in()函数接口。

```
int kfifo_in(fifo, buf, n)
```

该函数把buf指针指向的n个数据复制到kfifo环形缓冲区中。第一个参数fifo指的是kfifo环形缓冲区；第二个参数buf指向要复制的数据的buffer；第三个数据是要复制数据元素的数量。

3) 出列

从kfifo环形缓冲区中列出或者摘取数据可以使用kfifo_out()函数接口。

```
#define kfifo_out(fifo, buf, n)
```

该函数是从fifo指向的环形缓冲区中复制n个数据元素到buf指向的缓冲区中。如果kfifo环形缓冲区的数据元素小于n个，那么复制出去的数据元素小于n个。

4) 获取缓冲区大小

kfifo提供了几个接口函数来查询环形缓冲区的状态。

```
#define kfifo_size(fifo)
#define kfifo_len(fifo)
#define kfifo_is_empty(fifo)
#define kfifo_is_full(fifo)
```

其中，kfifo_size() 用来获取环形缓冲区的大小，也就是最大可以容纳多少个数据元素；kfifo_len() 用来获取当前环形缓冲区中有多少个有效数据元素；kfifo_is_empty() 判断环形缓冲区是否为空；kfifo_is_full() 判断环形缓冲区是否为满。

5) 与用户空间数据交互

kfifo 还封装了两个函数与用户空间数据交互。

```
#define kfifo_from_user(fifo, from, len, copied)
#define kfifo_to_user(fifo, to, len, copied)
```

kfifo_from_user() 是把 from 指向的用户空间的 len 个数据元素复制到 kfifo 中，最后一个参数 copied 表示成功复制了几个数据元素；kfifo_to_user() 则相反，把 kfifo 的数据元素复制到用户空间。这两个宏结合了 copy_to_user()、copy_from_user() 以及 kfifo 的机制，给驱动开发者提供了方便。

3. 映射

Linux 系统中的许多资源都用整数 id 标识，如进程 pid、文件描述符 id，等等。使用一个整数标识资源的确非常简洁，但是一个整数能够记录表达的信息太有限了，所以整数 id 的背后常常都有一个结构体与之对应。例如，每个进程 id 都对应着一个巨大的 task_struct 结构体记录着进程的资源。

那么，整数 id 该如何与结构体对应起来呢？这个问题可以简化为如何将两个整数对应起来。因为只要能根据整数 id 找到结构体的地址就可以了，而结构体的地址也是一个整数。

要解决这个问题，首先就需要选择一个数据结构。如果使用数组进行索引，一旦 id 很大，那数组也必须得很大，这样会占据大量的内存空间，所以数组显然是不合适的。而如果使用链表进行索引，则又会有查找效率问题，毕竟链表只能线性遍历查找。

映射就非常适合解决这样的问题。映射其实就是将要保存的数值(例如结构体指针)与另一个数关联起来，所谓的“另一个数”常常被称作“键值”。映射一般至少要支持三个模块：

```
* add(key, value)          // 增加映射
* remove(key)              // 删除映射
* value = lookup(key)      // 根据键查找数值
```

Linux 内核实现映射的目标很简单：就是将指针与一个唯一标识数 (UID) 对应起来。为此，Linux 内核不仅实现了映射的三个标准模块外，还提供了自动产生 UID 的模块。这么看来，内核实现的映射更像是一种“定制化”的，而不是通用的映射。

1) 初始化一个 idr

建立一个 idr 的过程分两步，先静态定义或者动态创建一个 idr 数据结构，然后调用 idr_init()。

```
struct idr id;  // 静态定义 idr 结构体
idr_init(&id);  // 初始化 idr 结构体
```

2) 分配一个 UID

分配一个新的 UID 也分为两步：

(1) 告诉 idr 需要分配新的 UID，调整后备树的大小。例如：

```
int idr_pre_get(struct idr *idp, gfp_t gfp_mask);
                                    // 注意该函数成功时返回 1，失败时返回 0
```

(2) 获取新的 UID。例如：

```
int idr_get_new(struct idr *idp, void *ptr, int *id);
```

该方法使用 idp 指向的 idr 分配新的 UID，并将其关联到指针 ptr 上。成功时返回 0，并将分配的 UID 存在 id 上；错误时返回非 0 的错误码，-EAGAIN 表示需要再次调用 idr_pre_get()，-ENOSPC 表示 idr 已满。例如：

```
do {
   if (!idr_pre_get(&idp, GFP_KERNEL))
      return -ENOSPC;
      ret = idr_get_new(&idp, ptr, &id);
      printk(KERN_ALERT "id = %d\n", id);
} while(ret = = -EAGAIN);
```

3) 查找 UID

在 idr 中查找 UID，idr 返回对应的指针。

```
void *idr_find(struct idr *idp, int id);   // 查找 id 对应的指针
```

如果成功返回 id 对应的指针，失败则返回空指针。

4) 移除 UID

从 idr 中移除 UID。

```
void idr_remove(struct idr *idp, int id);  // 移除 id
void idr_remove_all(struct idr *idp);  // 移除所有 id
```

若成功则将 id 关联的指针和一起从映射中删除，若失败了也不会提示。

5) 撤销 idr

```
void idr_destroy(struct idr *idp); // 销毁 idr_layer 空闲链表
```

该函数会释放 idr 中未使用的内存，并不会释放已分配给 UID 使用的内存。

4. 红黑树

红黑树是一种自平衡二叉搜索树(如图1-22所示)，Linux主要的平衡二叉树数据结构就是红黑树。红黑树具有特殊的着色属性，遵循下面六个属性，能维持半平衡结构。

(1) 所有叶子节点要么着红色，要么着黑色。

(2) 叶子节点都是黑色。

(3) 叶子节点不包含数据。

(4) 所有非叶子节点都有两个字节点。

(5) 如果一个节点是红色，则它的子节点都是黑色。

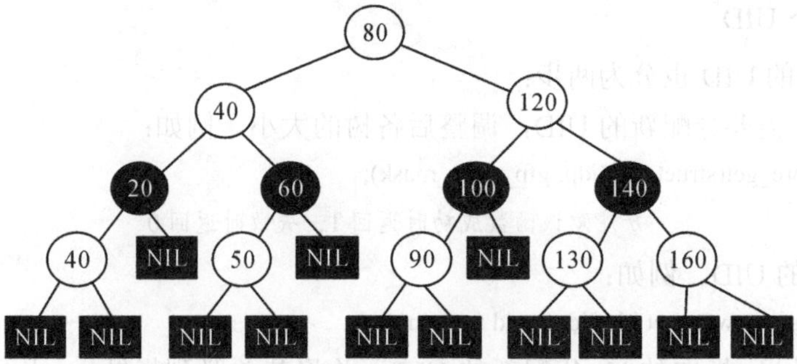

图 1-22　红黑树

(6) 在一个节点到其叶子节点的路径中，如果总是包含同样数目的黑色节点，则该路径相比其他路径是最短的。

上述条件保证了最深叶子节点的深度不会大于两倍的最浅叶子节点的深度，所以红黑树总是半平衡的。Linux 实现的红黑树称为 rbtree，分别声明和定义在 <linux/rbtree.h> 和 lib/rbtree.c 中。

rbtree 的根节点由数据结构 rb_root 描述，创建一个红黑树，要分配一个新的 rb_root 结构，并且需要初始化为特殊值 RB_ROOT。

```
struct rb_root root = RB_ROOT;
```

树里其他节点由结构 rb_node 描述。

rbtree 的实现并没有提供搜索和插入例程，这些例程由 rbtree 的用户自己定义，可以使用 rbtree 提供的辅助函数，但要自己实现比较操作。

5. 数据结构的选择

链表：对数据集合的主要操作是遍历数据时，就用链表；当需要存储相对较少的数据项，或当用户需要和内核中其他使用链表的代码交互时，首选链表。如果存储的大小不明的数据集合，链表更合适，可以动态添加任何数据类型。

队列：如果代码符合生产者/消费者模式，就用队列。如果用户想用一个定长缓冲，队列的添加和删除操作简单有效。

映射：如果需要映射一个 UID 到一个对象，就用映射。Linux 的映射接口是针对 UID 到指针的映射，并不适合其他场景。

红黑树：如果需要存储大量数据，并且迅速检索，用红黑树最好；但如果没有执行太多次时间紧迫的查找操作，则红黑树不是最好选择，可以用链表。

小　结

操作系统是计算机裸机上的第一层软件，它管理计算机系统中的软、硬件资源，控制程序的正常运行，提供良好的人机接口并且为其他软件提供必要的支持。操作系统的设计目标主要是方便性、高效性、易于维护、开放性等。

操作系统作为一类系统软件，它使计算机系统能够方便高效地被使用。它的主要功能包括处理器管理、存储器管理、设备管理、文件管理、用户接口等。

操作系统的形成和发展与计算机硬件和其他软件的发展密切相关。操作系统先后经历了无操作系统阶段、监督程序阶段、多道程序系统阶段与高速发展阶段。操作系统与硬件的对应关系为：

第一代计算机，无操作系统。

第二代计算机，监督程序阶段(出现了批处理系统)。

第三代计算机，基于多道程序系统的通用操作系统出现。

第四代计算机，操作系统进入高速发展阶段，出现了分时系统、实时系统、嵌入式系统以及云操作系统。

Linux 操作系统是开放源代码的、并可以自由传播的类 Unix 操作系统。其在设计之初，就是基于 Intel x86 系列 CPU 架构的计算机的。它是一个基于 POSIX 的多用户、多任务并且支持多线程和多 CPU 的操作系统。

相对于用户空间内应用程序的开发，Linux 内核在开发上存在一些差异，特别需要留意的是：内核编程时既不能访问 C 库也不能访问标准的 C 头文件；缺乏内存保护机制；难以执行浮点运算；内核只分配给每个进程很小的定长堆栈；由于内核支持异步中断、抢占和 SMP，因此必须时刻注意同步和并发；要考虑可移植的重要性。

在开发内核时，需要选择合适的数据结构，每种数据结构都有自己的特点，应当根据需求按照高效率、低消耗的原则进行选择。

习　题

1. 指令在计算机系统中是如何执行的？请简述执行过程。
2. 操作系统在计算机系统中的地位是什么？
3. 操作系统为用户提供了哪些接口？它们是如何工作的？
4. 多道程序系统的主要特点是什么？
5. 什么是计算机操作系统？它的主要功能包括哪些？
6. 嵌入式操作系统的主要特点是什么？
7. 实时操作系统的主要特点是什么？
8. 批处理系统有什么优势？在现代操作系统中，它还有用武之地吗？
9. 嵌入式操作系统和物联网操作系统的区别与联系是什么？请谈谈你的理解。
10. Linux 内核开发时需要注意什么问题？
11. Linux 操作系统内核数据结构选择的原则是什么？
12. 谈谈你对未来国产操作系统发展的看法与建议。

第 2 章　操作系统的结构

在操作系统设计之初，用户对系统有普遍的性能需求：系统应该便于使用、易于学习且可靠、安全和快速，等等。研发人员为设计、创建、维护和运行操作系统，也可定义一组相似要求：操作系统应易于设计、实现和维护，也应灵活、可靠、正确且高效。但是这些要求在系统设计时并不明确，用户与研发人员的立场不一样，尽管要求相似，但是实现起来结果可能大相径庭。

1．机制与策略

Unix/Linux的接口设计有一句通用的格言“提供机制而不是策略”。区别对待机制(Mechanism)和策略(Policy)是操作系统设计的一种非常有效的思路。大部分的编程问题都可以被切割成两个部分：需要提供什么功能(机制)和怎样实现这些功能(策略)。如果程序可以由独立的部分分别完成机制与策略的实现，那么开发软件就更加容易，也更加容易适应不同的需求。

如果说机制是一种框架，那么策略就是填充框架的一个个具体的实体。机制提供的是一种开放而宽松的环境，而策略就是在这个环境下赖以生存的生命个体。大部分策略与机制的定义区别是，策略是描述如何实现什么功能，机制则是需要实现怎样的功能。从功能性的角度看，策略处理的是 HOW 问题，而机制处理的是 WHAT 问题。例如，定时器是一种保护 CPU 的机制，但是为某个特定用户应将定时器设置成多长时间，就是一个策略问题。

对于灵活性，策略与机制的分离至关重要。策略可随时间或地点而改变。在最坏情况下，每次策略的改变都可能需要改变底层机制而对策略改变不敏感的通用机制将是更可取的。这样策略的改变只需重新定义一些系统参数。

2. 系统实现

在操作系统框架设计好之后，就应加以实现。一个完整的操作系统由许多程序组成，且由许多人员共同编写完成。

早期，操作系统是用汇编语言编写的。现在，虽然有的操作系统仍然用汇编语言编写，但是大多数都是C语言或C++语言来编写的。实际上，操作系统可用多种语言来编写。内核的最底层可以采用汇编语言；高层函数可用C语言；系统程序可用C语言或 C++语言，也可用解释型脚本语言如 PERL 或Python，还可用外壳脚本。Linux 和 Windows 操作系统内核主要用C语言编写，尽管有小部分是用汇编语言来编写的、用于设备驱动程序与保存和恢复寄存器状态的代码。

采用高级语言实现操作系统的优势与用高级语言来编写应用程序相同：代码编写更快，更为紧凑，更容易理解和调试。另外，编译技术的改进使得只要通过重新编译，就可改善整个操作系统的生成代码。最后，如果用高级语言来编写，那么操作系统更容易移植到其他硬件中。

与其他系统一样，操作系统的重大性能改善很可能是来源于更好的数据结构和算法，而不是优秀的汇编语言代码。另外，虽然操作系统很大，但是只有小部分代码对高性能是关键的，如中断处理器、I/O 管理器、内存管理器及 CPU 调度器等可能就是关键部分。在系统编写完并能正确工作后，可找出瓶颈程序，并用相应汇编语言程序来替换。

2.1　操作系统接口

操作系统为用户提供方便的、有效的、友善的服务界面。现代操作系统至少会提供两种类型的接口供用户使用：命令接口与系统调用。

命令接口通常面向的主体对象是非计算机专业用户，他们可以通过命令界面或者图形界面来操作或使用计算机；系统调用通常是操作系统提供给专业用户(程序开发员)的接口，通过该接口，专业用户可以使用计算机系统底层的代码来完成程序编码设计工作。

2.1.1　命令接口基本概念

操作系统的命令接口通常呈现给用户两种形态：命令行界面 (Command-Line Interface, CLI) 与图形用户界面 (Graphic-User Interface, GUI)。命令行界面是在图形用户界面得到普及之前使用最为广泛的用户界面，它通常不支持鼠标，用户通过键盘输入指令，计算机接收到指令后，予以执行。也有人称之为字符用户界面。

通常认为，命令行界面没有图形用户界面那么方便用户操作。因为命令行界面的软件通常需要用户记忆操作的命令，但是，由于其本身的特点，命令行界面要比图形用户界面节约计算机系统的资源。在熟记命令的前提下，使用命令行界面往往要较使用图形用户界面的操作速度快得多。所以，在图形用户界面的操作系统中都保留着可选的命令行界面。

图形用户界面利用桌面(Desktop)概念，即采用基于鼠标的视窗和菜单系统来操作计算机。用户移动鼠标，定位指针到屏幕(桌面)上的图标，而这些图标代表程序、文件、目录和系统功能。根据鼠标指针的位置，按下鼠标按钮可以调用程序选择文件和目录，或打开菜单命令。

传统而言，Unix 系统主要采用命令行界面。不过，现在有多种图形用户界面，包括公共桌面环境 (Common Desktop Environment，CDE) 和 X 视窗 (X-Windows) 系统，常用于商用版本的 Unix，如 Solaris 和 IBM AIX 系统。

选择命令行界面或图形用户界面主要取决于各人喜好。管理计算机的系统管理员和对速度要求较高的用户经常使用命令行界面，因为这样效率更高。事实上，有的系统只有部分功能可通过图形用户界面使用，而其他不常用的功能则可以通过命令行来使用。

2.1.2　Linux 的命令接口

Linux为使用者提供了图形用户界面(如图2-1所示)和命令行界面(如图2-2所示)，但是很多操作依然需要命令行界面的操作才能完成，很多人使用起来比较蹩脚，又因为Linux平台的个人应用APP相对较少，使得个人PC安装了Linux后使用不方便，所以Linux

一直没有在个人PC方面有大的突破。但是对于服务器来说，Linux提供了大量应用服务，相对于Windows来说免费且系统更加高效，并且由专业人员来进行维护，所以被服务器广泛应用；而且因为命令界面使用内存较少，为了追求资源最大化，所以很多Linux操作系统在安装的时候只保留了命令行界面。通过命令行界面，用户可以输入各种命令、指令操纵系统完成特定的要求。这个过程是通过Shell来实现的。

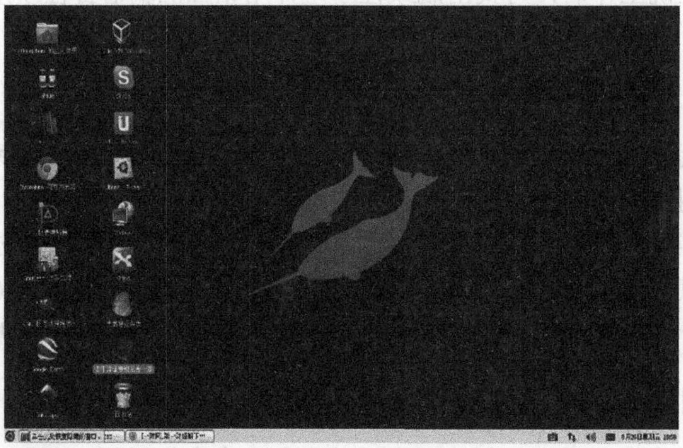

图 2-1　Linux 图形用户界面

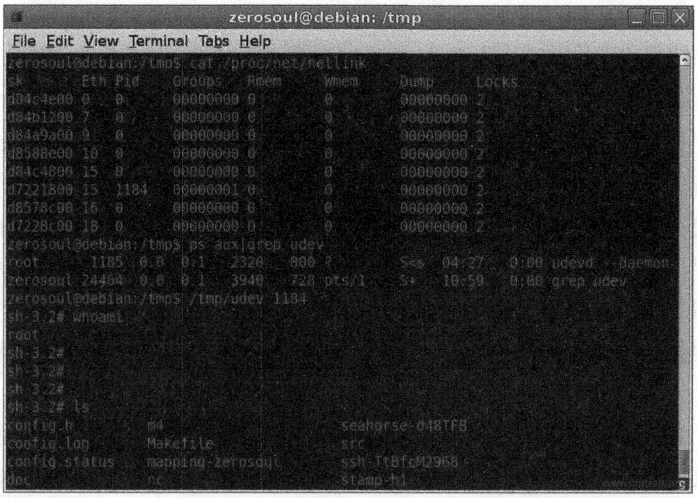

图 2-2　Linux 命令行界面

Shell 是命令解释器，它连接了用户和 Linux 内核。Shell 将用户程序及其输入翻译成操作系统内核能够识别的指令，并且操作系统内核执行完将返回的输出通过 Shell 再呈现给用户，让用户能够更加高效、安全、低成本地使用 Linux 内核，这就是 Shell 的本质。

Shell 本身并不是内核的一部分，它只是站在内核的基础上编写的一个应用程序，它和 QQ、迅雷、Firefox 等其他软件没有什么区别。Shell 的特殊性就是开机立刻启动，并呈现在用户面前；用户通过 Shell 来使用 Linux，不启动 Shell，用户就没办法使用 Linux。

在 Shell 中输入的命令，有一部分是 Shell 本身自带的，叫作内置命令；有一部分是其他的应用程序 (一个程序就是一个命令)，叫作外部命令。

Shell 本身支持的命令并不多，功能也有限，但是 Shell 可以调用其他程序，每个程序就是一个命令，这使得 Shell 命令的数量可以无限扩展，其结果就是 Shell 的功能非常强大，完全能够胜任 Linux 的日常管理工作，如文本或字符串检索、文件的查找或创建、大规模软件的自动部署、更改系统设置、监控服务器性能、发送报警邮件、抓取网页内容、压缩文件等。可以将 Shell 在整个 Linux 系统中的地位描述成图 2-3 所示的样子。注意："用户"和"其他应用程序"是通过虚线连接的，因为用户启动 Linux 后直接面对的是 Shell，通过 Shell 才能运行其他应用程序。

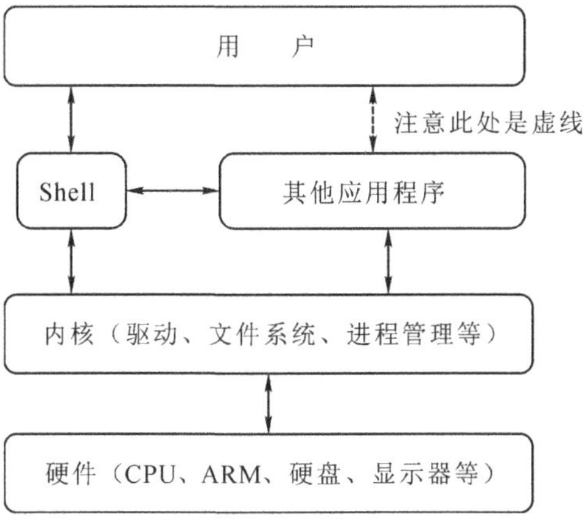

图 2-3 Shell 在 Linux 中的地位

2.2 系统调用

操作系统的主要功能是为管理硬件资源和为应用程序开发人员提供良好的环境，以使应用程序具有更好的兼容性，为了达到这个目的，内核提供一系列具备预定功能的多内核函数，通过一组称为系统调用 (System call) 的接口呈现给用户。系统调用把应用程序的请求传给内核，调用相应的内核函数完成所需的处理，并将处理结果返回给应用程序。

2.2.1 系统调用的基本原理

现代的操作系统通常都具有多任务处理的功能，通常靠进程来实现。由于操作系统快速地在每个进程间切换执行，所以看起来就会像是同时发生的。这也带来了很多安全问题。例如，一个进程可以轻易地修改进程的内存空间中的数据来使另一个进程异常或达到一些目的，因此操作系统必须保证每一个进程都能安全地执行。这一问题的解决方法是在处理器中加入基址寄存器和界限寄存器。这两个寄存器中的内容用硬件限制了对储存器的存取指令所访问的储存器的地址。这样就可以在系统切换进程时写入这两个寄存器的内容，从而避免恶意软件越界访问。

为了防止用户程序修改基址寄存器和界限寄存器中的内容来达到访问其他内存空间的目的，这两个寄存器必须通过一些特殊的指令来访问。通常，处理器设有两种模式：用户模式与内核模式，通过一个标签位来鉴别当前正处于什么模式。一些诸如修改基址寄存器内容的指令只有在内核模式中可以执行，而处于用户模式的时候硬件会直接跳过这个指令并继续执行下一个。

同样，为了安全问题，一些I/O操作的指令都被限制在只有内核模式可以执行，因此操作系统有必要提供接口来为应用程序提供诸如读取磁盘某位置的数据的操作，这些接口就被称为系统调用。

当操作系统接收到系统调用请求后，会让处理器进入内核模式，从而执行诸如I/O操作、修改基址寄存器内容等指令，而当处理完系统调用内容后，操作系统会让处理器返回用户模式来执行用户代码。

我们通过一个例子来看看如何使用系统调用：编写一个简单程序，从一个文件读取数据并复制到另一个文件。

首先，程序需要输入两个文件名称：输入文件名称和输出文件名称。这些名称有许多不同的给定方法，这取决于操作系统设计。一种方法是，让程序询问用户这两个文件名称。对于交互系统，该方法包括一系列的系统调用：先在屏幕上输出提示信息，再从键盘上读取定义两个文件名称的字符。对于基于鼠标和图标的系统，一个文件名称的菜单通常显示在窗口内，用户通过鼠标选择源文件名称，另一个类似窗口可以用来选择目的文件名称。这个过程需要许多I/O系统调用。

在得到两个文件名称后，该程序打开输入文件并创建输出文件。每个操作都需要一个系统调用。每个操作都有可能遇到错误情况，进而可能需要其他系统调用。

例如，当程序设法打开输入文件时，它可能发现该文件不存在或者该文件受保护而不能访问。在这些情况下，程序应在控制台上打印出消息(另一系列系统调用)，并且非正常地终止(另一个系统调用)。如果输入文件存在，那么必须创建输出文件。可能发现具有同一名称的输出文件已存在。这种情况可以导致程序终止(一个系统调用)，或者可以删除现有文件(另一个系统调用)并创建新的文件(另一个系统调用)。对于交互系统，另一选择是询问用户(一系列的系统调用以输出提示信息并从控制台读入响应)是否需要替代现有文件或终止程序。现在两个文件已设置好，可进入循环，以读取输入文件(一个系统调用)，并写到输出文件(另一个系统调用)。每个读和写都应返回一些关于各种可能错误的状态信息。对于输入，程序可能发现已经到达文件的结束，或者在读过程中发生了硬件故障(如奇偶检验错误)。对于写操作，也可能出现各种错误，这取决于输出设备(如没有磁盘空间)。

在复制了整个文件后，程序可以关闭两个文件(另一个系统调用)，在控制台或视窗上写一个消息(更多系统调用)，最后正常结束(最后一个系统调用)。图2-4显示了这个系统的调用序列。

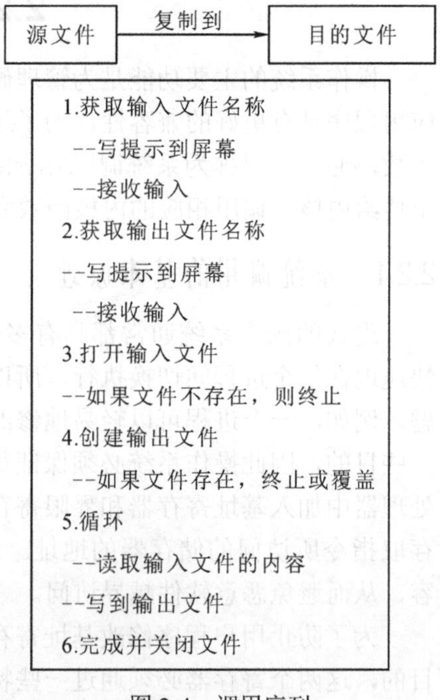

图2-4　调用序列

2.2.2　系统调用与 API 的关系

正如以上所述，即使简单程序也可能大量使用操作系统。通常，系统每秒执行成千上万的系统调用。不过，大多数程序员不会看到这些细节。通常，应用程序开发人员根据应用编程接口(Application Programming Interface，API)来设计程序。API 为方便应用程序员规定了一组函数，包括每个函数的输入参数和返回值(程序员所想得到的)。有三组常见 API 可为应用程序员所用：适用于 Windows 系统的 Windows API、适用于 POSIX 系统的 POSIX API(这包括几乎所有版本的 Unix、Linux 和 Mac OS X)以及适用于Java虚拟机的 Java API。程序员通过操作系统提供的函数库来调用 API。

在后台，API 函数通常为应用程序员调用实际的系统调用。例如，Windows 函数 Create Process() (显然用于创建一个新进程)实际调用 Windows 内核的系统调用 NTCreateProcess()。

为什么应用程序员更喜欢根据 API 来编程，而不是采用实际系统调用呢？这么做有多个原因。一个好处是涉及程序的可移植性。应用程序员根据 API 设计程序，希望程序能在任何支持同一 API 的系统上编译并执行(虽然在现实中体系差异往往使这一点更困难)。再者，对应用程序员而言，实际系统调用比 API 更为注重细节且更加难用。尽管如此，在 API 的函数和内核中的相关系统调用之间常常还是存在紧密联系的。事实上，许多 POSIX 和 Windows 的 API 还是类似于 Unix、Linux 和 Windows 操作系统提供的系统调用。

2.2.3　系统调用的工作过程

对于大多数的程序设计语言，运行时支持系统 (由编译器直接提供的函数库) 提供了系统调用接口 (System-call Interface)，以链接到操作系统的系统调用。系统调用接口截取 API 函数的调用，并调用操作系统中的所需系统调用。通常，每个系统调用都有一个相关数字，而系统调用接口会根据这些数字来建立一个索引列表。系统调用接口就可调用操作系统内核中的所需系统调用，并返回系统调用状态与任何返回值。

调用者无需知道如何实现系统调用，而只需遵循 API，并知道在使用系统调用后操作系统做了什么。因此，通过 API，操作系统接口的大多数细节可隐藏起来，且可由运行库来管理。API、系统调用接口和操作系统之间的关系如图 2-5 所示，它说明在用户应用程序调用了系统调用 open() 后，操作系统是如何处理的。

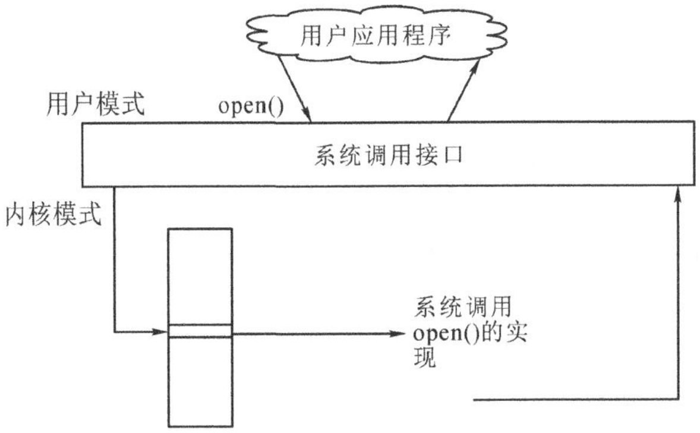

图 2-5　用户应用程序调用系统调用 open() 的处理

系统调用因所用计算机的不同而不同。通常，除了所需的系统调用外，还要提供其他信息。这些信息的具体类型和数量根据特定操作系统和调用而有所不同。例如，为了获取输入，可能需要指定作为源的文件或设备以及用于存放输入的内存区域的地址和长度。当然，设备或文件和长度也可以隐含在调用内。

有时候，系统调用和其他普通函数调用类似，还需要提供参数，这些参数如何传递给处理机构的呢？向系统传递参数有三种常用方法：

(1) 直接通过寄存器来传递参数。不过，有时参数数量会比寄存器多。这时，直接传递参数的方式就行不通了。

(2) 当参数数目比较多的时候，这些参数通常存在内存的某个区域中，内存地址通过寄存器来传递。Linux 和 Solaris 就采用这种方法。

(3) 参数也可通过程序压入堆栈，并通过操作系统弹出。

有的系统偏爱内存区域或堆栈方法，因为这些方法并不限制传递参数的数量或长度。

2.3 操作系统结构

2.3.1 整体式结构

早期操作系统设计中所采用的是整体式结构方法，即首先确定操作系统的总体功能，然后将总功能分解为若干个子功能，实现每个子功能的程序称为模块；再按照功能将上述每个大模块分解为若干个小模块，如此进行下去。

这种早期的整体式结构的最大优点就是接口简单直接，系统效率高，但是却有很多的缺点，既没有可读性，也不具备可维护性。一旦某一个过程出了问题，凡是与之存在调用关系的过程都要修改，所以给调试和维护人员带来许多麻烦，有时为了修改系统中的错误还不如重新设计开发一个操作系统。因此，这种早期的整体式结构已经被淘汰了。

2.3.2 层次式结构

单体系统进一步通用化，就变成一个层次式结构的操作系统，它的上层软件都是在下一层软件的基础之上构建的。所谓的层次式结构，就是把操作系统所有的功能模块按照功能调用次序分别排成若干层，各层之间的模块只有单向调用关系(例如，只允许上层或外层模块调用下层或内层模块，如图2-6所示)。分层的优点是：

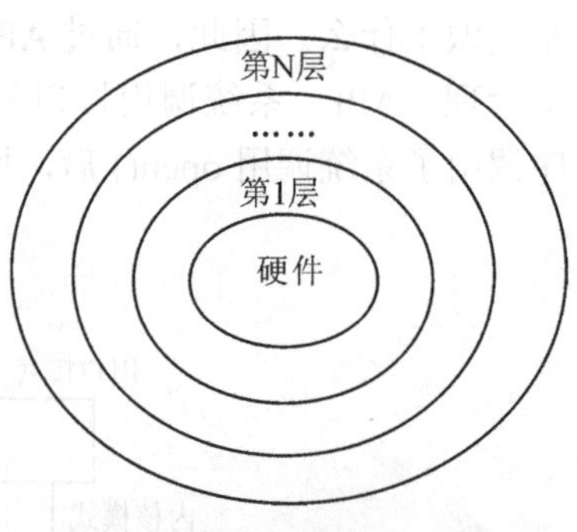

图 2-6　层次式结构示意图

(1) 把功能实现的无序性改成有序性，可显著提高设计的准确性。

(2) 把模块间的复杂依赖关系改为单向依赖关系，即高层软件依赖于低层软件。

分层法的主要困难涉及对层的详细定义，这是因为一层只能使用其下的较低层。例如：用于备份存储的设备驱动程序必须位于内存管理子程序之下，因为内存管理需要能使用磁盘空间，如虚拟内存算法需要使用磁盘空间。

2.3.3　微内核

操作系统的体系结构是一个开放性的问题。操作系统在内核态为应用程序提供公共的服务，那么操作系统在内核态应该提供什么服务、怎样提供服务？有关这个问题的回答形成了两种主要的体系结构：大内核和微内核。

大内核系统将操作系统的主要功能模块都作为一个紧密联系的整体运行在内核态，从而为应用提供高性能的系统服务。因为各管理模块之间共享信息，能有效利用相互之间的有效特性，所以具有无可比拟的性能优势。

但随着体系结构和应用需求的不断发展，需要操作系统提供的服务越来越多，而且接口形式越来越复杂，操作系统的设计规模也急剧增长，操作系统也面临着“软件危机”困境。为此，操作系统设计人员试图按照复杂性、时间常数、抽象级别等因素，将操作系统内核分成基本进程管理、虚存、I/O 与设备管理、IPC、文件系统等几个层次，继而定义层次之间的服务结构，以提高操作系统内核设计上的模块化。但是由于层次之间的交互关系错综复杂，定义清晰的层次间接口非常困难，复杂的交互关系也使得层次之间的界限极其模糊。

为解决操作系统的内核代码难以维护的问题，于是提出了微内核的体系结构。它将内核中最基本的功能保留在内核，而将那些不需要在内核态执行的功能移到用户态执行，从而降低了内核的设计复杂性。而那些移出内核的操作系统代码根据分层的原则被划分成若干服务程序，它们的执行相互独立，交互则都借助于微内核进行通信，如图 2-7 所示。

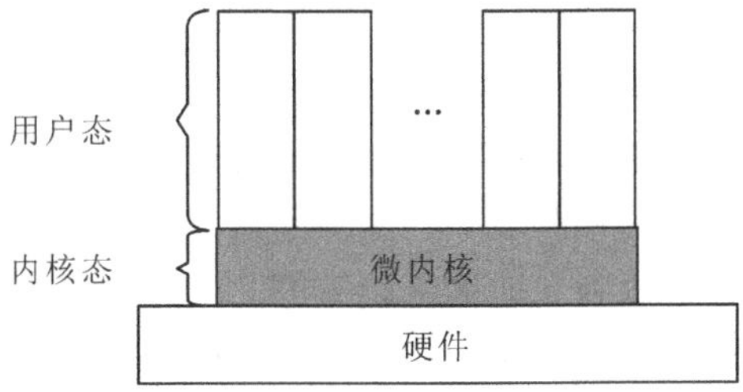

图 2-7　微内核结构

微内核必须包括直接依赖于硬件的功能，以及那些支持服务程序的应用程序在用户态下运行的功能。这些功能通常可以分为低级存储管理、进程间通信 (IPC) 以及 I/O 和中断管理。

1. 低级存储管理

微内核必须控制硬件概念上的地址空间，使操作系统可以在进程级实现保护，微内核只要负责把每个虚拟页映射到一个物理页框，而且存储管理的大部分功能，包括保护一个进程的地址空间免于另一个进程的干涉，页面置换算法以及其他分页逻辑都可以在内核外实现。例如，微内核外面的虚拟存储模块确定什么时候把某一页调入内存以及把已经在内存中的哪一页换出。微内核把这些页面映射到内存中的一个物理地址。

图 2-8 显示了一个外部页面调度程序的操作过程。当应用程序中的一个线程引用了不在内存中的一页时，会发生缺页中断并陷入到内核；内核给页面调度程序所在的进程发送一条消息，标明引用的是哪一个页；页面调度程序决定装载该页面并为此分配一个页框。

页面调度程序和内核必须发生交互，以便把页面调度程序的逻辑操作映射到物理内存。一旦该页可用，页面调度程序就给应用程序发一条恢复执行的消息。

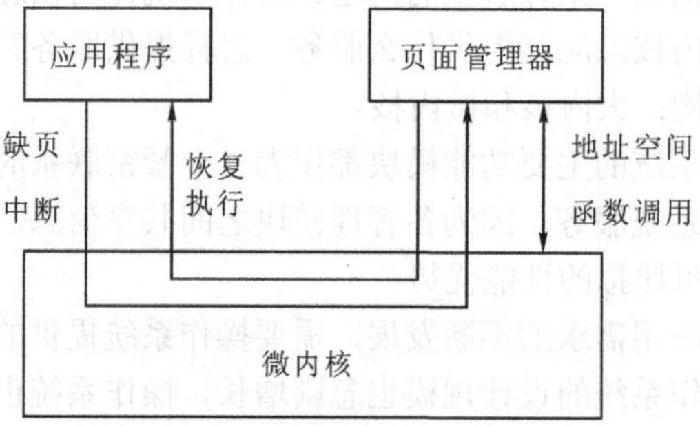

图 2-8 微内核页面调度示意图

2. 进程间通信

微内核操作系统中进程之间或线程之间进行通信的基本形式是消息。消息由消息头和消息体组成。消息头描述发送消息和接收消息的进程；消息体中含有数据，或者指向一个数据库的指针，或者关于进程的某些控制信息。典型情况下，认为进程间通信是基于进程间相关联的端口，端口实际上是发往某个特定进程的消息队列。端口的标识和功能由内核维护，通过给内核发送一条指明新端口功能的消息，进程就允许对自身授权新的访问。

3. I/O 和中断管理

微内核识别中断但不处理中断，它产生一条消息给与该中断相关联的用户级进程。当允许一个中断时，一个特定的用户级进程被指派给这个中断，并且由内核维护这个映射，把中断转换为映射的工作由微内核完成，但微内核不涉及设备专用的中断处理。

微内核结构有效地分离了内核与服务、服务与服务，使它们之间的接口更加清晰，维护的代价大大降低，各部分可以独立地优化和演进，从而保证了操作系统的可靠性。

微内核结构的最大问题是性能问题，因为需要频繁地在核心态和用户态之间进行切换，造成操作系统的执行开销偏大。因此有的操作系统将那些频繁使用的系统服务又移回内核，从而保证系统性能。但是有相当多的实验数据表明，体系结构不是引起性能下降的主要因素，体系结构带来的性能提升足以弥补切换开销带来的缺陷。为减少切换开销，也有人提出将系统服务作为运行库链接到用户程序的一种解决方案，这样的体系结构称为库操作系统。

微内核设计背后的核心是为了实现高可靠性，即将操作系统划分成小的、良好定义的模块，只有其中一个模块——微内核运行在内核态上，其余的模块由于功能相对弱些，则作为普通用户进程运行。特别是由于把每个设备驱动和文件系统分别作为普通用户，这些模块中的错误虽然会使这些模块崩溃，但是不会使整个系统死机。微内核在实时、工业、航空以及军事应用中特别流行。

2.3.4 模块化结构

模块化结构是指利用面向对象编程技术来生成模块化的内核。其全称为动态可加载模块化结构，如图 2-9 所示。Linux 就是一个典型的模块化结构操作系统，内核之所以提供模块机制，是因为它本身是一个单内核 (Monolithic Kernel)。单内核的最大优点是效率高，

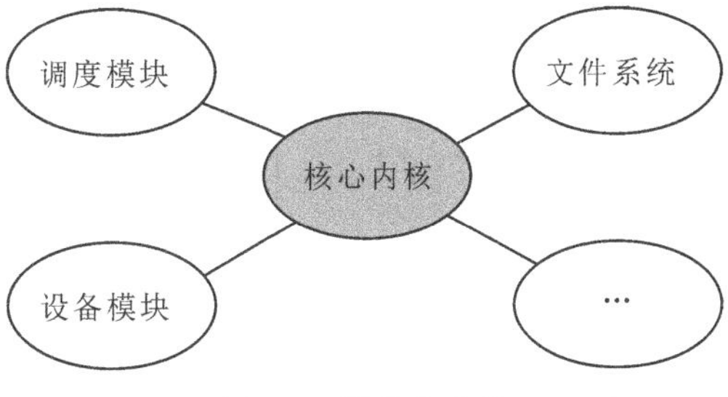

图 2-9　模块化结构

因为所有的内容都集成在一起；其缺点是可扩展性和可维护性相对较差。模块机制就是为了弥补这一缺陷。

模块是具有独立功能的程序，它可以被单独编译，但不能独立运行。它被链接到内核并作为内核的一部分在其间运行，这与运行在用户空间的进程是不同的。模块通常由一组函数和数据结构组成，用来实现一种文件系统、一个驱动程序或其他内核上层的功能。但是Linux内核是由模块化组成的，它允许内核在运行时动态地向其中插入或从中删除代码。这些代码(包括相关的子线程、数据、函数入口和函数出口)被一并组合在一个单独的二进制镜像中，即所谓的可装载内核模块中，或简称为模块。支持模块的好处是基本内核镜像尽可能的小，因为可选的功能和驱动程序可以利用模块形式再提供。模块允许用户方便地删除和重新载入内核代码，也方便了调试工作。而且当热插拔新设备时，可通过命令载入新的驱动程序。

总的来说，利用内核模块的动态装载性具有以下优点：

(1) 将内核镜像的尺寸保持在最小，并具有最大的灵活性。

(2) 便于检验新的内核代码，而不需重新编译内核并重新引导。

但是，内核模块的引入也带来许多问题，如装入的内核模块和其他内核部分一样，具有相同的访问权限，因此，差的内核模块会导致系统崩溃。此外，为了使内核模块访问所有内核资源，内核必须维护符号表，并在装入和卸载模块时修改这些符号表；同时有些模块要求利用其他模块的功能，因此，内核要维护模块之间的依赖性。

尽管内核模块的引入带来不少问题，但是模块机制确实是扩充内核功能一种行之有效的方法，也是在内核级进行编程的有效途径。

2.4 虚 拟 机

虚拟机 (Virtual Machine) 是指通过软件模拟的、具有完整硬件系统功能的、运行在一个完全隔离环境中的完整计算机系统。在实体计算机中能够完成的工作在虚拟机中都能够实现。在计算机中创建虚拟机时，需要将实体机的部分硬盘和内存容量作为虚拟机的硬盘和内存容量。每个虚拟机都有独立的 CMOS、硬盘和操作系统，可以像使用实体机一样对虚拟机进行操作。

2.4.1 虚拟机的实现原理

首先看一下整个虚拟机在物理机上的结构，如图 2-10 所示。

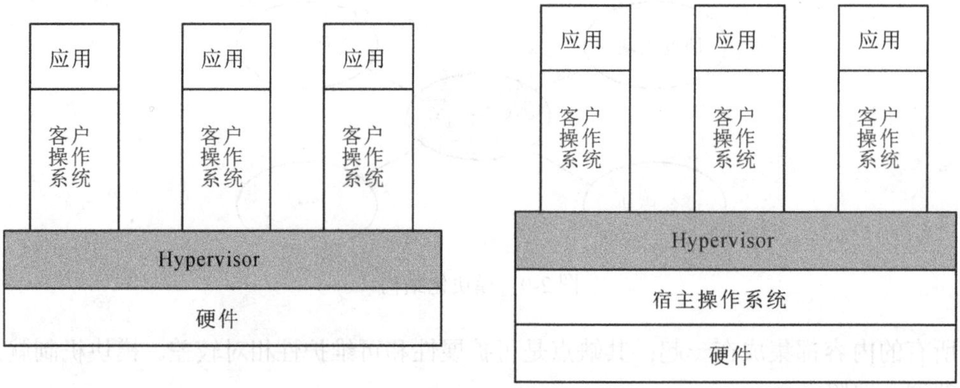

(a) 裸机型　　(b) 宿主机型

图 2-10　虚拟机结构图

每一台虚拟机都是在 Hypervisor 的基础上建立起来的。Hypervisor 是一种运行在物理服务器和操作系统之间的中间软件层，可允许多个操作系统和应用共享一套基础物理硬件，因此也可以看作是虚拟环境中的“元”操作系统；它可以协调访问服务器上的所有物理设备和虚拟机，也叫作虚拟机监视器 (Virtual Machine Monitor，VMM)。Hypervisor 是所有虚拟化技术的核心。非中断地支持多工作负载迁移的能力是 Hypervisor 的基本功能。当服务器启动并执行 Hypervisor 时，它会给每一台虚拟机分配适量的内存、CPU、网络和磁盘，并加载所有虚拟机的客户操作系统。

其实，Hypervisor 可以分为两种：

(1) 裸机型：直接运行在物理设备之上，是一种基于内核的虚拟机 (其中包括 Oracle 虚拟机、VMware ESX Server、Microsoft Hyper-V 和 Citrix Xen Server)。这种类型的 Hypervisor 所扮演的角色是一种抽象概念的 OS(如图 2-10(a) 所示)。

(2) 宿主机型：运行在宿主机器的操作系统上(如图2-10(b)所示)(VMware Workstation、Microsoft Virtual PC 和 Parallels Workstation)创建硬件全仿真实例。Hypervisor构建出一整套虚拟硬件平台(CPU/Memory/Storage/Adapter)，上面需要用户再去安装新的操作系统和需要的应用软件，这样底层和上层的OS就可以完全无关化。

两种虚拟机对比表如表 2-1 所示。

表 2-1　两种虚拟机对比表

因素	裸机型	宿主机型
性能	性能高，资源开销小，高级的资源控制	性能较差，资源开销大，有限的资源控制，虚拟机竞争资源
硬件兼容性	没有太多要求，因为虚拟化平台运行在传统操作系统之上，有操作系统硬件的驱动程序支持	运行在经过认证的有限的软、硬件集合内
易用性	安装容易，但配置很复杂	安装、使用和维护都很简单，不需要专门的技能
可靠性	可靠性高，Hypervisor 经过很多 QA(Quality-Assurance) 测试和严格的硬件认证。 直接运行在硬件上，而不是主机操作系统，减少了一个可能发生故障的组件	主机型 Hypervisor 使用通用的硬件并没有对虚拟化进行专门的测试

续表

因素	裸机型	宿主机型
成本	裸机 Hypervisor 成本却很昂贵，尤其是当用户想扩大规模并使用高级特性时。多数裸机虚拟化 Hypervisor 宣称是免费的，但是仅限于核心 Hypervisor	成本较低，许多基于主机的 Hypervisor 是免费的或者仅仅花费数百美元
可扩展性	使用裸机 Hypervisor，能够扩展到相当大的规模。如果用户的主机具有足够的硬件资源，那么用户能够轻松地在一台主机上运行数百个虚拟机。 在 vSphere 5 中单个虚拟机能够配置高达 1TB 的内存以及 32 个虚拟 CPU	非常有限的可扩展性，VMware 基于主机的虚拟化 Hypervisor VMware Workstation，仅能够支持 32 GB 的内存以及 8 个虚拟 CPU
产品	Xen，Oracle VM Server for SPARC，Oracle VM Server for x86，Microsoft Hyper-V and VMware ESX/ESXi	VMware Workstation，VMware Player，VirtualBox，Parallels Desktop for Mac and QEMU

2.4.2 虚拟机的主要实例

基于上述的许多优点，虚拟机已经成为一种解决系统兼容性的流行方法。本节主要介绍两种比较流行的虚拟机：VMware Workstation 和 Java 虚拟机。

1. VMware Workstation

VMware Workstation 是一款功能强大的桌面虚拟计算机软件，可使用户在单一的桌面上同时运行不同的操作系统进行开发、测试、部署新的应用程序。VMware Workstation 可在一部实体机器上模拟完整的网络环境，因此对于 IT 开发人员和系统管理员而言，VMware 在虚拟网络、实时快照、拖曳共享文件夹、支持 PXE 等方面的功用使它成为必不可少的工具。

VMware Workstation 可以在机器上同时运行两个或更多的 Windows、DOS、Linux、Mac 系统。假设一个软件开发人员设计了一款应用软件，并希望在 Windows、Linux、Mac 操作系统上测试。方案 1 是分别在 3 台计算机上安装 3 个操作系统，然后在每台机器上安装测试软件完成测试过程。方案 2 就是使用虚拟机技术完成测试，具体过程为：首先在计算机上安装一个 Windows 系统，然后安装一个 VMware Workstation，让 Linux、Mac 作为客户操作系统运行其上，此时，可以在同一台计算机上完成软件针对不同操作系统的测试过程。显然，方案 2 更经济、方便。

2. Java 虚拟机

Java 是由 Sun 公司推出的一款深受欢迎的面向对象的开发语言。Java 语言的一个非常重要的特点就是与平台的无关性。而使用 Java 虚拟机是实现这一特点的关键。一般的高级语言如果要在不同的平台上运行，至少需要编译成不同的目标代码。而引入 Java 语言虚拟机后，Java 语言在不同平台上运行时不需要重新编译。Java 语言使用 Java 虚拟机屏蔽了与具体平台相关的信息，使得 Java 语言编译程序只需生成在 Java 虚拟机上运行的目标代码 (字节码)，就可以在多种平台上不加修改地运行，如图 2-11 所示。Java 虚拟机在执行字节码时，把字节码解释成具体平台上的机器指令执行。

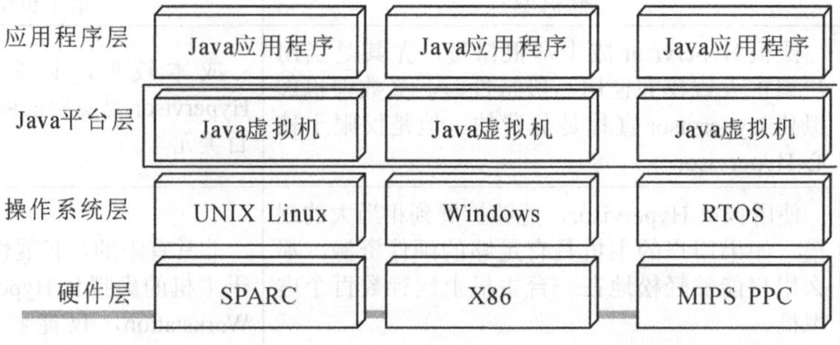

图 2-11　Java 虚拟机在系统中的地位

Java虚拟机有自己完善的硬体架构，如处理器、堆栈、寄存器等，还具有相应的指令系统。Java虚拟机屏蔽了与具体操作系统平台相关的信息，使得Java程序只需生成在Java虚拟机上运行的目标代码(字节码)，就可以在多种平台上不加修改地运行。

2.5　Linux 系统调用

OS 内核中都有一组实现系统功能的过程，系统调用就是对上述过程的调用。编程人员利用系统调用，向 OS 提出服务请求，由 OS 代为完成。

一般情况下，进程是不能够存取系统内核的。它不能存取内核使用的内存段，也不能调用内核函数，CPU 的硬件结构保证了这一点。系统调用是用户态进入内核态的唯一入口。

2.5.1　Linux 系统调用的原理

早期 Linux 中实现系统调用利用了 i386 体系结构中的软件中断，即调用了 int $0x80 汇编指令。这条汇编指令将产生向量为 128 的异常，CPU 便被切换到内核态执行内核函数，并转到了系统调用处理程序的入口：system_call()。

int $0x80 指令将用户态的执行模式转变为内核态，并将控制权交给系统调用过程的起点 system_call() 处理函数。system_call() 检查系统调用号，该号码告诉内核进程请求哪种服务。内核进程查看系统调用表 (sys_call_table) 找到所调用的内核函数入口地址，接着调用相应的函数，在返回后做一些系统检查，最后返回到进程。

为了弄清楚 Linux 系统调用的原理，首先需要对几个容易混淆的名词对比介绍一下。

1. 系统调用与普通函数调用

API 是用于某种特定目的的函数，供应用程序调用，而系统调用供应用程序直接进入系统内核。Linux 内核提供了一些 C 语言函数库，这些库对系统调用进行了一些包装和扩展，因为这些库函数与系统调用的关系非常紧密，所以习惯上把这些函数也称为系统调用。有的 API 函数在用户空间就可以完成工作，如一些用于数学计算的函数，因此不需要使用系统调用。有的 API 函数可能会进行多次系统调用，不同的 API 函数也可能会有相同的系统调用。例如，malloc()、calloc()、free() 等函数都使用相同的方法分配和释放内存。

2. 系统调用与内核函数

系统调用是用户进入内核的接口层，它本身并非内核函数，但它是由内核函数来实现的。进入内核后，不同的系统调用会找到各自对应的内核函数，这些内核函数被称为系统调用的“服务例程”。例如，系统调用 getpid 实际调用的服务例程为 sys_getpid()，或者说系统调用 getpid() 是服务例程 sys_getpid() 的封装例程。

3. 封装例程 (Wrapper Routine)

由于陷入指令是一条特殊指令，因此在依赖操作系统实现的平台如在i386体系结构中，这条指令是int $0x80(陷入指令)，不是用户在编程时应该使用的语句，因为这将使用户程序难于移植。在标准C库函数中，为每个系统调用设置了一个封装例程，当一个用户程序执行了一个系统调用时，就会调用到C函数库中的相对应的封装例程。系统调用与封装例程的关系可以参照图2-12来理解。

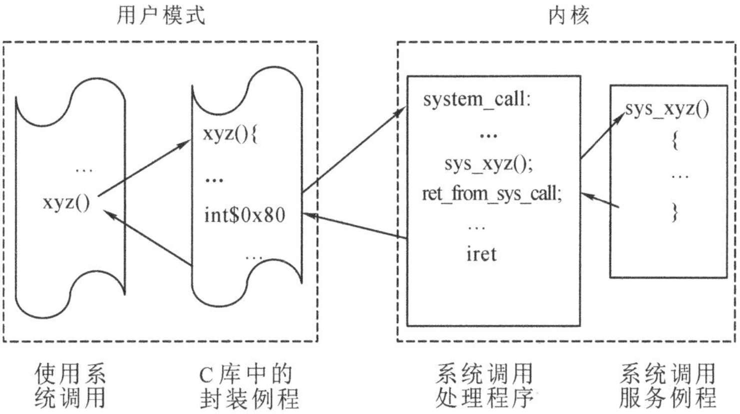

图 2-12　封装例程示意图

2.5.2　Linux 上的系统调用实现过程

要想实现系统调用，需要分成 3 个步骤完成：首先需要通知内核调用哪个系统调用，然后用户程序把系统调用的参数传递给内核，最后用户程序获取内核返回的系统调用返回值。下面看看 Linux 是如何实现这 3 个步骤的。

1. 通知内核调用哪个系统调用

每个系统调用都有一个系统调用号，系统调用发生时，内核就是根据传入的系统调用号来知道是哪个系统调用的。在 x86 架构中，用户空间将系统调用号放在 eax 中，系统调用处理程序通过 eax 取得系统调用号。系统调用号定义在内核代码 arch/alpha/include/asm/unistd.h 中，系统调用号最大为 NR_syscall，如下：

```
#define __NR_exit     1
#define __NR_fork     2
#define __NR_read     3
#define __NR_write    4
#define __NR_open     5
```

```
#define __NR_close          6
#define __NR_waitpid        7
#define __NR_creat          8
#define __NR_link           9
#define __NR_unlink         10
#define __NR_execve         11
#define __NR_chdir          12
#define __NR_time           13
…
```

内核中保存了一张系统调用表，该表中保存了系统调用编号和其对应的服务例程地址。第 n 个表项包含系统调用号为 n 的服务例程的地址。

系统调用陷入内核前，需要把系统调用号一起传入内核。而该标号实际上是系统调用表 (sys_call_table) 的下标，在 i386 上，这个传递动作是通过在执行 int $0x80 前把调用号装入 eax 寄存器来实现的。这样，系统调用处理程序一旦运行，就可以从 eax 中得到系统调用号，然后再去系统调用表中寻找相应服务例程。系统调用表 (arch/i386/kernel/entry.s) 如下：

```
ENTRY(sys_call_table)
.long SYMBOL_NAME(sys_ni_syscall)
.long SYMBOL_NAME(sys_exit)
.long SYMBOL_NAME(sys_fork)
.long SYMBOL_NAME(sys_read)
.long SYMBOL_NAME(sys_write)
.long SYMBOL_NAME(sys_open)
.long SYMBOL_NAME(sys_close)
.long SYMBOL_NAME(sys_waitpid)
.long SYMBOL_NAME(sys_creat)
.long SYMBOL_NAME(sys_link)
.long SYMBOL_NAME(sys_unlink)
.long SYMBOL_NAME(sys_execve)
.long SYMBOL_NAME(sys_chdir)
.long SYMBOL_NAME(sys_time)
.long SYMBOL_NAME(sys_mknod)
…
```

系统调用表记录了各个系统调用的服务例程的入口地址。以系统调用号为偏移量能够在该表中找到对应处理函数地址；在 linux/include/linux/sys.h 中定义的 NR_syscalls 表示该表能容纳的最大系统调用数，一般 NR_syscalls = 256。

2. 用户程序把系统调用的参数传递给内核

系统调用的参数也是通过寄存器传给内核的。在 x86 系统上，系统调用的前 5 个参数放在 ebx、ecx、edx、esi 和 edi 中，如果参数多的话，还需要用单独的寄存器存放指向所有参数在用户空间地址的指针。

一般的系统调用都是通过 C 库 (最常用的是 glibc 库) 来访问的，Linux 内核也提供了一个从用户程序直接访问系统调用的方法。内核代码 arch/cris/include/arch-v10/arch/unistd.h 里面定义了 6 个宏，分别可以调用参数个数为 0 ～ 6 的系统调用：

```
_syscall0(type,name)
_syscall1(type,name,type1,arg1)
_syscall2(type,name,type1,arg1,type2,arg2)
_syscall3(type,name,type1,arg1,type2,arg2,type3,arg3)
_syscall4(type,name,type1,arg1,type2,arg2,type3,arg3,type4,arg4)
_syscall5(type,name,type1,arg1,type2,arg2,type3,arg3,type4,arg4,type5,arg5)
_syscall6(type,name,type1,arg1,type2,arg2,type3,arg3,type4,arg4,type5,arg5,type6,arg6)
```

超过 6 个参数的系统调用很罕见，所以这里只定义了 6 个。

3. 用户程序获取内核返回的系统调用返回值

当服务例程结束时，system_call( ) 从 eax 获得系统调用的返回值，并把这个返回值存放在曾保存用户态 eax 寄存器栈单元的那个位置上，然后跳转到 ret_from_sys_call 终止系统调用处理程序的执行。其中，eax 返回时会带回系统调用的返回码 (负数说明调用错误，0 或正数说明正常完成)。

2.5.3　系统调用的实例分析

假设源文件名为 getpid.c，内容是：

```
#include <syscall.h>
#include <unistd.h>
#include <stdio.h>
#include <sys/types.h>
int main(void)
{
    long ID;
    ID = getpid();
    printf ("getpid() = %ld\n", ID);
    return(0);
}
```

执行该系统调用的过程可描述为：

(1) 该程序调用封装例程 getpid()。该封装例程将系统调用号 _NR_getpid(第 20 个) 压入 eax 寄存器。

(2) CPU 通过 int $0x80 进入内核，找到 system_call() 并调用它，然后进入内核态。

(3) 在内核中，首先执行 system_call()，接着执行根据系统调用号在调用表中查找到的、对应的系统调用服务例程 sys_getpid()。

(4) 执行 sys_getpid() 服务例程。

(5) 执行完毕后，转入 ret_from_sys_call() 例程，系统调用返回到用户态。

2.5.4 一个简单的系统调用的实现

学习了前面的基本概念之后，现在我们在内核中添加一个系统调用 mysyscall()。首先，自定义一个系统调用 mysyscall()，它的功能是使用户的 UID 等于 0；然后，编写一段测试程序进行调用。添加系统调用的步骤如下：

(1) 添加系统调用号；

(2) 在系统调用表中添加相应的表项；

(3) 实现系统调用服务例程；

(4) 重新编译内核，启动新内核；

(5) 编写一段测试程序检验实验结果。

接下来，我们来看看具体实现细节：

(1) 添加系统调用号。

它位于文件 unistd.h 中，每个系统调用号都以"_NR_"开头，系统调用的编号命名为 __NR_mysyscall。改写 /usr/include/asm/unistd.h，将 _NR_mysyscall 的相应信息添加到文件最末一行。

```
…
#define __NR_llistxattr        233
#define __NR_flistxattr        234
#define __NR_removexattr       235
#define __NR_lremovexattr      236
#define __NR_fremovexattr      237
#define __NR_mysyscall         238
```

(2) 在系统调用表中添加相应的表项。

内核中实现该系统调用的例程的名字 sys_mysyscall，于是改写 arch/i386/kernel/entry.SENTRY(sys_call_table)。

```
.long SYMBOL_NAME(sys_ni_syscall)
    …
.long SYMBOL_NAME(sys_ni_syscall)
.long SYMBOL_NAME(sys_mysyscall)

.reptNR_syscalls-(.-sys_call_table)/4
    .long SYMBOL_NAME(sys_ni_syscall)
.endr
```

(3) 实现系统调用服务例程。

把一小段程序添加在 kernel/sys.c 中。

```
asmlinkageintsys_mysyscall(void)
{
    current->uid = current->euid = current->suid = current->fsuid = 0;
```

```
        return 0;
}
```

(4) 重新编译内核，启动新内核。

(5) 编写一段测试程序检验实验结果。

```
#include <linux/unistd.h>
_syscall0(int,mysyscall)/* 注意这里没有分号 */
int main()
{
    mysyscall();
    printf( "This is my uid: %d. \n" , getuid());
}
```

如果要在用户程序中使用系统调用函数，那么在主函数 main 前必须申明调用 _syscall。本例在 mian() 函数之前声明 _syscall0(int,mysyscall)，其中 0 表示该系统调用没有参数，括号中的 int 表示系统调用的返回值为整型，mysyscall 为系统调用名。

2.6　Linux 模块的实现机制及其管理

Linux 的内核是由模块化组成的，它允许内核在运行时动态地向其中插入或删除代码，这些代码被组合在一个单独的二进制镜像中，即所谓的可装载内核模块中，或简称为模块。

从用户的角度上看，模块是内核的一个外挂的配件，需要时可将其挂接到内核上，以完成用户所要求的任务；不需要时即可将其删除。它给用户提供了扩充内核的手段。从内核的角度来看，模块由至少包括了两个函数的代码块构成，可以在运行时动态连接或删除。这个代码块一旦被连接到内核，它就可以是内核的一部分。总之，模块是一个为内核或其他内核模块提供使用功能的代码块。

在某种意义上来说，从可安装模块的角度来看，内核也是一个模块，只不过是大一些。所以说，模块就是一个已编译但未连接的可执行文件。既然把模块安装到了内核这个模块上并向内核提供服务，那么这些模块就必须有与内核交互的手段。实现两个模块之间交互的最简单的手段就是实现双方的变量和函数的共享。

为了使模块知道内核的哪些变量和函数是可以使用的，Linux 内核以“可移出”符号的形式提供了可供其他模块共享的变量和函数名称。这里所谓的“可移出”，是指外部可以引用，即暴露在内核外面的符号。而模块在需要引用内核的一个“可移出”符号时，要把该符号用 extern 声明为外部引用。为了使加载的各模块之间也可通过可移出符号进行交互，模块也可声明自己的移出符号，以供其他模块使用。所以，这些移出符号可看作是内核与模块以及模块之间的信号通路，模块之间就是通过这些内核或模块的可移出符号实现交互的。但需要注意的是，模块可以引用内核及其他模块的可移出符号，而内核不能引用模块的可移出符号。也就是说，内核与模块之间的互联是一种“单向”的互联。

下面我们来看一个简单的内核模块程序。

例程要求：编写一个模块，该模块含有一个初始化函数init_hello_module()和析构函数exit_hello_module()。在两个函数中，分别打印字符串。(注意：内核中打印语句是printk()，而不是printf()。)

hello.c 模块代码：

```
#include <linux/module.h>
#include <linux/kernel.h>

static int __initinit_hello_module(void)      //__init 进行注明
{
    printk("**************Start**************\n");
    printk("Hello World! Start of hello world module!\n");
    return 0;
}

static void __exit exit_hello_module(void)      //__exit 进行注明
{
    printk("**************End**************\n");
    printk("Hello World! End of hello world module!\n");
}

MODULE_LICENSE("GPL");          //模块许可证声明(必须要有)
module_init(init_hello_module);      //module_init() 宏，用于初始化
module_exit(exit_hello_module);      //module_exit() 宏，用于析构
```

init_hello_module() 函数是模块的入口点，它通过 module_init() 例程注册到系统中，在内核装载时被调用。代用 module_init() 实际上不是真正的函数调用，而是一个宏调用，它唯一的参数便是模块的初始化函数。

exit_hello_module() 是函数的出口函数，它由 module_exit() 例程注册到系统。在模块从内核卸载时，内核便会调用 exit_hello_module()。退出函数可能会在返回前负责清理资源，以保证硬件处于一致状态，或者做其他一些操作。

接下来需要向 Makefile 文件添加一行，编辑该文件并加入：

obj-m : = hello.o

KERNELBUILD: = /lib/modules/ $ (shell uname -r) /build

在 Makefile 中，在 obj-m : = hello.o 这句中，.o 的文件名要与编译的 .c 文件名一致。

在 Makefile 及 helloworld.c 所在目录下，直接 make，成功后查看当前目录下有无 helloworld.ko 文件产生，有则表明内核模块生成成功。

使用 insmod 命令，把此内核模块程序加载到内核中运行，并结合 lsmod 及管道命令，查看内核模块程序在内核中是否正确运行。

另开一个终端，输入 tail -n /var/log/messages，可查看此内核模块程序打印的信息。使用 rmmod 命令把之前加载的内核模块卸载掉，然后再次执行上述过程，即可看到此内核

模块程序打印的信息。

小　结

在设计操作系统时，需要兼顾不同用户的需求。追求系统的高效、方便、易于维护、可移植等性能是现代大部分操作系统的目标。通常情况下，大型机的操作系统设计的主要目的更偏重于充分优化硬件的使用率；个人计算机的操作系统设计的主要目的是为了能够满足从个人使用到商业应用的各种需求。

大部分策略与机制的定义是，策略是描述如何实现什么功能，机制则是需要实现怎样的功能。在任何一个系统中，机制都起着基础性的、根本的作用。

操作系统为用户提供两种类型的接口——命令接口与系统调用，前者的面向的对象是普通用户，通过命令行界面和图形界面使用户能方便地操作计算机；后者面向的对象主要是专业用户，通过系统调用访问底层代码。

指令的运行有两种模式：用户模式和内核模式，普通指令运行在用户模式下，当代码中使用了系统调用，系统调用中指令的运行则陷入内核模式。

系统调用与 API 函数有相似的地方，但是二者并不等同。在许多情况下，程序设计员更喜欢使用 API 函数。

常见的操作系统结构包括整体式结构、层次式结构、微内核结构、模块化结构。

整体式结构的最大优点就是接口简单直接，系统效率高，但是维护起来很麻烦；层次式结构把无序性依赖改良成有序性依赖，可显著提高设计的准确性；微内核结构提高了系统的可扩展性、可靠性与可移植性；模块化结构是扩充内核功能一种行之有效的方法，也是在内核级进行编程的有效途径。

虚拟机技术直接将宿主系统的硬件系统虚拟化供虚拟机使用。常见的虚拟机包括 VMware Workstation 与 Java 虚拟机。

Linux 的内核是由模块化组成的，它允许内核在运行时动态地向其中插入或删除代码，为用户提供了一种很方便的扩展内核功能的途径。

习　题

1. 请简要描述操作系统的设计目标是什么。
2. 举例说明机制与策略的关系。
3. 操作系统为用户提供的接口有哪几种？分别有什么特点？
4. 解释系统调用的原理及参数传递采用的形式。
5. 系统调用函数与 API 函数有什么区别与联系？
6. 简述在 Linux 系统中如何自定义实现一个系统调用。
7. 微内核结构的操作系统有什么优势？
8. 指令的执行分为用户模式与内核模式，这两种模式有什么特点？
9. 请简述你对虚拟机的理解。
10. Linux 系统内核动态模块加载机制有什么优势？

第 3 章　进程与线程

3.1　进 程 基 础

3.1.1　程序的顺序执行和并发执行

用计算机系统解决问题时需要编制程序。程序是具有特定功能的一组指令（或语句）的有限序列，是处理器执行操作的步骤。程序的执行可以分为顺序执行和并发执行两种方式。

在程序的顺序执行中，系统所有资源为这个程序独占，直至执行结束。顺序执行的程序具有顺序性、封闭性、可再现性的特点。所谓顺序性，是指处理器严格按照程序所规定的顺序运行，只有当前指令结束后，下一条指令才能开始执行。由于这时程序独占整个系统资源，所以程序执行的最终结果由给定的环境和初始条件决定，不受外界因素影响，这就是程序顺序执行的封闭性。因此，只要初始条件相同，程序每一次执行的结果都会是相同的，这就是程序执行的可再现性。

在多道程序设计的系统中，多个程序并发执行，它们共享资源，但由于资源的有限性，多道程序的并发执行过程中必然伴随着资源的共享和竞争，从而导致并发执行的每个程序的执行都可能受到其他程序的约束。比如，当一个程序请求的资源正为另一个程序所使用而暂时不能满足时，或者一个程序需要等待与之合作的另一个程序提供的数据时，都会使这个程序暂时停下来，等到条件满足后才继续执行。这样，程序的执行就是走走停停的，这就是程序并发执行时的间断性。由于并发执行的程序共享系统资源，因此这些系统资源的状态将由多个并发程序来改变，这就使程序的执行会受到其他并发执行的程序的影响，从而失去了封闭性。失去封闭性的结果就是使并发执行的程序执行的结果具有不可再现性。也就是说，虽然程序执行时的环境和初始条件都相同，但程序通过多次执行后，得到的结果却可能各不相同。

例如，有两个程序 A 和 B，它们都调用下面的过程：

```
void echo ()
{
  chin = getchar();
  chout = chin;
  putchar(chout);
}
```

当 A 和 B 并发执行时，考虑以下几种执行顺序。

顺序 1：A: chin = getchar();

A: chout = chin;

A: putchar(chout);

B: chin = getchar();

B: chout = chin;

B: putchar(chout);

则，先打印出的是 A 的数据，然后打印出 B 的数据。

顺序 2：B: chin = getchar();

B: chout = chin;

B: putchar(chout);

A: chin = getchar();

A: chout = chin;

A: putchar(chout);

则，先打印出的是 B 的数据，然后打印出 A 的数据。

顺序 3：A: chin = getchar();

A: chout = chin;

B: chin = getchar();

B: chout = chin;

A: putchar(chout);

B: putchar(chout);

则，B 的数据被显示了两次，而 A 输入的数据被 B 覆盖，在打印之前已丢失。

可见，程序并发执行时，由于失去了封闭性，程序执行的结果与程序执行的速度有关，而程序向前推进的速度是随机和不可控的，其结果不再具有可再现性。

为了使并发执行的程序具有可再现性，必须使并发执行的程序能够被管理、制约，并控制其执行速度。而程序是不具有这样的属性的，它是一个静态的概念，并且只是一组有序的指令序列。操作系统需要一个能描述程序的执行过程以及共享资源的基本单位，这个基本单位就是“进程”。

3.1.2　进程的定义与特征

进程的概念是 Multics 系统的设计者在 20 世纪 60 年代首次提出的。目前，存在进程的多种定义：

(1) 进程是程序的一次执行；

(2) 进程是正在运行的程序的一个实例；

(3) 进程是可以分配给处理器并由处理器执行的一个实体；

(4) 进程是可以和别的计算并发执行的计算；

(5) 进程是程序在一个数据集合上的运行过程，是系统进行资源分配和调度的一个独立单位。

以上定义尽管侧重点不同，但本质是一样的，都表明了进程是一个动态的执行过程。我们给出进程的定义为：进程是并发执行的程序在一个数据集上的执行过程。

从定义可以看出进程有以下四个特征：

(1) 动态性。进程是程序在并发系统内的一次执行，一个进程有一个产生到消失的生命周期。

(2) 并发性。正是为了描述程序在并发系统内执行的动态特性才引入了进程，没有并发就没有进程。

(3) 独立性。每个进程的实体是一个能独立运行、独立获得资源、独立调度的基本单位。

(4) 异步性。进程按各自独立的、不可预知的速度向前推进，并按异步方式运行。

进程与程序的区别在于：

(1) 进程是一个动态的实体，有生命期，由创建而产生，由调度而执行，由撤销而消亡；而程序是一个静态的实体，只是一组指令的有序集合。如果把程序比作一个剧本，那么进程就是这个剧本的一次演出。

(2) 进程具有并发性，各进程的执行是独立的，执行速度是异步的；而程序是不能并发执行的。

(3) 进程具有独立性，是一个能独立运行的基本单位。没有建立进程的程序是不能作为独立的单位参与运行的。

进程是系统分配资源和调度的基本单位，那么，操作系统如何感知进程的存在呢？这就需要有描述进程并能反映进程变化的实体，这就是进程控制块 PCB，它记录了操作系统所需的、用于描述并控制进程运行所需的所有信息，包括进程的描述信息、控制信息和资源信息。操作系统通过进程控制块来感知进程的存在，掌握其所处的状态以达到管理和控制进程的目的。

进程控制块 PCB 包含的基本信息如图 3-1 所示。其中，进程标识符用于唯一地标识一个进程。

因此，进程是由一段可执行的程序、数据 (程序数据、用户栈以及可修改的程序)、系统栈 (用于保存参数、过程调用地址以及系统调用地址) 以及进程控制块 PCB 组成的集合，该集合也可称为进程映像。进程映像如图 3-2 所示。

图 3-1　进程控制块

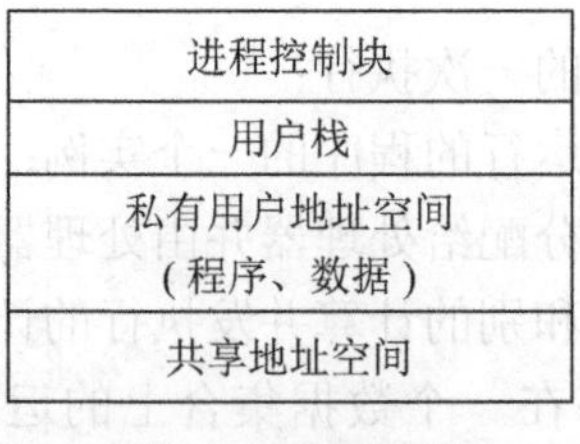

图 3-2　进程映像

通过对进程控制块PCB的存取，操作系统为进程分配资源，进行调度。当进程被调度执行时，系统按PCB中程序计数器指出的地址执行程序；当进程被中断时，操作系统会将程序计数器和处理器寄存器(上下文数据)保存于PCB中，并修改进程状态(阻塞或就绪)；通过修改PCB中的状态为运行态，并将PCB中的程序计数器和进程上下文数据加载到处理器寄存器中，使进程恢复运行；当进程执行结束后，通过释放PCB来释放进程占有的各种资源。

3.1.3　进程的状态及其转换

在任何时刻，一个进程要么正在执行，要么没有执行。在它没有执行时，要么是已经准备好了执行，要么是没有准备好执行。于是，有了进程的三个基本状态：运行态、就绪态和阻塞态。

在一个多道程序设计的环境中，会同时有多个并发执行的进程，它们的执行都需要占用处理器。在一个单处理器系统中，任何时刻只能有一个进程拥有处理器，这个进程会因为某些原因(启动了一个外围设备，等待数据传输完成等)暂时让出处理器，这时它的状态由运行态变成阻塞态。此时，另一个处于就绪态(具备执行条件)的进程使用处理器，从就绪态变成执行态；当数据传输完成后，处于阻塞态的那个进程的状态变成就绪态，等待处理器空闲时被系统重新调度执行。因此，进程在执行过程中会在以下三种基本状态之间进行转换：

(1) 运行态：进程占有处理器，正在执行。

(2) 阻塞态：进程等待某个时间的发生。

(3) 就绪态：具备执行的所有条件，等待系统分配处理器后执行。

进程在它的生命期里的状态会不断发生变化。进程在执行过程中的任一时刻总是处于以上三种基本状态之一。

除此之外，进程还有以下两种状态：

(1) 初始态：进程刚被创建时，处于初始状态，系统已经为它创建了 PCB，但还未加载到内存中。

(2) 终止态：进程执行结束或被取消，但其 PCB 等信息还未释放。

至此，进程的基本状态如图 3-3 所示。

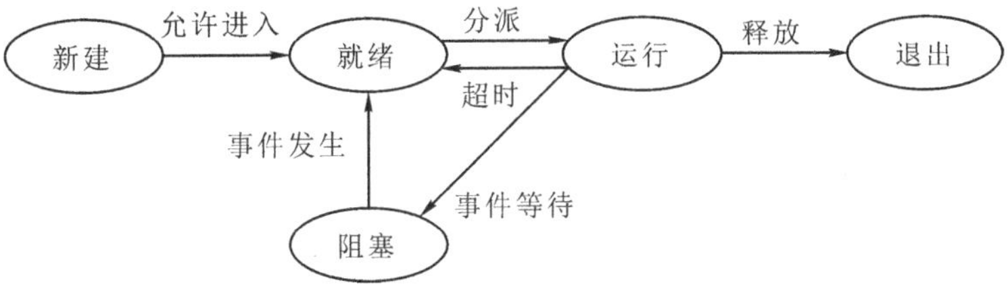

图 3-3　进程的五种基本状态

进程状态之间可能的转换如下：

(1) 新建→就绪：当系统能够接纳新进程时，将处于新建态的进程移入就绪队列，此时，进程的状态由新建变为就绪。

(2) 就绪→运行：当系统调度程序为它分配处理器后，进程的状态变为运行。

(3) 运行→就绪：处于运行态的进程，或因时间片用完；或在抢占调度方式下，高优先级的进程到来；或周期性的记账和维护进程自愿放弃处理器。这时，进程的状态由运行态变为就绪态。

(4) 运行→阻塞：正在运行的进程因等待某个事件的到来而无法继续，进入阻塞态。比如，进程可能请求一个无法立刻被满足的系统服务，或请求一个无法立刻得到的资源，都可能被阻塞。

(5) 阻塞→就绪：当进程等待的事件发生后，进程的状态由阻塞变为就绪。

(6) 运行→终止：正在运行的进程已经完成或被取消，状态由运行变为终止。

前面我们讨论进程状态时，处于“就绪态”和“阻塞态”的进程都是在内存中的。在具有虚拟存储管理的系统中，引入了“挂起”这个概念。

当内存中的进程都在等待I/O，同时内存容量又不足以容纳更多新进程时，处理器处于空闲状态。解决该问题的办法是交换，即将内存中某个进程的一部分或全部换出到磁盘，使它处于“挂起”状态，然后接受一个新进程的请求，将其装入内存运行。

根据被换出进程的状态，“挂起”又分为“阻塞/挂起态”和“就绪/挂起态”。处于“阻塞挂起态”的进程在外存中等待某个事件的发生；处于“就绪挂起态”的进程在外存中，只要有机会被重新换入内存就可以执行。

具有挂起态的进程状态转换如图3-4所示。

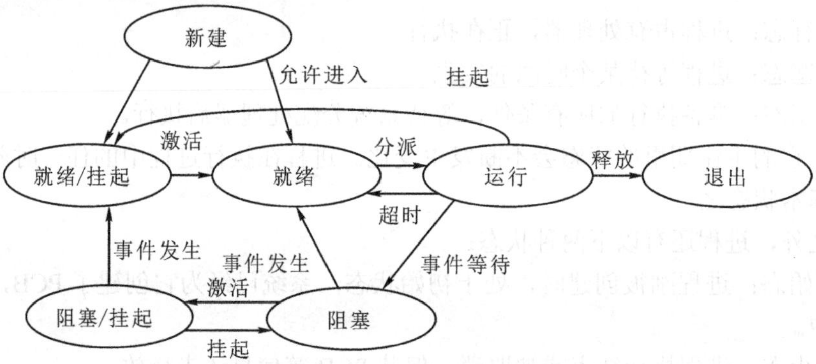

图3-4　具有挂起态的进程状态转换图

引入“挂起”态的系统中，除了以上列出的状态转换之外，又增加了以下几种可能的转换。

(1) 阻塞→阻塞/挂起：当一个阻塞进程被选择换出，为一个没有阻塞的进程让出空间时，该进程的状态由阻塞变为阻塞/挂起。

(2) 阻塞/挂起→就绪/挂起：如果外存中的阻塞/挂起进程等待的事件发生了，它的状态转为就绪/挂起。

(3) 就绪/挂起→就绪：如果内存中没有就绪进程，或处于就绪/挂起态的进程的优先级比所有处于就绪态的进程的优先级都高时，就绪/挂起进程首先转为就绪态，然后等待被调度执行。

(4) 就绪→就绪/挂起：如果处于就绪态的进程被换出，它的状态变为就绪/挂起。一般来说，操作系统应优先选择处于阻塞态的进程换出，但如果操作系统预测到一个高优先级的阻塞进程即将就绪时，它就可能选择一个低优先级的就绪进程换出。

3.2 进程控制

进程控制是处理器管理的一个重要部分。它的任务是控制进程的创建、撤销以及转换过程，以达到多进程资源共享、高效率并发执行的目的。这样的功能需要相应的特殊进程来实现。这些特殊的进程是操作系统的一部分，具有不同于一般用户进程的权限。这就涉及进程的执行模式问题。

3.2.1 进程的执行模式

处理器的执行模式分为系统态和用户态。系统态又叫控制态或内核态，具有对处理器以及所有指令、寄存器和内存的控制能力；用户态只能执行规定的指令，访问指定的寄存器和存储区。系统进程运行在系统态下，用户进程运行在用户态，不能执行操作系统的指令和访问操作系统区域。因此，可以保护操作系统不受用户程序的破坏。

程序状态字中有一位表示处理器的执行模式，通过这一位的改变进行执行模式的设置。

进程的创建、撤销以及转换过程需要操作系统来进行控制，需要有专门的系统进程来实现这些控制。显然，这些操作系统进程应该运行在系统态下，而且这些操作系统进程应该是原语。原语是一个不可分割的基本单位，在执行期间不允许中断。

3.2.2 进程切换

所谓进程切换，是指一个正在运行的进程被中断，操作系统指定另一个进程为运行态，并将控制权交给这个进程。

首先，什么事件触发进程的切换？引起进程切换的事件有：

(1) 中断：时钟中断(基于时间片的调度)和I/O中断。当发生I/O中断时，操作系统将相应的阻塞进程切换至就绪态，然后决定是继续执行被中断的进程还是从就绪队列中选择另一个就绪进程运行。

(2) 陷阱：与当前运行进程所产生的错误或异常有关。如果错误或异常是致命的，则当前运行的进程终止，并进行进程切换；如果不是，则操作系统的处理取决于错误或异常的种类，或进行进程切换或继续执行。

(3) 系统调用：切换至操作系统进程，请求系统调用的进程转为阻塞态。

其次，为实现进程切换，操作系统要对所控制的各种数据结构做些什么？

(1) 保存处理器上下文环境。其包含了程序计数器、堆栈、状态寄存器等。

(2) 更新当前运行进程的PCB。其包括状态改变(从运行态变为阻塞态或就绪态)、状态转换原因、记账信息等。

(3) 将进程控制块移入相应队列(阻塞队列或就绪队列)。

(4) 选择另一进程运行。这部分内容涉及进程调度，将在第 6 章中详细介绍。

(5) 更新所选择进程的PCB，如状态由就绪变为运行。

(6) 恢复被选择进程的处理器上下文环境。即该进程上次切换出运行态时保存的程序计数器、堆栈、状态寄存器等信息。

3.2.3 进程的创建与终止

1. 进程创建

进程借助创建原语实现创建一个新进程。首先，为被创建进程索取一个空白PCB表目，记录它的下标；然后，把调用者提供的所有参数(见PCB块的内容)，操作系统分配给新进程的pid和调用者的pid、就绪状态和CPU记账数据等信息填入该PCB块；最后，把此PCB块分别放置到就绪队列和进程隶属关系族群中。

引起进程创建的原因有以下几种：

(1) 操作系统准备接纳一个新的批处理作业时，由作业调度程序为用户作业创建相应的新进程。

(2) 终端用户登录到系统时会创建进程。

(3) 操作系统为用户创建一个服务进程。例如，用户请求打印一个文件，操作系统可以创建一个打印进程来完成。

(4) 现有进程可以派生其子进程，并与其并行执行任务。

一旦操作系统决定创建一个新进程，它可调用进程创建原语来实现，进程创建原语需要完成以下步骤：

(1) 给新进程分配一个唯一的进程标识符，并申请一个空白的PCB(PCB是有限的)。若PCB申请失败，则创建失败。

(2) 给进程分配空间分配包括程序、数据、用户栈等。

(3) 将新进程插入就绪队列和进程隶属关系族群中。

(4) 创建或扩充其他数据结构，如为进程创建记账文件等。

一个进程在执行过程中可能创建多个新的进程。创建进程称为父进程，而新的进程称为子进程。每个新进程可以再创建其他进程，从而形成进程树。大多数的操作系统(包括Unix、Linux 和 Windows)对进程的识别采用的是唯一的进程标识符(pid)，pid 通常是一个整数值。系统内的每个进程都有一个唯一 pid，它可以用作索引，以便访问内核中的进程的各种属性。

图3-5显示了Linux操作系统的一个典型进程树，包括进程的名称和 pid。进程init(它的 pid 总是1)作为所有用户进程的根进程或父进程，一旦系统启动后，它可以创建各种用户进程，如 Web 服务器、打印服务器、ssh 服务器等。

在图3-5 中，kthreadd 和 sshd 为 init 的两个子进程。kthreadd 进程负责创建额外进程，以便执行内核任务(这里为 khelper 和 pdflush)；sshd 进程负责管理通过 ssh 连到系统的客户端；login 进程负责管理直接登录到系统的客户端。在这个例子中，客户已登录，并且使用 bash 外壳，它所分配的 pid 为 8416；采用 bash 命令行界面，这个进程还创建了进程 ps 和 emacs 编辑器。

对于 Unix 和 Linux 系统，可以通过 ps 命令得到一个进程列表。

例如，命令 ps –el 可以列出系统中的所有当前活动进程的完整信息。通过递归跟踪父进程一直到进程 init，可以轻松构造类似图 3-5 所示的进程树。

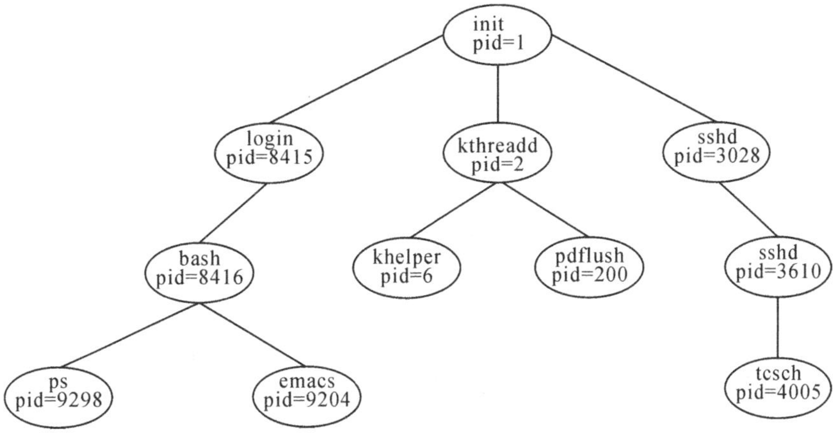

图 3-5 典型 Linux 系统的一棵进程树

一般来说，当一个进程创建子进程时，该子进程需要一定的资源(CPU 时间、内存、文件、I/O 设备等)来完成任务。子进程可以从操作系统那里直接获得资源，也可以只从父进程那里获得资源子集。限制子进程只能使用父进程的资源，可以防止创建过多进程，导致系统超载。

除了提供各种物理和逻辑资源外，父进程也可能向子进程传递初始化数据(或输入)。例如，有一个进程，其功能是在终端屏幕上显示文件如 image.jpg 的状态。当该进程被创建时，它会从父进程处得到输入，即文件名称为image.jpg。通过这个名称，它会打开文件，进而写出内容。它也可以得到输出设备名称。另外，有的操作系统会向子进程传递资源。对于这种系统，新进程可得到两个打开文件，即 image.jpg 和终端设备，并且可以在这两者之间进行数据传输。

当进程创建新进程时，可有两种执行可能，其一是父进程与子进程并发执行；另一种执行方式就是让父进程等待，直到某个或全部子进程执行完。新进程的地址空间也有两种可能：子进程是父进程的复制品(它具有与父进程同样的程序和数据)或者子进程加载另一个新程序。

为了方便大家理解进程创建的细节，我们以 Unix/Linux 系统中的 fork() 函数调用来展示某父进程创建子进程的过程。

fork() 函数功能：从原进程中创建一个新进程，新进程为子进程，原进程为父进程。该函数有两个返回值：子进程中返回 0；父进程中返回子进程 id，出错时返回 -1。进程调用 fork()，当控制转移到内核中的 fork() 代码后，内核将会执行一系列的操作。

(1) 配新的内存块和内核数据结构给子进程。

(2) 将父进程部分数据结构内容复制到子进程。

(3) 添加子进程到系统进程列表中。

(4) fork() 返回，开始调度器调度。

当一个进程fork()之前，父进程独自执行，fork()之后，父子进程二进制代码一样(如图3-6所示)，且运行到相同的地方，之后父子两个执行流各自执行，至于谁先谁后，由调度器决定。

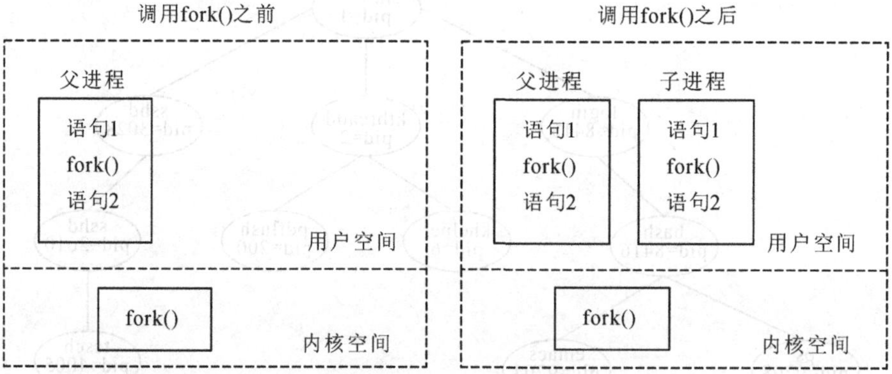

图 3-6　fork() 调用前后

下面是使用fork()函数创建子进程的示例代码：

```
#include <unistd.h>
#include <stdio.h>
int main ()
{
    pid_t fpid;                  /*fpid 表示 fork 函数返回的值 */
    int count = 0;
    fpid = fork();
    if (fpid < 0)
        printf("error in fork!");
    else if (fpid = = 0) {           /* 若 fpid 返回值为 0，则子进程执行 */
        printf("i am the child process, my process id is %d/n",getpid());
        printf(" 我是爹的儿子 /n");      /* 子进程打印输出 */
        count + + ;
    }
    else {
        printf("i am the parent process, my process id is %d/n",getpid());
        printf(" 我是孩子他爹 /n");      /* 父进程打印输出 */
        count++;
    }
    printf(" 统计结果是 : %d/n",count);
    return 0;
}
```

运行结果是：

```
i am the child process, my process id is 5574
我是爹的儿子
统计结果是 : 1
i am the parent process, my process id is 5573
```

我是孩子他爹

统计结果是：1

在语句 fpid = fork() 之前，只有一个进程在执行这段代码，但在这条语句之后，就变成两个进程在执行了，这两个进程的执行几乎完全相同，将要执行的下一条语句都是 if。

为什么两个进程的 fpid 不同呢，这与 fork() 函数的特性有关。fork() 调用的一个奇妙之处就是它仅仅被调用一次，却能够返回两次。它可能有三种不同的返回值：

(1) 在父进程中，fork()(返回新创建子进程的进程 id。

(2) 在子进程中，fork() 返回 0。

(3) 如果出现错误，fork() 返回一个负值。

在 fork() 函数执行完毕后，如果创建新进程成功，则出现两个进程，一个是子进程，一个是父进程。在子进程中，fork() 函数返回 0；在父进程中，fork() 返回新创建子进程的进程 id。我们可以通过 fork() 返回的值来判断当前进程是子进程还是父进程。

需要特别说明的一点的是：创建新进程成功后，系统中出现两个基本完全相同的进程，这两个进程执行没有固定的先后顺序，哪个进程先执行要看系统的进程调度策略。

2. 进程撤销

导致进程撤销的原因有许多，主要包括以下几种：

(1) 正常完成。

(2) 异常终止：包括运行超时、内存不足、地址越界、算术运算错误、I/O 失败，等等。

(3) 父进程终止时，操作系统终止其所有后代进程。

(4) 父进程请求终止其后代进程。

操作系统调用进程终止原语来终止进程。无论哪种原因引起的进程终止，进程都必须释放其占有的各种资源，包括进程控制块。如果进程有子进程，则应先终止其子进程。步骤如下：

(1) 从 PCB 队列中检索到被终止进程的 PCB，并修改其状态。

(2) 若该进程有子孙进程，则应将其所有子孙进程终止。

(3) 释放该进程的所有资源。

(4) 将该进程的 PCB 从系统 PCB 队列中删除。

3. 进程的阻塞与唤醒

引起进程阻塞与唤醒的事件有以下几种：

(1) 请求系统服务。当正在运行的进程请求操作系统服务而操作系统暂时不能满足时，该进程的状态由运行变为阻塞。例如：进程请求打印服务，而此时打印机已被分配给其他进程，所以，暂时不能满足请求，该进程只能被阻塞。当占有打印机的进程释放打印机后，由释放者将请求者唤醒。

(2) 启动某种操作。当进程启动某个操作后，需要等待该操作完成才能继续运行时，该进程阻塞。例如：进程启动了某个 I/O 设备传送数据，在数据传送完成之前，该进程阻塞。当数据传送完成后，由中断处理程序将该进程唤醒。

(3) 等待新的数据。当多个进程相互合作完成某个任务时，如果一个进程需要等待另一个进程提供的数据时，该进程阻塞。当数据达到后，有数据提供进程将阻塞进程唤醒。

(4) 等待新的工作。

当某些具有特定功能的系统进程完成任务后，便把自己阻塞起来，等待新任务的到来。例如：系统中的发送进程已发送完需要发送的数据又暂时没有新的发送请求时，将自己阻塞起来。当有新的进程提出发送请求时，将发送进程唤醒。

当一个进程被阻塞时，执行以下步骤：

(1) 停止运行，修改PCB中状态为“阻塞”。

(2) 将进程插入阻塞队列。如果系统设置了多个不同原因的阻塞队列，则将进程插入到具有相同原因的阻塞队列中。

(3) 系统进行调度并完成进程切换。保留被阻塞进程的处理器状态于PCB中，转操作系统调度程序，选择一个就绪进程将处理器分配给它，并按新进程PCB中的处理器状态设置CPU环境，完成进程切换。

进程被唤醒时，需要完成以下的工作：

(1) 把被阻塞的进程从等待该事件的阻塞队列中移出，唤醒原语将进程从外存调入内存。

(2) 将其PCB中的现行状态由阻塞改为就绪，然后再将该PCB插入到就绪队列中。

(3) 假如采用的是抢占调度策略，则每当有新进程进入就绪队列时，检查是否要进行重新调度，即比较被唤醒进程与当前进程的优先级，决定处理机的归属。

在操作系统中，一般把进程控制用的程序段称为原语。原语的特点是执行期间不允许中断，它是一个不可分割的基本单位，因此在创建、撤销、阻塞或唤醒进程的时候，都由操作系统提供原子性的操作来实现。

3.3 线　程

3.3.1 线程的引入

为了多个程序的并发执行，我们引入了进程，以提高系统吞吐率和提高资源利用率。进程具有以下两个基本属性：

- 进程是一个可以独立执行和调度的基本单位。
- 进程是一个拥有资源的独立单位。

正因为进程是资源的拥有者，所以，在进程的创建、终止和切换过程中，系统必须对资源进行分配、释放以及进程处理器环境的保留和恢复。一方面，创建的进程越多，需要的进程PCB和系统资源就越多；另一方面，系统内并发执行的进程越多，进程之间的切换就可能更频繁，切换时需要的时空开销也越大。因此，这些因素限制了系统并发度的进一步提高。

为了减少进程创建和切换时的开销，提高系统吞吐率和资源利用率，人们引入了“线程”的概念。

线程又被称为轻型进程，在引入了线程的系统中，线程是一个可以独立执行和调度的基本单位，但不再是拥有资源的独立单位。它只拥有少量运行中必不可少的资源(如程序计数器、一组寄存器和栈)，它可与同属一个进程的线程共享该进程拥有的所有资源。

3.3.2 线程与进程的比较

在引入了线程的系统中，通常一个进程拥有多个线程。在多线程环境中，进程仍然只有一个与之关联的进程控制块和用户地址空间。但每个线程都有一个独立的栈，还有独立的包含寄存器值、优先级和状态信息的线程控制块，如图3-7所示。

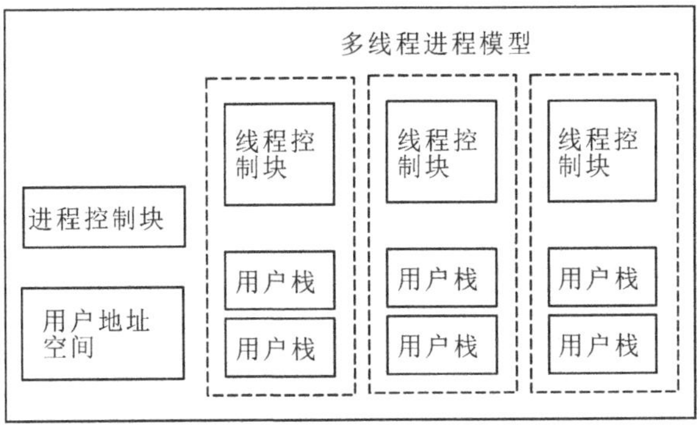

图3-7　多线程进程模型

因此，进程中所有线程共享该进程的资源，它们驻留在同一块地址空间中，并且可以访问到相同的数据。

传统的进程等效于只有一个线程的进程，如图3-8所示。

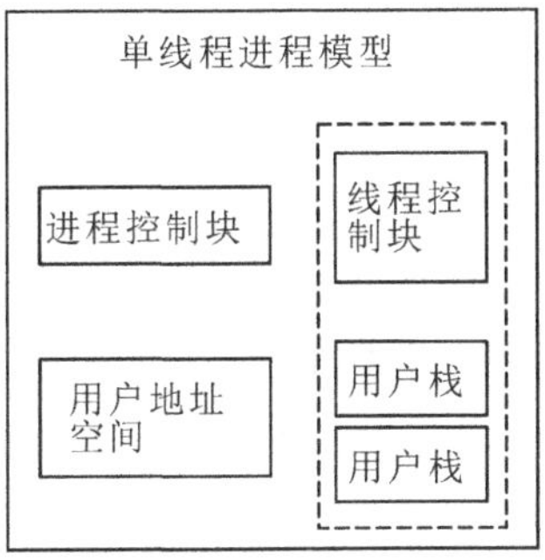

图3-8　单线程进程模型

现在对比进程和线程的特点，它们之间有以下的区别与联系：

(1) 在引入了线程的系统中，线程是作为调度和分派的基本单位，而进程是作为资源分配的基本单位。同一进程中的线程切换不会引起进程切换。

(2) 在引入了线程的系统中，不仅进程之间可以并发执行，而且一个进程的多个线程之间也可以并发执行，因此可以更有效地使用系统资源，具有更好的并发性。

(3) 进程是拥有资源的独立单位，而线程只拥有少量的资源，但它可以访问其隶属进程的资源。因此，线程创建、终止和切换时的系统开销比进程小。

(4) 由于同一进程的线程共享内存和文件，因此在同一个地址空间里，它们之间的通信无需调用内核，从而提高了通信的效率。

3.3.3 用户级线程与内核级线程

根据实现方式的不同，可以把线程分为两类：内核级线程和用户级线程。

1. 内核级线程

线程管理的所有工作都是由内核完成的。用户通过操作系统给应用程序提供的应用程序编程接口 API 来进行进程管理，可参考图 3-9 中的细节描述。

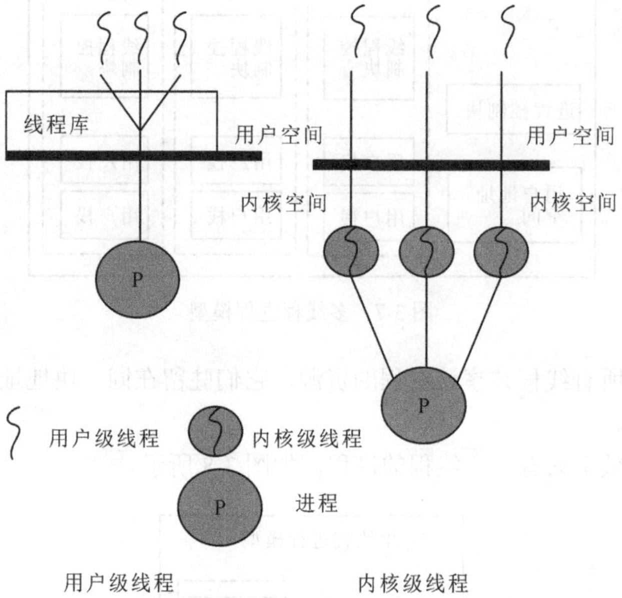

图 3-9　用户级线程和内核级线程

内核级线程具有以下优点：

(1) 可以将同一进程的多个线程调度到不同的处理器上并行执行。如果一个进程中的一个线程被阻塞，内核可以调度同一进程中的多个线程运行。

(2) 内核程序本身也可以使用多线程，从而可以提高操作系统内核程序执行的效率。

内核级线程具有的主要缺点是：当把控制从一个线程转到同一进程的另一个线程时，需要内核参与，处理器状态首先从用户态转到内核态，系统调用结束后，再切换回用户态。

2. 用户级线程

线程管理的所有工作都是由应用程序完成的，内核意识不到线程的存在，内核以进程为单位进行调度。操作系统提供给用户一个线程库对线程进行操作。

用户级线程具有以下优点：

(1) 由于所有线程管理数据都在进程的用户地址空间中，所以线程切换不需要内核参与，节省了模式切换的开销。

(2) 线程的调度算法和调度过程都由用户自行选择，与操作系统内核无关。因为操作系统调度的单位是进程，在进程内部，用户可根据需要设置线程调度算法。

(3) 用户级线程可以在任何操作系统中运行，不需对底层内核进行修改。因为线程库是一组应用程序级别函数。

用户级线程具有以下缺点：

(1) 当一个用户级线程因调用一个系统调用而阻塞时，其所属的进程中的所有线程都会被阻塞。

(2) 一个多线程应用程序无法使用多处理器技术，因为内核只为进程分配一个处理器，所以一个进程中只有一个线程能够执行，一个进程中的多个线程无法并行执行。

有些操作系统将内核级线程和用户级线程组合起来，线程的创建、调度和同步在用户空间中完成，一个应用程序的多个用户级线程被映射到一些内核级线程上，程序员可以为应用程序调节内核级线程的数量。用户级线程和内核级线程的结合如图3-10所示。

在组合方法中，同一个用户程序中的多个线程可以在多个处理器上并行执行，如果设计正确，该方法将结合内核级线程和用户级线程的优点，同时避免它们的缺点。

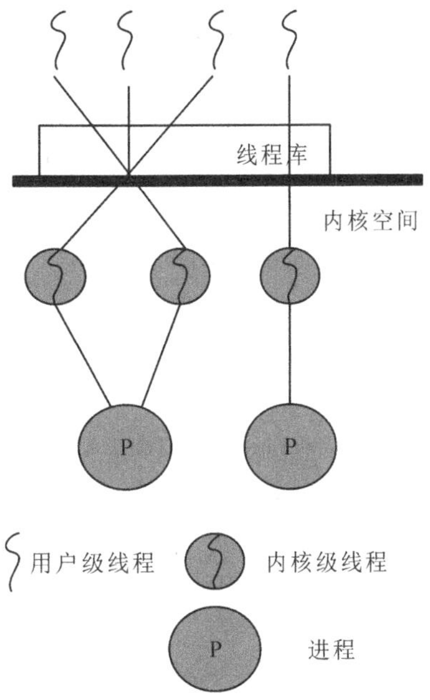

图3-10　用户级线程和内核级线程的结合

3.3.4　线程库

线程库为程序员提供了创建和管理线程的API。目前，使用最普遍的是三种线程库：POSIX Pthread、Window API与Java。Pthread作为POSIX标准的扩展，可以提供用户级或内核级的库。Window线程库是用于Windows操作系统的内核级线程库。Java线程API通常采用宿主系统的线程库来实现，也就是说在Windows系统上，Java线程API通常采用Windows API来实现，在Unix类系统上采用Pthread来实现。

1. Pthread线程库

(1) 创建线程的函数：

```
int pthread_create(pthread_t *tidp,const pthread_attr_t *attr,
(void*)(*start_rtn)(void*),void *arg);
```

其中，第一个参数为指向线程标识符的指针；第二个参数用来设置线程属性；第三个参数是线程运行函数的起始地址；最后一个参数是运行函数的参数。

调用该方法创建线程时，若线程创建成功，则返回0；若线程创建失败，则返回出错编号。

返回成功时，由tidp指向的内存单元被设置为新创建线程的线程id。attr参数用于指定各种不同的线程属性。新创建的线程从start_rtn函数的地址开始运行，该函数只有一个万能指针参数arg，如果需要向start_rtn函数传递的参数不止一个，那么需要把这些参数放到一个结构中，然后把这个结构的地址作为arg的参数传入。

(2) 线程等待和终止的函数：

```
int pthread_join(pthread_t thread, void **value_ptr);
void pthread_exit(void *value_ptr);
```

其中，pthread_join() 阻塞调用线程，并等待指定的线程结束，得到可选返回值 *value_ptr；pthread_exit() 终止线程，并且提供指针变量 *value_ptr 给 pthread_join() 调用。

下面是一个简单地使用 Pthread 线程库创建线程的代码：

```
#include <pthread.h>
#include <stdlib.h>
#include <stdio.h>
#include <string.h>
#define NUM_THREADS  2
typedef struct _thread_data {
    int tid;
} thread_data;                        /* 线程需要的参数结构 */

void *thr_func(void *arg)              /* 新建线程需要执行的函数 */
{
thread_data *data = (thread_data *)arg;
printf("from thr_func, thread id:%d\n",data->tid);
pthread_exit(NULL);
}

  int main()
  {
    pthread_t thr[NUM_THREADS];
    int i,rc;*/
    thread_data thr_data[NUM_THREADS];      /* 线程参数数组 */

    for(i = 0; i<NUM_THREADS; ++i) {         /* 创建线程组 */
        thr_data[i].tid = i;
        if((rc = pthread_create(&thr[i],NULL,thr_func,&thr_data[i]))) {
        fprintf(stderr,"error:pthread_create,rc: %d\n",rc);
        return EXIT_FAILURE;
        }
    }
    for(i = 0; i<NUM_THREADS; ++i) {
      pthread_join(thr[i],NULL);        /* 主线程阻塞，直到其他线程执行结束 */
    }
    return 0;
```

```
}
```

以上代码中，main() 函数调用 pthread_create() 创建了 NUM_THREADS 个线程，然后调用 pthread_join() 函数阻塞自己，直到所有新建线程执行结束才会唤醒自己。每个线程执行时需要输出参数结构体中的数据 tid。

2. Win32 线程

Win32 API 是 Windows 操作系统内核与应用程序之间的界面，它将内核提供的功能进行函数包装，应用程序通过调用相关函数而获得相应的系统功能。为了向应用程序提供多线程功能，Win32 API 函数集中提供了一些处理多线程程序的函数集。Win32 函数库中提供了操作多线程的函数，包括创建线程、终止线程、建立互斥区等。在应用程序的主线程或者其他活动线程中，创建新的线程的函数如下：

```
HANDLE CreateThread(
    lpThreadAttributes: Pointer;                /* 安全设置 */
    dwStackSize: DWORD;                         /* 堆栈大小 */
    lpStartAddress: TFNThreadStartRoutine;      /* 入口函数 */
    lpParameter: Pointer;                       /* 函数参数 */
    dwCreationFlags: DWORD;                     /* 启动选项 */
    var lpThreadId: DWORD;                      /* 输出线程 id*/
)
```

如果创建成功则返回线程的句柄，否则返回 NULL。创建了新的线程后，该线程就开始启动执行了。但如果在 dwCreationFlags 中使用了 CREATE_SUSPENDED 特性，那么线程并不会马上执行，而是先挂起，等到调用 ResumeThread() 后才开始启动线程。

使用 Win32 API 创建线程后，还可以调用 WaitForSingleObject() 进行同步控制。其原型为：

```
WaitForSingleObject(__in HANDLE hHandle, __in DWORD dwMilliseconds);
```

其中，第一个参数是要等待的内核对象的句柄；第二个参数是设置等待超时时间，可以设置为 INFINITE，表示一直等待直到有信号触发。

在内核对象使用完毕后，一般需要使用 CloseHandle() 函数关闭，参数为内核对象句柄。下面是一个最基本的使用 CreateThread() 的例子。

```
#include <tdafx.h>
#include<stdio.h>
DWORD WINAPI ThreadProc(LPVOID lpParam)
{
    printf("sub thread started\n");
    printf("sub thread finished\n");
    return 0;
}

int main(int argc, char* argv[])
```

```
{
    DWORD threadID;
    HANDLE hThread;
    hThread = CreateThread(NULL,0,ThreadProc,NULL,0,&threadID);
    WaitForSingleObject(hThread,INFINITE);
    CloseHandle(hThread);
    return 0;
}
```

3. Java线程

在Java的JDK开发包中，已经自带了对多线程技术的支持，可以很方便地进行多线程编程。常用的多线程编程的方式有两种：一种是继承Thread类，另一种是实现Runnable接口。使用继承Thread类创建线程，最大的局限就是不能多继承，所以为了支持多继承，完全可以使用实现Runnable接口的方式。需要说明的是，这两种方式在工作时的性质都是一样的，没有本质的区别。可以用以下方式在Java中创建一个线程。

```
Thread thread = new Thread();
```

执行该线程可以调用该线程的start() 方法：

```
thread.start();
```

创建Thread子类的一个实例并重写run方法，run方法会在调用start() 方法之后被执行。例如：

```
public class Test extends Thread{
    public Test(String n){
    super(n);
}

//重写 run 方法
public void run() {
    for(int i = 0;i<10;i++){
        System.out.println(" 猪八戒：大师兄，不好了，师傅被妖怪抓走了 ");
        try {
            sleep(1000);
        } catch (InterruptedException e) {
            e.printStackTrace();
        }
    }
}


public static void main(String [] args){
    Test test = new Test(" 猪八戒线程 ");
```

```
        test.start();
    }
```

一旦线程启动后 start() 方法就会立即返回，而不会等待到 run() 方法执行完毕才返回。这就好像 run() 方法是在另外一个 CPU 上执行一样。

在 Win32 和 Pthread 中线程间共享数据很方便，因为共享数据被简单地声明为全局数据。但是 Java 没有这样全局数据的概念，如果这些线程需要共享数据，可以通过相应的线程传递对共享对象的引用来实现。

3.4　进程与线程比较举例

下面分别给出在 Linux 下，多个进程并发执行与多个线程并发执行相同任务的时间对比实验。

实验环境——CPU：I3；内存：2G；Unix 版本：11.3。

1. 进程并发

多个进程循环向屏幕和文件输出字符，代码如下：

```
#include <stdlib.h>
#include <stdio.h>
#include <signal.h>
#define P_NUMBER 255    // 并发执行的进程数
#define COUNT 100       // 循环执行次数
#define TEST_LOGFILE "logFile.log"      // 输出文件名
FILE *logFile = NULL;
char *s = "hello linux\0";          // 输出的字符串
int main()
{
    int i = 0,j = 0;
    logFile = fopen(TEST_LOGFILE, "a+");
    for(i = 0; i < P_NUMBER; i++)
    {
      if(fork() = = 0)
      {
        for(j = 0;j < COUNT; j++)
        {
          printf( "[%d]%s\n" , j, s);
          printf( "[%d]%s\n" , j, s);
          fprintf(logFile," [%d]%s\n" , j, s);
          fprintf(logFile," [%d]%s\n" , j, s);
        }
        exit(0);
```

```
        }
      }
      for(i = 0; i < P_NUMBER; i++)
      {
        wait(0);                    /* 等待子进程结束 */
      }
      printf("OK\n");
      return 0;
    }
```

2. 线程并发

多个线程循环向屏幕和文件输出字符，代码如下：

```
#include <pthread.h>
#include <unistd.h>
#include <stdlib.h>
#include <stdio.h>
#define P_NUMBER 255                  /* 并发执行的线程数 */
#define COUNT 100                     /* 循环执行次数 */
#define Test_Log "logFIle.log"        /* 输出文件名 */
FILE *logFile = NULL;
char *s = "hello linux\0";            /* 输出的字符串 */
print_hello_linux()
{
    int i = 0;
    for(i = 0; i < COUNT; i++)
    {
      printf( "[%d]%s\n" , i, s);
      printf( "[%d]%s\n" , i, s);
      fprintf(logFile, "[%d]%s\n" , i, s);
      fprintf(logFile, "[%d]%s\n" , i, s);
    }
    pthread_exit(0);
}
int main()
{
    int i = 0;
    pthread_t pid[P_NUMBER];
    logFile = fopen(Test_Log, "a+" );
    for(i = 0; i < P_NUMBER; i++)
```

```
        pthread_create(&pid[i],NULL,(void*)print_hello_linux, NULL);
    for(i = 0; i < P_NUMBER; i++)
        pthread_join(pid[i],NULL);
    printf( "OK\n" );
    return 0;
}
```

实验结果如表 3-1 所示。

表 3-1　进程 / 线程并发实验结果

进程/线程并发数：255　　循环次数：100

	1	2	3	4	5	平均
进程	1.611 s	1.612 s	1.607 s	1.611 s	1.621 s	1.6124 s
线程	1.606 s	1.602 s	1.605 s	1.599 s	1.605 s	1.6034 s

进程/线程并发数：255　　循环次数：500

	1	2	3	4	5	平均
进程	8.492 s	8.507 s	8.604 s	8.499 s	8.473 s	8.5078 s
线程	8.491 s	8.457 s	8.489 s	8.472 s	8.471 s	8.476 s

进程/线程并发数：255　　循环次数：1000

	1	2	3	4	5	平均
进程	17.109 s	17.657 s	17.341 s	17.392 s	17.402 s	17.3802 s
线程	17.082 s	17.377 s	17.132 s	17.396 s	17.393 s	17.276 s

可见，同样的并发任务，用线程比用进程快，说明了线程切换比进程切换花费的时间要少。

3.5　与进程或线程相关的其他技术

3.5.1　写时复制

回想一下，系统调用 fork() 创建了父进程的一个复制，以作为子进程。传统上，fork() 为子进程创建一个父进程地址空间的副本，复制属于父进程的页面。然而，考虑到许多子进程在创建之后立即调用系统调用 exec()，父进程地址空间的复制可能没有必要。

在fork()之后和exec()之前两个进程用的是相同的物理空间(内存区)，子进程的代码段、数据段、堆栈都是指向父进程的物理空间。也就是说，两者的虚拟空间不同，其对应的物理空间是同一个。当父子进程中有更改相应段的行为发生时，再为子进程相应的段分配物理空间。如果不是因为exec()，内核不会给子进程的数据段、堆栈段分配相应的物理空间，而代码段继续共享父进程的物理空间(两者的代码完全相同)。而如果是因为exec()，由于两者执行的代码不同，子进程的代码段也会分配单独的物理空间，至此两者都有各自的进程空间，互不影响。

在某些操作系统中，fork()之后内核会将子进程排在队列的前面，让子进程先执行，以免父进程执行导致写时复制，而后子进程执行 exec 系统调用，因无意义的复制而造成效率的下降。

在内存进行分页管理的系统中，写时复制是通过页面共享来实现的。它通过允许父进程和子进程最初共享相同的页面来工作。这些共享页面标记为写时复制，这意味着如果任何一个进程写入共享页面，那么就创建共享页面的副本。

写时复制如图 3-11 所示，图中分别反映了修改页面 3 的前后变化。

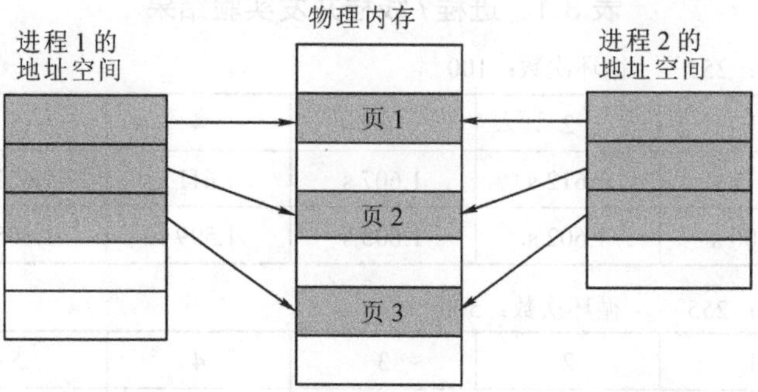

(a) 进程 1 发生页面修改之前

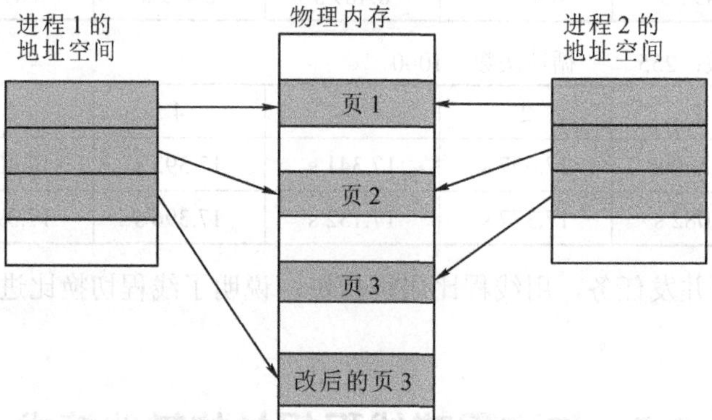

(b) 进程 1 发生页面修改之后

图 3-11　进程 1 发生页面修改之后

对于有直接 fork()关系的父子进程而言，假设子进程试图修改包含部分堆栈的页面，并且设置为写时复制。操作系统会创建这个页面的副本，将其映射到子进程的地址空间。然后，子进程会修改复制的页面，而不是属于父进程的页面。显然，当使用写时复制技术时，仅复制任何一进程修改的页面，所有未修改的页面可以由父进程和子进程共享。

还要注意，只有可以修改的页面才需要标记为写时复制，不能修改的页面(包含可执行代码的页面)可以由父进程和子进程共享。写时复制是一种常用技术，为许多操作系统所采用，包括Windows XP、Linux 和 Solaris。

3.5.2　线程池

目前，大多数网络服务器(包括 Web 服务器、Email 服务器以及数据库服务器等)都具有一个共同点，就是单位时间内必须处理数目巨大的连接请求，但处理时间却相对较短。

传统多线程方案中，我们采用的服务器模型则是一旦接受到请求之后，即创建一个新的线程来执行任务。任务执行完毕后，线程退出，这就是“即时创建，即时销毁”的策略。尽管与创建进程相比，创建线程的时间已经大大缩短，但是如果提交给线程的任务执行时间较短，而且执行次数极其频繁，那么服务器将处于不停地创建线程并销毁线程的状态，因此线程池的出现正是着眼于减少管理线程的开销而产生的技术。

线程池采用预创建的技术，在应用程序启动之后，将立即创建一定数量的线程(N个)，放入空闲队列中。这些线程都是处于阻塞状态，不消耗CPU，但占用较小的内存空间。当任务到来后，缓冲池选择一个空闲线程，把任务分配给此线程运行。当N个线程都在处理任务后，缓冲池自动创建一定数量的新线程，用于处理更多的任务。在任务执行完毕后线程也不退出，而是继续保持在池中等待下一次的任务。当系统比较空闲时，大部分线程都一直处于暂停状态，线程池自动销毁一部分线程，回收系统资源。

线程池的性能损耗优于线程(通过共享和回收线程的方式实现)，但是也会有以下一些缺点：

(1) 线程池不支持线程的取消、完成、失败通知等交互性操作。

(2) 线程池不支持线程执行的先后次序排序。

(3) 不能设置池化线程(线程池内的线程)的Name，因为会增加代码调试难度。

(4) 池化线程通常都是后台线程，优先级一般不会设置得比较高。

(5) 池化线程阻塞会影响性能(阻塞会使语言运行库CLR错误地认为它占用了大量CPU。CLR能够检测或补偿(往池中注入更多线程)，但是这可能使线程池受到后续超负荷的影响)。

(6) 线程池使用的是全局队列，全局队列中的线程依旧会存在竞争共享资源的情况，从而影响性能。

3.5.3　进程间的远程通信

进程间通信(InterProcess Communication，IPC)是指在不同进程之间传播或交换信息。进程间通信的概念比较广泛，可以分为同一主机的进程间通信与不同主机上的进程间通信(进程间远程通信)两大类别。同一主机上的进程通信方式主要包括管道、消息队列、共享存储等方法。由于本地进程通信涉及进程同步的问题，所以这部分的内容放到第4章进行讨论。这里，我们主要介绍进程之间的远程通信机制。

进程之间的远程通信是基于客户机/服务器的，常用的方法主要包括套接字(Socket)、远程过程调用和远程方法调用。

1. 套接字 (Socket)

Socket 的原意是“插座”，在计算机通信领域，Socket 被翻译为“套接字”，它是计算机之间进行通信的一种约定或一种方式。通过 Socket 这种约定，一台计算机可以接收其他计算机的数据，也可以向其他计算机发送数据。

Socket 就像一个电话插座，负责连通两端的电话，进行点对点通信，让电话可以进行通信。端口就像插座上的孔，端口不能同时被多个进程占用。我们建立连接就像把插头插在这个插座上，创建一个 Socket 实例开始监听后，这个电话插座就时刻监听着消息的传入，谁拨通这个“IP 地址和端口”，我们就接通谁。

实际上，Socket是在应用层和传输层之间的一个抽象层(如图3-12所示)，它把TCP/IP层复杂的操作抽象为几个简单的接口，供应用层调用实现进程在网络中的通信。Socket起源于Unix，在 Unix 一切皆文件的思想下，Socket是一种“打开—读/写—关闭”模式的实现，服务器和客户端各自维护一个“文件”，在建立连接打开后，可以向文件写入内容供对方读取或者读取对方内容，通信结束时关闭文件。

另外，我们经常说到的 Socket 所在位置如图 3-12 所示。

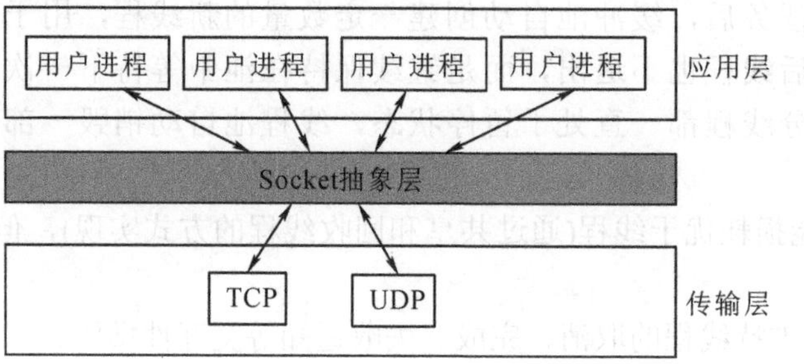

图 3-12 Socket 抽象层示意图

Socket可定义为通信的端点，一对通过网络通信的进程需要使用一对套接字，即每个进程各有一个。套接字由IP地址和端口号连接组成。通常，套接字采用客户机-服务器结构。服务器通过监听指定端口来等待进来的客户机请求。一旦收到请求，服务器就接收来自客户机套接字的连接，从而完成连接。服务器实现的特定服务(如telnet、ftp和 http)是通过监听端口来进行的。(telnet监听端口为23，ftp服务器的端口为21，http服务器的监听端口为80)。

建立Socket连接至少需要一对套接字，其中一个运行于客户端(称为Socket)，另一个运行于服务器端(称为ServerSocket)。套接字之间的连接过程分为三个步骤：服务器监听、客户端请求、连接确认。

(1) 服务器监听：服务器端套接字并不定位具体的客户端套接字，而是处于等待连接的状态，实时监控网络状态，等待客户端的连接请求。

(2) 客户端请求：指客户端的套接字提出连接请求，要连接的目标是服务器端的套接字。

为此，客户端的套接字必须首先描述它要连接的服务器的套接字，指出服务器端套接字的地址和端口号，然后就向服务器端套接字提出连接请求。

(3) 连接确认：当服务器端套接字监听到或者说接收到客户端套接字的连接请求时，就响应客户端套接字的请求建立一个新的线程，把服务器端套接字的描述发给客户端，一旦客户端确认了此描述，双方就正式建立连接。

而服务器端套接字继续处于监听状态，继续接收其他客户端套接字的连接请求。

下面给出一个最简单的、使用Java 实现面向连接的Socket通信的例子供初学者参考。客户端的过程比较简单，创建Socket，连接服务器，将Socket与远程主机连接(注意：只有 TCP才有“连接”的概念，一些Socket比如UDP、ICMP和ARP没有“连接”的概念)，发送数据，读取响应数据，直到数据交换完毕关闭连接，结束TCP对话。

```
客户端：ClientDemo.java
package com.lanber.socket;
import java.io.DataInputStream;
import java.io.DataOutputStream;
import java.io.IOException;
import java.io.OutputStream;
import java.net.Socket;
import java.net.UnknownHostException;

public class ClientDemo {
    public static void main(String[] args) {
        Socket socket = null;
        try {
            socket = new Socket( "localhost" ,8888);
            // 获取输出流，用于客户端向服务器端发送数据
            DataOutputStream dos = new
            DataOutputStream(socket.getOutputStream());
            // 获取输入流，用于接收服务器端发送来的数据
            DataInputStream dis = new DataInputStream(socket.getInputStream());
            // 客户端向服务器端发送数据
            dos.writeUTF(" 我是客户端，请求连接 !");
            // 打印出从服务器端接收到的数据
            System.out.println(dis.readUTF());
            // 不需要继续使用此连接时，记得关闭
            socket.close();
        } catch (UnknownHostException e) {
            e.printStackTrace();
        } catch (IOException e) {
            e.printStackTrace();
        }
    }
}
服务器端：ServerDemo.java

package com.lanber.socket;
```

```
import java.io.DataInputStream;
import java.io.DataOutputStream;
import java.io.IOException;
import java.net.ServerSocket;
import java.net.Socket;

public class ServerDemo {

    /*
    * 注意：Socket 的发送与接收是需要同步进行的，即客户端发送一条信息，服务器必须先接收这条信息，而后才可以向客户端发送信息，否则将会有运行时出错
    */
    public static void main(String[] args) {
    ServerSocket ss = null;
    try {
        ss = new ServerSocket(8888);
        //服务器接收到客户端的数据后，创建与此客户端对话的 Socket
        Socket socket = ss.accept();
        //用于向客户端发送数据的输出流
        DataOutputStream dos = new
        DataOutputStream(socket.getOutputStream());
        //用于接收客户端发来的数据的输入流
        DataInputStream dis = new
        DataInputStream(socket.getInputStream());
        System.out.println(" 服务器接收到客户端的连接请求：" +
        dis.readUTF());
        //服务器向客户端发送连接成功确认信息
        dos.writeUTF(" 接受连接请求，连接成功 !");
        //不需要继续使用此连接时，关闭连接
        socket.close();
        ss.close();
    } catch (IOException e) {
        e.printStackTrace();
    }
  }
}
```

服务端先初始化 Socket，建立流式套接字，与本机地址及端口进行绑定，然后通知 TCP，准备好接收连接，调用 accept() 阻塞，等待来自客户端的连接。如果这时客户端与

服务器建立了连接，客户端发送数据请求，服务器接收请求并处理请求，然后把响应数据发送给客户端，客户端读取数据，直到数据交换完毕。最后，关闭连接，交互结束，整个通信过程如图 3-13 所示。

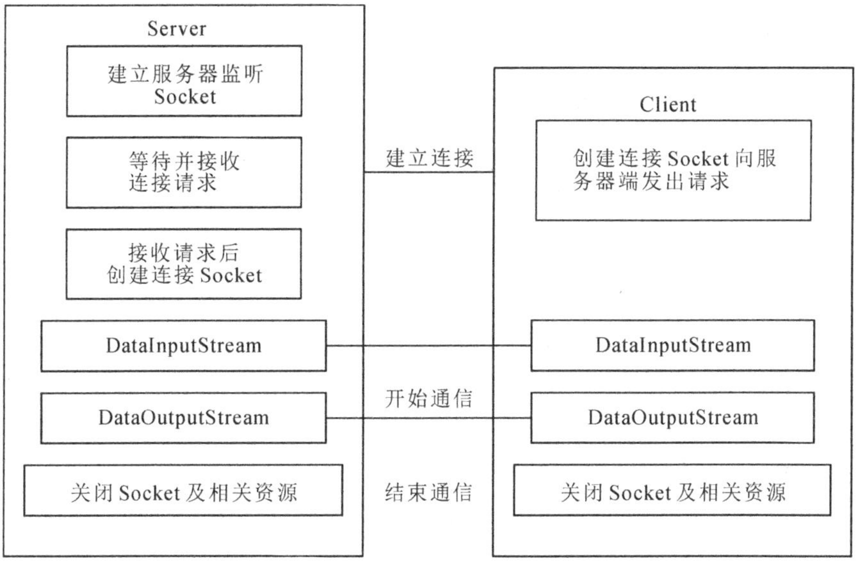

图 3-13　Socket 通信示意图

2. 远程过程调用

远程过程调用 (Remote Procedure Call，RPC) 是一种最为常见的远程服务。RPC 对于通过网络连接系统之间的过程调用进行了抽象。它在许多方面都类似于 IPC 机制，并且通常建立在 IPC 之上。不过，因为现在的情况是进程处在不同系统上，所以应提供基于消息的通信方案，以提供远程服务。

与 IPC 的消息不一样，RPC 通信交换的消息具有明确结构，不再仅仅是数据包。消息传到 RPC 服务，RPC 服务监听远程系统的端口号；消息包含用于指定执行函数的一个标识符以及传递给函数的一些参数。然后，函数按要求来执行，而所有结果会通过另一消息传递回到请求者。

RPC 语义允许客户调用位于远程主机的过程，就如调用本地过程一样。通过客户端提供的存根，RPC 系统隐藏通信细节。

通常，对于每个单独远程过程，客户端都有一个存根。当客户调用远程过程时，这个存根能定位服务器的端口，并且封装参数 (打包参数)，以便通过网络传输。然后，存根通过消息传递，向服务器发送一个消息。

服务器的类似存根收到这个消息，并且调用服务器的过程。如果必要，返回值可通过同样技术传回到客户机。对于 Windows 系统，编译由 MIDL 语言编写的规范，可以生成存根代码。Microsoft 接口定义语言用于定义客户机与服务器之间的接口，执行过程如图 3-14 所示。

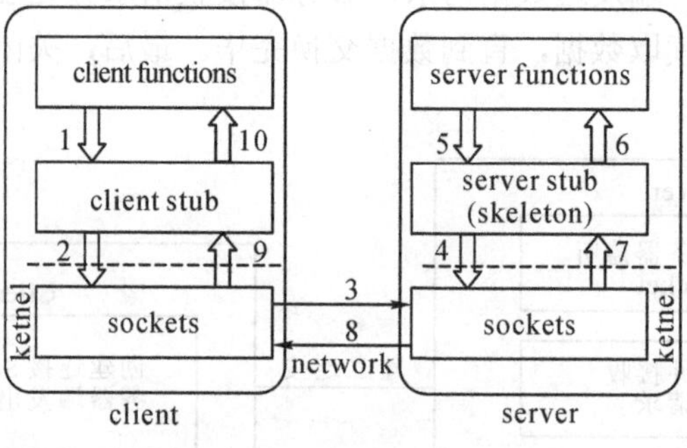

图 3-14 RPC 通信原理图

RPC 的过程可以详细分解如下：

(1) 客户端调用称为 client stub 的本地过程。对客户进程来说，因为它就是一个普通的本地过程，这一切就好像是一个真实的本地过程调用，只是真正的进程在服务器上。client stub 把参数打包发送给远端进程，把参数打包成网络消息的过程称为编组，还要求将所有数据元素序列化为平面数组字节格式。

(2) client stub把网络消息发送到远端系统(通过使用系统调用sockets接口调用本地内核)。

(3) 内核通过某种协议把网络消息传递到远端系统。

(4) server stub，也称为 skeleton，它在服务器上接收消息。它从消息中反编组参数，需要时将它们从标准网络格式转换为主机格式。

(5) server stub调用服务器函数(对客户端来说就是远程过程)，并把从客户端接收到的参数传递给它。

(6) 服务器函数处理完成后，把返回值返回给 server stub。

(7) server stub 在需要时将返回值编组转换为若干网络消息参数给 client stub。

(8) 消息通过网络发送到 client stub。

(9) client stub 从内核获得消息。

(10) client stub 把结果返回给客户端函数，在需要时把数据从网络格式转换为本地格式。至此，客户端程序继续执行。

RPC方案可用于实现分布式文件系统。这种系统可以通过一组 RPC 服务程序和客户来实现。当要进行文件操作时，消息可以发到服务器的分布式文件系统的端口。该消息包括要执行的磁盘操作。磁盘操作可能是 read(读)、write(写)、rename(重命名)、delete(删除)或status(状态)，对应于通常的文件相关的系统调用。

返回消息包括来自调用的任何数据，这个调用是由 DFS(分布式文件系统)服务程序代表客户所执行的。例如，一个消息可能包括一个传输整个文件到客户机的请求，或仅限于一个简单的块请求。对于后者，如果需要传输整个文件，可能需要多个这样的请求。

3. 远程方法调用

远程方法调用 (Remote Method Invocation，RMI) 是用 Java 在 JDK1.1 中实现的，它

大大增强了 Java 开发分布式应用的能力。Java 作为一种风靡一时的网络开发语言，其巨大的威力就体现在它强大的开发分布式网络应用的能力上，而 RMI 就是开发百分之百纯 Java 的网络分布式应用系统的核心解决方案之一。其实，它可以被看作是 RPC 的 Java 版本。但是，传统 RPC 并不能很好地应用于分布式对象系统。而 Java RMI 则支持存储于不同地址空间的程序级对象之间彼此进行通信，实现远程对象之间的无缝远程调用。

RMI 能够让在客户端 Java 虚拟机上的对象像调用本地对象一样调用服务端 Java 虚拟机中的对象上的方法，如图 3-15 所示。

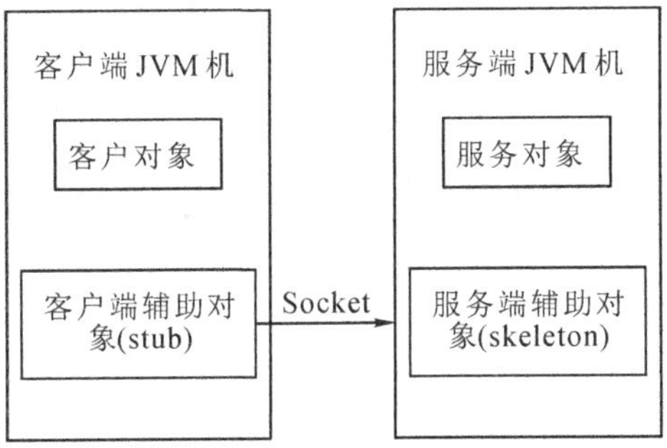

图 3-15　RMI 通信原理图

RMI 远程方法调用步骤如下：

(1) 客户调用客户端辅助对象 stub 上的方法。

(2) 客户端辅助对象stub打包调用信息(变量、方法名)，通过网络发送给服务端辅助对象skeleton。

(3) 服务端辅助对象 skeleton 将客户端辅助对象发送来的信息解包，找出真正被调用的方法以及该方法所在对象。

(4) 调用真正服务对象上的真正方法，并将结果返回给服务端辅助对象 skeleton。

(5) 服务端辅助对象将结果打包，发送给客户端辅助对象 stub。

(6) 客户端辅助对象将返回值解包，返回给调用者。

(7) 客户获得返回值。

4. RMI 与 RPC 的区别

(1) 方法调用方式不同。

RMI 调用方法：RMI 中是通过在客户端的 stub 对象作为远程接口进行远程方法的调用。每个远程方法都具有方法签名。如果一个方法在服务器上执行，但是没有相匹配的签名被添加到这个远程接口 (stub) 上，那么这个新方法就不能被 RMI 客户方所调用。

RPC 调用函数：RPC 中是通过网络服务协议向远程主机发送请求，请求包含了一个参数集和一个文本值，通常形成“参数集”的形式。这就向 RPC 服务器表明，被请求的方法在“classname”的类中，名叫“methodname”。然后，RPC 服务器就去搜索与之相匹配的类和方法，并把它作为那种方法参数类型的输入。这里的参数类型与 RPC 请求中的类型是匹配的。一旦匹配成功，这个方法就被调用，其结果被编码后通过网络协议发回。

(2) 适用语言范围不同。

RMI 只用于 Java，支持传输对象。

RPC 是基于 C 语言的，不支持传输对象，是网络服务协议，与操作系统和语言无关。

(3) 调用结果的返回形式不同。

RMI 只用于 Java，而 Java 是面向对象的，所以 RMI 的调用结果可以是对象类型或者基本数据类型。

RPC 的结果统一由外部数据表示语言表示，这种语言抽象了字节序类和数据类型结构之间的差异。只有由 XDR 定义的数据类型才能被传递，所以说 RMI 是面向对象方式的 Java RPC。

3.6 Linux 系统中的进程与线程

3.6.1 Linux 进程简介

Linux 使用进程描述符数据结构记录现场信息，然后给予进程描述符管理进程，包括进程的创建、调度、消亡等操作。

进程除了与运行着的程序相关，而且还与许多系统资源相关。记录这些进程信息的数据结构就是进程描述符 task_struct(定义在include/linux/sched.h中)，每个进程都有一个进程描述符，记录以下重要信息：进程标识符、进程当前状态、栈地址空间、内存地址空间、文件系统、打开的文件、信号量等。这个结构体很复杂，成员很多，在32位机器上，大约有1.7 KB的大小，所以在这里就不展示源代码了。

在x86体系中，通过SP寄存器(堆栈指针)可以快速获取当前进程栈的位置；Linux在栈的末端存放了一个特殊的数据结构thread_info，thread_info中存放了指向task_struct的指针。根据这个原理，首先当前进程通过SP寄存器获取栈的位置，然后根据栈大小(一般为1或2页)获取thread_info的地址，最后通过thread_info获取当前进程的信息。

Linux 系统为每个用户进程分配了两个栈：用户栈和内核栈。当一个进程在用户空间执行时，系统使用用户栈；当在内核空间执行时，系统使用内核栈。由于内核栈地址空间的限制，内核栈不会分配很大的空间。此外，内核进程只有内核栈，没有用户栈。

当进程从用户空间陷入到内核空间时，操作系统首先在内核栈中记录用户栈的当前位置，然后将栈寄存器指向内核栈；内核空间的程序执行完毕后，操作系统根据内核栈中记录的用户栈位置，重新将栈寄存器指向用户栈。由于每次从内核空间中返回时，内核栈肯定已经使用完毕，所以从用户栈切换到内核栈时，只需要简单地将栈寄存器指向内核栈顶即可。

3.6.2 进程状态及转换

在 Linux 系统中，进程的状态由 state 值来表示：

```
volatile long state;
```

该状态值定义在 include/linux/sched.h 中。

Linux 系统中的进程状态可以细分成以下若干种：

```
#define TASK_RUNNING                0
#define TASK_INTERRUPTIBLE          1
#define TASK_UNINTERRUPTIBLE        2
#define __TASK_STOPPED              4
#define __TASK_TRACED               8

/* in tsk->exit_state */
 #define EXIT_DEAD                  16
 #define EXIT_ZOMBIE                32
 #define EXIT_TRACE                 (EXIT_ZOMBIE | EXIT_DEAD)

/* in tsk->state again */
 #define TASK_DEAD                  64
 #define TASK_WAKEKILL              128   /** wake on signals that are deadly **/
 #define TASK_WAKING                256
 #define TASK_PARKED                512
 #define TASK_NOLOAD                1024
 #define TASK_STATE_MAX             2048

 /* Convenience macros for the sake of set_task_state */
#define TASK_KILLABLE               (TASK_WAKEKILL |
                                    TASK_UNINTERRUPTIBLE)
#define TASK_STOPPED                (TASK_WAKEKILL | __TASK_STOPPED)
#define TASK_TRACED                 (TASK_WAKEKILL | __TASK_TRACED)
```

state 域能够取 5 个互为排斥的值 (通俗一点就是这 5 个值任意两个不能一起使用，只能单独使用)。系统中的每个进程都必然处于以上所列进程状态中的一种。

Linux 主要进程状态如表 3-2 所示。

表 3-2　Linux 主要进程状态

状　态	描　述
TASK_RUNNING	表示进程要么正在执行，要么正要准备执行 (已经就绪)，正在等待 CPU 时间片的调度
TASK_INTERRUPTIBLE	表示进程因为等待一些条件而被挂起(阻塞)从而所处的状态。这些条件主要包括硬中断、资源、一些信号等，一旦等待的条件成立，进程就会从该状态(阻塞)迅速转化成为就绪状态TASK_RUNNING
TASK_UNINTERRUPTIBLE	意义与 TASK_INTERRUPTIBLE 类似，除了不能通过接收一个信号来唤醒以外，对于处于 TASK_UNINTERRUPIBLE 状态的进程，哪怕是传递一个信号或者有一个外部中断都不能唤醒它们。只有它所等待的资源可用的时候，它才会被唤醒。这个标志很少用，但是并不代表没有任何用处，其实它的作用非常大，特别是对于驱动刺探相关的硬件过程很重要；这个刺探过程不能被一些其他的东西给中断，否则就会让进程进入不可预测的状态

续表

状　态	描　述
TASK_STOPPED	表示进程被停止执行，当进程接收到SIGSTOP、SIGTTIN、SIGTSTP或者SIGTTOU信号之后就会进入该状态
TASK_TRACED	表示进程被debugger等进程监视，进程执行被调试程序所停止。当一个进程被另外的进程所监视时，每一个信号都会让进程进入该状态

此外，系统中有两个终止状态：EXIT_ZOMBIE表示进程的执行被终止，但是其父进程还没有使用wait()等系统调用来获知它的终止信息，此时进程成为僵尸进程；而EXIT_DEAD则表示进程的最终状态。

在所有的进程状态中，需要特别留意的进程状态是TASK_UNINTERRUPTIBLE和TASK_INTERRUPTIBLE。这两种状态都是睡眠状态，它们之间有什么区别和联系呢？

Linux内核提供了两种方法将进程置为睡眠状态。将进程置为睡眠状态的普通方法是将进程状态设置为TASK_INTERRUPTIBLE或TASK_UNINTERRUPTIBLE并调用调度程序的schedule()函数，这样会将进程从CPU运行队列中移除。如果进程处于可中断模式的睡眠状态(通过将其状态设置为TASK_INTERRUPTIBLE)，那么可以通过显式的唤醒呼叫(wakeup_process())或需要处理的信号来唤醒它。但是，如果进程处于非可中断模式的睡眠状态(通过将其状态设置为TASK_UNINTERRUPTIBLE)，那么只能通过显式的唤醒呼叫将其唤醒。除非万不得已，否则我们建议将进程置为可中断睡眠模式，而不是不可中断睡眠模式(比如说在设备I/O期间，处理信号非常困难时)。

当处于可中断睡眠模式的任务接收到信号时，它需要处理该信号而终止之前正在处理的代码(需要清除代码)，并将-EINTR返回给用户空间。再一次检查这些返回代码和采取适当操作的工作将由程序员完成。因此，懒惰的程序员可能比较喜欢将进程置为不可中断模式的睡眠状态，因为信号不会唤醒这类任务。

但需要注意的一种情况是，对不可中断睡眠模式的进程的唤醒呼叫可能会由于某些原因不会发生，这会使进程无法被终止，从而最终引发问题，唯一的解决方法就是重启系统。一方面，需要考虑一些细节，因为不这样做会在内核端和用户端引入bug；另一方面，可能会生成永远不会停止的进程(被阻塞且无法终止的进程)。

现在，我们在内核中实现了一种新的睡眠方法：TASK_KILLABLE标示当进程处于这种可以终止的新睡眠状态中，它的运行原理类似于TASK_UNINTERRUPTIBLE，只不过可以响应致命信号。换句话说：

TASK_UNINTERRUPTIBLE + TASK_WAKEKILL = TASK_KILLABLE。

而TASK_WAKEKILL用于在接收到致命信号时唤醒进程，新的睡眠状态允许TASK_UNINTERRUPTIBLE响应致命信号。

进程主要状态的切换过程和原因如图3-16所示。

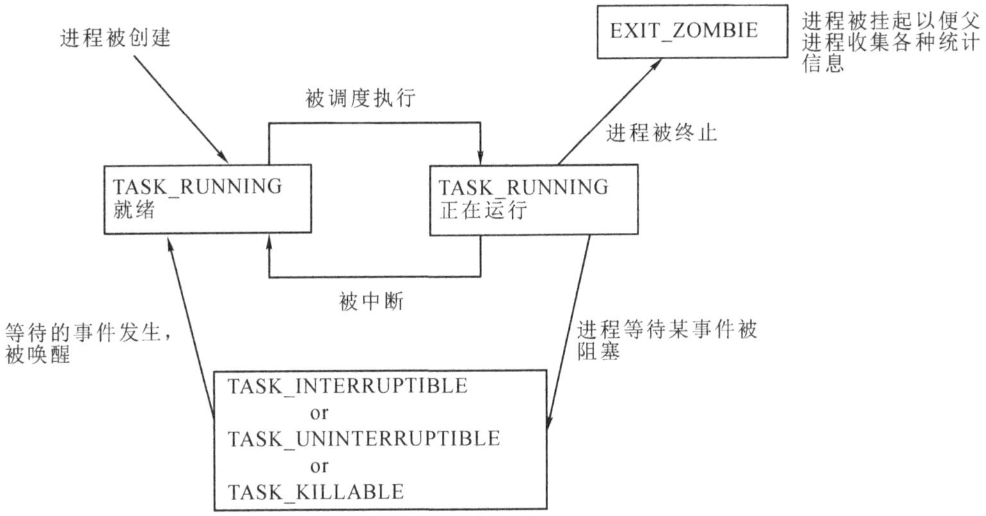

图 3-16　Linux 进程状态转化图

3.6.3 Linux 进程控制

1. 进程创建

在 Linux 系统中，新进程的创建是由父进程来完成的，创建完成的新进程是子进程。子进程有以下三种执行顺序的可能性：

(1) 父进程和子进程并发执行。

(2) 子进程先执行，父进程等待子进程执行完毕。

(3) 父进程先执行，子进程后执行。

另外，新进程的地址空间有两种可能性：其一，子进程是父进程的复制品(除了pid和task_struct是子进程自己的，其余的都从父进程复制而来)；其二，子进程装入另一个程序。在Linux下的fork()函数用于创建一个新的进程，使用fork()函数来创建一个进程时，子进程只是完全复制父进程的资源。这样得到的子进程和父进程是独立的，具有良好的并发性，但是进程间通信需要专门的机制。

现在的 Linux 操作系统采用了 copy-on-write 技术 (cow)，即如果父进程和子进程中任意一个尝试修改某些区域的值，那么内核会为修改区域的那部分内存制作一个副本，一般都是虚拟内存的一页；否则不进行复制操作，比如在 fork() 的子进程中只是调用 exec() 函数来执行另外一个可执行文件，那么事实上就没有必要复制父进程的资源，这样会造成大量的开销浪费。

fork()函数创建的子进程和父进程的执行顺序理论上是不确定的(因为取决于OS的调度策略)。创建子进程的代码如下：

```
#include<stdio.h>
#include<stdlib.h>
#include<unistd.h>
#include<sys/types.h>
```

```
int main()
{
    int num = 3;
    pid_t pid = 0;
    pid = fork();            /* 创建一个子进程，fork() 函数没有参数 */
    printf("pid is %d\n",getpid());    /* 获取进程的 pid*/
    if (0 < pid)      /* 父进程得到的 pid 大于 0，这段代码是父进程中执行的 */
    {
        num++;
        printf("I am parent!,num is %d\n",num);
    }
    else if(0 == pid)   /* 子进程得到的返回值是 0，这段代码在子进程中执行 */
    {
        num--;
        printf("I am son!,num is %d\n",num);
    }
    else                /* 创建进程失败 */
    {
    /* 有两种情况会失败：1. 进程数目达到 OS 的最大值；2. 进程创建时内存不够了 */
        printf("fork error!\n");
        exit(-1);
    }
    return 0;
}
```

运行结果如下：

```
pid is 12034
I am parent! Num is 4
pid is 12035
I am son!,mum is 2
```

从运行结果可以看到，父子进程的 pid 是不同的，说明我们确实创建了一个进程。另外父子进程中的变量是独立的，这也说明了子进程是父进程的复制。当然，这样带来的坏处是进程间的通信必须使用专门的通信机制。此处使用的 if-else 语句才能真正使得创建一个新进程有意义，否则父子进程将会执行一模一样的代码，没有任何意义。

除了 fork() 之外，Linux 的系统还提供了 vfork() 的函数来建立一个新进程。vfork() 建立的新进程和 fork() 的不同之处在于：

(1) vfork()创建的子进程和父进程是共享地址空间的，而不是复制，因此子进程中的数据和父进程中的数据是共享的(这个共享会一直持续到子进程调用exec()或者exit())，如果子进程中修改了某个变量的值，那么在父进程中这个变量也将被修改。vfork()建立的新进程优点是子进程和父进程的通信很好解决。

(2) vfork()创建的子进程必须调用exit()函数(或者使用exec()函数调用另外的可执行程序)来结束它，否则子进程将不会结束。这点需要特别注意。

vfork()创建的子进程总是会在父进程之前执行，即使使用sleep()函数(这个函数会将进程暂时挂起)也是先执行子进程，然后再执行父进程。我们用代码来看看实际的运行效果。

```
#include<stdio.h>
#include<stdlib.h>
#include<unistd.h>
#include<sys/types.h>

int main()
{
    int num = 3;
    pid_t pid;
    pid = vfork();        /* 使用 vfork 创建子进程 */
    if(0 < pid)
    {
      num++;
      printf("I am parent!,num is %d\n",num);
    }
    else if(0 = = pid)
    {
      sleep(2);        /* 将子进程挂起 2 秒 */
      num--;
      printf("I am son!,num is %d\n",num);
    }
    else
    {
      printf("fork error!\n");
      exit(-1);
    }
    return 0;
}
```

运行结果如下：(等待了2秒后，输出如下)

```
I am son! num is 2
I am parent!,num is -1005686469
段错误
```

我们看到父进程中打印的不对，而且发生了段错误(段错误就是内存越界了)。这就是和fork()的不同之处，vfork()的函数必须使用exit()来结束进程，否则就会出现错误。更改以后的代码输出如下：

```
#include<stdio.h>
#include<stdlib.h>
#include<unistd.h>
#include<sys/types.h>
int main()
{
   int num = 3;
   pid_t pid;

   pid = vfork();        /* 使用 vfork 创建子进程 */
   if(0 < pid)
   {
      num++;
      printf("I am parent!,num is %d\n",num);
   }
      else if(0 = = pid)
      {
            sleep(2);        /* 将子进程挂起 2 秒 */
            num--;
            printf("I am son!,num is %d\n",num);
            exit(0);        /* 加上 exit(0)，进程结束后，程序就能正常执行了
      }
      else
      {
            printf("fork error!\n");
            exit(-1);
      }
      return 0;
}
```

程序执行结果为：

```
I am son! num is 2
I am parent!,num is 3
```

可以看到，子进程和父进程是共享数据的，而且子进程在父进程之前执行。

如果用户的应用程序想要可移植，那么就不应该使用 vfork() 函数。由于历史局限性，当年的 Unix 系统是没有写时复制技术的，如前所述，在 fork() 的子进程中如果只是调用 exec() 函数来执行另外一个可执行文件，那么事实上就没有必要复制父进程的资源，这样将会造成大量的开销浪费。为了避免这个问题，当年的 Unix 系统设计者就设计了 vfork() 函数，它的主要目的就是调用 exec() 执行一个新的程序。现在有了写时复制技术，vfork()

函数也就渐渐地被弃用了。

2. 进程终止

当子进程终结时，它会通知父进程，并清空自己所占据的内存，并在内核里留下自己的退出信息(exit code，如果顺利运行，则为0；如果有错误或异常状况，则为大于0的整数)。在这个信息里，会解释该进程为什么退出。父进程在得知子进程终结时，有责任对该子进程使用wait()系统调用。这个wait()函数能从内核中取出子进程的退出信息，并清空该信息在内核中所占据的空间(内核栈、thread_info、task_struct)。但是，如果父进程早于子进程终结，子进程就会成为一个孤儿(Orphand)进程。当然，一个糟糕的程序也完全可能造成子进程的退出信息滞留在内核中的状况(父进程不对子进程调用wai()函数)，这样的情况下，子进程成为僵尸(Zombie)进程。当大量僵尸进程积累时，内存空间会被挤占。

孤儿进程没有父进程，如何处理这个问题重任就落到了init进程身上，init进程就好像是一个民政局，专门负责处理孤儿进程的善后工作。每当出现一个孤儿进程的时候，内核就把孤儿进程的父进程设置为init，而init进程会循环wait()其已经退出的子进程。这样，当一个孤儿进程凄凉地结束了其生命周期的时候，init进程就会出面处理它的一切善后工作，因此孤儿进程并不会有什么危害。

3.6.4 Linux 中的线程

从 Linux 内核的角度来看，并没有线程这个概念，Linux 把所有的线程都当作进程来实现，内核并没有准备特别的调度算法或是定义特别的数据结构来表示线程，而是将线程仅仅视为一个与其他进程共享某些资源的进程，每个线程都拥有唯一隶属于自己的 task_struct 结构，所以在内核中，线程看起来更像是一个普通的进程。

线程的创建和普通进程的创建类似，只不过在调用 clone 的时候需要传递的参数不一样，这些参数标明哪些资源要共享。使用 fork()、vfork() 与创建线程时调用 clone 的差别如下：

```
clone(SIGCHLD, 0); //fork
--------*---------*---------*---------*---------*---------*---------*
clone(CLONE_CFORK | CLONE_VM | SIGCHLD); //vfork
--------*---------*---------*---------*---------*---------*---------*
clone(CLONE_VM | CLONE_FS | CLONE_FILES | CLINE_SIGHAND, 0); // 创建线程
```

clone() 函数的参数及含义如表 3-3 所示。

表 3-3　clone() 函数的参数及含义

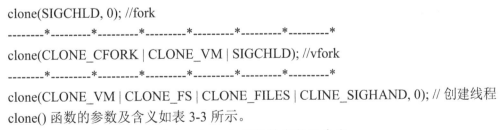

标　志	含　义
CLONE_FILES	父子进程共享打开的文件
CLONE_FS	父子进程共享文件系统信息
CLONE_IDLETASK	将pid设置为0 (只供idle进程使用)
CLONE_NEWNS	为子进程创建新的命名空间

续表

标　志	含　义
CLONE_PARENT	指定子进程与父进程拥有同一个父进程
CLONE_PTRACE	继续调试子进程
CLONE_SETTID	将 TID 回写至用户空间
CLONE_SETTLS	为子进程创建新的 TLS
CLONE_SIGHAND	父子进程共享信号处理函数及被阻断的信号
CLONE_THREAD	父子进程放入相同的线程组
CLONE_VFORK	调用 vfork，所以父进程准备睡眠等待子进程将其唤醒
CLONE_UNTRACED	防止跟踪进程在子进程上强制执行 CLO
CLONE_STOP	以 TASK_STOPPED 状态开始进程
CLONE_SETTLS	为子进程创建新的 TLS(Thread-Local Storage)
CLONE_CHILD_CLEARTID	清除子进程的 TID
CLONE_CHILD_SETTID	设置子进程的 TID
CLONE_PARENT_SETTID	设置父进程的 TID
CLONE_VM	父子进程共享地址空间

内核经常需要在后台执行一些操作，这些任务可以通过内核线程来完成。内核线程就是独立运行于内核空间的标准进程，与普通进程的区别在于内核线程没有独立的地址空间(实际上指向地址空间的mm指针被设置为NULL)。内核线程从来不会切换到用户空间，内核线程可以被调度，可以被抢占。比如，flush和ksofirqd就是典型的内核线程。 内核线程相关头文件常在以下几个头文件中：

```
#include <linux/errno.h>
#include <linux/sched.h>
#include <linux/thread.h>
```

如果需要创建内核线程，需要使用 kthread_create() 函数。该内核线程并不会马上启动，需要调用 wake_up_process() 启动线程。相关函数详情如下：

```
#define kthread_create(threadfn, data, namefmt, arg...) \
    kthread_create_on_node(threadfn, data, -1, namefmt, ##arg)

struct task_struct *kthread_create_on_node(int (*threadfn)(void *data),
                                           void *data,
                                           int node,
                                           const char namefmt[],
                                           ...)
```

● kthread_run() 创建内核函数并启动。函数原型如下：

```
#define kthread_run(threadfn, data, namefmt, ...) \
    ({ \
        struct task_struct *__k \
                = kthread_create(threadfn, data, namefmt, ## __VA_ARGS__); \
        if (!IS_ERR(__k)) \
                wake_up_process(__k); \
                __k; \
    })
```

● kthread_stop() 函数可以用于结束某个线程(do_exit函数也可以实现相同功能)。例如：

```
int kthread_stop(struct task_struct *k)
```

● schedule_timeout() 函数对当前进程进行调度，让其进入睡眠状态，让出占有的系统资源，回到超时唤醒。例如：

```
signed long __sched schedule_timeout(signed long timeout)
```

现在看看下面的例程，在内核中创建两个线程，可以运行成功，两个线程之间运行毫无顺序，全靠内核进行调度。如果想要两个线程之间有什么联系，则需要使用 Linux 内核中的同步与互斥的手段。

```
#include <linux/errno.h>
#include <linux/sched.h>
#include <linux/module.h>
#include <linux/init.h>
#include <linux/kthread.h>
#include <linux/delay.h>
struct mytask_struct {
    unsigned long long int counter;
    struct task_struct *mykthread1;
    struct task_struct *mykthread2;
};
static struct mytask_struct mytask = {
    counter = 0,
    mykthread1 = NULL,
    mykthread2 = NULL,
};
static int my_thread1(void *data)
{
    while(1)
    {
        printk(KERN_INFO " my_thread1 counter  %lld\n", ++mytask.counter);
        mdelay(1000);
```

```
        }
        return 0;
}
static int my_thread2(void *data)
{
        while(1)
        {
                printk(KERN_INFO " my_thread2 counter  %lld\n", ++mytask.counter);
                mdelay(1000);
        }
        return 0;
}
static int __init thread_init(void)
{
        mytask.mykthread1 = kthread_create(my_thread1,NULL,"my_thread1");
        if (IS_ERR(mytask.mykthread1))
        {
                printk(KERN_EMERG "Create thread1 fail\n");
                return PTR_ERR(mytask.mykthread1);
        }
        mytask.mykthread2 = kthread_run(my_thread2,NULL,"my_thread2");
        if (IS_ERR(mytask.mykthread2))
        {
                printk(KERN_EMERG "Create thread2 fail\n");
                kthread_stop(mytask.mykthread1);
                return PTR_ERR(mytask.mykthread2);
        }
        return 0;
}
static void __exit thread_exit(void)
{
        kthread_stop(mytask.mykthread1);
        kthread_stop(mytask.mykthread2);
        return;
}
module_init(thread_init);
module_exit(thread_exit);
MODULE_AUTHOR("https://www.cnblogs.com/Lyunfei/tag/");
MODULE_DESCRIPTION("Linux Kthread");
```

```
MODULE_LICENSE("GPL");
```

小　结

程序的执行可以分为顺序执行与并发执行两种模式，为了能更好地描述程序的并发执行，实现操作系统的并发性和共享性，引入“进程”的概念。进程是正在运行的程序实体，并且包括这个运行的程序中占据的所有系统资源，因此进程是系统资源分配的基本单位。

为了对进程从产生到消亡的整个过程进行跟踪和描述，就需要定义各种进程的各种状态并制订相应的状态转换策略，以此来控制进程的运行。进程有三个基本状态：运行态、就绪态和阻塞态，它们之间可以相互转换。在支持虚拟存储管理的系统中，还可以引入挂起状态，使得进程状态的切换更加游刃有余。

进程控制是进程管理的一个重要部分。它的任务是，控制进程的创建、撤销、阻塞、唤醒等操作，以及管理进程上下文的切换过程，以达到多进程资源共享、高效率并发执行的目的。处理器的执行模式分为系统态和用户态。系统态又叫控制态，或内核态。进程大部分时间是运行在用户态下的，在其需要操作系统帮助完成一些用户态自己没有特权和能力完成的操作时就会切换到内核态，用户态切换到内核态的三种方式：中断、陷阱和系统调用。

进程的创建与撤销、阻塞与唤醒可以通过调用相应的原语操作来实现。现代主流操作系统在创建进程的时候采用了“写时复制”的策略。写时复制技术是一种很重要的优化手段，核心是懒惰处理子进程的资源请求，在多个资源之间只是共享资源，起初是并不真正实现资源复制，只有当子进程有需要对资源进行修改时才真正为实体分配私有资源。对于写时复制技术，需要注意的是：

(1) 写时复制技术可以减少分配和复制大量资源时带来的瞬间延时，但实际上是将这种延时附加到了后续的操作之中。

(2) 写时复制技术可以减少不必要的资源分配。比如 fork() 进程时，并不是所有的页面都需要复制，父进程的代码段和只读数据段都不被允许修改，所以无需复制。

为了提升系统并发处理的能力，引入了线程的机制。线程是进程的一个执行单元，是进程内部调度的实体，是进程更小的独立运行的基本单位，因此线程也被称为轻量级进程。

线程池是一种多线程处理形式。线程池技术的引入避免了在处理短时间任务时创建与销毁线程的代价，不仅能够保证内核的充分利用，还能防止过分调度。在通常情况下，可用线程数量应该取决于可用的并发处理器、处理器内核、内存、网络 sockets 等的数量。

Linux 操作系统的进程控制块即为进程描述符 task_struct 结构。通过该结构可以管理进程的整个生命周期。Linux 进程有多个状态，其中最容易混淆的是两个阻塞状态 TASK_INTERRUPTIBLE(可中断睡眠态) 与 TASK_UNINTERRUPTIBLE(不可中断睡眠态)。TASK_INTERRUPTIBLE 状态表示进程被阻塞，等待某些条件的完成。一旦完成这些条件，内核就会将该进程的状态设置为运行态；TASK_UNINTERRUPTIBLE 状态表示进程被阻塞，等待某些条件的完成。与可中断睡眠态不同的是，该状态进程不可被信号唤醒。

从Linux内核的角度来看，它并没有线程这个概念。Linux把所有线程都当作进程来实现，线程仅仅被视为一个与其他进程共享某些资源的进程。每个线程都拥有唯一属于自己的task_struct，所以在内核中，它看起来就像是一个普通的进程(只是该进程和其他一些进程共享某些资源，如地址空间)。

习　题

1. 操作系统中为什么要引入“进程”?

2. 进程有哪些基本状态？它们之间的转换是怎样发生的？

3. 通常有哪些事件会导致创建一个进程？

4. 请简述创建一个进程的过程。

5. 当使用 fork() 创建一个子进程时，子进程有什么特点？父进程与子进程被调度的顺序是怎样的？

6. 进程控制块的作用是什么？

7. 为什么处理器的执行需要用户态和内核态两种模式？

8. 什么是线程？试述线程与进程的区别。

9. 请解释什么是写时复制？

10. 线程池技术引入的原因是什么？有什么优点与缺点？

11. Linux 系统中，创建子进程的调用 fork() 和 vfork() 有什么区别与联系？

第4章　进 程 同 步

当进程的概念被引入到操作系统之后，系统资源的利用率得到了有效的改善，系统的吞吐量也得到了极大的提升。现代操作系统中，几乎随时都有多个进程在内存中运行，但是由于进程的执行具有异步性的特点，如果考虑不周，进程之间相互影响，有可能造成无法预估的灾难性后果。尤其是当多个进程竞争使用某些共享资源的时候，问题就显得更加严重了。

在单 CPU 的多道程序环境系统中，程序被交替地执行，表现出一种并发执行的特性，这些并发执行的程序之间可能是无关的，也可能是有交互的。比如，为两个不同的源程序进行编译的两个进程，它们可以是并发的，但是它们之间却是无关的。虽然这两个进程交替地占用处理器，分别为不同的源程序进行编译，但它们分别在不同的数据集合上运行，任何一个进程的执行既不依赖于另一个进程，也不会影响到另一个进程的执行，所以它们是各自独立的。

有时候，系统中的多个进程之间有可能存在某些相互影响、相互制约的关系。例如：有一个打印进程 P 和一个计算进程 C，它们共享一个数据缓冲区，计算进程将计算结果放入缓冲区，而打印进程将缓冲区的数据打印输出。只有当缓冲区中有数据的时候，打印进程才能将数据打印输出；反过来，只有当缓冲区至少有一块空闲空间时，计算进程才能将结果存放进去。可见，这两个进程相互制约，任意一个进程的推进都会受到另一个进程的制约和影响。

有交互的并发进程执行时一定会共享某些资源，因此我们在处理这些进程时就需要格外留心。本章将详细讨论怎样通过程序设计的手段保证这些交互的并发进程顺利地执行。

4.1　进程的互斥

严格意义上说，进程互斥是进程同步控制中的一种特例，但是由于使用场景比较多，我们还是把它单独作为一种进程控制的模式进行讨论。

4.1.1　临界资源和临界区

当并发进程竞争使用同一资源时，它们之间可能会发生冲突。为了避免这种冲突引起更大的问题，我们需要防止两个或两个以上的进程同时访问它们。我们把那些在某段时间内只允许一个进程使用的资源称为临界资源，使用临界资源的那一部分程序称为程序的临界区。

我们看看这个例子：某交叉路口设置了一个车辆自动计数系统，该系统由观察者进程 Observer 和报告者进程 Reporter 组成。观察者能识别卡车，并对通过的卡车计数。

Reporter 进程定时将观察者的计数值打印输出，每次打印后把计数值清“0”，再进行下一个时段的统计，这两个进程的并发执行可完成对每小时卡车流量的统计。这两个进程的代码如下：

```
Process Observer                    Process Reporter
begin                               begin
  L1:observer a lorry;                  print count;
    count = count+1;                    count = 0;
    goto L1;                        end;
end;
```

在并发执行的环境下，这两段程序的临界区分别如下：

```
Observer 的临界区：                  Reporter 的临界区：
    count = count + 1;                  print count;
                                        count = 0;
```

我们来分析一下以上两个程序的执行，如果这两个进程按各自顺序执行，其执行结果毫无疑问是正确的。可是，当它们并发执行的时候，则可能有以下几种情况。

1. Reporter 执行时无卡车通过

这种情况下，Reporter 把上一小时通过的卡车数打印输出后将计数器清“0”，完成了一次自己承担的任务。此后，有卡车通过时，Observer 重新开始对一个新时间段内的流量进行统计，此时能正确统计出每小时中通过的卡车数。

2. Reporter 执行时有卡车通过

当准点时，Reporter占用处理器工作，启动打印机打印，在等待打印机输出时(注意：此时count尚未清“0”)，恰好有一辆卡车通过，这时Observer进程占用处理器，把尚未清“0”的计数器count的值又增加了“1”，之后，Reporter在打印输出后继续执行count = 0。于是，Reporter在把count清“0”时，同时把Observer在count上新增加的“1”也清除了。如果在Reporter打印期间连续有卡车通过，虽然Observer都把它们记录到计数器中，但都因Reporter执行了count = 0而把计数值丢失了，使统计结果失实。

可见，由于并发进程执行的随机性，其中一个进程对另一个进程的影响是不可预测的，关键是它们都涉及了共享变量，当不同时刻交替地修改了共享变量的值时就会造成结果的不正确性。如果能保证一个进程在临界区执行时，不让另一个进程进入相关的临界区执行，即这个进程对共享变量的访问是互斥的，那么就不会造成因为竞争资源而执行错误的问题。

由上述所知，不论是硬件资源还是软件资源，多个进程必须互斥地对它们进行访问。显然，若能保证各个进程互斥地进入临界区，就可以实现它们对临界资源的互斥访问。为此，每个进程在进入临界区之前应该对要访问的临界资源进行检查，看它们是否正在被访问。如果此时临界资源未被访问，进程就可以进入临界区，对资源进行访问，并设置它被正在访问的标志；如果此时临界资源正在被某个进程访问，则该进程不能进入临界区。因此，必须在临界区后面也要加上一段被称为退出区的代码，用于将临界区正在被访问的标志恢复为未被访问标志。进程中，将除上述进入区、临界区及退出区之外的其他部分的代码称为剩余区。这样，就可以把一个访问临界资源的进程描述为：

```
do {
    [进入区]
      临界区
    [退出区]
      剩余区
  } while(TRUE)
```

为了提供对互斥的支持，系统必须满足以下条件：

(1) 互斥：一次最多一个进程能够进入临界区，当有进程在临界区执行时，其他进程若想要进入临界区，则需要等待。

(2) 有限等待：不能让一个进程无限制地在临界区内执行，即任意进入临界区的进程必须在有限时间内退出临界区。

(3) 空闲让进：如果某进程退出临界区，而有其他进程正在等待进入临界区时，应当让这个进程进入。

怎样按照这三个要求实现对临界区的互斥访问呢？我们将详细介绍两种实现互斥的方法，其一是使用硬件来实现互斥，其二是使用信号量的方法来实现互斥的目的。具体内容请见下一节。

在多进程的系统中，我们在控制进程顺利推进时，不能假定进程执行的相对速度。一个操作系统在某个时刻可同时存在多个处于内核运行模式的活动进程，因此实现操作系统的内核代码会出现竞争条件。如内核会维护一个链表来管理进程的打开文件，当打开或关闭一个文件时，这个链表需要更新(链表增加一个文件或删除一个文件)。如果两个进程同时打开文件，则这两个独立的更新操作会形成对链表资源的竞争使用。针对类似这样的问题，有两种方法用于处理操作系统内核的临界区问题：抢占内核与非抢占内核。抢占内核允许处于内核模式的进程被抢占；非抢占内核不允许内核模式的进程被抢占，处于内核模式运行的进程会一直运行，直到它退出内核模式、阻塞或自动退出，显然非抢占内核的内核数据结构从根本上不会导致资源竞争。对于抢占内核，需要认真设计以确保其内核数据结构的安全。

4.1.2 使用硬件实现互斥

1. 中断禁用

在使用硬件机制实现互斥的思路中，禁用中断是最简单直接的方法。在单处理器的机器中，并发进程轮流占用 CPU 执行，如果某个进程不被中断或执行系统调用的话，这个进程将会一直运行。因此，如果需要实现互斥地访问共享资源，只需要保证一个进程不被中断即可。我们可以使用启用和禁用中断的原语来实现该功能。具体的方法可使用以下的模板：

```
while (true)
  {
  /* 禁用中断 */;
```

```
临界区;
/* 启用中断 */;
}
```

以上代码保证了临界区不会发生中断，从而可以保证进程在进入临界区后不会被打断执行，因此有效地实现了互斥。但是值得注意的是，该方法的代价太高，由于禁止了中断，因此系统执行的效率会有明显的降低；并且该方法不能用于多处理器结构，当一个计算机系统包含多个处理器时，就有可能有一个或一个以上的进程同时执行，在这种情况下，禁止中断是不能保证互斥的。

2. 专用机器指令

在中断禁止机制难以奏效的情况下，我们还有另一种基于硬件的方案——使用专用的机器指令，这些指令可以实现程序对相同内存单元的互斥访问。在这里，介绍一个常见的原子指令：compare_and_swap 指令。该指令在执行的过程中，任何其他指令访问内存都将被阻止，而且这些动作在一个指令周期中完成。compare_and_swap 指令的定义如下：

```
int compare_and_swapWait(int *word, int testval, int newval)
    {
        int oldval;
        oldval = *word;
        if(oldval = = testval)
            *word = newval;
        return  oldval;
    }
```

在以上代码中，compare_and_swap 指令使用一个测试值 testval 检查一个 *word。如果该内存单元的当前值与 testval 的值相等，则就用 newval 取代该值，否则保持不变。该指令总是返回旧内存的值，因此，如果返回值与测试值相同，则表示该内存已经被更新。由此可见，这个原子指令由两个部分组成：比较内存单元值和测试值；如果值有差异，则产生交换。整个比较和交换功能按照原子操作执行，即它不接收中断。

```
const  int  n = N;   /* 进程个数 */
int lock;// 共享变量
void  process(int i)
{
 while (true)
    {
        while(compare_and_swapWait(lock,0,1) = = 1);  /* 不做任何事 */
        /* 临界区 */;
     count = 0;
    }
}
```

```
void main()
{
    count = 0;
    parbegin(process(1),process(2),···,process(n));
}
```

以上这段代码是一个使用了 compare_and_swap 指令实现互斥的例程，全局共享变量 lock 初始化为 0，只有检测到 lock 为 0 的进程才能进入临界区。其他试图进入临界区的进程只能继续执行测试变量的指令来得到访问权。当一个进程离开临界区时，它把 lock 重置为 0，此时下一个等待进入临界区的进程才能被允许进入临界区。

换一个角度理解上面代码的含义，lock 可以看作是一把锁，它有两种状态值：0 和 1。当 lock 的值为 1 时，可以理解为此时临界区被锁定；当 lock 的值为 0 时，代表临界区的锁被解开，可以进入。进程 process(i) 想要进入临界区时，调用 compare_and_swapWait(lock,0,1) 指令，其实质是检测 lock 锁是否是打开的状态。初始的时候 lock 为 0，代表临界区可用，否则 lock 为 1，使得 compare_and_swapWait(lock,0,1) 的返回值等于 1(此时一定有另一个进程锁定了临界区，使得 lock 的值为 1)，导致 process(i) 的 while 循环空转等待，直到其他进程退出临界区，使得 lock 值为 0，该锁被打开，进程 process(i) 才能进入临界区。

从以上的例子可以看出，使用专门的机器指令实现互斥可以很好地把修改和检查操作结合起来，因而具有明显的优点。具体地说，机器指令具有以下的优点：

(1) 适用范围广。它可适用于在单处理器或共享内存的多处理器上的任意数目进程。

(2) 使用简单。指令设置简单，容易验证其正确性。

(3) 可支持多个临界区。

当然，机器指令也存在以下一些缺点：

(1) 导致 CPU 空耗。当一个进程等待进入临界区时，会不断地持续检测，消耗处理器时间。

(2) 导致饥饿进程。由于各种原因，当有多个进程都在等待进入临界区时，在某些极端情况下有可能某个进程永远无法进入临界区，发生饿死现象。

4.1.3 信号量实现互斥

1965 年，荷兰学者 Dijikstra 提出的信号量机制是一种卓有成效地解决并发进程对共享资源管理的方法。在该机制提出后得到了广泛的应用，并取得很大的进展。

信号量机制的基本原理是：两个或多个进程可以通过简单的信号进行合作，一个进程可以被迫在某一位置停止，直到它接收到一个特定的信号。任何复杂的合作需求都可用适当的信号结构得到满足。为了通过信号量 s 传送信号，进程可执行原语 signal(s) 操作；为通过信号量 s 接收信号，进程可执行原语 wait(s) 操作。信号量包括一个整型值和一个等待队列 queue，并且只能通过两个原语 wait()、signal() 操作来访问。信号量的定义如下：

```
struct semaphore{
    int value;
```

```
        struct QUEUETYPE  *queue;
    }
```

wait() 原语所执行的操作可使用下面的代码来表示：

```
        void wait(semaphore s)
        {
            s.value = s.value – 1;
            if (s.value<0)
                block(s.queue);  /* 将进程柱塞，并将其投入等待队列 s.queue*/
        }
```

signal() 原语所执行的操作可使用下面的代码来表示：

```
        void signal(semaphore s)
        {
            s.value = s.value + 1;
            if (s.value< = 0)
                wakeupWait(s.queue);
                    /* 唤醒被阻塞进程，将其从等待队列 s.queue 中取出，投入就绪队列 */
        }
```

信号量 s.value 的初始值一般是一个非负整数，通常情况下，可以表示某类可用的共享资源的数目。

wait() 操作意味着进程请求一个资源，所以 s.value 的值减一。当 s.value 的值为负数时，表示资源已经分配完毕，因而不能满足进程的需求，进程无法继续执行，故将会自我阻塞，放弃处理器，并插入到等待该信号量的等待队列中。

signal() 操作意味着进程释放一个资源，所以 s.value 的值加一。当 s.value 的值小于或等于 0 时，表示在该信号量的等待队列中有等待该资源的进程被阻塞，故应该将等待队列中的一个进程唤醒。

简而言之，当信号量 s.value 的值为非负整数时，表示某类可用资源的数目；当信号量 s.value 的值为负整数时，则 s.value 的绝对值等于由于请求该资源而被阻塞的进程的总数。

如果信号量的初始值为 1，表示仅允许一个进程访问临界区，此时的信号量转换成为互斥信号量。wait() 操作和 signal() 操作分别置于进入区和退出区。如果定义 mutex 为互斥信号量，其初始值为 1，则应用模板如下：

```
    do {
        wait(mutex)
          临界区
        signal(mutex)
    } while(TRUE)
```

4.1.1 节中的车辆自动计数系统如果使用信号量机制，就能够很好地解决 Observer 进程和 Reporter 进程对计数器的互斥访问。具体代码如下：

```
int count;
semaphore s;s.value = 1;
```

```
void Observer( )
{
        while(true)
        {
            observer a lorry;
            wait(s);
            count = count + 1;
            signal(s);
        }
}
```

```
void Reporter( )
{
    while(true)
        {
        wait(s);
        print count;
        count = 0;
        signal(s);
        sleep(3600);
    }
}
```

```
void main()
{
    count = 0;
    parbegin(Observer,Reporter);
}
```

每个进程进入临界区之前均调用了 wait(s)，因 s.value 的初始值为 1，故不可能两个进程同时进入临界区，不会出现如下交叉执行的序列“print count; count = count + 1; count = 0; ”；每个进程在执行完临界区的操作后均调用了 signal(s)，使自己退出临界区，允许另一个进程进入临界区。

在这个问题中，应当避免出现下面的错误管理方法。

(1) 错误 1：

```
void Observer( )
{
    while(true)
    {
        wait(s);
        observer a lorry;
        count = count + 1;
        signal(s);
    }
}
```

把 wait(s) 放在不属于临界资源的语句“observer a lorry”之前，降低了系统并发执行的能力。在使用原语进行互斥管理时的总原则是：能并发执行的部分要保持其并发性，只有涉及共享变量的程序段才是需要互斥执行的临界区。

(2) 错误 2：

```
void Observer( )
    {
        while(true)
        {
            observer a lorry;
            wait(s);
            count: = count + 1;
        }
    signal(s);
}
```

把 signal(s) 放在 while 循环体之后，将造成系统瘫痪。因为当进程 Observer 第一次调用 wait(s) 后，s.value 的值就是 0，接着执行“count: = count + 1”，之后没有调用 signal(s) 就立即执行下一次循环；由于没有调用过 signal(s)，于是再次调用 wait(s)，进程 Observer 就永远处于等信号量 s 的状态。不仅 Observer 不能继续观察和测试，连进程 Reporter 要定时打印时，在调用 wait(s) 后也被置为等信号量 s 的状态。这样两个进程都无法继续执行，永远没有调用 signal(s) 的机会，谁也释放不了谁，系统就处于瘫痪状态。

4.2 进程的同步

4.2.1 信号量与同步

并发执行的进程在共享资源的时候，在某些情况下除了需要保持互斥关系外，进程之间有时还需要处理其他的关系。同步关系的例子如图 4-1 所示。

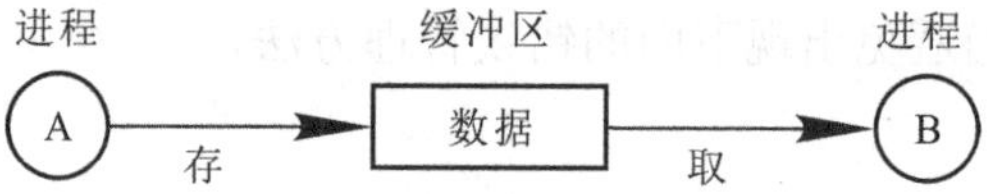

图 4-1 同步关系的例子

并发进程A与进程B共享一个缓冲区，假设缓冲区大小为N(最多可同时存放N个数据)，A进程将数据存入缓冲区，而B进程从缓冲区中将数据取出。此时，两个进程的推进会受到某种关系的制约。当A进程的执行速度超过B进程的执行速度时，则可能发生这样的情况：B进程还来不及取走旧的数据，A进程可能又会有新的数据放入到缓冲区，当缓冲区中无空闲空间时，就会覆盖还未取走的数据，这样就会造成数据的丢失；反过来，如果进程B的执行速度超过进程A的执行速度时，可能A进程还没有将新的数据放入缓冲区，B进程就已经从相同的缓冲区中重复地取数据了。引起这些错误的根本原因在于这两个进程的执行速度不协调。像这种一个进程的执行受到另一个进程执行的直接制约，我们称之为进程间存在着同步关系。为了实现进程的同步关系，我们需要提供一种机制，这种机制能够将其他进程所需要的消息发出去，也能测试自己所需要的消息是否到达。比如，为了解决图4-1中存在的问题，我们可以设想以下场景：当进程A存入一个数据到缓冲区后，应该告知进程B“有待处理数据”；当进程B从缓冲区中取走一个数据时，应该向进程A发送一条消息“数据已经取走”。这样，两个进程就能协调地工作了。

wait()与signal()原语不但能有效地实现进程的互斥，而且还是一个有效的同步工具。一个信号量可以与一条消息关联起来。当信号量为0 (实际上是指该信号量的value值为0，为了简略，以后提及“信号量的值”均指该“信号量的value的值”)的时候，表示所期望的消息尚未产生；而信号量为非0整数值时，表示所期望的消息已经存在了。若信号量为s，使用wait()与signal()操作实现进程同步的原理如下：

(1) 调用 signal() 操作发送消息。

若某个进程需要向其他进程发送消息，可使用 signal(s) 原语。若调用 signal(s) 操作之前，s.value = 0，则表示消息尚未产生，同时没有任何进程在等待该消息；当调用 signal(s) 操作之后，s.value ＞ 0，则意味着消息已经存在；若调用 signal(s) 操作之前，s.value<0，则表示消息尚未产生并且已经有进程因为等待该消息而被阻塞起来，这时调用完 signal(s) 操作之后将唤醒一个阻塞进程，表示被阻塞的进程所等待的消息已经到达，可以继续执行。

(2) 调用 wait() 操作检测消息。

进程可以尝试调用 wait(s) 操作来检测自己所期望的消息是否已经到达。若调用 wait(s) 操作之前，s.value = 0，则表示消息尚未产生，调用 wait(s) 操作之后，s.value 的值就成为负值，此时调用者必须等待，直到消息到达；若调用 wait(s) 操作之前，s.value >0，则表示消息已经存在，调用 wait(s) 操作后，检测到消息已经到达，故可以继续执行。

图 4-1 中进程 A 与进程 B 之间的同步关系使用信号量描述如下：

```
Semaphore Bufempty,Buffull;
Bufempty.value = n;Buffull.value = 0;
```

void A( )	void B( )
{	{
wait(Bufempty);	wait(Buffull);
/* 按照 FIFO 方式选择一个空闲缓冲区 */	/* 按照 FIFO 选择一个装满数据的缓冲区 */
save(data);	retrieve(data);
signal(Buffull);	signal(Bufempty);
}	}

```
void main()
{
  parbegin(A,B);
}
```

上述代码中，我们定义了两个信号量 Buffull 和 Bufempty，Bufempty.value 表示缓冲区中空闲缓冲单元的数目，当 Bufempty.value>0 时，意味着可以把数据放入缓冲区；Buffull.value 表示缓冲区中已经装上数据的单元数目，如果 Buffull.value>0，则意味着可以从缓冲区中取数据。初始的时候，缓冲区中没有数据，Bufempty.value 的值为 n，Buffull.

value 的值为 0。

需要注意的是：在使用信号量实现进程同步时，一个信号量需要与一个消息对应关联起来。若实际情况需要多个消息时，则必须定义多个信号量。测试不同的消息是否到达或发送不同消息时，应对不同的信号量调用 wait() 操作或 signal() 操作。

4.2.2 生产者/消费者问题

如果把同步和互斥问题一般化，可以得到一个抽象的一般模型，即生产者/消费者问题。计算机系统中，每个进程都申请使用和释放各种不同类型的资源，这些资源既可以是像外设、内存及缓冲区等硬件资源，也可以是临界区、数据、例程等软件资源。把系统中使用某一类资源的进程称为该资源的消费者，而把释放同类资源的进程称为该资源的生产者。图4-1中的进程A就可以被称为生产者，进程B称为消费者。生产者/消费者问题通常可以描述如下：

有一个或多个生产者生产某种类型的数据并放置在缓冲区中，有一个消费者从缓冲区中取数据，每次取一项。系统保证避免对缓冲区的重复操作，即任何时候只有一个主体(生产者或消费者)可以访问缓冲区。当缓冲区满时，生产者不会继续向其中添加数据；当缓冲区为空时，消费者不会从中移走数据。

当生产者进程和消费者进程使用有界缓冲区时，它显然是一个临界资源，所有的生产者与消费者进程都会使用它，因此对于缓冲区的操作必须是互斥的，同时生产者/消费者进程之间又需要满足同步关系。若共享缓冲区如图4-2所示，指针i和j分别指向当前的第一个空闲缓冲区和第一个存满产品的缓冲区，则使用信号量解决生产者/消费者问题的形式化描述如下：

```
semaphore mutex;   mutext.value = 1;
semaphore empty;   empty.value = n;
semaphore full;    full.value = 0;
int i,j;
ITEM Buffer[n];
ITEM data_p,data_c;
void producer()
{
while(true)
  {
  Produce an item in data_p;
  wait(empty);
  wait(mutex);
  Buffer[i] = data_p;
  i = (i + 1)%n;
  signal(mutex);
  signal(full);
  }
}
```

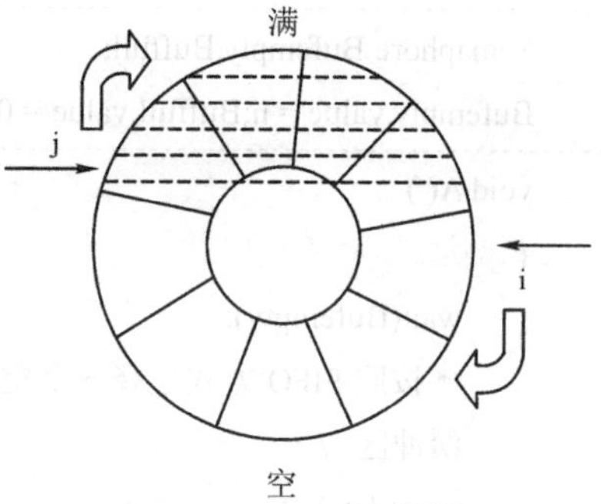

图 4-2 环形缓冲区

```
void consumer()
{
    while(true)
    {
        wait(full);
        wait(mutex);
        data_c = buffer[j];
        j = (j + 1)%n;
        signal(mutex);
        signal(empty);
        consume the item in data_c);
    }
}
```

在上面的程序中需要注意以下几个问题：

(1) 将共享缓冲池中的n个缓冲区视为临界资源。进程在使用时，首先要检查是否有其他进程在临界区，如果没有时再进入。程序中的mutex是用于互斥的信号量，wait(mutex)和signal(mutex)用于临界区的互斥，必须成对出现。

(2) 多个wait()操作的次序是不能随意颠倒的。在上述程序段中，如果调换两个wait()操作的顺序，则可能会引起死锁。试想一下，可能存在这样一种情况：对于producer进程，如果想要进入临界区，需要先后执行两个wait()操作：wait(mutex)和wait(empty)。如果此时缓冲区没有进程使用，则producer进程顺利进入临界区，但是接下来当执行到wait(empty)时，缓冲区中没有空闲单元，则会自我阻塞，不能继续执行；随后consumer进程若申请进入临界区，会先执行wait(mutex)，此时由于先前producer进程执行了wait(mutex)操作进入临界区，但是却由于等待空闲单元而被阻塞，因此无法退出临界区，所以consumer也无法进入临界区，会被阻塞。此时，两个进程都被阻塞，系统陷入死锁状态。

4.2.3 读者/写者问题

在使用信号量机制解决并发进程的同步和互斥关系时，还有一种很经典的问题——读者/写者问题：有一个多个进程共享的数据区，这个数据区可以是一个文件或者一块内存空间，甚至可以是一组寄存器。读者进程只读这个数据区的数据，而写者进程只往数据区中写数据。此外，读者进程和写者进程还必须满足以下条件：

(1) 任意多的读者进程可以同时读这个文件。

(2) 一次只有一个写者进程可以写文件。

(3) 如果一个写者进程正在写文件，则禁止任何读者进程读文件。

由以上条件可知，读者进程是不需要排斥其他读者进程的，而写者进程是需要排斥其他所有进程的，包括读者进程和写者进程。使用信号量解决读者/写者问题时的算法主要部分描述如下：

```
int readcount;readcount = 0;
semaphore mutex_count,mutex_write;
mutex_count.value = 1;  mutex_write.value = 1;
```

```
void reader( )
{
    while(true)
    {
    wait(mutex_count);
    readcount++;
    if(readcount = = 1)
        wait(mutex_write);
    signal(mutex_count);
    Read file;
    wait(mutex_count);
    readcount--;
    if(readcount = = 0)
        signal(mutex_write);
        signal(mutex_count);
    }
}
```

```
void writer()
{
    while(true)
    {
        wait(mutex_write);
        Write file;
        signal(mutex_write);
    }
}
```

上述代码中，readcount 用于计数在临界区中的读者进程，信号量 $mutex_{count}$ 和 $mutex_{write}$ 都是用于实现互斥的信号量。$mutex_{count}$ 应用的目的是为了保证对内存单元 readcount 访问的互斥，$mutex_{write}$ 则是为了实现读者与写者进程的互斥。当某个读者进程 P_{read} 进入临界区时，如果发现自己是第一个读者进程，则调用 wait($mutex_{write}$) 等待接收与写者进程互斥的信号量 $mutex_{write}$；如果此时有写者进程在写文件，则该读者进程阻塞。如果 readcount 的值大于 1，则说明临界区中有其他读者进程，此时进程 P_{read} 无需等待接收信号量 $mutex_{write}$，直接进入临界区开始读文件。当读者进程 Pread 退出临界区之前，通过检测 readcount，如果发现自己是当前临界区中的最后一个读者进程时，则调用 signal($mutex_{write}$) 原语，以便写者进程可以顺利进入临界区。

4.2.4　信号量机制的其他应用

在本节中，我们来讨论一下怎样使用信号量机制解决一些实际生活中的问题。

1. 独木桥问题

独木桥问题可描述为：当行人需要经过一座独木桥时，同一方向的行人可连续过桥，每次只允许一个人过桥，当某一方向有人过桥时，另一方向的行人必须等待；当某一方向无人过桥时，另一方向的行人可以过桥。

我们可以使用信号量机制来正确处理过桥行人的行为，显然，相向而行的人必须互斥地通过独木桥。此外，在该问题中，同一方向的行人可以连续过桥，而无需互斥地上桥，这就需要引入一个变量，检测某个行人是否是当前方向行走的第一个过客，如果是的话，这个行人就必须调用wait()修改信号量的值(也可以理解为等待可以过桥的信号量消息)，以便反向的行人不能进入临界区；否则，无需修改信号量，直接跟随前面同向的行人过桥即可。

将独木桥的两个方向分别标记为A和B。用整型变量countA和countB分别表示A、B方向上已在独木桥上的行人数，初值为0。需要设置三个初值都为1的互斥信号量：mutexA用来实现对countA的互斥访问，mutexB用来实现对countB的互斥访问，mutexbridge用来实现对独木桥的互斥使用。

解决独木桥问题的算法描述如下：

```
int countA,countB;countA = 0; countB = 0;
semaphore mutexA，mutexB，mutexbridg;
mutexA.value = 1；mutexB.value = 1；mutexbridge.value = 1;
```

(1) A方向行人过桥：

```
void A( )
{ while(true)
   {
         wait(mutexA);
         countA = countA + 1;
         if (countA = = 1)
            wait(mutexbridge);
         signal(mutexA);
         过桥;
         wait(mutexA);
         countA = countA-1;
         if(countA == 0)
            signal(mutexbridge);
         signal(mutexA);
   }
}
```

(2) B方向行人过桥：

```
void B( )
   {while(true)
         {
         wait(mutexB)
         countB = countB + 1;
         if (countB == 1)
         wait(mutexbridge);
         signal(mutexB);
         过桥;
         wait(mutexB);
         countB = countB-1;
         if(countB == 0)
         signal(mutexbridge);
         signal(mutexB);
         }
   }
```

2. 取物问题

假设有这样一个场景：饭桌上有一个碟子可以盛装水果，但是一次只能盛装一个水果。父亲一次向碟子上放上一个橘子，母亲一次向碟子放上一个苹果。女儿只吃苹果，儿子只吃橘子。

在这个场景里，显然，碟子是一个临界资源。父亲、母亲、女儿和儿子可以看作是并发执行的四个进程。这四个进程的推进既需要实现互斥，同时也需要实现同步关系。仔细分析一下，这四个进程要满足以下几个条件：

(1) 父亲、母亲、儿子、女儿必须互斥地使用碟子。

(2) 只有当碟子里的水果被人取走时，父亲或母亲才能重新放入水果。

(3) 只有当碟子上有水果时，儿子或女儿才能取走自己喜欢的水果。

为了解决该问题，我们设置了三个信号量：mutex，orange 和 apple，其中 mutex 用于实现四个进程对碟子的互斥访问，orange 和 apple 则用于实现进程之间的同步关系。主要代码描述如下：

```
Semaphoremutex, orange, apple,;
mutex.value = 1; orange.value = 1; apple.value = 1;
```

```
void father( )
{
    while(true)
    {
        wait(mutex);
        put an orange;
        signal(orange);
    }
}
```

```
void mother( )
{
    while(true)
    {
        wait(mutex);
        put an apple;
        signal(apple);
    }
}
```

```
void son( )
{
    while(true)
    {   wait(orange);
        eat the orange;
        signal(mutex);
    }
}
```

```
void daughter( )
{
    while(true)
    {   wait(apple);
        eat the apple;
        signal(mutex);
    }
}
```

在上述代码中，父亲或母亲想要将水果放入碟子时，需要执行 wait() 操作，判定是否可以进入临界区。如果碟子为空，则可以进入临界区使用碟子，并放入水果，然后执行相应的 signal () 操作。对于父亲进程而言，放入橘子后，执行 signal() 操作会发送一个消息“橘子已经放入”；对于母亲进程而言，执行 signal() 操作后，会向女儿发送一条“苹果已放入”的消息。儿子或女儿进程被调度执行时，通过对应的 wait() 操作检测自己期待的消息是否到达，如果是则可以享用水果，然后执行 signal()，告知父亲或母亲进程“碟子已空”；否则自我阻塞，等待消息到达。

3. 进程的前驱后继问题

假定有 6 个进程，这 6 个进程之间存在着明确的前驱和后继关系，如图 4-3 所示。

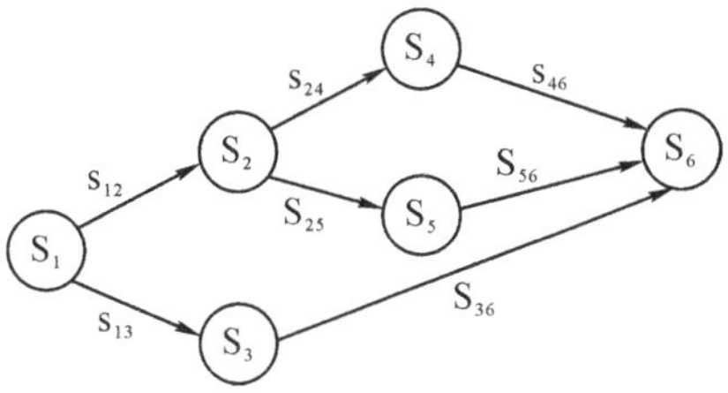

图 4-3　进程的前驱后继图

初始节点代表的进程是可以直接执行的，中间的节点进程是否能够执行是需要受到其前驱进程制约的，只有当所有的前驱进程执行完毕后，后继进程才能得以顺利执行。使用信号量机制来解决该类问题时，对于每一个有后继进程的进程，自己执行完毕之后，需要向后继进程发送一个“执行完毕”的消息；而对于每一个有前驱进程的进程而言，必须要等到所有前驱进程“执行完毕”的消息到达后才能顺利执行。

图 4-3 中各个节点进程并发执行情况可描述如下：

```
semaphore s12,s13,s24,s25,s36,s46,s56;
s12 = s13 = s24 = s25 = s36 = s46 = s56 = 0;
void S1() { S1 execute; signal(s12);signal(s13) }
void S2() { wait(s12);S2 execute;signal(s24);signal(s25) }
void S3() { wait(s13);S3 execute;signal(s36) }
void S4() {wait(s24);S4 execute;signal(s46) }
void S5() { wait(s25);S5 execute;signal(s56) }
void S6() {wait(s36);wait(s46);signal(s56);S6 execute }
```

程序申明了 6 个信号量 $s_{ij}(1<i<j \leq 6)$，具体标识如图 4-3 所示，s_{ij} 中的 i、j 为具有直接前驱后继关系的进程编号。这 6 个信号量分别用来向自己的后继进程发送“执行完毕”的消息，每一个进程在执行前都需要检测自己期待的消息是否到达，执行后还需要向自己的后继进程发送“已经执行完毕”的消息。

4.3　进程之间的通信

进程间的通信要解决的问题是进程之间信息的交流。操作系统提供了多种进程通信的机制，可分别适用于多种不同的场合。一般来说，进程间的通信根据通信内容可以划分成两种：控制信息的传送与大批量数据的传送。有时也把进程间控制信息的交换称为低级通信，而把进程间大批量数据的交换称为高级通信。本章前面几节中所介绍的使用信号量机制实现进程的互斥或同步，这属于低级通信方式。接下来，我们将介绍几种高级通信机制，以便进程之间可以传送任意数量的数据。

进程之间的高级通信机制可以大体分为以下几类：共享内存方式、管道通信机制以及消息传递通信。

4.3.1　共享内存方式

在共享存储器系统中，需要通信的进程之间共享某些内存区域，这些进程通过共享内存的使用进行信息传递。共享内存是进程间通信中最简单的方式之一，进程通信前首先会申请共享内存区域。若系统已经把共享区域分配给其他进程，则将该共享区域的句柄返回给申请者，申请进程把获得的共享区域连接之后，便可以像读写普通存储区域一样对存储区域进行读和写，以便达到传递大量信息的目的。

使用共享内存的方式进行进程之间的通信，其原理如图 4-4 所示。

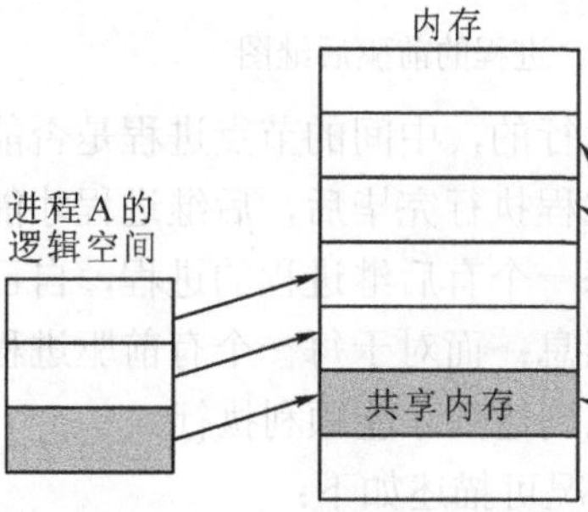

图 4-4　共享内存

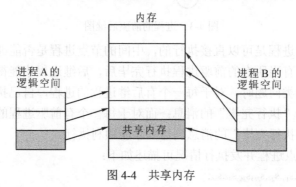

共享内存实际上就是进程通过调用shmget(Shared Memory GET 获取共享内存)来分配一个共享内存块，然后每个进程通过shmat(Shared Memory Attach 绑定到共享内存块)，将进程的逻辑虚拟地址空间指向共享内存块中。随后，需要访问这个共享内存块的进程都必须将这个共享内存绑定到自己的地址空间中去。当一个进程往一个共享内存块中写入了数据，共享这个内存区域的所有进程就可都看到其中的内容。

共享内存是进程间共享数据的一种高效的方法。一个进程向共享的内存区域写入了数据，共享这个内存区域的所有进程就可以立刻看到其中的内容。访问共享内存区域和访问进程独有的内存区域一样快，并不需要通过系统调用或者其他需要切入内核的过程来完成，同时也避免了对数据的各种不必要的复制。

使用共享内存要注意的是多个进程之间对一个给定存储区访问的互斥。若一个进程正在向共享内存区写数据，则在它做完这一步操作前，别的进程不应当去读、写这些数据。 因为系统内核没有对访问共享内存进行互斥管理，必须由用户程序自己采取相应的措施。解决这些问题的常用方法是通过使用信号量进行管理。

4.3.2　管道通信

管道是用于连接一个读进程和一个写进程，实现进程之间通信的一种共享文件，又称为 pipe 文件。向管道提供输入的是发送进程，或称为写进程，它负责向管道送入数据，数据的格式是字符流；而接收管道数据的进程称为读进程。由于发送进程和接收进程是利用管道来实现通信的，故被称为管道通信。

为了协调双方的通信，管道通信机制必须提供以下几个方面的协调能力：

(1) 互斥。当一个进程正在对管道进行读或写操作时，另一个进程必须等待。

(2) 同步。管道的大小是有限的，所以当管道满时，写进程必须等待，直到读进程把它唤醒为止。同理，当管道没有数据时，读进程也必须等待，直到写进程将数据写入管道后，读进程才被唤醒。

(3) 确认对方是否存在。只有确认对方存在时，才能进行通信。

下面展示一个利用管道进行父子进程间通信的简单例子，如图4-5所示。

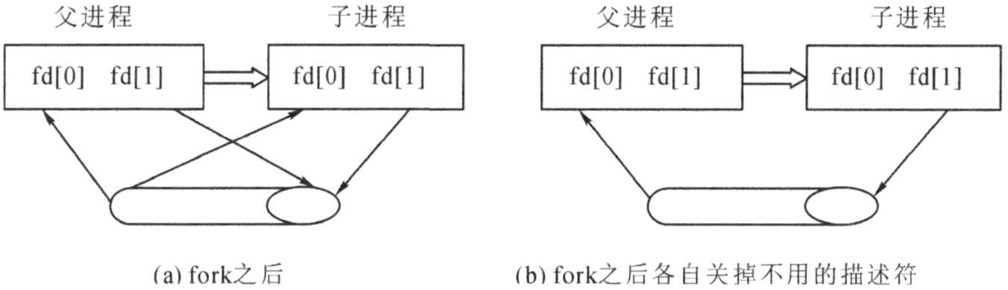

图4-5 父子进程管道通信

```
int main()
{
    char buf[1024] = " hello world!\n" ;
    int fds[2];
    if(pipe(fds) == -1)
    {
        perror( "pipe" );
        exit(1);
    }                                       /* 创建匿名管道 */
        pid_t pid = fork();                 /* 创建子进程 */
        if(pid = = 0)                       /* 如果在子进程中 */
{
        close(fds[0]);                      /* 关闭管道读描述符 */
        if(write(fds[1],buf,1024) == -1)    /* 写入管道 */
{
        perror("write");
        exit(1);
}
        close(fds[1]);
        exit(1);
}
        else                                /* 如果在父进程中 */
        {
            memset(buf,0x00,1024);          /* 对 buf 数组清零 */
            close(fds[1]);                  /* 关闭管道写描述符 */
            if(read(fds[0],buf,1024) == -1){    /* 从管道读内容 */
```

```
        perror("read");
        exit(1);
        }
        if(write(1,buf,1024) = = -1){/* 在显示器中输出 */
        perror("write");
        exit(1);
        }
        close(fds[0]);
        exit(1);
        }
        return 0;
    }
```

在上面的代码中，父进程创建了一个匿名管道，fds[0] 为读端，fds[1] 为写端，然后调用 fork() 函数创建一个子进程。此时，父子两个进程共用同一个管道，子进程关闭读端口，将“hello world！”写入管道；父进程关闭写端口，从管道中读出“hello world！”，若此时父进程输出 buf 数组的内容，则可以在显示器上显示“hello world!”。

4.3.3 消息传递通信

在消息传递系统中，进程之间的数据交换以消息为单位，根据实现方式的不同又可以分为直接通信方式和间接通信方式。

在直接通信方式中，发送进程直接将消息发送给接收进程，接收进程可以接受来自任意发送方的消息，并且在读出消息的同时得知发送者是谁。

在间接通信方式中，消息不是直接从发送方发送到接收方，而是发送到临时消息队列(即信箱)。这种方式在使用上有很大的灵活性，发送方和接收方的关系可以是一对一、多对一、一对多和多对多的关系。

消息传递通信可以有多种形式，本节将给出关于这类系统典型特征的一般介绍。消息传递的实际功能以 send 原语和 receive 原语的形式提供。这是进程间进行消息传递所需要的最小操作集。一个进程以消息的形式给另一个指定的目标进程发送信息；进程通过执行 receive 原语接收信息，receive 原语中可以指明发送消息的进程和消息内容。

发送原语在利用发送原语 send 发送消息之前，应当先在自己的内存空间设置一个发送区 a，把待发送的消息的正文、长度及发送进程的标识符填入其中，然后调用发送原语，把消息发送给目标进程。在发送原语中，首先根据发送区 a 的消息长度申请一个缓冲区 i，接着将发送区 a 的内容复制到消息缓冲区 i；为了将消息 i 挂到接收进程的消息队列 mq 上，应该先获得接收进程的进程 j，然后将 i 挂到消息队列 j.mq 上。

接收进程使用 receive 原语，从自己的消息缓冲队列 mq 中取下一个消息 i，并将其中的数据复制到自己的消息接收区 b 中。发送进程与接收进程的工作原理如图 4-6 所示。

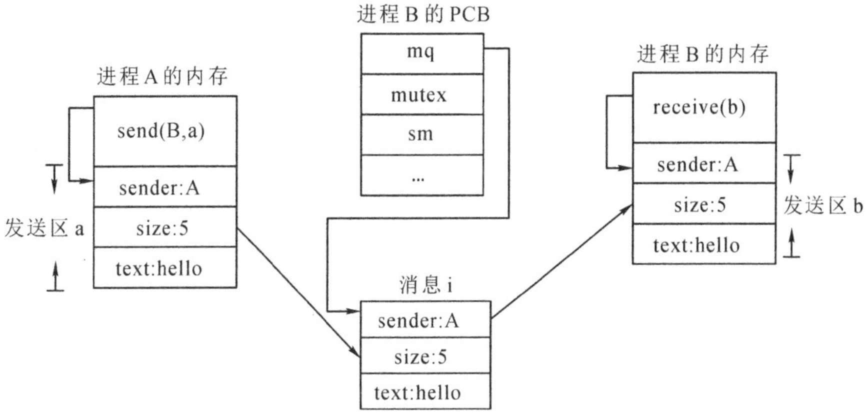

图 4-6 消息缓冲队列

下面详细介绍利用信箱来进行进程之间的间接通信。

若干进程都可以向同一个进程发送信件，接收信件的进程可以设立一个信箱。信箱的大小决定了信箱中可以容纳的信件数。信箱由“信箱说明”和“信箱体”两部分组成，如图 4-7 所示。

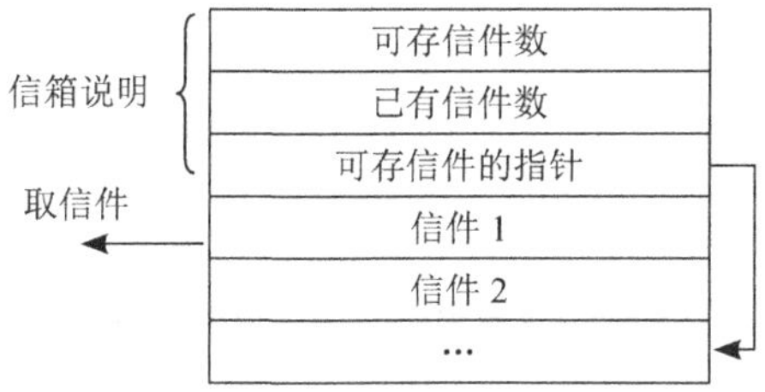

图 4-7 信箱的结构

“可存信件数”是事先确定的信箱容量，该值随着信箱中信件的数目变化而被动态地修改。为了避免信件的丢失和错误地索取信件，通信时应该遵循以下规则：

(1) 若发送信件时邮箱已满，则应该把发送信件的进程设置为“等信箱”状态，直到信箱有空时才被释放。

(2) 若取信件时信箱中没有信件，则应该把接收信件的进程设置为“等信件”状态，直到信箱中有信件时才被释放。

send 原语和 receive 原语功能的实现如下：

- send(mailbox，letter)

功能：把信件 letter 送到指定的信箱 mailbox 中。

要求：检查指定的信箱 mailbox，如果信箱没有装满，则可将信件 letter 放入指定信箱，并且发送“已经存在信件”的消息。

- receive(mailbox，address)

功能：从指定信箱 mailbox 中取出一封信，存放到指定的地址 address 中。

要求：检查信箱 mailbox，如果信箱中有信件，则取出一封信存放在 address 中，并发出“已有空闲区，可以发信件”的消息；如果信箱中没有信件，则说明被阻塞。

信箱的数据结构可定义如下：

```
struct box{
    long size;
    int count;
    struct message letter[size];
    semaphore full,empty;
}
```

其中，size 指出信箱大小；count 表示信箱中现有信件的数目；letter 是存入信箱中的信件；full 和 empty 分别表示“已经存在的信件”“信箱空闲区”的信号量。

send 和 receive 两个原语的过程如下：

```
box mailbox;
message letter;

void send(mailbox,letter)
{
    wait(mailbox.empty);
    选择信箱中的一个空格；
    将 letter 放入空格中；
    signal(mailbox.full);
}

void receive(mailbox,address)
{
    wait(mailbox.full);
    选择信箱中的一封信，放入
    address 开始的空间；
    将该信件所占用的空间清空；
    signal(mailbox.empty);
}
```

进程 A 与进程 B 之间进行通信，如果 A 进程想要向 B 进程发送信件，它会把信件组织成一封信，然后调用 send 原语向 B 进程发出信件，放入 B 的信箱中；B 进程如果想要得到 A 进程的信息时，只要调用 receive 原语就可以从信箱中取出来自 A 进程的信件。这样就完成了一次 A 进程与 B 进程之间的通信。B 进程得到 A 进程发来的信件后进行适当的处理，然后可以把处理的结果组织成一封回信发送回去；A 进程发送信件后，要想得到对方的处理情况，也可向对方索取一封回信。这样实现了 B 进程与 A 进程之间的另一次通信过程。双方的通信如图 4-8 所示。

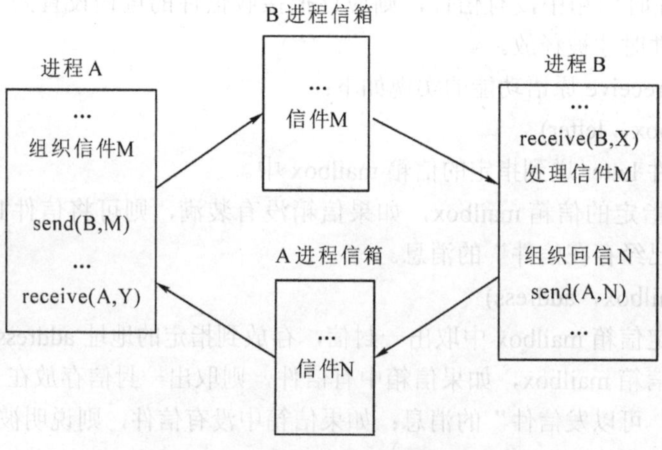

图 4-8　进程通信示意图

假设某操作系统中启动磁盘的工作由一个称为“磁盘管理”的进程统一来做，那么任意一个要访问磁盘的进程就只要向磁盘管理进程发一封信。磁盘管理进程只要逐封处理信箱中的信件就能使各个进程得到从磁盘上读出的信息或者把信息写到磁盘上。任一进程向磁盘管理进程发信时，先按照自己的要求组织好以下的信件：

发送进程（或其信箱）的名 name； 访问要求（读盘还是写盘）； 读写的信息存放在主存中的起始地址； 读写的信息长度； 访问磁盘的柱面号、磁头号和扇区号。

然后，调用 send 原语把信件送入磁盘管理设置的信箱中。磁盘管理进程调用 receive 原语请求从自己的信箱中取出一封信，然后按照信件要求组织通道程序，用“启动 I/O”指令启动磁盘工作。当磁盘启动成功后，磁盘管理进程等待磁盘与主存之间进行信息传输，传输结束后，把传输是正常结束还是非正常结束的信息组织成一封回信，发送给请求访问磁盘者。回信发出之后，磁盘管理进程又可调用 receive 原语从自己的信箱中取出一封信来处理。如此反复处理，就能使所有要访问磁盘的进程都能按照要求得到处理，从而完成访问磁盘的任务。如果磁盘管理进程设置的信箱为 B，则进程间的通信关系如下：

想要访问磁盘的进程	磁盘管理进程

<pre>{
  …
  {
    组织信件 M;
    send(B,M);
    按照信件要求组织通道程序;
    …
  }
    等待磁盘传输结束；
    组织回信 M；
    send(name,M);
}</pre>
	<pre>{
	  …
	  while(true){
	    receive(B,X);
	    通道程序首地址存入 CAW；
	    启动磁盘;
	  }
	}</pre>

使用进程通信的方式实现对共享磁盘的管理能保证在任何时刻最多只有一个访问者在使用磁盘，且每个访问者的请求都能先后得到处理。

4.4 管程

4.4.1 管程的概念

虽然信号量提供了一种方便且有效的进程的同步控制机制，但是它们的错误使用可能导致一些时序错误，这些错误很难被检测到，因为它们只有在特定执行顺序时才会出现。比如下面的代码中，错用同步操作 wait() 和 signal() 时，同样会造成与时间有关的错误。

(1) wait()、signal() 操作使用颠倒。

```
signal(mutex);
critical section
wait(mutex);
```

这种情况会导致多个进程同时执行临界区的代码，程序运行结果可能会发生严重的错误，但是想要重现错误也不容易，因为整个多道程序环境每时每刻都不一样。

(2) signal() 操作处误用 wait() 操作。

```
wait(mutex);
critical section
wait(mutex);
```

显然，前后两次调用 wait() 会陷入自死锁。

(3) 遗漏了 wait() 操作或 signal() 操作，这种情况可能会发生死锁。

为了处理以上的一些问题，我们引入了管程的概念，把分散在各进程中的临界区集中起来进行管理，防止进程有意或无意的违法同步操作，既便于用高级语言来书写程序，也便于程序正确性验证。

一个管程定义了一个数据结构和在该数据结构上能为并发进程所执行的一组操作，这组操作能同步进程和改变管程中的数据。管程在结构上由以下三部分组成：

(1) 管程所管理的共享数据结构。这些数据结构是对应临界资源的抽象。

(2) 建立在该数据结构上的一组操作。

(3) 对上述数据结构进行初始化的语句。

管程的语法描述如下：

```
Monitor monitor_name   /* monitor_name 表示给管程起的名字，即管程名 */
{
  variable declarations  /* 共享变量说明 */
  void entry P1(...)     /* P1 到 Pn 为一组过程 ( 函数 )*/
  {
    ...
  }
  void entry P2(...)
  {
    ...
  }
  ...
  void entry Pn(...)
  {
    ...
```

```
    }
    initialization code    /* 对局部于管程的数据赋初值 */
  }
```

管程的数据结构仅能由管程内定义的过程或函数所访问，而不能由管程外的过程或函数访问。管程中定义的函数又分为两种类型：一种是外部函数(带有标识符entry)，另一种是内部函数(不带标识符entry)。外部函数是进程可以从外部调用的函数，而内部函数是只能由管程内的函数调用的函数。整个管程相当于一道“围墙”，它把共享变量所代表的资源和对它进行操作的若干函数围了起来，所有进程要访问临界资源，都必须经过管程这道“围墙”才能进入，而管程每次只准许一个进程进入，以此自动实现临界资源在不同进程间的互斥使用。由于管程是一个语言成分，因此管程的互斥访问完全由编译程序在编译时自动添加，无需程序员关心，而且保证正确。

因为管程是互斥进入的，所以当一个进程试图进入一个已被占用的管程时，它应当在管程的入口处等待，因而在管程的入口处应当有一个进程等待队列，称为入口等待队列(如图4-9所示)。在管程内部，如果进程P唤醒进程Q，则P等待Q继续；如果进程Q在执行又唤醒进程R，则Q等待R继续。这样，在管程内部，由于执行唤醒操作，可能会出现多个等待进程，因而还需要有一个进程等待队列，这个等待队列被称为紧急等待队列，它的优先级应当高于入口等待队列的优先级。

为了区别各种不同等待原因，在管程内设置了若干条件变量x、y，局限于管程，并仅能从管程内进行访问(如图4-10所示)；对于任一条件型变量x，可以执行x.wait()和x.signal()操作。

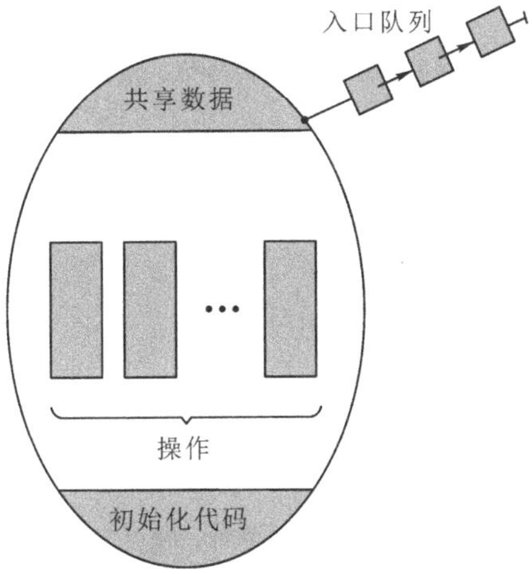

图4-9 管程示意图

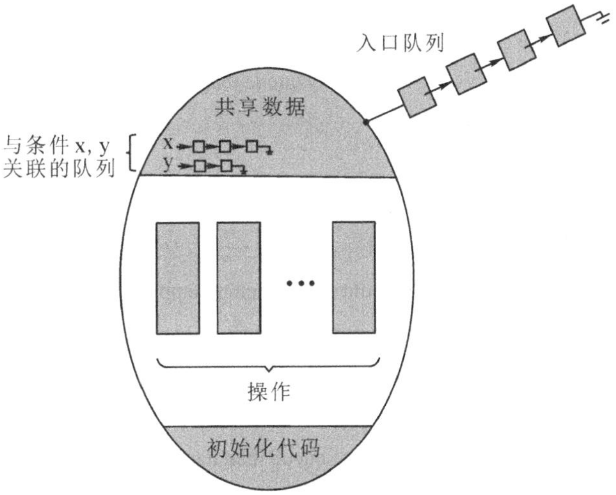

图4-10 具有条件变量的管程

x.wait()：如果紧急等待队列非空，则唤醒第一个等待者；否则释放管程的互斥权，本进程阻塞进入x变量的等待队列链。

x.signal()：如果x链非空，则什么都不做；否则唤醒第一个等待者，本进程的PCB进入紧急等待队列的尾部。

4.4.2 使用管程解决生产者-消费者问题

许多编程语言，如 Java 和 C# 都采用这样的管程思想。下面是利用管程机制解决生产者-消费者问题。

首先要建立一个管程，不妨命名为 Producer-Consumer。其中包含以下两个外部函数：

put(item) 函数：生产者进程利用该函数，将自己生产的“产品”放入到缓冲池中的某个空缓冲区内，并用变量 count 计算在缓冲池中已有的“产品”数量，当 count = n，表示缓冲池已满，生产者需等待。

get(item) 函数：消费者进程利用该过程从缓冲池中的某个缓冲区取得一个“产品”，当 count ≤ 0 时，表示缓冲池已空，无“产品”可供消费，消费者应等待。

```
# PC 管程的定义
Monitor PC;
int in, out, count;
item buffer[in];
condition notfull, notempty;

void entry put(item)
{
        if count >= n then notfull.wait();        //缓冲区满，进入等待队列
        buffer[in] = item;
        in = (in + 1) mod n;
        count++;
        if notempty.queue then notempty.signal(); //若有进程因为缓冲区空而等待，唤醒它
    }

void entry get(item)
{
        if count <= 0 then notempty.wait();       //缓冲区空，进入等待队列
        item = buffer[out];
        out = (out + 1) mode n;
        count--;
        if notfull.queue then notfull.signal();   //若有进程因为缓冲区满而等待，唤醒它
}
{in = out = count = 0;}
cobegin
void producer(int i)
{while(true)
{
        produce an item in nextp;
```

```
                PC.put(nextp);
            }
    }

    void consumer(int i)
    {
        while(true)
        {
        PC.get(nextc);
        consume the item in nextc;
        }
      }
    coend
```

4.5　Linux 内核同步机制

之所以需要进行同步控制，主要原因是多个进程之间的并发执行。Linux 内核中有类似可以造成并发执行的原因。例如：

(1) 中断。中断几乎可以在任何时刻异步发生，也就可能随时打断当前正在执行的代码。

(2) 软中断和 tasklet。内核能在任何时刻唤醒或调度软中断和 tasklet，打断当前正在执行的代码。

(3) 内核抢占。因为内核具有抢占性，所以内核中的任务可能会被另一任务抢占。

(4) 睡眠及与用户空间的同步。在内核中执行的进程可能会睡眠，会唤醒调度程序，导致调度一个新的用户进程执行。

(5) 支持对称多处理器。两个或多个处理器可以同时执行代码。

内核开发者必须理解并发执行的原因，并且事先做足准备工作。如果在一段内核代码操作某资源时系统产生一个中断，而且该中断的处理程序还要访问这一资源，则这是一个 BUG；如果一段内核代码在访问一个共享资源期间被抢占，则这也是一个 BUG。注意：两个处理器绝对不能同时访问同一共享数据。当清楚什么样的数据需要被保护时，提供锁来保护系统稳定也就不难做到。真正的困难是发现上述的潜在并发执行的可能，并有意识地采取某些措施来防止并发执行。

内核同步技术主要有以下方式：

(1) 原子操作(Linux中有一个专门的atomic_t类型)。操作在芯片级是原子的，原子操作必须以单个指令执行，中间不能中断，且避免其他的CPU访问同一存储器单元。

(2) per-CPU 变量。将内核变量声明为per-CPU变量，它的数据结构是数组，系统的每个CPU对应数组中的一个元素，一个CPU只能修改自己对应的元素，不用担心竞争条件。per-CPU只能对来自不同CPU的并发访问提供保护，但对自身的异步函数(中断处理函数和可延迟函数)的访问不提供保护。

(3) 自旋锁。当内核控制路径必须访问共享数据结构或进入临界区时，需要锁。spin lock 的循环指令表示“忙等”，即使等待的内核控制路径无事可做，它也在 CPU 上保持运行。

(4) 读写自旋锁。它的引入主要是为了增加内核的并发能力，只要没有内核路径对数据结构进行修改，读写自旋锁就允许多个内核控制路径同时读同一个数据结构。但是写者需要独占。

(5) 信号量。信号量也是一种锁，和自旋锁不同的是，进程获取不到信号量的时候，不会像自旋锁一样循环去试图获取锁而是进入睡眠，直至有信号量释放出来时，才会唤醒睡眠的进程，进入临界区执行。

(6) 互斥体。Linux 内核针对 count = 1 的信号量重新定义了一个新的数据结构，一般都称为互斥锁。内核根据使用场景的不同，把用于信号量的 down 和 up 操作在互斥体上做了优化与扩展，专门用于这种新的数据类型。

(7) 顺序锁。读写自旋锁中读者和写者有相同的优先级，当读者多的时候，可能出现一种情况，写者一直得不到服务，可能饥饿。引入顺序锁 (seqlock)，它与读写自旋锁非常相似，但是它赋予写者较高的优先级。

(8) 内存屏障 (Memory Barrier)。现代编译器可能重新安排汇编语言指令的顺序，CPU 通常并行地执行多条指令，且可能重新安排内存访问。但是，当处理同步时，必须避免指令重新排序，如果放在同步原语之后的一条指令在同步原语之前被执行，就很糟糕！需要内存屏障，即确保在原语之后的操作开始执行之前，原语之前的操作已经完成。简单地说，由于内存乱序为允许更好的性能，在某些情况下，需要内存屏障以强制保证内存顺序，否则将出现很糟糕的问题。

接下来，我们对这些方法分别进行详细讨论。

4.5.1 原子操作

原子操作，顾名思义，就是说像原子一样不可再细分、不可被中途打断。一个操作是原子操作，意思就是说这个操作是以原子的方式被执行，要一口气执行完，执行过程不能够被操作系统的其他行为打断，是一个整体的过程。

在 Linux 中提供了两种形式的原子操作：一种是对整数进行的操作，另一种是对单独的位进行操作。

在 Linux 中有一个专门的 atomic_t 类型 (一个 24 位原子访问计数器) 和一些对 atomic 类型变量进行相应操作的函数。其 atomic_t 原型如下：

```
typedef struct { volatile int counter; } atomic_t;
```

由于它是一个只含有一个 volatile 类型的成员变量的结构体，因此编译器不对相应的值进行访问优化 (因为是 volatile 类型的)。

初始化并定义一个原子变量，如下：

```
atomic_t v = ATOMIC_INIT(0);
```

Linux 为原子操作提供了基本的操作宏函数：

```
atomic_inc(v); // 原子变量自增 1
atomic_dec(v); // 原子变量自减 1
```

```
atomic_read(v);// 读取一个原子量
atomic_add(int i, atomic_t *v);// 原子量增加 i
atomic_sub(int i, atomic_t *v);// 原子量减少 i
```

原子整数操作常见的用途是计数器，因为计数器是一个很简单的操作，所以无需复杂的锁机制；能使用原子操作的地方，尽量不使用复杂的锁机制。

4.5.2 per-CPU 变量

Linux 支持对称多处理器，因此假设在一个多处理的环境中，系统中有 4 个 CPU，有一个变量在各个 CPU 之间是共享的，并且每个 CPU 都有访问该变量的权限。

我们可以想想这样一个场景：当 CPU_1 在改变变量 value 的值的时候，CPU_2 也需要改变变量 value 的值，这时候就会导致变量 value 的值不正确。这时，在 CPU_1 访问变量 value 的时候可以使用原子操作加锁，CPU_2 访问变量 value 的时候需要等待。可是原子操作会极大地影响系统性能。

再考虑一种情况，现在高速的 CPU 都带有高速缓冲 cache。它介于 CPU 和主存之间，主要作用是加快 CPU 的访问速度。因为主存的访问速度相比 CPU 读写比较慢，在之间引入 cache 之后，当 CPU 调用大量数据时，就可避开内存直接从缓存中调用，从而加快读取速度。

比如 CPU_1 对变量 value 操作之后，变量 value 的值就发生了变化。而 CPU_2、CPU_3、CPU_4 的 cache 中的值还是以前的值，所以这时就需要将 CPU_2、CPU_3、CPU_4 的 cache 中的值变为无效的，当 CPU_2 读取变量 value 时，就需要从内存中读取 value。所以，当某一个 CPU 对共享数据 value 做操作之后，相对其余的 cache 做无效操作，这也是对性能有所损耗的。因此，就引入了 per-CPU 变量。

per-CPU 变量是 Linux 系统一个非常有趣的特性，它为系统中的每个处理器都分配了该变量的副本。这样做的好处是，在多处理器系统中，当处理器操作属于它的变量副本时，不需要考虑与其他处理器的竞争的问题，同时该副本还可以充分利用处理器本地的硬件缓冲 cache 来提供访问速度。

per-CPU 按照存储变量的空间来源分为静态 per-CPU 变量和动态 per-CPU 变量，前者的存储空间是在代码编译时静态分配的，而后者的存储空间则是在代码的执行期间动态分配的。由于本书主要讨论单机上内核的功能原理，per-CPU 变量的具体使用细节就不再详细描述。

4.5.3 自旋锁

Linux 内核中最常见的锁是自旋锁 (spin lock)。spin lock 的特点如下：

(1) spin lock 是一种死等的锁机制。当发生访问资源冲突的时候，可以有两个选择：一个是死等，一个是挂起当前进程，调度其他进程执行。spin lock 是一种死等的机制，当前执行 thread 会不断地重新尝试直到获取锁进入临界区。

(2) 一次只能有一个进程获取锁并进入临界区，其他的进程都只能不断地尝试。

(3) 执行时间短。由于 spin lock 死等这种特性，因此它使用在那些代码不是非常复杂的临界区，如果临界区执行时间太长，会极大地浪费等待进入临界区的进程的 CPU 时间。

(4) 可以在中断上下文执行。由于不睡眠，因此 spin lock 可以在中断上下文中使用。

先看最简单的单 CPU 上的进程上下文的访问。如果一个全局的资源被多个进程上下文访问，这时候，内核如何交错执行呢？对于那些没有打开 preemptive 选项的内核，所有的系统调用都是串行化执行的，因此不存在资源争抢的问题。如果内核线程也访问这个全局资源呢？本质上内核线程也是进程，类似普通进程，只不过普通进程时而在用户态运行、时而通过系统调用陷入内核执行，而内核线程永远都是在内核态运行。但是，结果是一样的，对于非抢占式的 Linux 内核，只要在内核态，就不会发生进程调度。因此，这种场景下，共享数据根本不需要保护(没有并发，谈何保护呢)。然而，当打开 premptive 选项后，事情变得复杂了，我们需要考虑下面的场景：

(1) 进程 A 在某个系统调用过程中访问了共享资源 R。

(2) 进程 B 在某个系统调用过程中也访问了共享资源 R。

会不会造成冲突呢？假设在 A 访问共享资源 R 的过程中发生了中断，中断唤醒了沉睡中的、优先级更高的 B，在中断返回现场的时候，发生进程切换，B 启动执行，并通过系统调用访问了 R，如果没有锁保护，则会出现两个进程进入临界区，导致程序执行不正确。如果加上 spin lock 看看如何：A 在进入临界区之前获取了 spin lock，同样的，在 A 访问共享资源 R 的过程中发生了中断，中断唤醒了沉睡中的、优先级更高的 B，B 在访问临界区之前仍然会试图获取 spin lock，这时由于 A 进程持有 spin lock 而导致 B 进程进入了永久的 spin……怎么破？Linux 的 kernel 很简单，在 A 进程获取 spin lock 的时候，禁止本 CPU 上的抢占(上面的永久 spin 的场合仅仅在本 CPU 的进程抢占本 CPU 的当前进程这种场景中发生)。如果 A 和 B 运行在不同的 CPU 上，那么情况会简单一些：A 进程虽然持有 spin lock 而导致 B 进程进入 spin 状态，不过由于运行在不同的 CPU 上，A 进程会持续执行并会很快释放 spin lock，解除 B 进程的 spin 状态。

多 CPU core 的场景和单核 CPU 打开 preemptive 选项的效果是一样的，这里不再赘述。

我们继续分析，现在要加入中断上下文这个因素。访问共享资源的进程包括：

(1) 运行在 CPU_0 上的进程 A 在某个系统调用过程中访问了共享资源 R。

(2) 运行在 CPU_1 上的进程 B 在某个系统调用过程中也访问了共享资源 R。

(3) 外设 P 的中断处理程序中也会访问共享资源 R。

在这样的场景下，使用 spin lock 可以保护访问共享资源 R 的临界区吗？假设 CPU_0 上的进程 A 持有 spin lock 进入临界区，这时外设 P 发生了中断事件，并且调度到了 CPU_1 上执行，看起来没有什么问题。执行在 CPU_1 上的 handler(中断处理程序)会稍微等待一会 CPU_0 上的进程 A，等它离开临界区就会释放 spin lock 的。但是，如果外设 P 的中断事件被调度到了 CPU_0 上执行会怎么样？CPU_0 上的进程 A 在持有 spin lock 的状态下被中断上下文抢占，而抢占它的 CPU_0 上的处理程序在进入临界区之前仍然会试图获取 spin lock，悲剧发生了，CPU_0 上的 P 外设的中断处理程序永远地进入 spin 状态，这时 CPU_1 上的进程 B 也不可避免在试图持有 spin lock 的时候失败而导致进入 spin 状态。为了解决这样的问题，Linux 内核采用了这样的办法：如果涉及中断上下文的访问，spin lock 需要和禁止本 CPU 上的中断联合使用。

自旋锁的实现与体系结构密切相关，这些与体系结构相关的代码定义在 <asm/

spinlock.h>，实际需要用到的接口定义在文件 <linux/spinlock.h> 中。表 4-1 展示了主要的 API 方法。

自旋锁的基本使用形式如下：

```
DEFINE_SPINLOCK(lock);          //初始化自旋锁
spin_lock(&lock);
//临界区
spin_unlock(&lock);
```

表 4-1 spin lock 的主要 API

API 方法	说 明
DEFINE_SPINLOCK	定义 spin lock，并初始化
spin_lock_init	动态初始化 spin lock
spin_lock	获取指定的 spin lock
spin_lock_irq	获取指定的 spin lock，同时 disable 本 CPU 中断
spin_lock_irqsave	保存本 CPU 当前的 irq 状态，disable 本 CPU 中断并获取指定的 spin lock
spin_lock_bh	获取指定的 spin lock，同时 disable 本 CPU 的 bottom half
spin_unlock	释放指定的 spin lock
spin_unlock_irq	释放指定的 spin lock，同时 enable 本 CPU 中断
spin_unlock_irqstore	释放指定的 spin lock，同时恢复本 CPU 的中断状态
spin_unlock_bh	获取指定的 spin lock，同时 enable 本 CPU 的 bottom half
spin_trylock	尝试去获取 spin lock，如果失败，不会 spin，而是返回非零值
spin_is_locked	判断 spin lock 是否是 locked，如果其他的 thread 已经获取了该 lock，那么返回非零值，否则返回 0

4.5.4 读写自旋锁

通过观察线程在临界区的访问行为，我们发现有些进程只是简单地读取信息，并不修改任何东西，那么允许它们同时进入临界区不会有任何危险，反而能大大提高系统的并发性。这种将线程区分为读者和写者、多个读者允许同时访问共享资源、申请进程在等待期内依然使用忙等待方式的锁，我们称之为读写自旋锁 (Reader-Writer Spinlock)。

共享资源可以是简单的单一变量或多个变量，也可以是像文件这样的复杂数据结构。为了防止错误地使用读写自旋锁而引发的 bug，我们假定每个共享资源关联一把唯一的读写自旋锁，进程只允许按照以下的方式访问共享资源。

- 申请锁。
- 获得锁后，读写共享资源。
- 释放锁。

读写自旋锁满足以下三个属性：

(1) 互斥。任意时刻，读者和写者不能同时访问共享资源 (即获得锁)，只能有至多一个写者访问共享资源。

(2) 读者并发。在满足“互斥”的前提下，多个读者可以同时访问共享资源。

(3) 无死锁。如果进程 A 试图获取锁，那么某个进程必将获得锁，这个进程可能是 A 自己；如果进程 A 试图但是却永远没有获得锁，那么某个或某些进程必定无限次地获得锁。

为了提高并发性，读写自旋锁可以选择偏好读者，即读者能够优先获得锁。

● 读者优先 (Reader Preference)

如果锁被读者持有，那么新来的读者可以立即获得锁，无需忙等待。至于当锁被“写者持有”或“未被持有”时，新来的读者是否可以“夹塞”到正在等待的写者之前，依赖于具体实现。

如果读者持续不断地到来，等待的写者很可能永远无法获得锁，导致饥饿。在现实中，写者的数目一般较读者少许多，而且到来的频率很低，因此读写自旋锁可以选择偏好写者来有效地缓解饥饿现象。

● 写者优先 (Writer Preference)

写者必须在后到的读者/写者之前获得锁。因为在写者之前到来的等待线程数目是有限的，所以可以保证写者的等待时间有个合理的上界。但是多个读者之间获得锁的顺序不确定，且先到的读者不一定能在后到的写者之前获得锁。可见，如果写者持续到来，读者仍然可能产生饥饿。

关于读写自旋锁的用例如下：

```
rwlock_t lock;// 定义 rwlock
rwlock_init(&lock);// 初始化 rwlock
```

在读者代码中使用方法如下：

```
read_lock(&lock);
... 临界区 ...
read_unlock(&lock);
```

在写者代码中使用函数如下：

```
write_lock_irqsave(&lock, flags);
…临界区 ...
write_unlock_irqrestore(&lock, flags);
```

4.5.5 信号量

内核信号量类似于自旋锁，因为当锁关闭时，它不允许内核控制路径继续进行。然而，当内核控制路径试图获取内核信号量锁保护的忙资源时，相应的进程就被挂起。只有在资源被释放时，进程才再次变为可运行。只有可以睡眠的函数才能获取内核信号量，中断处理程序和可延迟函数都不能使用内核信号量。内核信号量是 struct semaphore 类型的对象，它在 <asm/semaphore.h> 中定义如下：

```
struct semaphore {
atomic_t count;
int sleepers;
wait_queue_head_t wait;
}
```

count 相当于信号量的值，大于 0 表示资源空闲；等于 0 表示资源忙，但没有进程等待这个保护的资源；小于 0 表示资源不可用，并且至少有一个进程等待资源。wait 代表存放等待队列链表的地址，当前等待资源的所有睡眠进程都会放在这个链表中。sleepers 存放一个标志，表示是否有一些进程在信号量上睡眠。

内核信号量使用了等待队列 wait_queue 来实现阻塞操作。当某任务由于没有某种条件没有得到满足时，它就被挂到等待队列中睡眠。当条件得到满足时，该任务就被移出等待队列，此时并不意味着该任务就被马上执行，因为它又被移进工作队列中等待 CPU 资源，在适当的时机被调度。内核信号量是在内部使用等待队列的，也就是说该等待队列对用户是隐藏的，无需用户干涉。内核信号量的相关函数介绍如下：

(1) 初始化：

```
void sema_init (struct semaphore *sem, int val);
void init_MUTEX (struct semaphore *sem); /* 将 sem 的值置为 1，表示资源空闲 */
void init_MUTEX_LOCKED (struct semaphore *sem);
/* 将 sem 的值置为 0，表示资源忙 */
```

(2) 申请内核信号量所保护的资源：

```
void down(struct semaphore * sem); /* 可引起睡眠 */
int down_interruptible(struct semaphore * sem);
/*down_interruptible 能被信号打断 */
int down_trylock(struct semaphore * sem);
                        /* 非阻塞函数，不会睡眠。无法锁定资源则马上返回 */
```

(3) 释放内核信号量所保护的资源：

```
void up(struct semaphore * sem);
```

在驱动程序中，当多个线程同时访问相同的资源时(驱动中的全局变量是一种典型的共享资源)，可能会引发“竞态”，因此我们必须对共享资源进行并发控制。Linux 内核中解决并发控制的最常用方法是自旋锁与信号量(绝大多数时候作为互斥锁使用)。

```
ssize_t globalvar_write(struct file *filp, const char *buf, size_t len, loff_t *off)
{
  if (down_interruptible(&sem))          /* 获得信号量 */
  {
      return - ERESTARTSYS;
  }
  /* 将用户空间的数据复制到内核空间的 global_var*/
  if (copy_from_user(&global_var, buf, sizeof(int)))
  {
      up(&sem);
      return - EFAULT;
  }
  up(&sem);          /* 释放信号量 */
  return sizeof(int);
```

}

4.5.6 互斥体

互斥体是一种简单的睡眠锁，其行为和 count 为 1 的信号量类似。互斥体简洁高效，但是相比信号量有更多的限制，因此对于互斥体的使用条件更加严格。

(1) 任何时刻，只有一个指定的任务允许持有 mutex。也就是说，mutex 的计数永远是 1。

(2) 给 mutex 上锁者，必须负责给它解锁，也就是不允许在一个上下文中上锁，在另外一个上下文中解锁。这个限制注定了 mutex 无法承担内核和用户空间同步的复杂场景。常用的方式是在一个上下文中进行上锁/解锁。

(3) 递归的调用上锁和解锁是不允许的。也就是说，不能递归地去持有同一个锁，也不能够递归地解开一个已经解开的锁。

(4) 当持有 mutex 的进程时，不允许退出。

(5) mutex 不允许在中断上下文和软中断上下文中使用过，即便是 mutex_trylock 也不行。

(6) mutex 只能使用内核提供的 APIs 操作，不允许复制、手动初始化和重复初始化。

1. 信号量和互斥体的对比

它们两者很相似，除非是 mutex 的限制妨碍到逻辑，否则这两者之间，首选 mutex。只有遇到特殊场合(一般是很底层的代码)才会需要使用信号量。

2. 自旋锁和互斥体的对比

多数情况下，很好区分自旋锁和互斥体。中断中只能考虑自旋锁，任务睡眠使用互斥体。如果都可以的情况下，低开销或者短时间的锁，选择自旋锁，长期加锁的话，使用互斥体。

互斥体定义在 include/linux/mutex.h，使用方式与信号量类似。互斥体的常见方法如表 4-2 所示。

表 4-2　互斥体的常见方法

函数定义	功能说明
mutex_lock(struct mutex *lock)	加锁，如果不可用，则睡眠 (UNINTERRUPTIBLE)
mutex_lock_interruptible(struct mutex *lock)	加锁，如果不可用，则睡眠 (TASK_INTERRUPTIBLE)
mutex_unlock(struct mutex *lock)	解锁
mutex_trylock(struct mutex *lock)	试图获取指定的 mutex，若得到则返回 1，否则返回 0
mutex_is_locked(struct mutex *lock)	如果 mutex 被占用，则返回 1，否则返回 0

4.5.7 顺序锁

顺序锁与读写自旋锁非常相似，只是它为写者赋予了较高的优先级：事实上，即使在读者正在读的时候也允许写者继续运行。这种策略的优点是写者永远不会等待读(除非另外一个写者正在写)，缺点是有些时候读者不得不反复读多次相同的数据直到它获得有效的结果。每个顺序锁都是包括两个字段的seqlock_t结构，一个类型为spinlock_t的lock字段和一个整型的sequence字段，第二个字段sequence是一个顺序计数器。

```
typedef struct {
        unsigned sequence;
        spinlock_t lock;
} seqlock_t;
```

定义一个 seq 锁，可以使用以下两种方法：通过把 SEQLOCK_UNLOCKED 赋给变量 seqlock_t 或执行 seqlock_init 宏，把 seqlock_t 变量初始化为“未上锁”，并把 sequence 设为 0。

```
seqlock_t seqlock = SEQLOCK_UNLOCKED;
```

或

```
seqlock_t seqlock ;
seqlock_init(&seqlock \);
```

写锁的使用方法如下：

```
Write_seqlock(&seqlock);
/* 临界区 */
write_sequnlock(&seqlock);
```

写者通过调用 write_seqlock() 和 write_sequnlock() 获取和释放顺序锁。write_seqlock() 函数获取 seqlock_t 数据结构中的自旋锁，然后使顺序计数器 sequence 加 1；write_sequnlock() 函数再次增加顺序计数器 sequence，然后释放自旋锁。这样可以保证写者在整个写的过程中，计数器 sequence 的值是奇数，并且当没有写者在改变数据的时候，计数器的值是偶数。

每个读者都必须在读数据前后两次读顺序计数器，并检查两次读到的值是否相同，如果不相同，说明新的写者已经开始写并增加了顺序计数器，因此暗示读者刚读到的数据是无效的。读者进程执行下面的临界区代码：

```
unsigned int seq;
do {
        seq = read_seqbegin(&seqlock);
        /* 临界区 */
} while (read_seqretry(&seqlock, seq));
```

其中，read_seqbegin()返回顺序锁的当前顺序号；如果局部变量seq的值是奇数(写者在read_seqbegin()函数被调用后，更新数据结构)，或seq的值与顺序锁的顺序计数器的当前值不匹配(当读者正执行临界区代码时，写者开始工作)，read_seqretry()就返回1。

注意：在顺序锁机制里，读者可能反复读多次相同的数据直到它获得有效的结果(read_seqretry 返回 0)。另外，当读者进入临界区时，不必禁用内核抢占；另一方面，由写者获取自旋锁，所以它进入临界区时自动禁用内核抢占。

并不是每一种资源都可以使用顺序锁来保护，一般来说，必须在满足下述条件时才能使用顺序锁。

(1) 被保护的数据结构不包括被写者修改和被读者间接引用 的指针(否则，写者可能在读者的眼皮子底下就修改指针)。

(2) 读者的临界区代码没有副作用(否则，多个读者的操作会与单独的读操作有不同的结果)。

此外，读者的临界区代码应该简短，而且写者应该不常获取顺序锁，否则，反复地读访问会引起严重的开销。

4.5.8 内存屏障

内存屏障主要解决了两个问题：单处理器下的乱序问题和多处理器下的内存同步问题。

CPU 一般采用流水线来执行指令。一个指令的执行被分成取指、译码、访存、执行、写回等若干个阶段。然后，多条指令可以同时存在于流水线中，同时被执行。

流水线是并行的，多个指令可以同时处于同一个阶段，只要 CPU 内部相应的处理部件未被占满即可。比如，CPU 有一个加法器和一个除法器，那么一条加法指令和一条除法指令就可能同时处于“执行”阶段，而两条加法指令在“执行”阶段就只能串行工作。相比于串行 + 阻塞的方式，流水线像这样并行的工作，效率是非常高的。然而，这样一来，乱序可能就产生了。再比如，一条加法指令原本出现在一条除法指令的后面，但是由于除法的执行时间很长，在它执行完之前，加法可能先执行完了。再比如，两条访存指令，可能由于第二条指令命中了 cache 而导致它先于第一条指令完成。

一般情况下，指令乱序并不是 CPU 在执行指令之前刻意去调整顺序。CPU 总是按顺序去内存里面取指令，然后依次将其放入指令流水线中。但是，指令执行时的各种条件，指令与指令之间的相互影响，都可能导致放入流水线的指令的顺序最终以乱序执行完成。这就是所谓的“顺序流入，乱序流出”。

指令流水线除了在资源不足的情况下会卡住之外(如前所述的一个加法器应付两条加法指令的情况)，指令之间的相关性也是导致流水线阻塞的重要原因。

CPU 的乱序执行并不是任意的乱序，而是以保证程序上下文因果关系为前提的。有了这个前提，CPU 执行的正确性才有保证。例如：

```
a ++ ;
b = f(a);
c--;
```

由于b = f(a)这条指令依赖于前一条指令a++的执行结果，所以b = f(a)将在“执行”阶段之前被阻塞，直到a++的执行结果被生成出来；而c--跟前面没有依赖，它可能在b = f(a)之前就能执行完。(注意：这里的f(a)并不代表一个以a为参数的函数调用，而是代表以a为操作数的指令。C语言的函数调用是需要若干条指令才能实现的，情况要更复杂些。)

像这样有依赖关系的指令如果挨得很近，后一条指令必定会因为等待前一条执行的结果而在流水线中阻塞很久，占用流水线的资源。而编译器的乱序作为编译优化的一种手段，则试图通过指令重排将这样的两条指令拉开距离，以至于后一条指令进入 CPU 的时候，前一条指令结果已经得到，那么也就不再需要阻塞等待了。例如，将指令重排为：

```
a++;
c--;
b = f(a);
```

相比于 CPU 的乱序，编译器的乱序才是真正对指令顺序作了调整，但是编译器的乱序也必须保证程序上下文的因果关系不发生改变。然而，有些程序逻辑单纯从上下文是看不出它们的因果关系的。例如：

```
*addr = 5;
val = *data;
```

从表面上看，addr 和 data 是没有什么联系的，完全可以放心地去乱序执行。但是，如果这是在某某设备驱动程序中，那么这两个变量有可能对应到设备的地址端口和数据端口。并且，这个设备规定了，当用户需要读写设备上的某个寄存器时，先将寄存器编号设置到地址端口，然后就可以通过对数据端口的读写而操作到对应的寄存器。这样，对前面那两条指令的乱序执行就可能造成错误。

对于这样的逻辑，姑且将其称作隐式的因果关系；而指令与指令之间直接的输入、输出依赖，也姑且称作显式的因果关系。CPU 或者编译器的乱序是以保持显式的因果关系不变为前提的，但是它们都无法识别隐式的因果关系。

总的来说，如果程序具有显式的因果关系的话，乱序一定会尊重这些关系；否则，乱序就可能打破程序原有的逻辑。这时，就需要使用屏障来抑制乱序，以维持程序所期望的逻辑。

内存屏障主要有读屏障、写屏障、通用屏障、优化屏障几种。

以读屏障为例，它用于保证读操作有序。屏障之前的读操作一定会先于屏障之后的读操作完成，写操作不受影响，同属于屏障的某一侧的读操作也不受影响。类似的，写屏障用于限制写操作；通用屏障则对读写操作都有作用；而优化屏障则用于限制编译器的指令重排，不区分读写。前三种屏障都隐含了优化屏障的功能。例如：

```
tmp = ttt;
*addr = 5;
mb();
val = data;
```

有了内存屏障就能确保先设置地址端口，再读数据端口。而至于设置地址端口与 tmp 的赋值孰先孰后，屏障则不作干预。

有了内存屏障，就可以在隐式因果关系的场景中，保证因果关系逻辑正确。

前面只是考虑了单处理器指令乱序的问题，而在多处理器下，除了每个处理器要独自面对上面讨论的问题之外，当处理器之间存在交互的时候，同样要面对乱序的问题。

小 结

并发执行的进程在访问共享资源的时候可能存在两种关系：同步和互斥。正确地处理这两种关系才能保证进程的顺利执行。

进程同步是指进程使用共享资源时必须互通消息，即只有接到了指定的消息后，进程才能去使用共享资源，如果进程没有接到指定消息，即此时无进程在使用共享资源，该进程仍然不能去使用共享资源，直到消息到达为止。实际上，进程互斥是进程同步的特例，故经常把进程的互斥和同步机制统称为同步机制。

wait() 和 signal() 操作是由两个不被中断的原语操作组成。wait() 和 signal() 原语对信号量实施操作，若把信号量与共享资源联系起来，则可实现进程的互斥和同步。在使用信号量管理进程之间的关系时，信号量 s 的物理含义如下：

s.value>0 时，s.value 表示可使用的资源数目，或表示可使用资源的进程数。

s.value = 0 时，表示无资源可用，或者表示不允许进程进入临界区。

s.value<0 时，|s.value| 表示等待使用资源的进程个数，或者表示等待进入临界区的进程个数。

进程之间的通信，根据交流信息量的大小可以分为低级通信和高级通信。在低级通信中，进程之间只能传递状态和整数值，信号量机制属于低级通信方式；高级通信机制中，进程之间可以传递任意数量的数据，传递的信息量大，操作系统隐藏了进程通信的细节，简化了编程上的复杂性。共享内存、管道通信机制与消息传递通信都属于高级通信机制。共享内存是最快的一种通信方式，多个进程可同时访问同一片内存空间，相对其他方式来说具有更少的数据复制，效率较高；但是需要结合信号量或其他方式来实现多个进程间同步，自身不具备同步机制。管道通信机制是较早的一种通信方式，自身具备同步机制，但是一般适用于有亲缘关系进程之间的通信。消息传递通信在现代操作系统中应用得非常广泛，适用于所有进程之间的通信。

管程封装了同步操作，对进程隐蔽了同步细节，简化了同步功能的调用界面。用户编写并发程序如同编写顺序(串行)程序。

Linux 操作系统内核需要处理各种并发进程或并行进程，因此提供了多种同步机制。

(1) 原子操作。指令以原子的方式执行，即不可分割开的操作。该操作一定是在同一个 CPU 时间片中完成，这样即使线程被切换，多个线程也不会看到同一块内存中不完整的数据。

(2) per-CPU 变量。这种类型的变量实际上每个 CPU 都分配了一个该变量的副本。对于 per-CPU 的访问几乎不需要锁定，因为每个 CPU 都工作在自己的副本上，另外 per-CPU 变量还可以保存在 CPU 自己的缓存上，这样就最大的优化访问速度和减少竞争。

(3) 自旋锁。自旋锁最多只能被一个可执行线程拥有，一个被争用的自旋锁使得请求它的线程重新可用的时候自旋，因此浪费处理器时间。但短时间的自旋，相比让等待线程睡眠而进行上下文切换的代码和开销要小得多，所以自旋锁适合于在短时间内进行轻量级加锁。

(4) 读写自旋锁。读写自旋锁是一种特殊的自旋锁，它把对共享资源的访问者划分成读者和写者，读者只对共享资源进行读访问，写者则需要对共享资源进行写操作。这种锁相对于自旋锁而言，能提高并发性，因为在多处理器系统中，它允许同时有多个读者来访问共享资源，最大可能的读者数为实际的逻辑 CPU 数。

(5) 信号量。信号量只能通过两个原子操作 down() 和 up() 来访问。down() 原子操作通过对信号量的计数器减 1，来请求获得一个信号量。对临界资源访问完毕后，可以调用原子操作 up() 来释放信号量，该操作会增加信号量的计数器。

(6) 互斥体。与自旋锁不同的是，互斥体在进入一个被占用的临界区之前不会原地打转，而是使当前线程进入睡眠状态。如果要等待的时间较长，互斥体比自旋锁更合适，因为自旋锁会消耗 CPU 资源，在使用互斥体的场合，多于两次进程切换时间都可被认为是长时间。因此，一个互斥体会引起本线程睡眠，而当其被唤醒时，它需要被切换回来。

(7) 顺序锁。它与读写自旋锁非常相似，只是它为写者赋予了较高的优先级：事实上，即使在读者正在读的时候也允许写者继续运行。这种策略的优点是写者永远不会等待读(除非另外一个写者正在写)，缺点是有些时候读者不得不反复读多次相同的数据直到它获得有效的结果。

(8) 内存屏障。内存屏障可以确保指令按照正确的顺序执行。

习　　题

1. 什么是进程间的互斥？什么是进程同步关系？

2. 信号量的物理意义是什么？

3. 硬件机制解决进程互斥问题的方式有哪些？它们有什么缺陷？

4. 忙等待的含义是什么？在操作系统中还有哪些其他形式的等待？忙等待能完全避免吗？

5. 进程之间存在哪几种相互制约关系？分别是什么原因引起的？下列活动分别属于哪种制约关系？

(1) 若干同学去图书馆借书。

(2) 两队举行篮球比赛。

(3) 流水线生产的各道工序。

(4) 商品生产和社会消费。

6. 下面是设有两个优先级相同的进程 P_1 和 P_2。信号量 s_1 和 s_2 的初值均为 0，试问 P_1、P_2 并发执行结束后，x = ?，y = ?，z = ?

〈进程 P_1〉〈进程 P_2〉

```
y: = 1;            x: = 1;
y: = y + 2;        x: = x + 1;
V(s1);             P(s1);
z: = y + 1;        x: = x + y;
P(s2);             V(s2);
y: = z + y;        z: = x + z;
```

7. 有三个并发进程：input、copy、output。input 进程负责从输入设备读入信息并把信息放入到缓冲区 buffer1 中；copy 进程负责把 buffer1 中的内容加工后复制到缓冲区 buffer2 中；output 进程负责从 buffer2 中取出信息并送到打印机中输出。请使用 PV 操作写出上述三个进程的同步算法。

8. a、b两点之间是一段东西向的单行车道，现要设计一个自动管理系统。管理规则如下：当ab之间有车辆在行驶时，同方向的车可以同时驶入ab段，但另一方向的车必须在ab段外等待；当ab之间无车辆在行驶时，到达a点(或b点)的车辆可以进入ab段，但不能从a点与b点同时驶入；当某方向在ab段行驶的车辆驶出了ab段且暂无车辆进入ab段时，应让另一方向等待的车辆进入ab段行驶。请用信号量为工具，对ab段实现正确管理以保证行驶安全。

9. 在公共汽车上，司机与售票员的工作流程分别为，司机：启动车辆→正常运行→到站停车→启动车辆…；售票员：关车门→售票→开车门→关车门…。为保证乘客安全，司机与售票员要密切配合，协调工作。请用信号量来实现司机与售票员之间的同步。

10. 假如一个家庭的成员有爸爸、妈妈、两个儿子、两个女儿。这时，桌上有一个空盘，最多可以容纳两个水果。爸爸可向盘中放入苹果，妈妈可向盘中放入橘子，两个儿子专吃盘中的橘子，两个女儿专吃盘中的苹果。试用信号量描述各个家庭成员的行为。

11. 在一个飞机订票系统中，多个用户共享一个数据库。多用户同时查询是可以接受的，但如果一个用户要订票需更新数据库时，其余所有用户都不可以访问数据库。请画出用户查询与订票的逻辑框图。要求：当一个用户订票而需要更新数据库时，不能因不断有查询者的到来而使他长期等待。

12. 一个理发店由一个有N张椅子的等候室和一个放有一张理发椅的理发室组成。若没有要理发的顾客，则理发师就去睡觉；若一个顾客走进理发店且所有的椅子都被占用了，则该顾客就离开理发店；若理发师正在为人理发，则该顾客就找一张空椅子坐下等待；若理发师在睡觉，则顾客就唤醒他。试用信号量设计一个协调理发师和顾客的程序。

13. 指出下列哲学家就餐问题的算法在什么情况下会导致死锁，并改进此算法，使它不会产生死锁。算法描述：

五个哲学家在一张圆桌上进行思考和吃饭。哲学家思考时，并不影响他人。只有当他吃饭时，他才试图拿起左右两根筷子(一根一根地拿起)。如果筷子已在他人手上，则需等待。只有当他同时拿起左右两根筷子时，才可以吃饭。哲学家进餐示意图如图4-11所示。

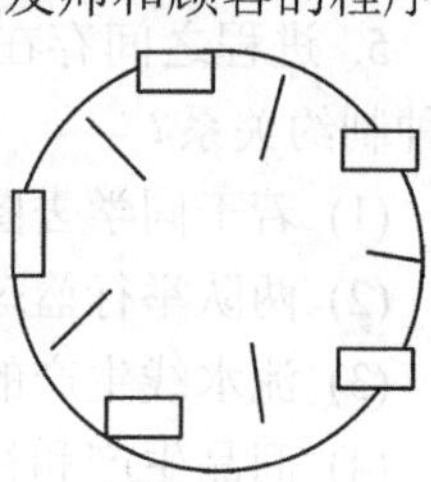

图 4-11 哲学家进餐示意图

程序描述为：(第 i 个哲学家，i = 0,1,2,3,4)

```
Var chopstick: array[0..4] of semaphore; /* 各信号量初值均为 1*/
  Repeat
    P(chopstick[i]); /* P 操作，拿左筷子 */
    P(chopstick[i + 1 mod 5]); /* P 操作，拿右筷子 */
    Eat();/* 吃饭 */
    V(chopstick[i]); /*V 操作，放下左筷子 */
    V(chopstick[i + 1 mod 5]); /* V 操作，放下右筷子 */
    Think();/* 思考 */
  Until false;
```

第5章 死　　锁

我们可以把死锁定义为一组进程相互竞争系统资源而形成的“永久”阻塞现象。当一组进程中的每个进程都在等待某个事件，而只有在这组进程中的其他被阻塞的进程才可以触发该事件，这时就称这组进程发生死锁。因为没有事件能够触发，故死锁是永久的。

对于死锁有一个很常见的例子(如图5-1所示)：两个相向而行的人需要同时通过独木桥，独木桥每次只能允许一个行人通过，如果两个行人面对面地同时上了独木桥，那么他们都无法通过桥，彼此都在等待对方退后，然后自己过桥；但是如果双方都不退后的话，他们就会陷入僵局，谁都无法顺利过桥。这种僵局是一种典型的死锁状态。

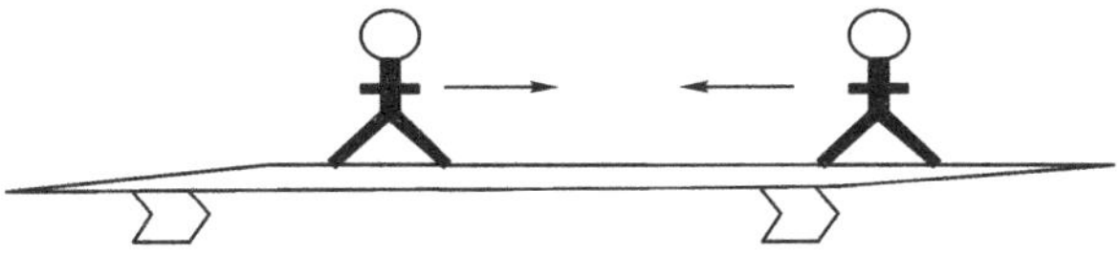

图 5-1　独木桥示意图

5.1 死锁的原理

5.1.1 资源分配图

计算机系统中的资源可以分为若干类别，例如内存空间、处理器、文件、打印机、磁带机和磁盘机等，每类可以有多个资源。如果进程申请某个资源时，可以把该类资源中的任意一个空闲资源分配给进程，则说明该类资源中的所有资源是等价的。等价的资源组合在一起成为一个“资源类”，如两台打印机可组成一个资源类，三台磁带机也可组成一个资源类。一个计算机系统中可以有多个资源类，若某系统有 m 个资源类，用 R_i 表示第 i 个资源类，则该系统的资源类集合为 $\{R_1, R_2, \cdots, R_m\}$。我们把每个资源类用一个方框来表示，在方框中用圆点来表示该资源类中的各个资源；每个进程用一个圆圈来表示，用有向边来表示进程申请资源和资源分配的情况。$P_i \rightarrow R_j$ 表示进程 P_i 申请资源类 R_j 中的一个资源；$R_i \rightarrow P_j$ 表示 R_i 类中的一个资源已经被进程 P_j 占用。

假设有三种资源 R_1、R_2、R_3，其中 R_1 和 R_3 都只有一个资源，R_2 有两个资源。有 3 个进程 P_1、P_2、P_3，每个进程占用资源和等待资源的情况如图 5-2 所示。

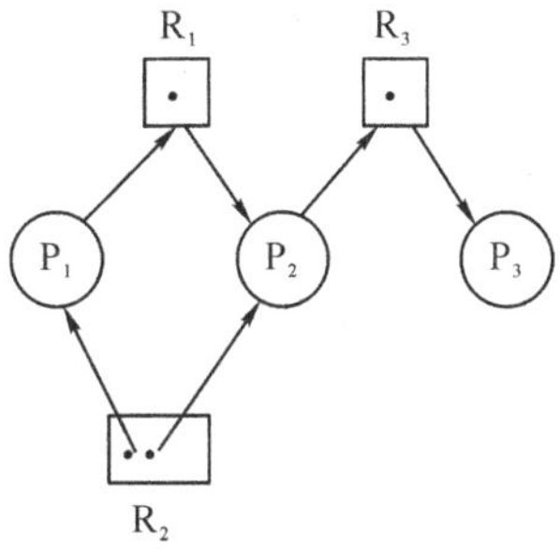

图 5-2　资源分配图 1

从图 5-2 中可以看出，各进程占用和等待资源的情况没有形成环路，因此没有死锁发生，所有进程都可以顺利推进。但是，如果进程 P_3 又提出申请一个 R_2 资源的要求，由于当前 R_2 中已经没有可被分配的资源，因此需要增加一条有向边 $P_3 \rightarrow R_2$，如图 5-3 所示。

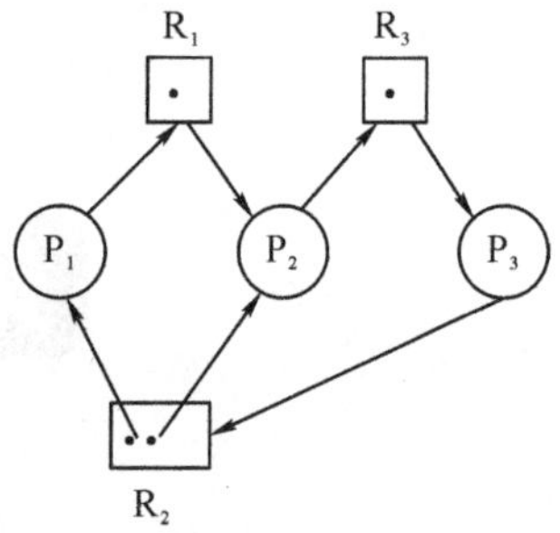

图 5-3　资源分配图 2

从图 5-3 中可以看出，进程 P_2 在等待被进程 P_3 占用的资源 R_3，进程 P_3 在等待被进程 P_1 或 P_2 占用的资源 R_2，进程 P_1 又在等待被进程 P_2 占用的资源 R_1。于是，此时存在两条环路：

(1) $P_1 \rightarrow R_1 \rightarrow P_2 \rightarrow R_3 \rightarrow P_3 \rightarrow R_2 \rightarrow P_1$。

(2) $P_2 \rightarrow R_3 \rightarrow P_3 \rightarrow R_2 \rightarrow P_2$。

由于环路的存在，环路上的进程无法正常推进，这些进程就陷入死锁状态了。

当然，资源分配图中存在环路时不一定都会发生死锁。再来看一个例子，如图 5-4 所示。

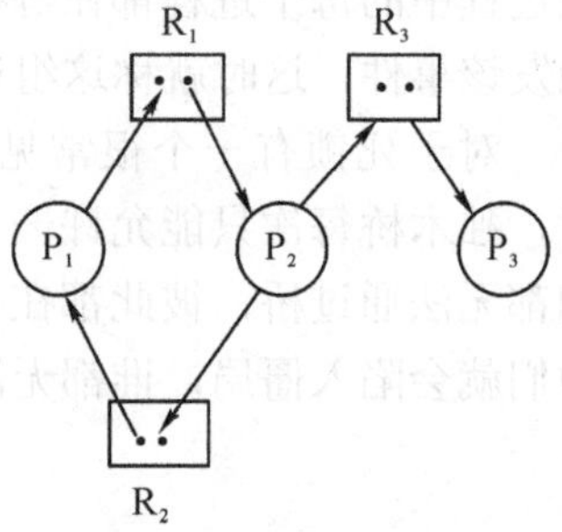

图 5-4　资源分配图 3

从图 5-4 中可以看出，存在着这样的环路：$P_1 \rightarrow R_1 \rightarrow P_2 \rightarrow R_2 \rightarrow P_1$，但是这个环路却不会造成死锁，因为 R_1 与 R_2 资源的数目不为 1。从以上的分析可以得出结论：

(1) 如果资源分配图中无环路，则系统中没有死锁。

(2) 如果资源分配图中有环路，且每个资源类中只有一个资源，则环路的存在就意味着死锁的形成，在环路中的进程就会处于死锁状态。

(3) 如果资源分配图中有环路，但涉及的资源类中有多个资源，则环路的存在不一定就会形成死锁。

5.1.2　死锁的条件

死锁的发生必须具备以下四个条件：

(1) 互斥条件。互斥条件指进程的共享资源必须保持使用的互斥性，即任何一个时刻只能分配给一个进程使用。互斥条件是形成死锁最根本的原因，因为如果资源不要求排它性地使用，那么一定不会造成请求资源而无法满足的局面。

(2) 占有且等待条件。一个进程占有了某些资源之后又要申请新的资源而得不到满足时，处于等待资源的状态，且不释放已经占用的资源。

(3) 不可剥夺条件。任何进程不能抢夺另一个进程所占用的资源，即已经被占用的资源只能由占用进程自己来释放。

(4) 环路条件。存在一组进程 $P_1, P_2, \cdots, P_n$，其中每个进程分别等待另一个进程所占用的资源，形成环路等待条件。

以上四个条件只是必要条件而不是充分条件。也就是说，只要发生死锁，则四个条件一定同时成立。如果其中一个或几个条件不成立，则一定没有死锁；反之则不然，即若上述这四个条件同时成立，系统不一定有死锁存在。

在多道并发执行的程序共享有限的系统资源时，死锁会经常在不经意间发生，采取怎样的措施才能最大限度地排除死锁，避免系统处于危险状态呢？事实上，目前解决死锁的方法一般可以分为死锁预防、死锁避免、死锁检测三种。接下来，我们将对这三种方法详细地进行讨论。

5.2 死锁的处理方法

从原理上来说，主要有三大类策略可以处理死锁问题。这三大策略如下：

(1) 可以使用各种方法预防或者避免死锁，以便确保系统不会进入死锁状态。

(2) 不采取措施，可以允许系统进入死锁状态并定期检测。如果有死锁发生，解除死锁状态并恢复其他进程的正常执行。

(3) 认为系统不会发生死锁。这是典型的鸵鸟策略，Linux 系统就是采用的该策略。

我们将处理死锁问题的第一类策略细分为死锁预防与死锁避免，因此，解决死锁问题有三种典型方法：死锁的预防、死锁的避免、死锁的检测与恢复。

5.2.1 死锁的预防

简而言之，死锁的预防是试图设计一种系统来排除发生死锁的可能性。破坏死锁形成的四个条件之一就可以有效地实现死锁的预防。

1. 破坏互斥

就是在系统里取消互斥。若资源不被一个进程独占使用，那么死锁是肯定不会发生的。但是在所列的四个条件中，互斥条件一般来说是不可能禁止的。因为系统中很多资源本身就是独占资源，无法同时分配给一个以上的进程。因此，在死锁预防里主要是破坏其他几个必要条件，而不去涉及破坏“互斥”条件。

2. 禁止占有且等待

为了禁止占有且等待条件，可以有两种方法实现该目标。

(1) 所有的进程在开始运行之前，必须一次性地申请其在整个运行过程中所需要的全部资源。例如：一个进程需要将数据从 DVD 机复制到磁盘中，并对磁盘文件排序，然后将文件内容打印到打印机上。这里一共需要三种资源：DVD 机、磁盘和打印机。在这种方法中，进程需要在开始执行之前获得三种资源的分配，并且在执行期间一直持有，显然资源利用率极低。该方法简单易实施且安全，但是有可能会面临这样的情形：因为某种资源不满足，进程无法启动，而其他已经满足了的资源也不会得到利用，严重降低了资源的利用率，造成资源浪费，使进程经常发生饥饿现象。

(2) 该方法是对第一种方法的改进，允许进程只获得运行初期需要的资源，便开始运行，在运行过程中逐步释放掉分配到的、已经使用完毕的资源，然后再去请求新的资源。在前面的例子中，如果采用该方法，则允许进程在开始的时候只申请 DVD 机和磁盘，进程将数据从 DVD 复制到磁盘后，再释放 DVD 机和磁盘，然后再申请磁盘与打印机；当数据从磁盘复制到打印机后，释放这两种资源并终止进程。这样的话，资源的利用率会得到提高，也会减少其他请求同类资源进程发生饥饿的几率。

3. 废除“不可抢占”条件

这里，我们可以有两种方案进行选择：其一，如果占有某些资源的一个进程进行进一步资源请求被拒绝，则进程必须释放它最初占有的资源，如有必要，可再次请求这些资源。其二，如果一个进程请求当前另一个进程占有的一个资源，则操作系统可以允许抢占另一个进程，要求它释放资源。但是，只有资源状况容易保存和恢复的情况下这种方法才是实用的。

这些方法实现起来比较复杂，且代价也比较大。释放已经保持的资源很有可能会导致进程之前的工作实效等，反复的申请和释放资源会导致进程的执行被无限的推迟，这不仅会延长进程的周转周期，还会影响系统的吞吐量。

4. 破坏循环等待条件

循环等待条件可以通过定义资源类型的线性顺序来预防。首先，我们可以将每类资源排好顺序，然后当进程在请求资源时，只能按照某种顺序请求不同类型的资源，如各种资源的顺序为 R_1，R_2，…，R_n。如果某个进程请求并获得了资源 R_i，则下一次能够请求并获得分配的只能是 R_{i+1} 及后面的资源，这样可以有效地预防环路等待的条件形成。如图 5-5 所示，如果进程 P_3 申请 R_1 资源，则会形成循环等待；如果系统规定必须按照顺序申请资源的话，进程 P_3 已经持有 R_3，则只能申请排在 R_3 后面的资源（该例中只有 R_4 符合条件），此时则不会产生循环等待。

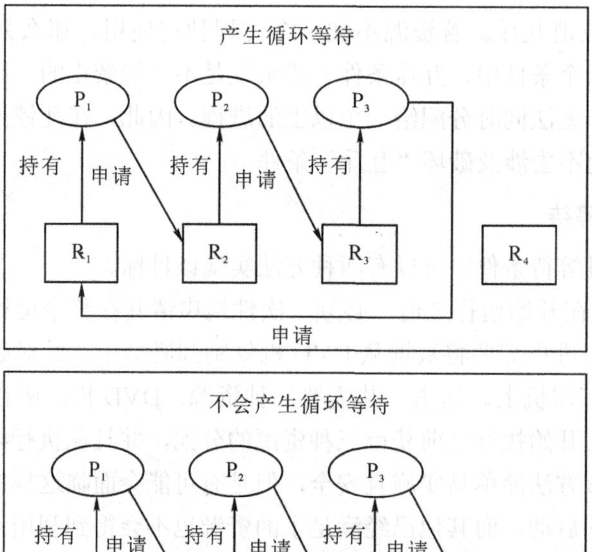

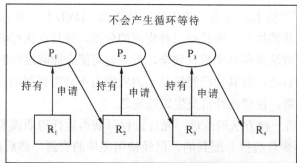

图 5-5　破坏循环等待条件

这样虽然避免了循环等待，但是这种方法是比较低效的，资源的执行速度会变慢，并且可能在没有必要的情况下拒绝资源的访问。比如，进程 P_3 想要申请资源 R_1，如果资源

R_1 并没有被其他进程占有，此时将它分配给进程 P_3 是没有问题的，但是为了避免产生循环等待，该申请会被拒绝，这样就降低了资源的利用率。

5.2.2　死锁的避免

死锁的避免是解决死锁的另一种方案。在死锁的预防中，通过约束资源请求来防止死锁条件中的某一个条件的发生，但是这会导致资源使用和进程执行的低效。死锁的避免则是通过相应的算法来进行选择，确保系统永远不会到达死锁点，因此死锁的避免比死锁的预防允许进程更高的并发性。

死锁的避免采用的是资源分配拒绝策略，又称为银行家算法。在该方法中，允许进程动态地申请资源，但是系统在进行资源分配之前，先计算资源分配的安全性，如果此次分配不会导致系统进入不安全状态，便将资源分配给进程，否则不予以分配，进程只能等待。

我们需要首先定义系统的安全状态和不安全状态。考虑一个系统，它有固定数量的进程和固定数量的资源。任何时候，一个进程可能分配到零个资源或多个资源，系统的状态是当前分配给进程的资源状况。

在一个系统中，有 n 个进程和 m 个不同类型的资源，定义以下的向量和矩阵：

$\text{Resource} = (R_1, R_2, \cdots, R_m)$　系统中每种资源的总量

$\text{Available} = (V_1, V_2, \cdots, V_m)$　没有分配的每种资源总量

$$\text{Max} = \begin{pmatrix} C_{11} & C_{12} & \cdots & C_{1m} \\ C_{21} & C_{22} & \cdots & C_{2m} \\ \vdots & \vdots & & \vdots \\ C_{n1} & C_{n2} & \cdots & C_{nm} \end{pmatrix}$$　每个进程对每种资源的最大需求

$$\text{Allocation} = \begin{pmatrix} A_{11} & A_{12} & \cdots & A_{1m} \\ A_{21} & A_{22} & \cdots & A_{2m} \\ \vdots & \vdots & & \vdots \\ A_{n1} & A_{n2} & \cdots & A_{nm} \end{pmatrix}$$　资源当前分配情况

安全状态就是指至少存在一个安全序列 $<P_1, P_2, \cdots, P_n>$，按照这个序列为进程分配所需的资源，直到满足最大需求，使得每个进程都可以顺利完成。若系统不存在这样一个安全序列，则称为系统处于不安全状态。

虽然并非所有不安全状态都是死锁状态，但是系统进入不安全状态后，便可能进入死锁状态；反之，只要系统处于安全状态，系统便可以避免死锁。因此，避免死锁的实质在于：如何使系统不进入不安全状态。

图 5-6 中的例子说明了银行家算法的思路。假设某系统中有三种资源 R_1、R_2、R_3、它们的资源总数分别为 (9，3，6)。当前已经分配给了 4 个进程，资源 R_2 和 R_3 分别剩余 1 个。那么，这 4 个进程现在是否处于安全状态呢？首先，我们计算 Max−Allocation 矩阵，得到各进程尚需资源矩阵 Need，看看 Available 向量中的可用资源能满足当前哪个

进程的尚需资源数目。显然，目前可用资源不能满足 P_1 进程的需求，而此时 P_2 的资源需求可以得到满足，于是 P_2 可以顺利执行。执行完毕后，可以释放它占用的所有资源，于是 Available 向量变成 (6，2，3)，如图 5-6(b) 所示。然后，再在剩余的 3 个进程中扫描，看看哪个进程的需求资源能被现在的 Available 向量满足，此时 P_1 进程的需求可以满足，于是 P_1 得以执行。执行完毕后，释放自己占用的资源，Available 向量更新为 (7，2，3)，如图 5-6(c) 所示。接下来，可以选择 P_4 执行，最后 P_3 执行。在这个例子中，所有的进程都可以按照某种顺序执行完毕，因此，该例中的系统状态是一个安全状态，其安全序列是 <P_2，P_1，P_4，P_3>。

Max 矩阵

	R_1	R_2	R_3
P_1	4	2	2
P_2	6	1	3
P_3	5	2	5
P_4	4	2	4

Allocation 矩阵

	R_1	R_2	R_3
P_1	1	0	0
P_2	6	1	2
P_3	2	1	1
P_4	0	0	2

Resource 矩阵

R_1	R_2	R_3
9	3	6

Available 矩阵

R_1	R_2	R_3
0	1	1

(Max-Allocation)矩阵

Need 矩阵

	R_1	R_2	R_3
P_1	3	2	2
P_2	0	0	1
P_3	3	1	4
P_4	4	2	2

Allocation 矩阵

	R_1	R_2	R_3
P_1	1	0	0
P_2	6	1	2
P_3	2	1	1
P_4	0	0	2

Resource 矩阵

R_1	R_2	R_3
9	3	6

Available 矩阵

R_1	R_2	R_3
0	1	1

(a) 初始状态

Need 矩阵

	R_1	R_2	R_3
P_1	3	2	2
P_2	0	0	0
P_3	3	1	4
P_4	4	2	2

Allocation 矩阵

	R_1	R_2	R_3
P_1	1	0	0
P_2	0	0	0
P_3	2	1	1
P_4	0	0	2

Available 矩阵

R_1	R_2	R_3
6	2	3

(b) P2运行完毕

Need 矩阵

	R_1	R_2	R_3
P_1	0	0	0
P_2	0	0	0
P_3	3	1	4
P_4	4	2	2

Allocation 矩阵

	R_1	R_2	R_3
P_1	0	0	0
P_2	0	0	0
P_3	2	1	1
P_4	0	0	2

Available 矩阵

R_1	R_2	R_3
7	2	3

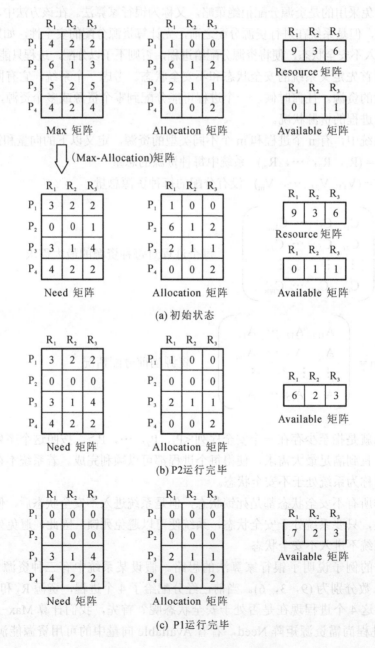

(c) P1运行完毕

Need 矩阵	R_1	R_2	R_3
P_1	0	0	0
P_2	0	0	0
P_3	3	1	4
P_4	0	0	0

Allocation 矩阵	R_1	R_2	R_3
P_1	0	0	0
P_2	0	0	0
P_3	2	1	1
P_4	0	0	0

Available 矩阵	R_1	R_2	R_3
	7	2	5

(d) P4运行完毕

图 5-6 安全状态

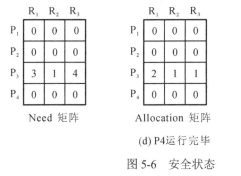

总的来说，避免死锁就是系统在分配资源时，确保每一次分配后系统是安全的。也就是说，假设把某个资源分配给某个进程后，系统所有进程仍处于安全状态(即至少可以找到一个序列保证所有进程执行完毕)，则该资源请求予以分配；否则假定进程得到资源后通过银行家算法的检测，无法找到一个序列保证所有进程运行完毕，说明此次分配会导致系统进入一个不安全的状态，则拒绝此次资源的分配。随着系统多个进程的动态推进，可能在将来某个时间，进程再次提出资源请求的时候，系统环境发生变化，有可能再次通过银行家算法检测后，进程的请求可以被应允。

接下来，我们再来看一个由于进程请求资源而导致不安全状态的例子。

如果某时刻系统中的各进程尚需求资源数目与已分配的资源情况如图 5-7(a) 所示，如果进程 P_1 请求 1 个 R_1 和 1 个 R_3 资源，即请求向量为 (1，0，1)。假设系统满足 P_1 的请求，则 Available 向量与 Allocation 矩阵、Need 矩阵都更新为图 5-7(b) 所示。此时看看图 5-7(b) 是否存在着一个安全序列，保证所有进程都能顺利执行，答案是否定的。因为我们按照前面的方法，无论如何都找不到一个执行序列让所有的进程都能执行完毕，所以系统处于一个不安全的状态。因此，P_1 的请求不应该满足，应该拒绝分配。

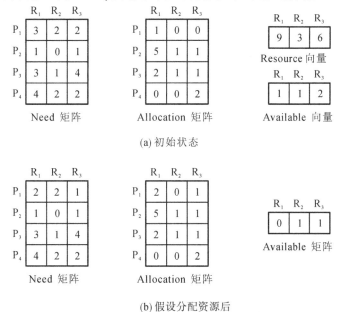

Need 矩阵	R_1	R_2	R_3
P_1	3	2	2
P_2	1	0	1
P_3	3	1	4
P_4	4	2	2

Allocation 矩阵	R_1	R_2	R_3
P_1	1	0	0
P_2	5	1	1
P_3	2	1	1
P_4	0	0	2

Resource 向量	R_1	R_2	R_3
	9	3	6

Available 向量	R_1	R_2	R_3
	1	1	2

(a) 初始状态

Need 矩阵	R_1	R_2	R_3
P_1	2	2	1
P_2	1	0	1
P_3	3	1	4
P_4	4	2	2

Allocation 矩阵	R_1	R_2	R_3
P_1	2	0	1
P_2	5	1	1
P_3	2	1	1
P_4	0	0	2

Available 矩阵	R_1	R_2	R_3
	0	1	1

(b) 假设分配资源后

图 5-7 不安全状态

特别需要提出的是，死锁避免的策略仅仅是预料到死锁的可能性，并确保永远不会出现这种可能性。

下面给出了银行家算法的伪代码描述。结构体 state 定义了系统的状态，Request 是一个向量，定义了进程 i 对资源的请求情况。算法主要有两部分：资源分配部分和安全检测部分。资源分配部分：首先检查进程的本次请求是否超过它最初的资源要求总量，如果本次进程请求有效，下一步确定系统是否可以满足进程的这次要求。如果不能满足，挂起进程；如果可以满足，调用安全检测算法。在安全算法中，资源暂时分配给进程 i 形成一个新的状态 Newstate，在这个新状态下如果是安全的，则进行实际的资源分配；否则系统回到原来的状态，挂起进程。

```
struct state
{
   int Resource[m];
   int Available[m];
   int Need[n][m];
   int Alloc[n][m];
}
int Request[m];      /* 一个进程对资源的请求情况 */
                     /* 资源分配算法 */
if((Alloc[i,*] + Request[*])>Need{i,*})
{
   <error>       /* 请求量大于最初的要求 */
}
else             /* 模拟分配 */
{
   <define Newstate by:
   Alloc[i,*]=Alloc[i,*] + request[*];
   Available[*]=Available[*] – Request[*];>
}
if (safe(Newstate))
{
    <carry out allocation>;
}
else
{
   <restore original state>
   <suspend process>
}
```

银行家算法不需要破坏死锁形成的四个条件，所以比预防死锁的限制要少，但是在使用中也有以下一些限制：

(1) 必须事先声明每个进程的资源最大需求量。

(2) 进程之间必须是无关的，即进程之间的执行顺序没有任何的同步要求。

(3) 系统中可供分配的资源数目必须是固定的。

(4) 进程在占有资源时，不能退出。

由此可以看出，并不是系统中所有的进程都能使用银行家算法来避免死锁的发生，因为对于许多交互式的进程来说，无法预先知晓每个进程的最大资源需求量，所以还需要借用其他方法来解决死锁问题。

5.2.3 死锁的检测

检测死锁的基本思路是：系统保存资源请求和分配信息，利用某种算法对这些信息加以检查，以判断系统是否出现了死锁。

1. 对单体资源类的死锁检测

如果系统中所有类型的资源都只有一个实体，那么可以采用一个比较快的死锁检测算法——构建资源分配图。即采用深度优先遍历算法确定是否存在环路：依次将每一个节点作为一棵树的根节点，并进行深度优先搜索，如果再次碰到已经遇到过的节点，那么就算找到了一个环。如果从任何给定的节点出发的路径都被穷举了，那么就回溯到前面的节点。如果回溯到根并且不能再深入下去，那么从当前节点出发的子图中就不包含任何环。如果所有的节点都是如此，那么整个图就不存在环，也就是说系统不存在死锁。

2. 对于多体资源类的死锁检测

资源分配图不适用于多体资源类的资源分配系统，这里我们会介绍一个针对多体资源类的死锁检测算法。

仍然借用 5.2.2 节定义的 Allocation 矩阵和 Available 向量，此外还定义一个请求矩阵 Q，其中 Q_{ij} 表示进程 i 请求的类型 j 的资源量。算法主要是一个标记没有死锁的进程的过程。最初，所有进程都是未标记的，然后执行下列步骤：

(1) 标记 Request 矩阵中一行全为零的进程。

(2) 初始化一个临时向量 W，令其等于 Available 向量。

(3) 查找下标 i，使进程 i 当前未标记且 Q 的第 i 行小于或等于 W，即对所有的 $1 \leqslant K \leqslant m$，$Q_{ik} \leqslant W_k$，如果找不到这样的行，终止算法。

(4) 如果找到这样的行，标记为 i，并把 Allocation 矩阵中的相应行加到 W 中。也就是说，对所有的 $1 \leqslant K \leqslant m$，令 $W_k = W_k + A_{ik}$。返回步骤 (3)。

当且仅当算法的最后结果有未标记的进程时存在死锁，并且每个未标记的进程都是死锁的。算法的策略是查找一个进程，使得可用资源可以满足该进程的资源要求，然后假设同意分配这些资源，让该进程运行直到结束，再释放它的所有资源。然后，算法再寻找另一个可以满足资源要求的进程。注意：这个算法不能保证可以预防死锁，这要取决于将来同意请求的次序。它所做的一切是确定当前是否存在死锁。

可以使用图 5-8 来说明该算法。

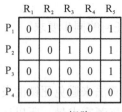

	R_1	R_2	R_3	R_4	R_5
P_1	0	1	0	0	1
P_2	0	0	1	0	1
P_3	0	0	0	0	1
P_4	0	0	0	0	0

Request 矩阵 Q

	R_1	R_2	R_3	R_4	R_5
P_1	1	0	1	1	0
P_2	1	1	0	0	0
P_3	0	0	0	1	0
P_4	0	0	1	0	0

Allocation 矩阵 A

R_1	R_2	R_3	R_4	R_5
2	1	2	2	1

Resource 向量

R_1	R_2	R_3	R_4	R_5
0	0	0	0	1

Available 向量

图 5-8　死锁检测的例子

(1) 由于P_4的资源需求为0，(没有资源需求)，标记P_4。

(2) 令 W = (0，0，0，0，1)。

(3) 进程 P_3 的请求小于或等于 W，因此标记 P_3，并令 W=W + (0，0，0，1，0)=(0，0，0，1，1)。

(4) 没有其他未标记的进程在 Q 中的行小于或等于 W，因此终止算法。

算法的结果是 P_1 和 P_2 未标记，表示这两个进程是死锁的。

我们已经了解如何检测死锁，那么应该什么时候调用死锁检测算法呢？答案需要考虑以下两个方面的因素：

(1) 死锁可能发生的频率是多少？

(2) 当死锁发生时，有多少进程会受到影响？

如果进程发生死锁，那么就应该经常调用死锁检测算法。通常情况下，有以下三个典型的检测时机：

(1) 第一个检测时机是当进程在申请资源时，此时系统不能满足该进程的请求，那么这个进程进入等待状态，这时应该调用死锁检测算法，检测一下是不是会导致死锁的发生。死锁实际上是由一组互相等待的进程形成的，如果每个进程进入等待的时候就调用检测算法，那么将会产生巨大的系统开销。

(2) 第二个检测时机就是定时检测。我们可以设定一个检测的周期，比如是 10 分钟或者 1 个小时，或者是其他指定时间，每个周期来做一次这样的检测。

(3) 第三个检测时机就是当系统的资源利用率下降的时候，如当 CPU 利用率低于某个事先设定的阈值时，就自动开始运行检测算法 (因为如果发生死锁，最终会使得系统性能下降)。

5.3　死锁的解除

一旦检测到死锁，就会采用专门的措施以最小的代价来解除死锁，恢复操作系统的运行。一般来讲，解除死锁常用的方法有以下几种：

(1) 撤销所有的死锁进程，这是操作系统中最常用的方法，也是最容易实现的方法。但是，这样做的代价太大了，因为这些进程可能已经计算了很长时间，已经完成的计算结果必须放弃，以后可能还要重新计算。

(2) 把每个死锁的进程恢复到前面定义的某个检查点，并重新运行这些进程。要实现这个方法需要系统有构建重新运行和重新启动的机制。通常的做法就是在进程执行过程中，系统会为每个进程记录一些中间节点，当进程出现了死锁之后，那么让这些死锁的进程都往回退一步，退到上一个中间节点，然后死锁链上的所有的进程都从它们上一个节点重新继续地往前执行。死锁的发生实际上是偶然现象，它可能是在一个进程运行、调度、并发执行的环境当中，由于一些巧合的因素叠加在一起时发生的。那么，这些进程都再接着重新执行时，由于运行环境发生了改变，可能不会出现死锁问题。但是，这样做的代价也非常大，因为需要记录进程的很多的中间节点，这些都是需要花费开销的。该方法的风险是有可能再次发生原来发生过的死锁。

(3) 有选择地撤销死锁进程，直到不存在死锁。选择撤销进程的顺序基于最小代价原则，在每次撤销一个进程后要调用死锁检查算法，以检测是否仍然存在死锁。那么，这最小代价的原则是怎么确定的？我们需要考虑诸多因素，例如：进程的优先级是多少？进程已经计算了多久？进程在完成指定任务之前还需要多长时间？进程使用了什么类型的资源？进程需要多少资源才能完成？多少进程需要被终止？进程是交互的还是批处理的？

(4) 剥夺资源，直到不存在死锁。和方法 (3) 一样也需要基于最小代价原则选择要剥夺的资源，同样也需要在每次剥夺一个资源后调用死锁检测算法，以检测系统是否仍然存在死锁。

5.4　经典死锁问题——哲学家进餐问题

有五个哲学家 P_1、P_2、P_3、P_4、P_5，他们围坐在一张圆桌旁，桌子中央有一盘面条。每人面前有一只空盘。另有五支共享的筷子 ChopStick1，ChopStick2，…，ChopStick5，分别放在两人之间，如图 5-9 所示。每个哲学家或者思考或者吃面条，当思考问题的时候放下筷子，想吃面条时必须获得两支筷子才能吃面条。并且，每个人只能使用自己左右两边的筷子，使用完后将筷子放下，以供其他人在需要的时候使用。

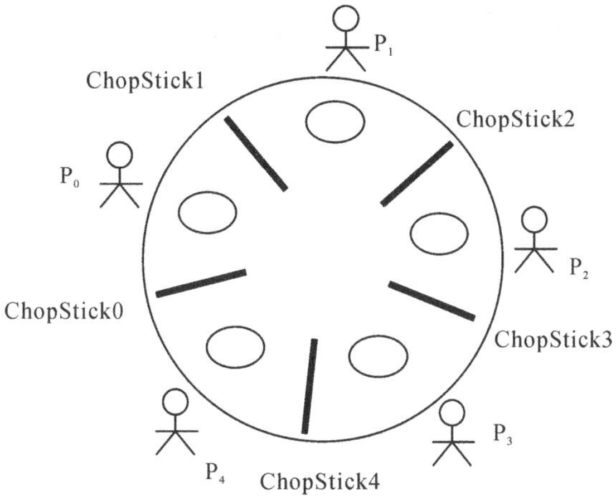

图 5-9　哲学家进餐问题

可把每个哲学家看作一个进程，每支筷子都是相邻两个哲学家的临界资源，每个进程总是调用 wait() 操作来测试是否能取共享的筷子，调用 signal() 操作来归还筷子的使用权。那么，可定义一个信号量数组 ChopStick[5]，它们分别对应于五支筷子，初始值为 1。使用信号量来描述哲学家进餐行为的代码如下所示。

每个哲学家的行为方式都是一样的，我们用 P_i 表示第 i 位哲学家进程：

```
void Pi( )
{
    semaphore ChopStick [5]={1,1,1,1,1};
    int i;
    while(true)
    {
        Think;
        wait(ChopStick [i]);
        wait(ChopStick [(i + 1) mod 5]);
        eat noodles;
        signal(Chop Stick[i]);
        signal(ChopStick [(i + 1) mod 5]);
    }
}
```

根据描述可以看出，每个哲学家想吃面条时总是先请求自己右手的筷子，再请求左手边的筷子，只要两边的筷子都得到了就可以吃面条了。在这种方案下，可能会出现这种情况：若哲学家 P_0 执行了 wait(ChopStick [0])，得到筷子 f_0 后被打断，由哲学家 P_1 执行；同样，若哲学家 P_1 执行了 wait(ChopStick [1])，得到筷子 f_1 后被打断，由哲学家 P_2 执行。依次下去，每个哲学家都只获得了一支筷子而请求另一支筷子时，却被邻桌拿走，这样任何人都无法进餐，形成了环路等待情况，导致了死锁的发生。

既然前面的算法存在着可能会导致死锁的情况，那么究竟怎样设计算法才能将死锁完全排除在外？如果相邻的两位哲学家在同时都想吃面条时，申请筷子的顺序不一样，如一个先申请右手的筷子，另一个则先申请左手的筷子，这样就不可能形成环路等待的情况。因此，我们可以将前面的算法做一些改进，比如作一些这样的规定：编号为奇数的哲学家先申请右手的筷子，然后再申请左手的筷子；编号为偶数的哲学家先申请左手的筷子，然后再申请右手的筷子。此时，算法可以描述如下：

```
void Pi( )
{   semaphore S[5]={1,1,1,1,1};
        int i=0;
        while(true)
{   Think;
        if(i mod 2 == 0)
        {
            wait(ChopStick [(i + 1) mod 5]);
            wait(ChopStick [i]);
            eat noodles;
```

```
            signal(ChopStick [i]);
            signal(ChopStick [(i + 1) mod 5]);
        }
        else
        {
            wait(ChopStick [i]);
            wait(ChopStick [(i + 1) mod 5]);
            eat noodles;
            signal(ChopStick [(i + 1) mod 5]);
            signal(ChopStick [i]);
        }
    }
}
```

解决哲学家进餐问题还有其他的无死锁方案。比如考虑这样一个场景，我们可以虚拟一个空间，这个空间最多只能容下四个人同时进餐，此时该空间可以看作是共享资源。哲学家想要吃饭的时候，需要首先判断是否能够进入该虚拟空间，如果能进入，再申请左右手两边的筷子，若获得筷子则顺利进餐，否则要等待其他人就餐完毕后放下筷子，再被唤醒继续进餐。这种方案在最坏情况下，四个哲学家几乎同时提出吃饭请求并且刚好每个哲学家拿起自己旁边的一支筷子，此时饭桌上还有一支筷子，可以提供给一位哲学家正常进餐。这样一来，随着进程推进，所有的哲学家都可以依次进餐。该解决方案的具体代码这里就不给出了，留作大家课后思考。

5.5 Linux 操作系统中的死锁解决方案

在 Linux 系统中，有许多种控制进程同步的机制，如自旋锁、信号量等，可以做好预防措施。但是，如果这些措施应用不当，也会造成某些进程的死锁。因此，内核也提供了一些机制检测死锁，以便在第一时间进行必要的干涉，保证系统的正常运行。Linux 系统中的进程可能会陷入死锁状态，死锁主要分为 D 状态死锁和 R 状态死锁。

5.5.1 D 状态死锁

Linux 的进程存在多种状态，其中有一种等待状态为 TASK_UNINTERRUPTIBLE，称为 D 状态。该种状态下进程不接收信号，只能通过 wake_up 唤醒。处于这种状态的情况有很多，例如 mutex 锁就可能会设置进程进入该状态，有时候进程在等待某种 I/O 资源就绪时 (wait_event 机制) 会设置进程进入该状态。一般情况下，进程处于该状态的时间不会太久，但若 I/O 设备出现故障或者出现进程死锁等情况时，进程就可能长期处于该状态而无法再返回到 TASK_RUNNING 态。因此，内核为了便于发现这类情况设计出了 hung task 机制专门用于检测长期处于 D 状态的进程并发出告警。

hung task 机制的整体流程框图和设计思想如图 5-10 所示。

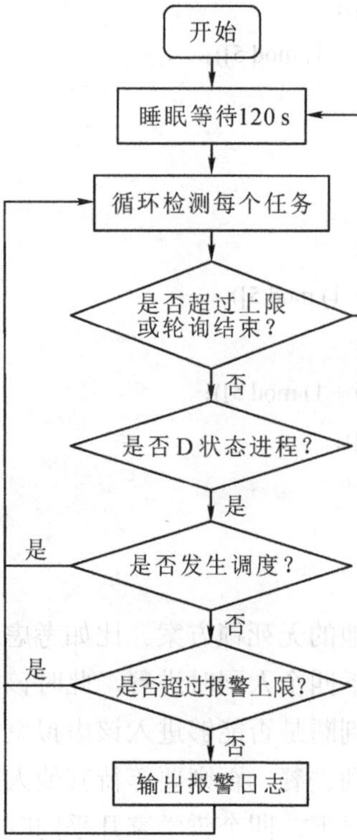

图 5-10 D 状态死锁流程图

其核心思想为：创建一个内核监测进程循环监测处于D状态的每一个进程(任务)，统计它们在两次检测之间的调度次数。如果发现有进程在两次监测之间没有发生任何的调度则可判断该进程一直处于D状态，很有可能已经死锁，因此触发报警日志打印，输出进程的基本信息，进行栈回溯以及寄存器保存信息以供内核开发人员定位。

5.5.2 R 状态死锁

R状态死锁指的是某一任务一直处于TASK_RUNNING态且一直占用着CPU，从而导致其他进程得不到调度而饿死的情况。一般情况下，R状态死锁较可能是由于程序出现死循环导致的，可以出现在内核态的进程上下文中(内核配置为非抢占式，soft lockup)，也可以出现在中断上下文中的中断处理程序中(hard lockup)。异常的程序一直运行，CPU无法调度到其他的任务运行，对于单CPU的设备，则直接的表现就是“死机”。这种死锁现象较难定位，内核也同样提供了一种检测手段来检测这种死锁并向用户发出告警——LOCKUP_DETECTOR。

LOCKUP_DETECTOR 机制在内核代码的 kernel/watchdog.c 中实现。它的设计原理是：利用进程上下文、中断、nmi 中断的不同优先级实现死锁监测。这三者的优先级关系为“进程上下文 < 中断 < nmi 中断”，其中进程上下文优先级最低，可通过中断来进行监测进程的运行状态；nmi 中断的优先级最高，它是一种不可屏蔽的中断，在中断上下文中发生死锁时，nmi 中断处理也可正常进入，因此可用来监测中断中的死锁。不过可惜的是，目前绝大多数的 arm32 芯片都不支持 nmi 中断。从程序的命名中就可以看出，该程序

其实实现了一种软看门狗的功能。R状态死锁流程图如图5-11所示。

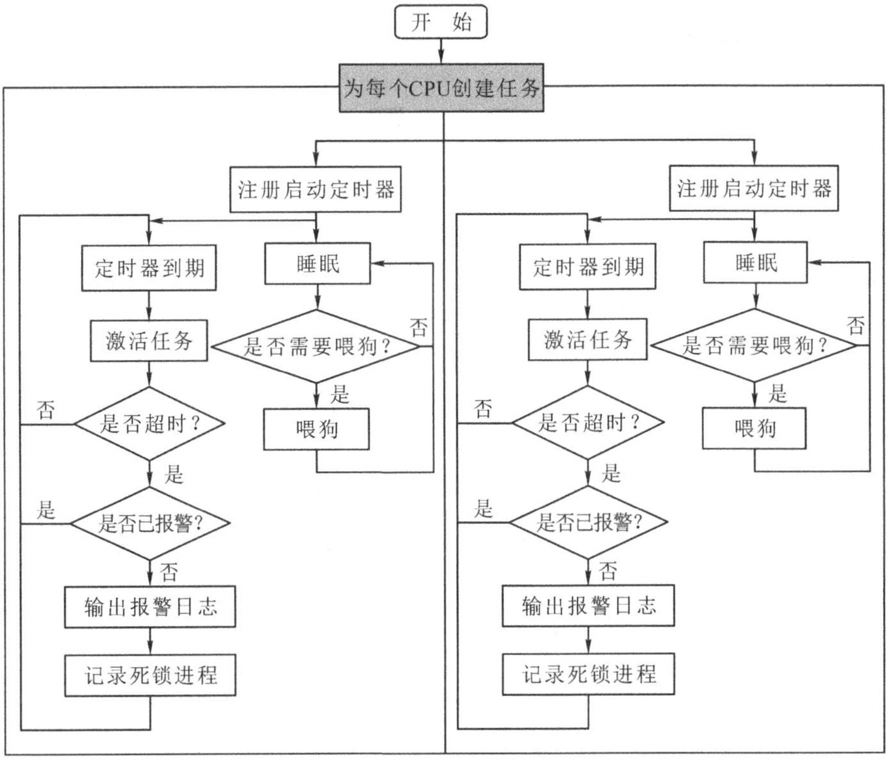

图5-11 R状态死锁流程图

该程序为每个CPU创建了一个进程和一个高精度定时器，其中进程用来喂狗，定时器用来唤醒喂狗进程和检测是否存在死锁进程，在检测到死锁进程后就触发报警。

小 结

死锁是指一组竞争系统资源或互相通信的进程被阻塞的现象。阻塞是永久的，除非采取一些非常行为解除死锁，如杀死一个或多个进程，或者强迫一个或多个进程进行回滚。

死锁的形成必须要同时满足四个条件：互斥地使用资源、占有且等待资源、不可抢占资源和循环等待资源，但是需要注意的是这仅是必要条件，而不是充分条件。

解决死锁有三种不同方式：死锁的预防、死锁的避免和死锁的检测。死锁的预防策略主要是基于破坏形成死锁的四个条件，以保证不发生死锁。死锁的避免一般使用银行家算法，当进程提出资源申请时，系统动态地测试资源分配情况，仅当能确保系统安全时才能把资源分配给进程。该算法比较保守，但可以保证系统处于安全状态。死锁的检测思想就是需要系统定时运行一个“死锁检测程序”，如果检测没有死锁发生，则系统可以继续工作；否则需要解除死锁，然后继续执行。

Linux系统假设进程不死锁，因此内核不会主动运用前面介绍的死锁预防或死锁避免等策略来解决死锁问题。Linux系统中的进程可能会陷入死锁状态，死锁主要分为D状态死锁和 R 状态死锁。针对 D 状态死锁，内核设计出了 hung task 机制专门用于检测长期处于 D 状态的进程并发出告警；针对 R 状态死锁，内核也同样提供了一种检测手段 LOCKUP_DETECTOR 来检测这种死锁并向用户发出告警。

习　题

1. 什么是死锁？请举一个生活中发生死锁的例子。

2. 什么原因引起了死锁？产生死锁的四个条件是什么？

3. 解除死锁的三种方法是什么？请分别描述各自的思想。

4. 不安全状态是否必然导致系统进入死锁状态？

5. 某系统 A、B、C、D 资源供五个进程共享，进程对资源的需求和分配情况如表 5-1 所示。现在系统还剩 A 资源 1 个，B 资源 5 个，C 资源 2 个和 D 资源 0 个，按照银行家算法回答下面问题。

表 5-1　进程对资源的需求和分配情况

进程	已占有资源数目	最大需求数
	A　B　C　D	A　B　C　D
P_1	0　0　1　2	0　0　1　2
P_2	1　0　0　0	1　7　5　0
P_3	1　3　5　4	2　3　5　6
P_4	0　6　3　2	0　6　5　2
P_5	0　0　1　4	6　5　6

(1) 现在系统是否处于安全状态？

(2) 如果现在进程 P_2 提出需要 (0，4，2，0) 个资源的请求，系统能否去满足它的请求？

6. 设有三个进程 P_1、P_1、P_3，分别按如下所示顺序执行程序代码。

进程 P_1	进程 P_2	进程 P_3
↓	↓	↓
$P(s_1)$	$P(s_3)$	$P(s_2)$
$P(s_2)$	$P(s_1)$	$P(s_3)$
…	…	…
$V(s_1)$	$V(s_3)$	$V(s_2)$
$V(s_2)$	$V(s_1)$	$V(s_3)$
↓	↓	↓

其中，s_1、s_2、s_3 是信号量，且初值均为 1。

在执行时能否产生死锁？如果可能产生死锁，请说明在什么情况下产生死锁，并给出一个防止死锁产生的修改办法。

7. 有三个进程 P_1、P_2 和 P_3 并发工作。进程 P_1 需用资源 s_3 和 s1；进程 P_2 需用资源 s_1 和 s_2；进程 P_3 需用资源 s_2 和 s_3。回答：

(1) 若对资源分配不加限制，会发生什么情况？为什么？

(2) 为保证进程正确工作，应采用怎样的资源分配策略？为什么？

8. 设系统有三种类型的资源，数量为(4，2，2)，系统中有进程A、B、C按如下所示顺序请求资源：

进程A申请(3，2，1)

进程B申请(1，0，1)

进程A申请(0，1，0)

进程C申请(2，0，0)

请给出一种防止死锁的资源剥夺分配策略，完成上述请求序列，并列出资源分配过程，指明哪些进程需要等待，哪些资源被剥夺。

9. 画简图5-12所示的资源分配图，并说明有无进程处于死锁状态。

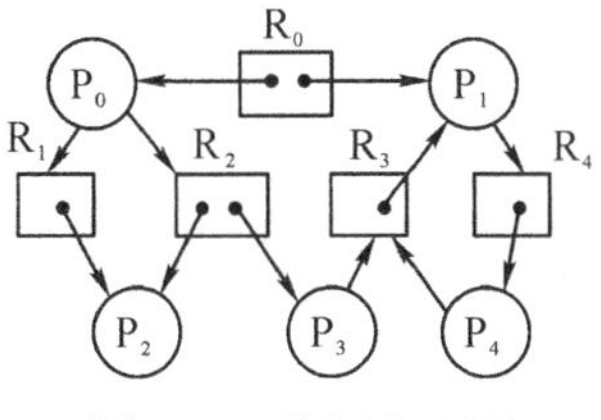

图5-12　资源分配图

10. 针对哲学家进餐问题，请给出本章例题中未给出代码的无死锁解决方案。

第 6 章 处理器调度

在多道程序系统中，内存中同时存在多个进程，通常同时会有多个进程竞争CPU。在单处理器环境下，某一时刻只有一个进程会被选择得到CPU，其他进程都应等待，直到CPU空闲并可调度为止。在操作系统中，完成这一选择工作的过程就是处理器调度。多处理器环境下，调度更加复杂。

处理器调度是多道程序操作系统的基础，通过在进程间切换CPU，操作系统可以使得计算机更加高效。

6.1 处理器调度算法的目标

操作系统中的调度算法种类繁多，适用的对象也大相径庭，那么怎样才能衡量一个算法的优劣呢？我们需要一些指标来完成这个任务。通常情况下，衡量调度算法的指标包括CPU利用率、吞吐量、周转时间、等待时间、响应时间等。通常，不同类型的操作系统有不同的目标，其处理器调度的策略也不同。

(1) CPU利用率：应使CPU尽可能地忙碌。好的调度策略应该尽可能地提高CPU的利用率。

(2) 吞吐量：是指在一个时间单元内进程完成的数量。对于长进程，吞吐量可能为每小时一个进程；对于短进程，吞吐量可能为每秒十个进程。

(3) 周转时间：是指从进程提交到进程完成的时间段。周转时间为所有时间段之和，包括等待进入内存、在就绪队列中等待、在CPU上执行和I/O执行。

(4) 等待时间：是指在就绪队列中所有进程等待所花的时间之和。

(5) 响应时间：是指从用户提交一个请求开始，直到系统首次产生响应为止的这段时间。对于交互系统，周转时间不是最佳准则，响应时间更为合理。

通常情况下，我们会尽量寻求一种合理的调度策略：最大化CPU利用率和吞吐量，最小化周转时间、等待时间和响应时间。在大多数情况下，优化的是平均值。然而，在有些情况下，优化的是最小值或最大值，而不是平均值。

总的来说，处理器的调度策略可以分为两个类别：非抢占式调度策略与抢占式调度策略。

(1) 非抢占式调度策略：一旦进程处于运行状态，它不断运行，直到运行结束或运行至阻塞时进行调度。即当运行进程主动释放CPU时，才执行调度程序。

(2) 抢占式调度策略：当前正在运行的程序可能被系统中断，转为就绪态。抢占的发生可能是在一个高优先级进程到达时，或在一个中断发生后一个阻塞的进程变为就绪时，或者基于周期性的时间中断(时间片)时。

6.2 分级调度

一个进程从创建到执行需要经过三级调度：长程调度、中程调度和短程调度。调度与进程转换如图 6-1 所示。

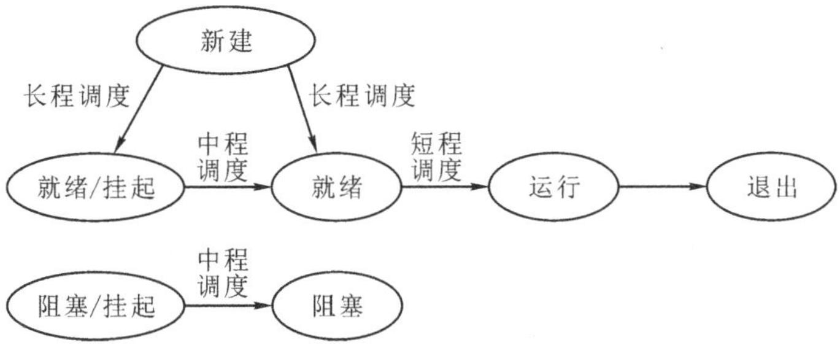

图 6-1　调度与进程转换

一个作业要经过长程调度才能获得载入内存的机会，它决定是否将该进程加入当前活动进程集中，即将状态由初始态变为就绪态。

中程调度是存储管理中的对换功能，将那些暂时不能运行的进程调至外存，此时进程的状态为挂起 (就绪挂起或阻塞挂起)；当内存有空闲时，由中程调度决定将那些调出的进程重新调入内存，被调入进程的状态由就绪挂起变为就绪，或由阻塞挂起变为阻塞。

当处理器空闲时，由短程调度决定为哪个就绪进程分配处理器，进程状态由就绪变为运行。

6.2.1 长程调度

长程调度又称为作业调度，它的主要功能是根据作业控制块中的信息审查系统能否满足用户作业的资源需求，以及按照一定的算法从外存的后备队列中选取某些作业调入内存，并为它们创建进程、分配必要的资源，然后再将新创建的进程插入就绪队列，准备执行。因此，有时也把作业调度称为接纳调度。调度算法应该做到在单位时间内运行尽可能多的作业，尽量使处理机保持忙碌的状态，使 I/O 设备得以充分利用。此外，还应该考虑到每个作业自身的特点，尽量保证对作业公平合理地调度。

什么时候进行作业调度呢？内存中能同时容纳的进程数决定了系统的并发度。进程数越多，每个进程可以执行的时间就越短。作业调度可以限制系统的并发度。当一个进程结束时，或处理器的空闲时间片超过了一定的阈值时，都可能启动作业调度程序。比较典型的作业调度算法有采用先来先服务 (FCFS)、最短作业优先 (SJF)、最高响应比优先 (HRRN) 等调度算法。

6.2.2 中程调度

中程调度又称为中级调度，引入中级调度的主要目的是为了提高内存的利用率和系统的吞吐量。内存中不能有太多的进程，把进程从内存移到外存，当内存有足够空间时，再将合适的进程换入内存，等待进程调度。中级调度实际上就是存储器管理中的对调功能。

6.2.3　短程调度

短程调度也叫进程调度，将决定哪一个就绪进程会获得处理器。短程调度可能发生在三个时机：

(1) 当一个处于运行态的进程结束时，短程调度从就绪进程队列中选择一个就绪进程运行。

(2) 当一个正在运行的进程阻塞时，短程调度将从就绪进程队列中选择一个就绪进程运行。

(3) 当一个I/O中断发生时，短程调度必须作出调度决策。如果中断来自I/O设备，则等待该I/O设备的进程状态被改为就绪。这时是让中断前的进程继续运行，还是立刻调度新的就绪进程运行，或调度其他别的进程运行，将取决于系统采用的调度算法。

一般会根据操作系统的设计目标采用合适的调度算法，如先来先服务调度算法、优先级调度算法、最短作业优先调度算法和轮转调度算法等。

6.3　常用的调度算法

6.3.1　先来先服务调度算法

先来先服务 (First-Come-First-Served，FCFS) 调度算法是最简单的非抢占的调度算法，它按照请求CPU的顺序分配CPU。新就绪的进程依次排在就绪队列尾部，当CPU空闲时，调度排在就绪队列头部的进程。

FCFS调度算法通过管理一个FIFO的就绪队列来实现。当一个进程就绪时，它排在就绪队列的队尾。CPU发生调度时，从FIFO就绪队列的队首摘取一个就绪进程，并把CPU分配给该进程。FCFS调度算法实现起来比较容易。

下面看一个简单的例子。现在有一组进程(如图6-2所示)，假设它们在同一时间达到，每个进程需要占用CPU执行的时间单位为ms。

假设三个进程在就绪队列中的顺序为P_1、P_2、P_3，如果采用FCFS调度算法，此时三个进程执行的甘特图 (Gantt) 如图6-3所示。注意图的下标，分别表示进程开始执行的时间与结束时间。

进程	执行时间
P_1	30
P_2	5
P_3	2

图6-2　一组进程1

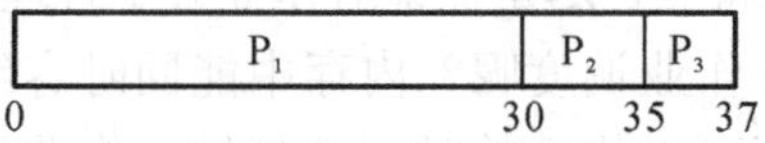

图6-3　甘特图1

根据题意，三个进程几乎同时达到，P_1排在就绪队列队首，故P_1立刻会被调度执行；然后再执行P_2、P_3。P_1的等待时间为0 ms，进程P_2的等待时间为30 ms，而进程P_3的等待时间为35 ms。因此，三个进程的平均等待时间为$(0 + 30 + 35)/3 \approx 21.7$。

如果调整最初时刻就绪队列中的进程顺序为P_3、P_2、P_1 (当然，这里的调整是有意而为之，故意将执行时间少的进程放在队列靠前的地方)，则三个进程执行结果的甘特图如图6-4所示。

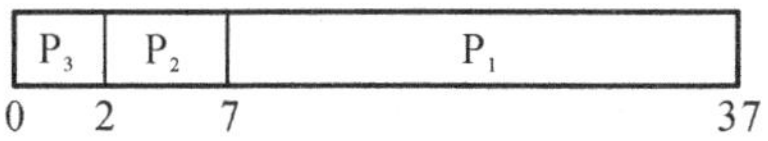

图 6-4　甘特图 2

现在平均等待时间为$\frac{(0+2+7)}{3}=3$ ms。对比之下，调整顺序后的进程组执行结果的效果得到了极大的提升。从这里可以看出，单纯的 FCFS 调度算法的平均等待时间通常不是最少的，该算法没有考虑到每个进程执行时间长短的差异性，所以采用听天由命的态度进行调度。如果进程组的 CPU 执行时间变化很大，那么会造成调度效果较差 (平均等待时间较长)。

FCFS 调度算法有时候还会产生“护航效果”。假设参与调度的进程组中有一个 CPU 绑定的进程和若干个 I/O 绑定的进程，在执行过程中可能发生这样的情况：I/O 绑定的进程由于本身执行的特点，会很频繁地由于 I/O 请求而被阻塞，然后处理完 I/O 后被唤醒，重新到就绪队列中排队。当 CPU 绑定的进程得到 CPU 一直执行的这段时间内，就绪队列会聚集这些 I/O 绑定进程，由于所有其他进程都等待一个大进程释放 CPU，故称之为护航效果。与让较短进程先进行相比，这会导致 CPU 和设备的使用率降低。

总的来说，FCFS 调度算法实现简单，但它对短进程不利，尤其是当短进程跟在一个长进程后到达时，这个短进程就会等待很长时间。在实际操作系统中，FCFS 算法通常与其他算法结合起来使用，会得到比较好的应用效果。

6.3.2　优先级调度算法

由用户或系统事先按某个原则给进程一个优先级，系统总是调度优先级最高的那个进程运行。

优先级可分为静态优先级和动态优先级。所谓静态优先级，是指优先级一旦确定就不再改变；而动态优先级会随着进程的执行过程不断变化。

动态优先级的变化可由以下原则确定：与进程占有 CPU 时间的长短成反比；与在就绪队列中等待的时间长短成正比。通过对优先级的动态调整来改善系统性能。但动态优先级调度算法会增加系统开销。

下面看一个简单的例子。假设有一组进程(如图6-5所示)，它们在时间 0 按顺序P_1、P_2、P_3、P_4到达，其 CPU 执行时间以 ms 计算。如果现在使用优先级调度算法，则执行顺序与平均等待时间的计算如下所示。

采用优先级调度时，优先级数字越大，代表优先级越小。在本例中，进程组中优先级最大的进程为 P_1。进程执行调度的甘特图如图 6-6 所示。

进程	执行时间	优先级
P_1	9	5
P_2	4	1
P_3	2	3
P_4	1	4

图 6-5　一组进程 2

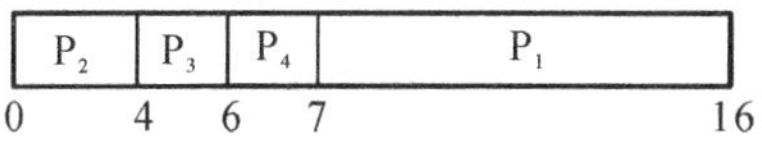

图 6-6　甘特图 3

该组进程平均等待时间为$\frac{(0+4+6+7)}{4}=4.25$ ms。

在上面的例子中，我们假设进程差不多同时到达，但是在实际的系统中，进程到达就绪队列的时间有先有后，处理器在选择进程时，对象是当前就绪的进程。计算等待时间时，注意考虑到每个进程到达就绪队列的时间点。

在支持抢占的系统中，当一个新的进程到达就绪队列时，如果它的优先级高于当前运行进程的优先级，那么就会抢占 CPU。在非抢占系统中，只是将新的进程加到了就绪队列的头部。

值得注意的是，优先级调度算法可能会发生饥饿现象。该算法可能让某个低优先级进程无穷等待 CPU。对于一个超载的计算机系统，稳定的更高优先级的进程流可以阻止低优先级的进程而获得 CPU。一般来说，有两种情况会发生，要么进程最终会运行(在系统最后为轻负荷时)，要么系统最终崩溃并失去所有未完成的低优先级进程。

要解决这个问题，可以采用“老化”的策略来动态提升等待进程的优先级。具体操作为：如果优先级为从 127(低)到 0 (高)，那么可以每 10 分钟递减等待进程的优先级的值。在优先级数值递减的过程中，等待进程的优先级实际上在不断地提升，因此在经过一段有限的等待时间之后，该进程有可能会被调度执行。

6.3.3　最短作业优先调度算法

避免 FCFS 调度算法对短进程不利的选择是最短作业优先 (Shortest-Job First，SJF) 调度算法。调度时，它在就绪队列中选择估计处理时间最短的进程。如果两个进程具有同样长度的 CPU 执行时间，那么可以按照先来先服务的准则来处理。

该调度算法可使系统在一段时间内处理的进程数量最多，从而提高吞吐量。然而，反过来它又会对长进程不利，尤其是当不断有短进程进入系统时，会使先到达的长进程长期得不到执行。该算法的另一个问题是，它需要事先估计每个进程的执行时间。

假设有以下一组进程(如图6-7所示)，几乎同时到达就绪队列，CPU 执行长度以 ms 计算。

现在采用 SJF 调度算法对其调度执行。执行结果的甘特图如图 6-8 所示。

进程	执行时间
P_1	5
P_2	4
P_3	9
P_4	3

图 6-7　一组进程 3

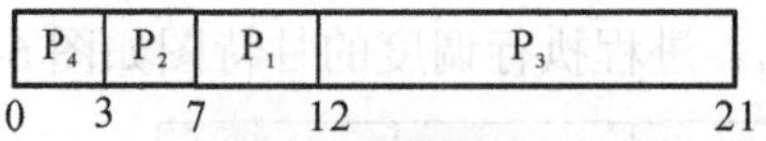

图 6-8　甘特图 4

显然，这组进程的平均等待时间为$\frac{(0+3+7+12)}{4}=5.5$ ms 。相比 FCFS 调度算法而言，该调度算法可以节省很多时间。SJF 调度算法对于给定的一组进程，其平均等待时间最小。

SJF调度算法的真正困难是如何知道下次CPU执行的长度。对于批处理系统的长期(或作业)调度，可以将用户提交作业时指定的进程时限作为长度。因此，SJF调度算法经常用于长程调度(作业调度)，不常用于进程调度。

上面我们讨论的 SJF 调度算法都是基于非抢占式的，在某些系统中，SJF 调度算法可以是抢占的。当一个新进程到达就绪队列时，操作系统会激发调度程序，针对当前就绪队列中的进程的最新情况进行选择。如果新进程的 CPU 执行时间比与当前运行进程的尚未完成的 CPU 执行时间还要小，则抢占当前运行进程。这种基于抢占式的 SJF 调度算法有时称为最短剩余时间优先调度算法。

这里举个例子。假设有一组进程(如图6-9所示)，其CPU执行时间以ms计算。

如果进程按给定时间到达就绪队列，使用最短剩余时间优先调度算法调度这组进程，则调度顺序如图 6-10 所示。

进程	到达时间	执行时间
P_1	0	8
P_2	1	4
P_3	2	9
P_4	3	5

图 6-9　一组进程 4

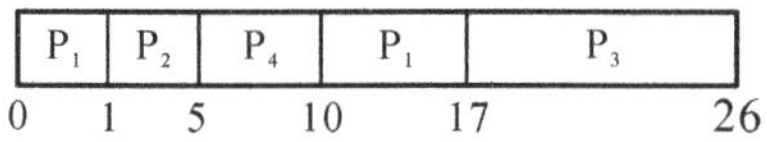

图 6-10　甘特图 5

最初的时候，因为只有进程 P_1，所以 P_1 开始执行。

进程 P_2 在时间 1 到达，系统激发调度程序，此时进程 P_1 剩余时间 (7 ms) 大于进程 P_2 需要的时间 (4 ms)，因此进程 P_1 被抢占，进程 P_2 被调度。

进程 P_3 在时间 2 到达，调度进程又开始执行，此时 P_2 进程的剩余时间为 3 ms，新进程 P_3 的执行时间大于 3 ms，故 P_2 继续执行。

进程 P_4 在时间 3 到达，系统再一次激发调度程序，此时 P_2 进程的剩余时间为 2 ms，新进程 P_4 的执行时间大于 2 ms，故 P_2 仍然占用处理器继续执行，直到执行结束。

然后，调度程序在就绪队列中的剩余进程中，按照最短作业优先的原则调度进程执行。

对于这个例子，进程 P1 的等待时间为 (10 − 1)，进程 P_2 的等待时间为 0，P_3 的等待时间为 (17 − 2)，P4 的等待时间为 (5 − 3)。故这组进程的平均等待时间为

$$\frac{((10-1)+0+(17-2)+(5-3))}{4}=6.5\ \text{ms}$$

如果使用非抢占 SJF 调度算法，那么平均等待时间为 7.75 ms。

最短剩余时间优先算法是在 SJF 基础上增加了抢占机制，调度程序总是调度预期剩余时间最短的进程。相对于 FCFS，该策略照顾了短进程，但是由于要计算剩余时间，所以增加了系统开销。由于新就绪的短进程有可能越过先就绪的长进程，抢占处理器，所以长进程有可能饥饿。

值得注意的是，对于非抢占式的 SJF 调度算法，可以看作是优先级调度算法的一种特例，此时优先级可以看作是进程的运行时间，运行时间越短，优先级越高。

6.3.4 最高响应比优先调度算法

最高响应比优先(Highest Response Ratio Next，HRRN)调度算法是对FCFS和非抢占SJF算法的优化组合。FCFS只考虑了进程的等待时间，非抢占SJF只考虑了执行时间，而HRRN算法既考虑了等待时间，又考虑了进程的预计执行时间。用响应比R来表征，即

$$R=(W+S)/S$$

其中，W为等待时间；S为预计的执行时间。

当CPU空闲时，调度程序计算就绪进程的响应比R，调度R值最高的那个进程执行。在这样的调度算法下，如果等待时间相同，短进程的响应比高于长进程，短进程优先被调度；随着等待时间的增加，进程的响应比增加，长进程被调度的可能性也随之增加。

接下来，以一组进程为例展示HRRN算法的过程。假设有以下一组进程(如图6-11所示)，CPU执行长度以ms计算。

如果进程按给定的信息，使用最高响应比优先调度算法调度这组进程，结果如图6-12所示。

进程	到达时间	执行时间
P_1	0	10
P_2	1	1
P_3	2	2
P_4	3	1
P_5	4	5

图6-11　一组进程5

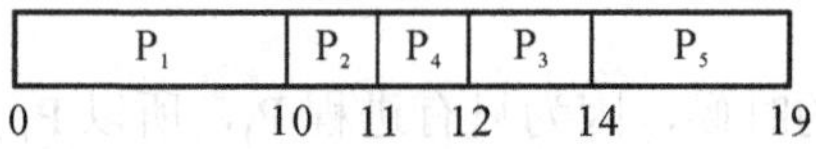

图6-12　甘特图6

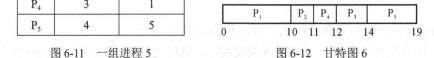

0时刻时P_1运行，10时刻时P_1运行完，此时P_2～P_5的响应比分别为

P_2：$\frac{(1+9)}{1}=10$；

P_3：$\frac{(2+8)}{2}=5$；

P_4：$\frac{(1+7)}{1}=8$；

P_5：$\frac{(5+6)}{5}=2.2$，因此进程P_2获得处理器运行，直到11时刻结束。

P_2运行完，此时P_3～P_5的响应比分别为

P_3：$\frac{(2+9)}{2}=5.5$；

P_4：$\frac{(1+8)}{1}=9$；

P_5：$\frac{(5+7)}{5}=2.4$，因此进程P_4获得处理器执行，直到12时刻结束。

P_4运行完，此时P_3、P_5的响应比分别为

P_3：$\frac{(2+10)}{2}=6$；

$\frac{(5+8)}{5}=2.6$，因此执行 P_3，最后执行 P_5。

进程的平均等待时间为$\frac{(0+(10-1)+(11-2)+(12-3)+(14-4))}{5}=\frac{37}{5}=7.4\text{ms}$

6.3.5 轮转调度算法

轮转 (Round Robin，RR) 调度算法是一种基于抢占的调度策略。该调度算法通常应用于分时系统中，即每个进程被分配一个固定的运行时间段，称为时间片。调度程序按就绪队列中进程的顺序依次调度进程运行，每个进程每次运行一个时间片，时间片结束时，正在运行的进程对 CPU 的拥有权被剥夺，状态由运行转为就绪，重新排在就绪队列末尾等待下一次调度，CPU 被分配给下一个就绪进程。

时间片长短的选取会直接影响系统的响应时间和开销。时间片设置过小，会使进程切换过于频繁，增加系统开销；时间片设置过大，会使进程的响应时间增加。

假设有以下一组进程(如图6-13所示)，它们几乎在同一时间到达就绪队列，顺序为 P_1、P_2、P_3，其 CPU 执行以 ms 计算。

采用时间片轮转的调度算法，若系统的时间片为 4 ms，那么 P_1 会首先被调度执行一个时间片 4 ms，由于还未运行完毕，故重新进入就绪队列队尾。此时，就绪队列队首的进程为 P_2，因此被调度获得执行。P_2 只需要 3 ms，故运行完毕后处理器继续调度下一个进程，即进程 P_3。在每个进程都得到了一个时间片之后，CPU 又交给了进程 P_1 以便继续执行。因此，RR 调度算法结果如图 6-14 所示。

进程	执行时间
P_1	24
P_2	3
P_3	3

图 6-13　一组进程 6

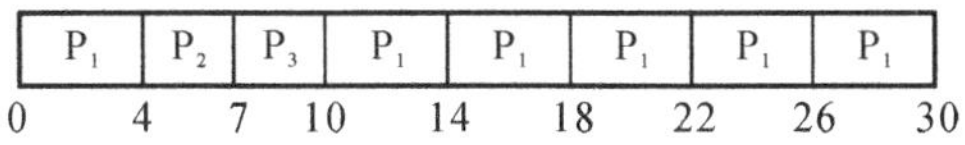

图 6-14　甘特图 7

P_1 等待 10－4 = 6 ms，P_2 等待 4 ms，而 P_3 等待 7 ms。因此，这组进程的平均等待时间 17/3 ≈ 5.67 ms。

对于交互式的进程，更看重的是系统响应时间的要求，这个响应时间与 RR 调度算法的时间片大小相关。如果就绪队列有 n 个进程，时间片的长度为 q，那么每个进程会得到 1/n 的 CPU 时间，而且每次分得的时间不超过 q 个时间单元。每个进程等待获得下一个 CPU 时间片的时间不会超过 (n－1)/q 个时间单元。也就是说，进程发出请求到获得首次执行之间需要等待的时间不超过 (n－1)/q 个时间单元，这就是响应时间。可以看出，响应时间的长短与进程总数与时间片大小相关。

在一种极端情况下，如果时间片很大，那么RR调度算法就退化成 FCFS 算法一样。相反，如果时间片很小(如1ms)，那么RR调度算法可以导致大量的上下文切换，会大大降低系统效率。

6.3.6 多级反馈轮转调度算法

多级反馈轮转调度算法是对简单轮转算法的改进，它将新就绪的进程与被抢占后回到就绪队列的进程加以区别，并将获得过时间片次数不同的就绪进程加以区别，将它们放入不同优先级的就绪队列中，每个就绪队列按 FCFS 机制进行调度；调度程序首先调度具有高优先级的就绪队列中的进程，只有当较高优先级就绪队列为空时，才转向调度较低优先级就绪队列中的进程。

如图 6-15 所示，就绪队列 RQ_0，RQ_1，RQ_2，RQ_3，…，优先级逐级减小。当进程第一次进入系统时，被放置在 Q_0；当它第一次被抢占后回到就绪态时，被放入 Q_2；以后每执行一个时间片，被降级到下一个较低优先级的队列中。较短的进程在不同优先级的就绪队列中经过几次降级后会执行结束，而长进程会经过较多次的降级调度，周转时间会增加。为改善这一状况，可给不同优先级的就绪队列设置不同长短的时间片，优先级越低的队列中的进程被调度执行时，具有越长的时间片。

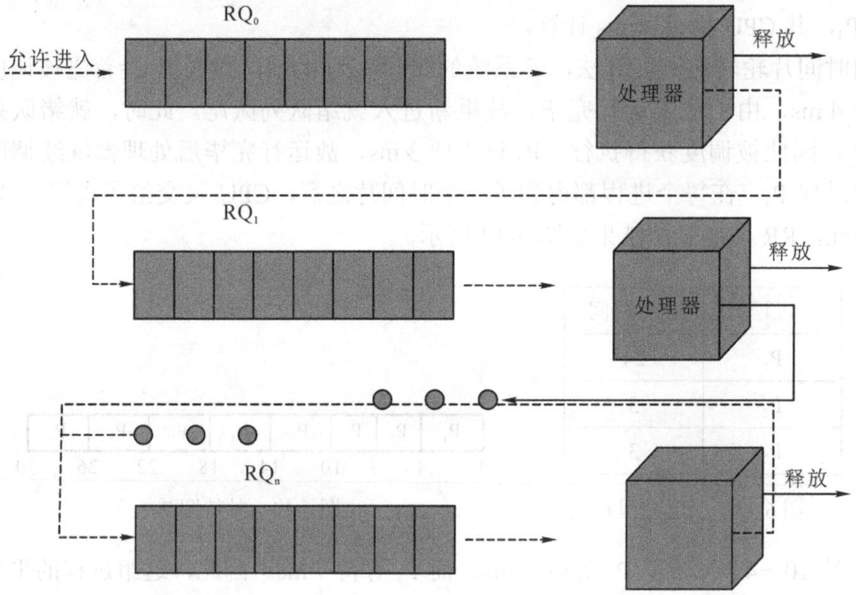

图 6-15 多级反馈轮转调度

6.3.7 实时系统的调度算法

实时系统与其他系统最大的区别在于，系统的正确性不仅取决于计算的逻辑结果，而且依赖于产生结果的时间。在实时系统中，某些任务是实时任务，它必须能够满足时限要求，即满足给定的一个最后期限，最后期限指定任务开始时间或结束时间。

根据对实时任务的时限要求，可将实时系统中的任务分为软实时任务和硬实时任务两类。硬实时任务必须满足最后期限，否则会带来灾难性后果或致命性错误。软实时任务希望能满足最后期限，但对最后期限的要求不是强制的，即使超过了这个期限，任务的完成也是有意义的。时限调度算法是基于抢占式的。

实时系统所处理的任务又分为周期性的和非周期性的。非周期性的任务有一个必须开始或结束的最后期限，而周期性的任务要求任务“每隔周期 T 一次”。

实时操作系统更强调的是实时任务能在最有价值的时间开始 (或结束)，而不是单纯的追求速度。与时限有关的信息有：

(1) 就绪时间：任务进入就绪态，可以开始准备执行时的时间。对于周期性的任务，它是一个事先知道的时间序列；对于非周期性的任务，操作系统也应知道什么时候就绪。

(2) 开始截止时间：任务必须开始执行的最后期限。

(3) 完成截止时间：必须完成这个任务的最后期限。

(4) 处理时间：从执行到完成任务所需的时间。

(5) 资源需求：任务在执行过程中所需的除处理器以外的其他资源集合。

(6) 优先级：表征任务的重要性级别。硬实时任务具有绝对的优先级。

当考虑到最后截止时间时，使用最早、最后截止时间优先的调度策略，可以使超过最后期限的任务数最少。这个结论既适用于单处理器系统，也适用于多处理器系统。

1. 具有完成截止时间的周期性任务调度

下面通过一个例子来展示一下具有完成截止时间的周期性任务调度的执行过程。如果现在有两个实时进程，这两个进程都是需要执行周期性的任务。这些周期性任务的信息如表 6-1 所示。

表 6-1　两个周期性任务的执行时间表

进程	到达时间	执行时间	完成截止时间
A(1)	0	10	20
A(2)	20	10	40
A(3)	40	10	60
A(4)	60	10	80
A(5)	80	10	100
…	…	…	…
B(1)	0	25	50
B(2)	50	25	100
…	…	…	…

具有完成截止时间的周期性任务调度如图 6-16 所示。

在 t=0 处，A(1)，B(1) 同时到达，由于 A(1) 的最后期限比 B(1) 早，因此它先被调度。

在 t=10 处，A(1) 完成，B(1) 执行。

在 t=20 时，A(2) 到达，由于 A(2) 的最后期限比 B(1) 早，因此 B(1) 被抢占。

在 t=30 时，A(2) 完成，B(1) 被唤醒，继续执行。

在 t=40 时，A(3) 到达，但由于 B(1) 的最后期限比 A(3) 早，因此 B(1) 继续执行。

在 t=45 时，B(1) 执行完成，A(3) 开始执行。

…

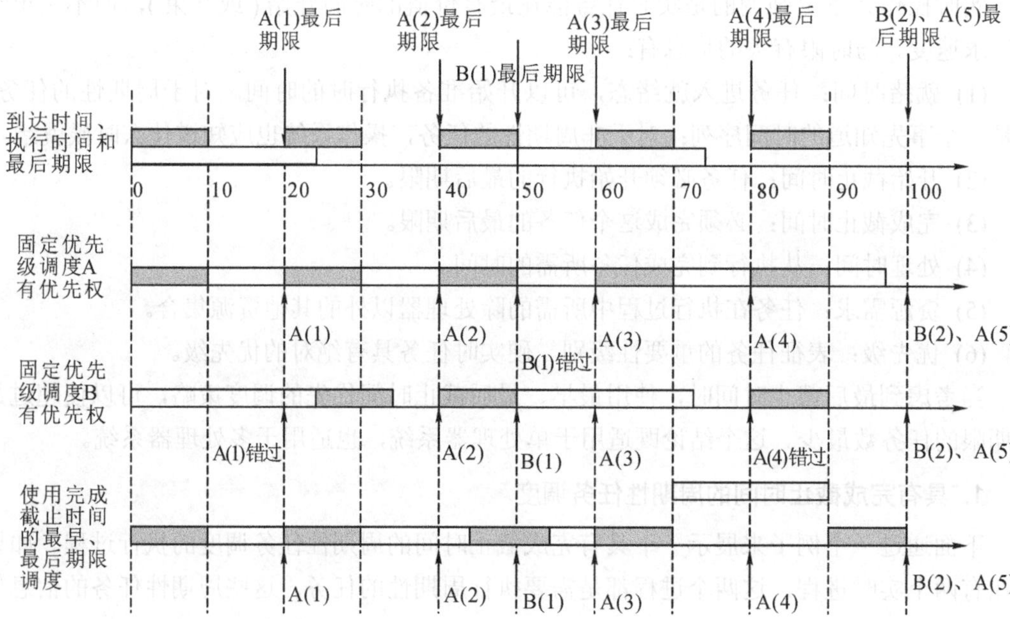

图 6-16　具有完成截止时间的周期性任务调度

2. 具有开始截止时间的非周期性任务调度

五个非周期性任务的执行时间如表 6-2 所示。

表 6-2　五个非周期性任务的执行时间表

进程	到达时间	执行时间	开始截止时间
A	10	20	110
B	20	20	20
C	40	20	50
D	50	20	90
E	60	20	70

在这个例子里，如果永远调度具有最早开始截止时间的就绪任务，并让其一直运行到完成，有时是危险的。如图 6-17 所示，任务 B 被错过后将得不到执行。

假定任务就绪前系统实现知道最后期限，我们可以将该策略加以改进，称为有自愿空闲时间的开始截止时间调度。

在 t=10 处，A 到达，但系统并不立刻调度它，而是等到 t=20 时，B 就绪后立刻调度 B 执行，因为 B 的最后期限最早，这样可以满足所有的调度要求。

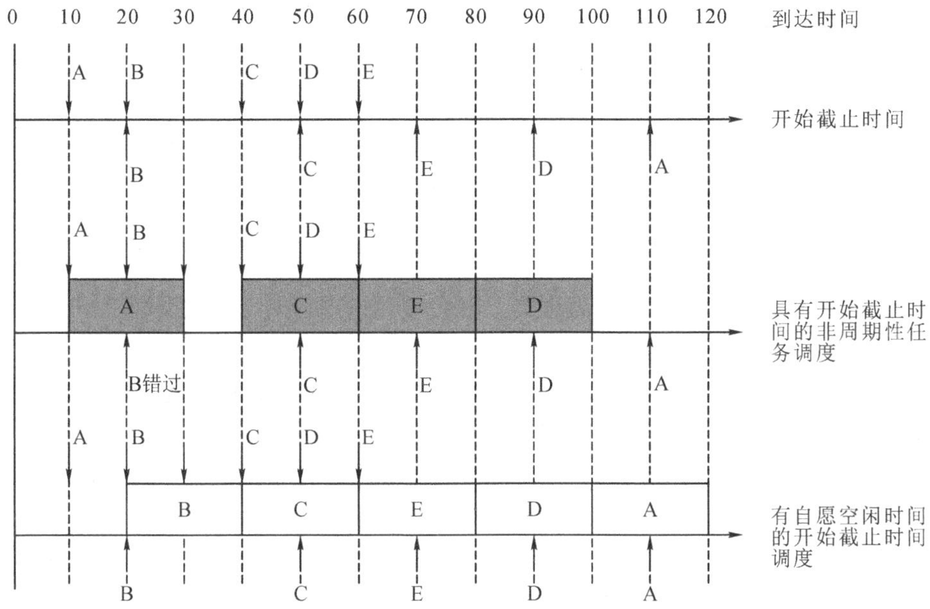

图 6-17　具有开始截止时间的非周期性任务调度

6.4　多处理器调度

6.4.1　多处理器调度原理

之前我们所学习的操作系统进程调度策略的前提条件是单处理器系统下的 CPU 调度程序。如果系统中存在多个 CPU，那么负载分配就成为可能，但是相应的调度问题就会更加复杂。

对于多处理器，CPU调度的一种方法是让一个处理器(主处理器)处理所有调度决定、I/O处理以及其他系统活动，其他处理器只执行用户代码。这种方法称为非对称多处理(Asymmetric Multiprocessing)，该方法只有一个处理器访问系统数据结构，从而减少了数据共享的需要。

另外一种方法是使用对称多处理 (Sysmmetric Multiprocessing，SMP)，即每个处理器自我调度。所有进程可能处在一个共同的就绪队列中，也可能每个处理器都有自己私有的就绪队列。无论怎样，每个处理器的调度程序都检查共同就绪队列，以便选择执行一个进程。以下主要针对 SMP 系统进行讨论。

多处理器系统中的调度算法需要解决以下几个方面的问题：

(1) 给处理器分配进程，即把进程加到某个处理器所对应的就绪队列中。如果多处理器的体系结构是相同的，最简单的调度方法就是把所有处理器看作一个资源池，根据要求把进程分配给处理器。

(2) 在单个处理器上是否使用多道程序技术。在传统的多处理器中，每个单一的处理器应在若干进程之间进行切换，以便获得高利用率和良好性能。如果一个应用程序由多线程的单个进程实现，并运行在多处理器上，那么保持每个处理器尽可能的忙不再是最重要的因素。在这种情况下，一般考虑的焦点是为应用程序提供更好的性能。

(3) 实际分派进程。在多处理器系统中，方法越简单，开销越少，效率就越高。有统计资料表明，在双 CPU 系统中，进程采用 FCFS 调度算法与采用轮转法、最短剩余时间优先法相比较，系统吞吐量的变化很小。所以，对于多处理器系统来说，采用简单的 FCFS 算法或带有静态优先级的 FCFS 算法是合适的。

6.4.2 处理器亲和性

当一个进程运行在一个特定的处理器上时会缓存该进程的一些数据和上下文，如果进程被迁移到另外一个处理器上，那么上一个处理器上缓存的数据设为无效，第二个处理器缓存应刷新。由于这些操作代价很高，因此大多数 SMP 系统试图避免进程从一个处理器迁移到另一个处理器，这叫作处理器的亲和性。亲和性具备多种形式：当一个操作系统试图保持进程运行在同一处理器上时，但是这个进程也可以迁移到其他进程上，这种亲和性叫作软亲和性。有的操作系统提供系统调用来支持硬亲和性，从而使某个进程运行在某个处理器子集中。比如，Linux 系统实现软亲和性，但是也提供系统调用 sched_setaffinity() 来支持硬亲和性。

调度算法对于处理器亲和性的支持各不相同。有些调度算法在它认为合适的情况下会允许把一个任务调度到不同的处理器上。比如，当两个计算密集型的任务 (A 和 B) 同时对一个处理器具有亲和性时，另外一个处理器可能就被闲置了。这种情况下，许多调度算法会把任务 B 调度到第二个处理器上，使得多处理器的利用更加充分。处理器亲和性能够有效地解决一些高速缓存的问题，但却不能缓解负载均衡的问题。而且在异构系统中，处理器亲和性问题会变得更加复杂。

6.4.3 负载均衡

对于 SMP 系统，重要的是保持所有处理器的负载平衡，以便充分利用多处理器的优点；否则，一个或多个处理器会空闲，而其他处理器会处于高负载状态，且有一系列进程处于等待状态。负载均衡设法将负载平均分配到 SMP 系统的所有处理器。需要注意的是，对于有些系统(它们的处理器具有私有的可执行进程的队列)，负载均衡是必需的；而对于具有公共队列的系统，负载均衡通常没有必要，因为一旦处理器空闲，它立刻从公共队列中取走一个可执行进程。同时，要注意对于大多数支持SMP的现代操作系统，每个处理器都有一个可执行进程的私有队列。

负载均衡通常有两种方法推迁移和拉迁移。对于推迁移，一个特定的任务周期性地检查每个处理器的负载，如果发现不平衡，那么通过将进程从超载处理器推到空闲或不太忙的处理器，从而平均分配负载。当空闲处理器从一个忙的处理器上拉一个等待任务时，发生拉迁移。推迁移和拉迁移不必相互排斥，事实上，在负载平衡系统中它们常被并行实现。例如，Linux 调度程序和用于 FreeBSD 系统的 ULE 调度程序就实现了这两种技术。

有趣的是，负载均衡往往会抵消处理器亲和性的好处。也就是说，保持一个进程运行在同一处理器上的好处是进程可以利用它在该处理器缓存内的数据。无论是从一个处理器向另一处理器推或拉进程，都会失去这个好处。

与通常的系统工程情况一样，关于何种方式是最好的，没有绝对规则。因此，在某些系统中，空闲的处理器总是会从非空闲的处理器中拉进程；而在其他系统中，只有当不平衡达到一定程度后才会移动进程。

6.5　Linux 系统的进程调度

6.5.1　Linux 调度器的简史

Linux 进程调度有一段非常有趣的历史。在 2.5 版本之前，Linux 采用传统的 Unix 调度算法，由于没有考虑到 SMP，因此不支持 SMP，性能就表现得非常不好。所以，在后来的 2.5 版本中进行了大的改动，采用了 O(1) 的算法。之所以采用 O(1)，因为它的运行时间是常量，与系统的任务数量无关。该调度器增加了对 SMP 的支持，但是在许多的桌面交互进程的响应时间却表现得不是很好。

在之后的2.6版本中，调度器再一次进行了大的改动。2.6.23的版本中，完全公平调度算法(CFS)最终成为Linux调度算法(成为默认的 Linux 调度算法)。Linux的进程调度基于调度类，每个调度类都有一个特定优先级。每一个不同的调度类都有不同的调度算法，就是为了满足不同的需要。

Linux 把进程区分为实时进程和非实时进程，其中非实时进程进一步划分为交互式进程和批处理进程。具体描述如表 6-3 所示。

表 6-3　Linux 系统中的进程分类

类　型	描　述	实　例
交互式进程 (Interactive Process)	此类进程经常与用户进行交互，因此需要花费很多时间等待键盘和鼠标操作。当接收了用户的输入后，进程必须很快被唤醒，否则用户会感觉系统反应迟钝	Shell、文本编辑程序和图形应用程序
批处理进程 (Batch Process)	此类进程不必与用户交互，因此经常在后台运行。因为这样的进程不必很快响应，所以常受到调度程序的怠慢	程序语言的编译程序、数据库搜索引擎以及科学计算
实时进程 (Real-time Process)	这些进程有很强的调度需要，这样的进程绝不会被低优先级的进程阻塞，并且它们的响应时间要尽可能的短	视频音频应用程序、机器人控制程序以及从物理传感器上收集数据的程序

一般，不同的任务有不同的需求。对于实时进程，毫无疑问，快速响应的需求是最重要的；交互式进程需要和用户进行交流，因此对调度延迟比较敏感；而批处理进程属于那种在后台默默干活的，因此它更注重吞吐量的需求。当然，无论如何，分享时间片的普通进程还是需要兼顾公平。功耗的需求一直以来都没有特别被调度器重视，随着 Linux 系统大量应用在手持设备上之后，调度器就不得不面对这个问题了，限于篇幅，本文就不论述了。

为了达到这些设计目标，调度器必须要考虑某些调度因素，比如“优先级”“时间片”等。很多实时系统的调度器都是给予优先级的，调度器总是选择优先级最高的那个进程执行。在 Linux 内核中，优先级就是实时进程调度的主要考虑因素。而对于普通进程，如何细分时间片则是调度器的核心思考点。过大的时间片会严重损伤系统的响应，让用户明显能够感知到延迟、卡顿，从而影响用户体验。较小的时间片虽然有助于减少调度延迟，但是频繁地切换对系统的吞吐量会造成严重的影响。因为这时候大部分的 CPU 时间用于进程切换，而忘记了它本来的功能其实就是推动任务的执行。

由于 Linux 是一个通用操作系统，它既能运行在嵌入式平台上，又能在服务器领域中获得很好的性能表现，此外在桌面应用场景中，也不能让用户有较差的用户体验。因此，Linux 任务调度器的设计是一个极具挑战性的工作，需要在各种有冲突的需求中维持平衡。所以，在 Linux 调度器的发展历程中经过了多次重大变动，Linux 总是希望寻找一个最接近于完美的调度策略来公平快速地调度进程。

6.5.2 Linux 进程调度的优先级表示

在 Linux 系统中，表示进程优先级的有两个参数：Priority 和 Nice。系统中运行的每个进程都有一个优先级(亦称nice值)，其范围从 -20 (最高优先级)到 19 (最低优先级)。默认情况下，进程的优先级是 0 (“基本”调度优先级)。优先级比较大的进程(nice值比较小，最低到 -20)相对优先级比较小的进程(直到 19)，将比较频繁地被调度运行，因此就拥有更多的进程周期。一般用户只能降低它们自己进程的优先级别，并限于0～19。超级用户(root)可以将任何进程的优先级设定为任何值。

如果某个或某些进程消耗了过多的系统资源，除了终止它们，还可以更改它们的优先级。为此，请使用 renice 命令。其语法为：

renice 优先级 [[-p] pid ...] [[-g] pgrp ...] [[-u] 用户名 ...]

其中，优先级是指优先级的值；pid (对多个进程请使用 -p 选项)表示进程 id号；pgrp (如果有多个，请用 -g)表示进程组id号；用户(如果不止一个，请用 -u)表示进程所有者的用户名。

使用 ps -le 命令可以看到以下的结果：

```
[root@localhost ~]# service httpd start
[root@localhost ~]# ps -le | grep "httd" | grep -v grep
F S UID  pid  PPID  C  PRI NI ADDR  SZ   WCHAN TTY   TIME     CMD
1 S  0   2084    1  0   80  0  -    1130   -    ?   00:00:00  httpd
5 S  2   2085 2084  0   80  0  -    1130   -    ?   00:00:00  httpd
5 S  2   2086 2084  0   80  0  -    1130   -    ?   00:00:00  httpd
5 S  2   2087 2084  0   80  0  -    1130   -    ?   00:00:00  httpd
5 S  2   2088 2084  0   80  0  -    1130   -    ?   00:00:00  httpd
5 S  2   2089 2084  0   80  0  -    1130   -    ?   00:00:00  httpd
```

其中，PRI 代表 Priority；NI 代表 Nice。这两个值都表示优先级，数值越小代表该进程越优先被 CPU 处理。不过，PRI 值是由内核动态调整的，用户不能直接修改。所以，我们只能通过修改 NI 值来影响 PRI 值，间接地调整进程优先级。

PRI 和 NI 的关系为：PRI (最终值) = PRI (原始值) + NI

简单了解 nice 值的概念之后，我们再来看看什么是 priority 值，就是 ps 命令中看到的 PRI 值，为了区分这些概念，以后统一用 nice 值表示 NI 值，或者叫作静态优先级，也就是用 renice 命令来调整的优先级；而实数 priority 值表示 PRI 的值，或者叫作动态优先级。

我们也统一将“优先级”这个词的概念规定为表示 priority 值的意思。

在内核中，进程优先级的取值范围是通过一个宏定义的，这个宏的名称是 MAX_PRIO，它的值为 140。而这个值又是由另外两个值相加组成的：一个是代表 nice 值取值范围的 NICE_WIDTH 宏，另一个是代表实时进程优先级范围的 MAX_RT_PRIO 宏。也就是，Linux 实际上实现了 140 个优先级范围，取值范围是从 0 ～ 139，这个值越小，优先级越高。nice 值的 -20 到 19，映射到实际的优先级范围是 100 ～ 139。新产生进程的默认优先级被定义为：

#define DEFAULT_PRIO (MAX_RT_PRIO + NICE_WIDTH/2)

实际上，对应的就是 nice 值的 0。正常情况下，任何一个进程的优先级都是这个值，即使我们通过 renice 命令调整了进程的优先级，它的取值范围也不会超出 100 ～ 139 的范围，除非这个进程是一个实时进程，那么它的优先级取值才会变成 0 ～ 99 这个范围中的一个。这里隐含了一个信息，就是说当前的 Linux 是一种已经支持实时进程的操作系统。所有优先级值在 0 ～ 99 范围内的都是实时进程，所以这个优先级范围也可以叫作实时进程优先级；而 100 ～ 139 范围内的是非实时进程。

6.5.3 Linux 内核调度策略

多任务操作系统分为非抢占式多任务和抢占式多任务。与大多数现代操作系统一样，Linux 采用的是抢占式多任务模式。这表示对 CPU 的占用时间由操作系统决定的，具体为操作系统中的调度器。调度器决定了什么时候停止一个进程以便让其他进程有机会运行，同时挑选出一个其他的进程开始运行。

在 Linux 上调度策略决定了调度器是如何选择一个新进程的时间。调度策略与进程的类型有关，内核现有的调度策略如下：

SCHED_NORMAL：默认的调度策略，针对的是普通进程。

SCHED_FIFO：针对实时进程的先进先出调度，适合运行时间比较短的进程。

SCHED_RR：针对的是实时进程的时间片轮转调度，适合每次运行时间比较长的进程。

SCHED_BATCH：针对批处理进程的调度，适合那些非交互性且 CPU 密集使用的进程。

SCHED_IDLE：系统空闲时调用 idle 进程。

SCHED_ DEADLINE：采用不同的调度策略调度实时进程。

注意：每个进程的调度策略保存在进程描述符 task_struct 中的 policy 字段中。

内核引入调度类 (struct sched_class) 说明了调度器应该具有哪些功能。内核中每种调度策略都有该调度类的一个实例。比如，基于公平调度类为 fair_sched_class，基于实时进程的调度类实例为 rt_sched_class。该实例也是针对每种调度策略的具体实现。调度类封装了不同调度策略的具体实现，屏蔽了各种调度策略的细节实现。

调度器核心函数 schedule() 只需要调用调度类中的接口完成进程的调度，完全不需要考虑调度策略的具体实现。调度类连接了调度函数和具体的调度策略。

Schedule() 是主调度器的工作函数，在内核中的许多地方，如果要将 CPU 分配给与当前活动进程不同的另一个进程，都会直接调用主调度器函数 schedule() 或者其子函数 __schedule()。具体过程如下：

(1) __schedule() 完成抢占。

(2) 完成一些必要的检查，并设置进程状态，处理进程所在的就绪队列。

(3) 调度全局的 pick_next_task() 选择抢占的进程。

(4) 如果当前 CPU 上所有的进程都是 cfs 调度的普通非实时进程，则直接用 cfs 调度；如果无程序可调度，则调度 idle 进程。

(5) 否则从优先级最高的调度器类sched_class_highest(目前是stop_sched_class)开始依次遍历所有调度器类的pick_next_task函数， 选择最优的那个进程执行。

(6) context_switch 完成进程上下文切换。

调用 switch_mm()，把虚拟内存从一个进程映射切换到新进程中； 调用 switch_to()，从上一个进程的处理器状态切换到新进程的处理器状态。这过程包括保存、恢复栈信息和寄存器信息。

选择下一个将要被执行的进程无疑是一个很重要的过程。我们来看一下内核中代码的实现，当rq中的运行队列的个数(nr_running)和cfs中的nr_runing相等时，表示现在所有的都是普通进程，这时候就会调用cfs算法中的pick_next_task(其实是pick_next_task_fair函数)；当它们不相等时，则调用sched_class_highest(这是一个宏， 指向的是实时进程)。下面的这个for(;;)循环中， 首先是会在实时进程中选取要调度的程序(p = class->pick_next_task(rq);)，如果没有选取到，则会执行class=class->next;程序。在class这个链表中有三种类型(fair，idle，rt)，也就是说会调用到下一个调度类。

```
static inline struct task_struct *
pick_next_task(struct rq *rq)
{
    const struct sched_class *class;
    struct task_struct *p;
    /*
    * 优化：如果所有任务都在公平类中，则我们就可以直接调用那个函数
    */
    if (likely(rq->nr_running == rq->cfs.nr_running)) {
      p = fair_sched_class.pick_next_task(rq);
      if (likely(p))
      return p;
    }
  /* 基于实时调度的实时进程 */
    class = sched_class_highest;
    for ( ; ; ) {
      p = class->pick_next_task(rq); /* 实时进程的类 */
      if (p)
        return p;
      /*
```

```
        永不会为 NULL，因为 idle 类总会返回非 NULL 的 p
        */
        class = class->next; //rt->next = fair; fair->next = idle
    }
}
```

这段代码体现了 Linux 所支持的两种类型的进程：实时进程和普通进程。实时进程可以采用 SCHED_FIFO 和 SCHED_RR 调度策略；普通进程采用 SCHED_NORMAL 调度策略。这里，首先说明一个结构体 struct rq，这个结构体是调度器管理可运行状态进程的最主要的数据结构。每个 CPU 上都有一个可运行的就绪队列。刚才在 pick_next_task() 函数中看到了在选择下一个将要被执行的进程时，实际上用的是 struct rq 上的普通进程的调度或者实时进程的调度，那么具体是如何调度的呢？在实时调度中，为了实现 O(1) 的调度算法，内核为每个优先级维护一个运行队列和一个 DECLARE_BITMAP，内核根据 DECLARE_BITMAP 的 bit 数值找出非空的最高级优先队列的编号，从而可以从非空的最高级优先队列中取出进程进行运行。

内核的实现如下：

```
struct rt_prio_array {
    DECLARE_BITMAP(bitmap, MAX_RT_PRIO + 1);
    struct list_head queue[MAX_RT_PRIO];
};
```

数组 queue[i] 里面存放的是优先级为 i 的进程队列的链表头。在结构体 rt_prio_array 中有一个重要的数据结构 DECLARE_BITMAP，它在内核中的定义如下：

```
define DECLARE_BITMAP(name,bits) \
    unsigned long name[BITS_TO_LONGS(bits)]
```

Linux 内核实现两个调度类：采用 CFS 调度算法的默认调度类和实时调度类。接下来详细介绍一下这些调度类中的主要调度算法。

6.5.4 CFS 调度算法

CFS 调度算法又称为完全公平调度算法，它定义了一种新的模型 (其基本思路很简单)，就是把 CPU 当作一种资源并记录下每一个进程对该资源使用的情况，在调度时调度器总是选择消耗资源最少的进程来运行。这就是所谓的“完全公平”。但这种绝对的公平有时也是一种不公平，因为有些进程的工作比其他进程更重要，我们希望能按照权重来分配 CPU 资源。

为了区别不同优先级的进程，就会根据各个进程的权重分配运行时间。进程的运行时间计算公式为

$$\text{分配给进程的运行时间} = \text{调度周期} \times \text{进程权重} / \text{所有进程权重之和}$$

调度周期很好理解，就是将所处于 TASK_RUNNING 态进程都调度一遍的时间。比如，系统中只有两个进程 A、B，权重分别为 1 和 2，假设调度周期设为 30 ms，那么分配给 A 的 CPU 时间为 30 ms×(1/(1 + 2)) = 10 ms，而分配给 B 的 CPU 时间为 30 ms × (2/

(1 + 2)) = 20 ms。也就是说，在这 30ms 中 A 将运行 10 ms，B 将运行 20 ms。

在实现层面，Linux 通过引入 virtual runtime(vruntime) 来完成上面的设想。我们来看一下从实际运行时间到 vruntime 的换算公式：

vruntime = 实际运行时间 ×1024 / 进程权重

实际上，vruntime 就是根据权重将实际运行时间标准化，标准化之后，各个进程对资源的消耗情况就可以直接通过比较 vruntime 来知道。比如，某个进程的 vruntime 比较小，我们就可以知道这个进程消耗 CPU 资源比较少，反之消耗 CPU 资源就比较多。有了 vruntime 的概念后，调度算法就非常简单了，谁的 vruntime 值较小就说明它以前占用 CPU 的时间较短，受到了“不公平”对待，因此下一个运行进程就是它。这样既能公平选择进程，又能保证高优先级进程获得较多的运行时间。这就是 CFS 的主要思想。

或者可以这么理解：CFS的思想就是让每个调度实体的vruntime互相追赶，而每个调度实体的vruntime增加速度不同，权重越大的增加的越慢，这样就能获得更多的CPU执行时间。具体实现上，Linux采用了一棵红黑树(对于多核调度，实际上每一个核有一个自己的红黑树)，记录下每一个进程的vruntime，需要调度时，从红黑树中选取一个vruntime最小的进程来运行。

为了加深大家对 CFS 算法的理解，这里把容易混淆的知识点再强调一下。

(1) CFS 调度程序并不采用严格规则来为一个优先级分配某个长度的时间片，而是为每个任务分配一定比例的 CPU 处理时间。每个任务分配的具体比例是根据 nice 值来计算的。nice 值的范围从 -20 ～ +19，数值较低的 nice 值表示较高的相对优先级。具有较低 nice 值的任务与具有较高 nice 值的任务相比，会得到更高比例的处理器处理时间，默认 nice 值为 0。

(2) CFS 调度程序没有直接分配优先级。相反，它通过每个任务的变量 vruntime 维护虚拟运行时间，进而记录每个任务运行多久。虚拟运行时间与基于任务优先级的衰减因子有关，更低优先级的任务比更高优先级的任务具有更高衰减速率。对于正常优先级的任务(nice 值为 0)，虚拟运行时间与实际物理运行时间是相同的。因此，如果一个默认优先级的任务运行 200 ms，则它的虚拟运行时间也为 200 ms。然而，如果一个较低优先级的任务运行 200 ms，则它的虚拟运行时间将大于 200 ms。同样，如果一个更高优先级的任务运行 200 ms，则它的虚拟运行时间将小于 200 ms。当决定下步运行哪个任务时，调度程序只需选择具有最小虚拟运行时间的任务。此外，一个更高优先级的任务如成为可运行，就会抢占低优先级任务。

假设有两个任务，它们具有相同的友好值。一个任务是 I/O 密集型，另一个任务是 CPU 密集型。通常，I/O 密集型任务在运行很短时间后就会阻塞，以便等待更多的 I/O；而 CPU 密集型任务只要有在处理器上运行的机会，就会用完它的时间片。

因此，I/O 密集型任务的虚拟运行时间最终将会小于 CPU 密集型任务，从而使I/O 密集型任务具有更高的优先级。这时，如果 CPU 密集型任务在运行，而 I/O 密集型任务变得有资格可以运行(如该任务所等待的 I/O 已成为可用)，那么 I/O 密集型任务就会抢占 CPU 密集型任务。

CFS算法的性能：CFS调度程序采用高效算法，以便选择运行下个任务。每个可运行的任务放置在红黑树上(这是一种平衡的、二分搜索树，它的键是基于虚拟运行时间的)。这种树如图6-18所示。

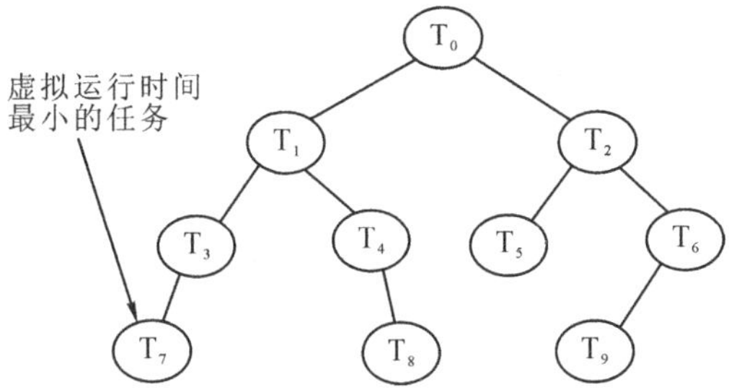

图 6-18　管理 vruntime 的红黑树

当一个任务变成可运行时，它被添加到树上；当一个任务变成不可运行时 (例如，当阻塞等待 I/O 时)，它从树上被删除。一般来说，得到较少处理时间的任务 (虚拟运行时间较小) 会偏向树的左侧，得到较多处理时间的任务会偏向树的右侧。

根据二分搜索树的性质，最左侧的节点有最小的键值；从 CFS 调度程序角度而言，这也是具有最高优先级的任务。由于红黑树是平衡的，找到最左侧节点会需要O(lgN)操作(这里 N 为树内节点总数)。不过，为高效起见，Linux 调度程序将这个值缓存在变量 rb_leftmost 中，从而确定哪个任务运行只需检索缓存的值。

6.5.5　实时调度策略

Linux内核中提供了两种实时调度策略：SCHED_FIFO和SCHED_RR，其中RR是带有时间片的FIFO。这两种调度算法实现的都是静态优先级。内核不为实时进程计算动态优先级，这能保证给定优先级别的实时进程总能抢占优先级比它低的进程。Linux的实时调度算法提供了一种软实时工作方式，实时优先级范围从0到MAX_RT_PRIO-1。默认情况下，MAX_RT_PRIO为100(定义在include/linux/sched.h中)，所以默认的实时优先级范围是0～99。SCHED_NORMAL级进程的nice值共享了这个取值空间，它的取值范围从MAX_RT_PRIO到MAX_RT_PRIO + 40。也就是说，在默认情况下，nice值-20～19直接对应的是100～139的优先级范围，这就是普通进程的静态优先级范围。在实时调度策略下，schedule()函数的运行会关联到实时调度类rt_sched_class。

实时优先级队列 rt_prio_array 在 kernel/sched.c 中是一组链表，每个优先级对应一个链表，还维护一个由 101 bit 组成的 bitmap，其中实时进程优先级为 0 ～ 99，占 100 bit，再加 1 bit 的定界符。当某个优先级别上有进程被插入列表时，相应的比特位就被置位。通常用 sched_find_first_bit() 函数查询该 bitmap，它返回当前被置位的最高优先级的数组下标。由于使用位图，查找一个任务来执行所需要的时间并不依赖于活动任务的个数，而是依赖于优先级的数量。可见，实时调度是一个 O(1) 调度策略。

小　结

处理器调度是多道程序操作系统的基础，通过设计合理的调度算法，使计算机更加高效地工作。通常情况下，衡量调度算法的指标有 CPU 利用率、吞吐量、周转时间、等待时间、响应时间等。一般不同类型的操作系统有不同的目标，故采用的调度算法也不尽相同。

处理器调度可以分为三个层次：长程调度、中程调度和短程调度。其中，长程调度又称为作业调度，包括 FCFS 算法、SJF 算法、最高响应比优先算法、优先级算法等；中程调度为交换调度；短程调度又称为进程调度，可以应用 FCFS、优先级、轮转法、多级反馈轮转法等调度算法。

FCFS 调度算法按照进程进入就绪队列的先后次序来调度进程，先进入队列的进程优先被调度，是一种非剥夺式算法。FCFS 算法容易实现，但是效率不高，只考虑到进程的等候时间，没考虑进程执行时间长短，不利于短进程而优待了长进程，有利于 CPU 绑定的进程而不利于 I/O 绑定的进程。

优先级调度算法是根据优先级来选取进程，每次总是选择优先级最高的进程，可以采取抢占与非抢占两种形式。

最短作业优先调度算法 SJF 以进入系统的作业所要求的 CPU 时间为标准，总选取计算时间最短的作业投入运行。同样，它也可分为抢占与非抢占式两种算法：非抢占的 SJF 实际上就是优先级算法的一种特例；抢占式的 SJF 算法又称为最短剩余时间优先调度算法。SJF 算法一般很少用于分时系统或实时系统。

最高响应比优先 (HRRN) 算法是介乎 FCFS 与 SJF 之间的折中算法，既考虑作业等待时间又考虑作业的运行时间，既照顾短作业又不使长作业的等待时间过长，改进了调度性能。 缺点是每次计算各道作业的响应比会有一定的时间开销，需要估计期待的服务时间，性能比 SJF 略差。

轮转 (RR) 调度算法是分时系统的基础算法，它是一种抢占式调度，系统耗费在进程切换上的开销比较大，这个开销与时间片的大小有关。

多级反馈轮转调度算法通过建立多个就绪队列来实现进程在队列之间的迁移调度。该调度策略性能较好，能满足各类用户的需要。

实时系统中的调度算法更重视时限的要求，硬实时任务必须满足最后期限，软实时任务希望能满足最后期限，但对最后期限的要求不是强制的。

多处理器系统中的调度算法面临更多的挑战，所以实施起来更加复杂。算法需要考虑处理器亲和性以及负载均衡的问题，虽然两者有时候是难以兼顾的，但是从工程角度来说，应该根据系统的目标要求实施合理调度策略。

Linux 操作系统支持两种类型的进程调度：实时进程和普通进程。实时进程采用 SCHED_FIFO 和 SCHED_RR 调度策略，普通进程采用 SCHED_NORMAL 策略。针对普通进程应用的是 CFS 完全公平调度算法，该算法抛弃了时间片的概念，通过分配一个处理器使用比来度量。每个进程的一个调度周期内分配的时间与进程总数，优先级，调度周期等相关。

习　　题

1. 简述三种类型的处理器调度。
2. 抢占式调度和非抢占式调度有何区别？
3. 周转时间和响应时间有何区别？
4. 多级反馈轮转调度算法中，为什么对不同就绪队列中的进程使用不同长度的时间片？

5. 硬实时任务与软实时任务有什么区别？

6. 周期性实时任务与非周期性实时任务有什么区别？

7. 在单道批处理系统中，有四个进程进入系统，进入时间及所需计算时间如表 6-4 所示。现忽略进程调度所花时间。当第一个进程进入系统后就可开始调度。

表 6-4　进入时间及所需计算时间

进程	进入时间	所需计算机时间
1	8：00	2 小时
2	8：30	30 分钟
3	9：00	6 分钟
4	9：30	12 分钟

(1) 将分别采用先来先服务和最短作业优先调度算法时，各个进程的开始时间、完成时间和周转时间分别填入表 6-5 中。

表 6-5　先来先服务和最短作业优先调度算法

	先来先服务			最短作业优先		
进程	开始时间	完成时间	周转时间	开始时间	完成时间	周转时间
1						
2						
3						
4						

(2) 采用“先来先服务”调度算法时，平均周转时间为 ______________________。

采用“最短作业优先”调度算法时，平均周转时间为 ______________________。

8. 对于下列三个进程，采用不可强占的调度方式，当第一个进程进入系统后开始调度，它们的提交时间及执行时间由表 6-6 给出。分别计算采用先来先服务、最短作业优先和最高响应比调度算法时它们的调度顺序和平均周转时间。

表 6-6　不可强占的调度方式

进程号	到达队列时间(时)	需运行时间(小时)
1	10：00	2：00
2	10：10	1：00
3	11：50	0：50

9. 某分时系统的时间片长度为100 ms。设有A、B、C三个进程，它们各自需占用200 msCPU时间才能够完成运行。这三个进程在该分时系统中以字母次序轮流占用时间片(按字母次序轮转到某字母时，如果相应的进程不在系统中，则跳过该字母所对应的进程)，操作系统占用的时间忽略不计。A、B、C进程进入系统的时间分别为第0 ms、第50 ms、第250 ms。试问：

(1) C 进程在第几 ms 开始运行？

(2) C 进程的周转时间是多少 ms？

10. 考虑一组非周期性任务，表 6-7 给出了它们的执行简表，请给出这组任务的调度图。

表 6-7　执行简表 1

进程	到达时间	执行时间	开始截止时间
A	10	20	100
B	20	20	30
C	40	20	60
D	50	20	80
E	60	20	70

11. 考虑一组周期性任务，表 6-8 给出了它们的执行简表，请给出这组任务的调度图。

表 6-8　执行简表 2

进程	到达时间	执行时间	完成截止时间
A(1)	0	10	20
A(2)	20	10	40
…	…	…	…
B(1)	0	10	50
B(2)	50	10	100
…	…	…	…
C(1)	0	15	50
C(2)	50	15	100
…	…	…	…

第 7 章　内 存 管 理

内存管理是操作系统的重要功能，其主要任务包括内存空间的分配与回收、地址转换、内存空间的扩充与存储保护等机制。本章将会针对内存管理的各个方面进行详细的介绍。

7.1　内存相关基本概念

7.1.1　什么是内存

内存是计算机中重要的部件之一，它是外存与 CPU 进行沟通的桥梁。计算机中所有程序的运行都是在内存中进行的，因此内存的性能对计算机的影响非常大。内存(Memory) 也被称为内存储器或主存储器，其作用是用于暂时存放 CPU 中的运算数据，以及与硬盘等外部存储器交换的数据。当指令被执行的时候，CPU 需要从内存中读取数据。当运算完成后 CPU 再将结果写回内存，内存的稳定也决定了计算机的稳定运行。内存条是由内存芯片、电路板、金手指等部分组成的，如图 7-1 所示。

图 7-1　内存条

内存以字节为存储单位，内存地址空间(也称为物理地址空间)是指对内存编码的范围。所谓编码，就是对每一个物理存储单元(一个字节)分配一个号码，通常叫作“物理地址”或“内存地址”。分配一个号码给一个存储单元的目的是为了便于找到它，完成数据的读写，这就是所谓的“寻址”。

程序经过编译后，每个目标模块都是从“0”号单元开始编址，称为该目标模块的逻辑地址(或虚地址)。当链接程序将各个模块链接成一个完整的可执行目标程序时，链接程序顺序依次按各个模块的逻辑地址构成统一的、从“0”号单元开始编址的逻辑地址空间，又称为虚地址空间。用户程序和程序员只需知道逻辑地址，而内存管理的具体机制则是完全透明的，只有系统编程人员才会涉及。

7.1.2　指令运行的原理

指令运行的原理如图 7-2 所示。

程序代码经过编译之后，生成了CPU能识别的机器指令，这些指令会告诉CPU应该去内存的哪个地址存/取数据，这个数据应该做什么样的处理。需要注意的是，在生成机器指令的时候系统并不知道该程序的数据会被放到什么位置。所以，编译生成的指令中的地址是虚地址(逻辑地址)，如图7-2中的程序代码x变量的逻辑地址为01001111，但执行的时候被载入内存后，在内存中的物理地址为4965。这里，清楚地显示了虚地址与物理地址的区别与联系。

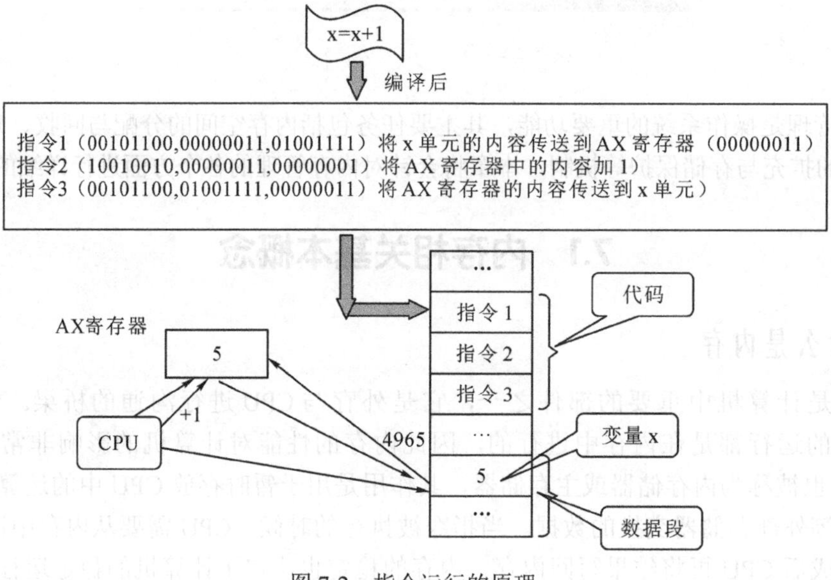

图 7-2　指令运行的原理

请思考一个问题，机器指令中给出的地址是虚拟地址，那么CPU是如何知道变量x的实际物理地址的呢？这里就涉及另一个重要的问题——地址重定位。

7.1.3　地址重定位

简单来讲，地址重定位的实质就是将指令中的逻辑地址转换成物理地址。每个程序在执行之前，都拥有一个独立的从“0”开始编址的虚地址空间，当它被载入内存时，需要将虚地址(逻辑地址)转换成对应的物理地址，CPU才能够正常执行指令。地址重定位可以分为静态地址重定位与动态地址重定位两种方式。

(1) 静态地址重定位是在程序执行之前，由装配程序完成的地址映射工作，如图7-3所示。对于虚拟空间内的指令和数据来说，静态地址重定位只完成了一个首地址不同的连续地址变换。它要求所有待执行的程序必须在程序执行之前完成它们之间的链接，否则将无法得到正确的内存地址和内存空间。

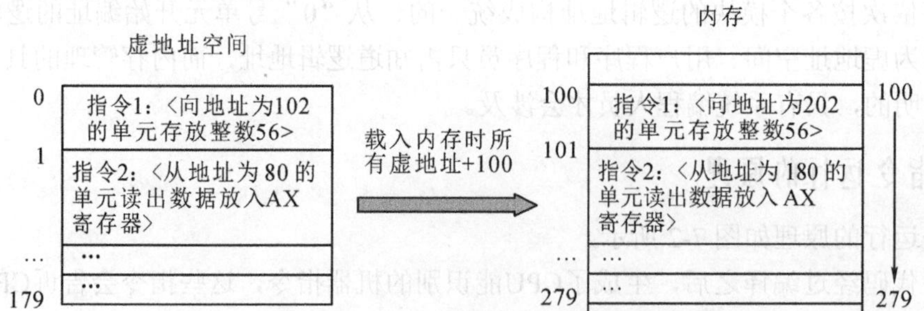

图 7-3　静态地址重定位

静态地址重定位的优点是不需要硬件支持，但是缺点是必须占有连续的内存空间，这就难以做到数据和程序的共享。

(2) 程序在内存中如果发生移动，就需要采用动态地址重定位方式。编译、链接后的装入模块的地址都是从“0”开始的。装入程序在把装入模块装入内存后，并不立即把装入模块中的逻辑地址转换成物理地址，而是把这种地址转换推迟到程序真正要执行时才进行。因此，装入内存后的所有地址均为虚拟地址。这种方式需要一个重定位寄存器的支持。

动态地址重定位的特点是可以将程序分配到不连续的存储区中，在程序运行之前可以只装入它的部分代码即可投入运行，然后在程序运行期间，根据需要动态申请分配的内存便于程序段的共享，可以向用户提供一个比物理内存空间大得多的虚地址空间。

采用动态地址重定位的时候，程序载入内存时需要将内存首地址写入重定位寄存器，指令执行的时候，需要将该指令虚地址加上重定位寄存器的值，得到的就是对应的物理地址。如图 7-4 所示，目前重定位寄存器的值为 100，如果执行指令 1，获得指令 1 中的虚地址 102，则 102 对应的物理地址为 102+100=202，即虚地址 102 对应的物理地址为 202。

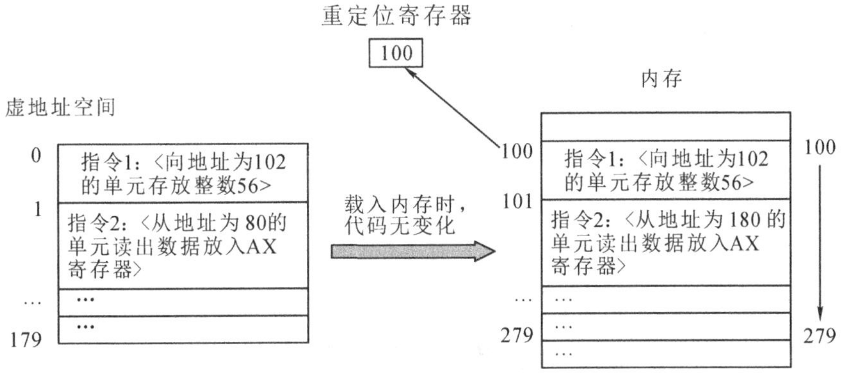

图 7-4 动态地址重定位

7.1.4 程序链接

程序的链接有以下三种方式：

(1) 静态链接：在程序运行之前，先将各目标模块及它们所需的库函数链接成一个完整的可执行程序，以后不再拆开。图 7-5 展示了程序静态链接的实质。

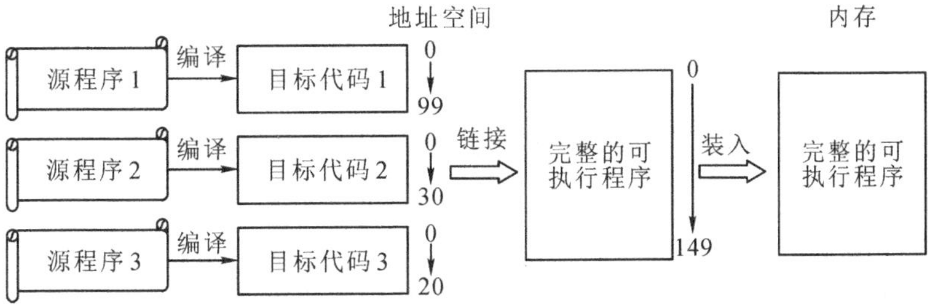

图 7-5 程序静态链接示意图

(2) 装入时动态链接：将源程序编译后所得到的一组目标模块在装入内存时，采用边装入边链接的链接方式。图 7-6 展示了装入时动态链接的实质。

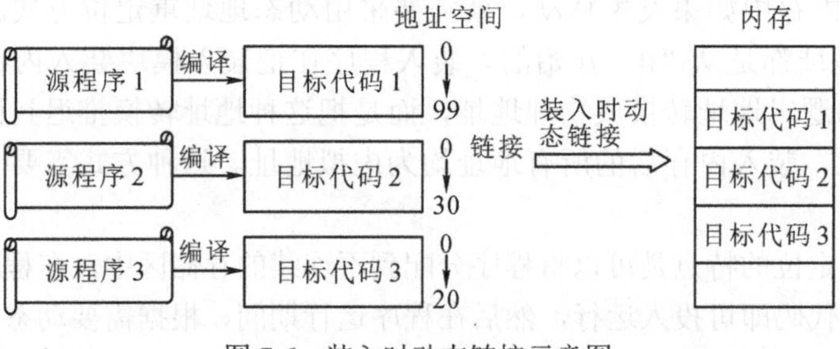

图 7-6　装入时动态链接示意图

(3) 运行时动态链接：对某些目标模块的链接，是在程序执行中需要该目标模块时，才对它进行的链接。其优点是便于修改和更新，便于实现对目标模块的共享。通常被链接的共享代码称为动态链接库 (DLL) 或共享库 (Shared Library)。图 7-7 展示了运行时动态链接的实质。

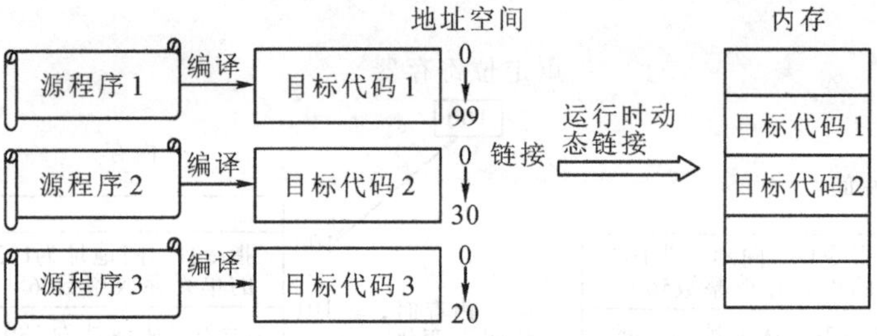

图 7-7　运行时动态链接示意图

7.2　内存的覆盖与交换

覆盖与交换技术是在多道程序环境下用来扩充内存的两种方法。下面我们分别对它们作一些简要介绍。

7.2.1　内存覆盖

早期的计算机系统中，主存容量很小，即使在单道程序的环境下，也会发生内存空间容纳不下进程全部代码的情形。这种情形可以使用覆盖技术来解决。

所谓覆盖，就是把一个大的程序划分为一系列可相互覆盖的小段，每个覆盖段就是一个相对独立的程序单位，程序执行时可以将不要求同时装入内存的覆盖段组成一组；每组覆盖段共享同一存储区域，该区域称为覆盖区，它与覆盖段组一一对应。显然，为了使一个覆盖区能为相应覆盖段组中的每个覆盖段在不同时刻共享，其大小应由覆盖段组中的最大覆盖段来确定。

覆盖的基本思想：可以把程序划分为若干个功能上相对独立的程序段，如果内存空间有限，无法容纳程序的全部代码，此时可以把部分程序段先调入内存，就是将那些即将要访问的段放入覆盖区，其他段放在外存中，在需要使用这些外存中的段时，系统再将其调入覆盖区，替换覆盖区中原有的段。

例如，一个用户程序由6个模块组成，图7-8给出了各个模块的调用关系，Main模块是一个独立的段，其调用A和B模块，A和B是互斥被调用的两个模块。在A模块执行过程中，调用C模块；而在B模块执行过程中，它可能调用D或E模块(D和E模块也是互斥被调用的)。为该用户程序建立的覆盖结构如图7-8所示，Main模块是常驻段，其余部分组成两个覆盖段。

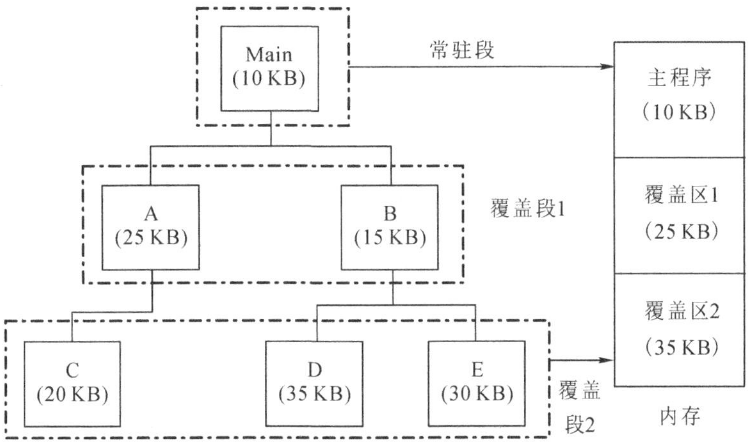

图 7-8　覆盖技术示意图

由以上可知，A 和 B 模块组成覆盖段 1，C、D 和 E 组成覆盖段 2。为了实现真正覆盖，相应的覆盖区应为每个覆盖段中最大覆盖的大小。

覆盖技术的特点是打破了必须将一个程序的全部信息装入主存后才能运行的限制。从上面的例子可以看出，覆盖技术的应用对编程人员的要求很高，要求程序开发员需要透彻了解内存管理的机制与现状才能采用合理的覆盖方法，所以这种方法具有较大的局限性。现代操作系统一般通过虚拟存储技术来解决该类问题，覆盖技术已成为历史。

7.2.2 内存交换

交换的基本思想：把处于等待状态 (或在 CPU 调度原则下被剥夺运行权利) 的程序从内存移到辅存，把内存空间腾出来，这一过程叫作“换出”；把准备好竞争 CPU 运行的程序从辅存移到内存，这一过程又称为“换入”。内存交换的示意图如图 7-9 所示。第 3 章中介绍的中级调度的基础就是交换技术。

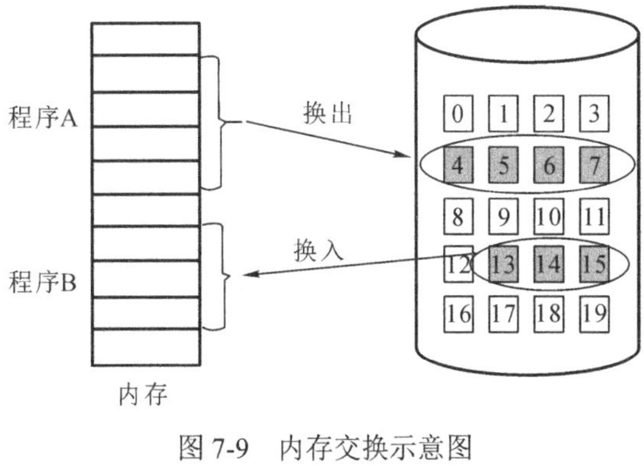

图 7-9　内存交换示意图

实现交换技术需要考虑以下问题：

(1) 换出进程的选择。系统需要将内存中的进程换出时，应该选择哪个进程？不同的系统根据设计原则可自行选择策略，如采用FIFO算法或基于优先数的算法等来选择要换出的进程。

(2) 交换时间的确定。在内存空间不够的情况下，换出内存中的部分进程到磁盘，以释放所占有的内存。

(3) 交换空间的分配。在一些系统中，当进程在内存中时没有分配磁盘空间，而当它被换出时，必须为它分配磁盘交换空间。在另一些系统中，进程一旦创建，就分配给它磁盘上的交换空间。无论何时程序被换出，它都被换到已经为它分配的空间，而不是每次换到不同的空间。

(4) 换入进程在内存中位置的确定。换入的进程可以换入到以前曾经分配给它的内存区域，也可以重新定位。

交换技术由于交换时需要花费大量的CPU时间，这将影响对用户的响应时间，因此，减少交换的信息量是交换技术的关键问题。合理的做法是在外存中保留每个程序的交换副本，换出时仅将执行时修改过的部分复制到外存。

7.3 内存空间连续分配方案

内存连续分配方式，是指为一个用户程序分配一个连续的内存空间。它主要包括单一连续分配、固定分区分配和动态分区分配三种实现模式。

7.3.1 单一连续分配

采用这种管理方案时，内存被分成两个区域：一个是系统区域，仅供操作系统使用，可以驻留在内存的低地址部分，也可以驻留在高地址部分(通常设置在内存的低端)；另一个是用户区，它是除系统区以外的全部内存区域，这部分区域是提供给用户程序使用的区域，任何时刻主存储器中最多只有一个进程。所以，单一连续区存储管理只适用于单道程序系统。显然，单一连续分配方式早已经不能满足现代操作系统的需求，如果要支持多道程序系统，则必须要对该管理方法作出相应的改进，分区存储管理就是改进之后的连续内存分配方法。

7.3.2 固定分区分配

固定分区分配是最简单的一种多道程序存储管理方式，它将用户内存空间划分为若干个固定大小的区域，每个分区装入一个进程。当有空闲分区时，便可以从外存的后备作业队列中选择适当大小的作业建立进程，装入该分区，如此循环。

固定分区分配在划分分区时，有两种不同的方案：大小固定的分区方案与大小不等的分区方案。

1. 大小固定的分区方案

把内存分成大小相等的若干个分区供各个进程使用，每个分区的位置都固定，系统运行期间不再重新划分，内存分区的情况如图7-10所示。为了方便管理，系统会使用一张分区表来记录每个分区的使用情况，分区表包括每个分区的起始地址、大小及状态，如表7-1所示。当用户程序装入内存时，应查询分区表，从中找出一个满足要求的、尚未分配的分区，将之分配给程序，并将表中该分区的状态改为已分配，否则拒绝分配。固定分区方案管理简单，但是在为进程分配空间时会面临一些尴尬的局面：无论进程大小，所获得的分区都是一样大。在图7-10中，如果有一个小进程(10 KB)占用一个分区后，会浪费20 KB大小的内存空间；同时，如果有一个进程想要申请31 KB大小的空间，所有分区均无法满足，进程无法运行。显然这是不合理的。所以，为了解决进程大小不一的实际问题，我们可以采用另一种固定分区方案——大小不等的分区方案。

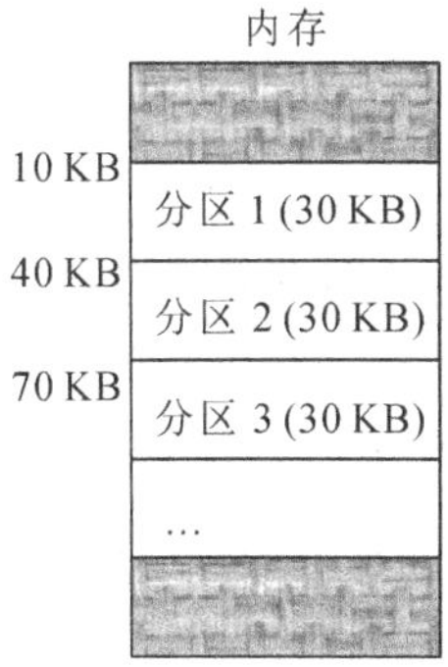

图 7-10 固定大小分区示意图

表 7-1 大小固定分区表

分区号	大小 /KB	起始地址 /KB	分配状态
1	30	10	空闲
2	30	40	空闲
3	30	70	空闲
…	…	…	…

2. 大小不等的分区方案

为便于内存分配，通常将分区按大小排队，并为之建立一张分区表，表项包括每个分区的起始地址、大小及状态(是否已分配)，如表 7-2 所示。当有用户程序要装入时，便检索该表，以找到合适的分区给予分配并将其状态置为“已分配”；未找到合适分区则拒绝为该用户程序分配内存。目前，有一个 25 KB 的进程载入内存，存储空间的分配情况如图 7-11 所示。

表 7-2 大小不等分区表

分区号	大小 /KB	起始地址 /KB	分配状态
1	10	10	空闲
2	30	20	已分配
3	50	50	空闲
…	…	…	…

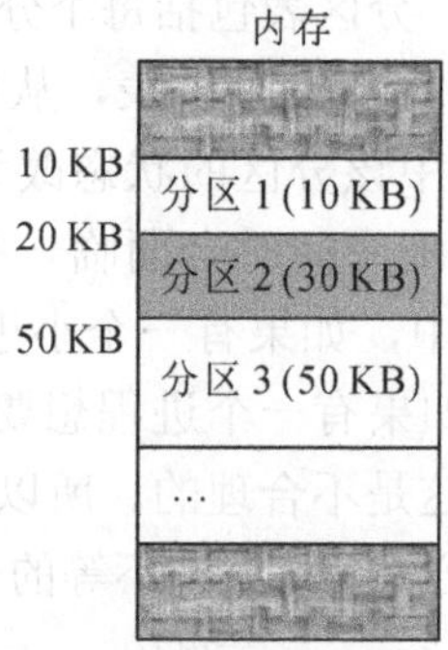

图 7-11　大小不等的分区示意图

总的来说，固定分区管理方式存在两个问题：一是程序可能太大而放不进任何一个分区中，这时用户不得不使用覆盖技术来使用内存空间。二是主存利用率低。当程序小于固定分区大小时，也占用了一个完整的内存分区空间，这样分区内部有空间浪费，这种现象称为内部碎片 (已经被分配出去的内存空间大于请求所需的内存空间)，所以内存空间利用率低。固定分区分配很少用于现在通用的操作系统中，但在某些用于控制多个相同对象的控制系统中仍发挥着一定的作用。

7.3.3　动态分区分配

动态分区分配又称为可变分区分配，是一种动态划分内存的分区方法。这种分区方法不预先将内存划分，而是在程序装入内存时，根据所需的大小动态地建立分区，并使分区的大小正好适合进程的需要。因此，系统中分区的大小和数目是可变的。动态分区在开始分配时能高效地使用内存空间，但是随着时间的推移，内存中会产生越来越多的外部碎片(空间太小而无法分配给申请空间的新进程的内存空闲块)。克服外部碎片可以通过紧凑(Compaction)技术来解决，就是操作系统不时地对进程进行移动和整理。但是，这需要动态重定位寄存器的支持，而且比较耗费时间。

动态分区分配需要维护管理空闲区的数据结构——空闲分区表或空闲区链表(如图7-12所示)。空闲分区表用于记录每个空闲分区的情况，每个空闲分区占一个表目，表目中包

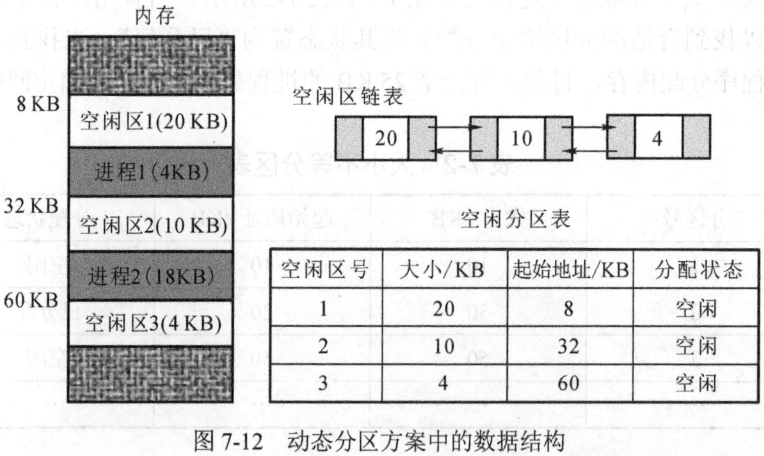

空闲区号	大小/KB	起始地址/KB	分配状态
1	20	8	空闲
2	10	32	空闲
3	4	60	空闲

图 7-12　动态分区方案中的数据结构

括空闲区号、分区起始地址及分区的大小等数据项。当某个进程申请空闲区的时候，系统按照以下过程分配空闲空间(假定用户要求的空间大小为S)：

(1) 从空闲区表的第一个区开始，寻找大于等于 S 的空闲区。

(2) 找到满足条件的分区后，从分区分割出大小为 S 的部分给用户使用。

(3) 分割后的剩余部分作为空闲区仍登记在空闲区表中，并调整相应表目内容。

空闲区链表由空闲区节点前后链接形成，每个分区节点除了记录本分区的大小与起始地址等信息之外，通常还会设置前向指针与后向指针。

动态分区分配方案中没有内部碎片，但是会产生外部碎片。外部碎片问题的解决方法可以考虑这样一些措施：

(1) 规定分割空闲区的下限值。分割空闲区时，若剩余部分小于下限值，则此空闲区不进行分割，而是全部分配给用户进程。

(2) 采用内存拼接技术，将所有空闲区集中构成一个大的空闲区。拼接的时机一般在释放区回收的时候或者系统找不到足够大的空闲区的时候，或者定期进行拼接，但是拼接操作会消耗大量的系统资源。

(3) 解除程序占用连续内存才能运行的限制 (分页和分段就是借鉴了这种思想)，把程序分拆为多个部分装入到不同分区，充分利用碎片。

当很多个空闲分区都能满足进程需求时，应该选择哪个分区进行分配？系统比较常见的分配策略有首次适应算法、最佳适应算法和最坏适应算法。

1. 首次适应 (First Fit) 算法

首次适应算法是指空闲分区以地址递增的顺序链接，即系统分配内存时按顺序查找，找到大小能满足要求的第一个空闲分区。该算法倾向于优先利用内存中低地址的空闲部分，保留高地址部分的空闲区，为以后到达的大作业分配大空间创造条件。其缺点在于：低地址部分由于不断被划分，会留下许多难以利用的小空闲分区，并且每次都从低地址开始检索，将增大可用空闲区间查找的开销。首次适应算法如图 7-13 所示。

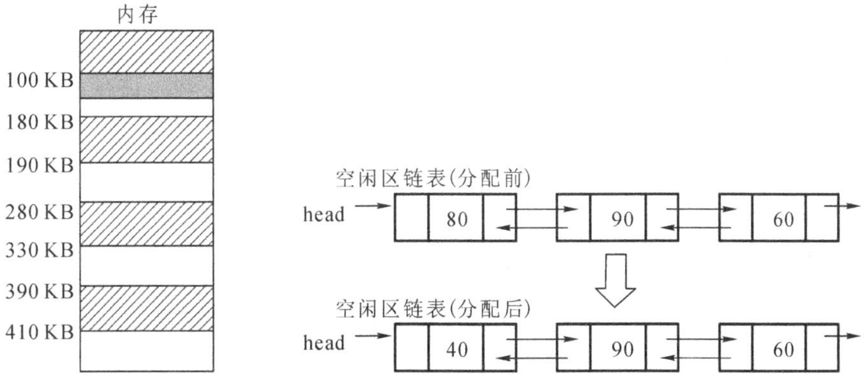

图 7-13 首次适应算法

图 7-13 中，阴影部分表示该区域已经被占用，内存空闲区链成链表结构。若有一个进程申请分配 40 KB 大小的空间，从空闲区链表表头开始查找，第一个空闲区 80 KB 的大小满足进程 40 KB 的要求，于是将第一个空闲区 (100 ～ 180 KB 的内存区域) 分配给

该进程。

2. 最佳适应 (Best Fit) 算法

最佳适应算法是指空闲分区按容量大小递增形成分区链，找到第一个能满足要求的空闲分区，即找到一个满足要求且最小的空闲分区分配给作业。孤立地看，最佳适应算法看似是最佳的，但是宏观看并非如此，存储器将留下许多难以利用的小空闲区。最佳适应算法如图 7-14 所示。

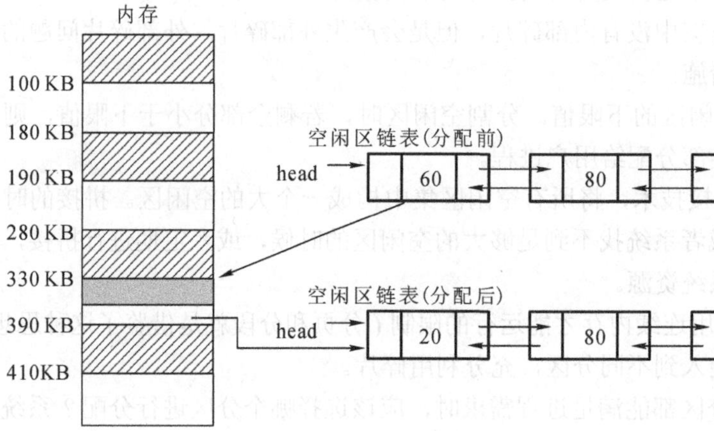

图 7-14　最佳适应算法

图 7-14 中，空闲区链表中的节点已经按照大小升序排序。若进程申请分配 40 KB 大小的空间，从空闲区链表表头开始查找，第一个空闲区 60 KB 的大小满足进程 40 KB 的要求，于是将第一个空闲区 (330 ～ 390 KB 的内存区域) 分配给该进程；然后调整空闲区链表，原来 60 KB 的空间分割后还余下 20 KB 大小的空闲区；调整空闲区链表后，使得 20 KB 的新空闲区成为链表的表头节点。

3. 最坏适应 (Worst Fit) 算法

最坏适应算法又称为最大适应 (Largest Fit) 算法，是指空闲分区以容量递减的顺序链接，找到第一个能满足要求的空闲分区，也就是挑选出最大的分区。该算法优点是使剩下的空闲区不至于太小，产生碎片的概率最小。最坏适应算法如图 7-15 所示。

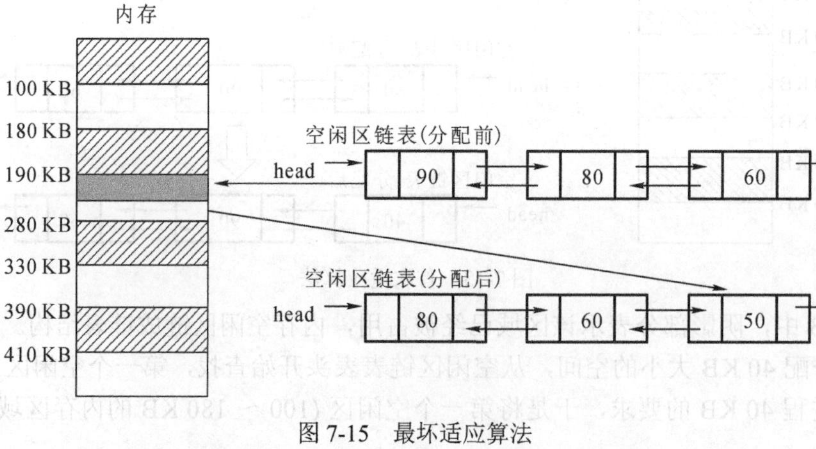

图 7-15　最坏适应算法

最坏适应算法与最佳适应算法不同，其空闲区链表中的节点按照大小降序排序。在图7-15中，若进程申请分配40 KB大小的空间，从空闲区链表表头开始查找，第一个空闲区90 KB的大小满足进程40 KB的要求，于是将第一个空闲区分配给该进程(190～280 KB的内存区域)；然后调整空闲区链表，原来90 KB的空间分割后还余下50 KB大小的空闲区；调整空闲区链表后，将50 KB的新空闲区链接到链表的表尾。

首次适应算法不仅最简单，而且也是最好最快的，不过会使得内存低地址部分出现很多小的空闲分区，而每次查找都要经过这些分区，因此也增加了查找的开销。

最佳适应算法导致大量碎片；最坏适应算法导致没有大的空间，对大的进程不利。

三种分配算法的比对如表7-3所示。

表7-3 动态分区分配算法对比表

算法	算法思想	分区排列顺序	优 点	缺 点
首次适应算法	从头到尾找适合的分区	空闲分区以地址递增次序排列	综合看性能最好。算法开销小，回收分区后一般不需要对空闲分区队列重新排序	低地址段可能会出现许多小碎片
最佳适应算法	优先使用更小的分区，以保留更多大分区	空闲分区以容量大小递增次序排列	会有更多的大分区被保留下来，能满足大进程需求	会产生很多太小的、难以利用的碎片；算法开销大，回收分区后可能需要对空闲分区队列重新排序
最坏适应算法	优先使用更大的分区，以防止产生太小的不可用的碎片	空闲分区以容量大小递减次序排列	算法查找效率高，不用每次都从低地址的小分区开始检索	算法开销大，回收分区后可能需要对空闲分区队列重新排序；使存储器中缺乏大的空闲分区

7.4 分页存储管理

在前面的几种存储管理方法中，为进程分配的空间是连续的，不可避免地会产生碎片问题。如果允许将一个进程分散到许多不连续的空间，就可以高效利用内存空间，减少碎片。基于这一思想，引入分页存储管理的方法，把进程地址空间与实际内存空间分离，增加存储管理的灵活性。

7.4.1 分页存储管理的基本思想

分页存储管理将进程的逻辑地址空间分成若干个大小相等的页面(虚页)，并为各页加以编号，从0开始，如第0页、第1页等。相应地，也把内存的物理地址空间分成若干个页帧(页框)，同样也为它们加以编号，如0号页帧、1号页帧等，页帧大小与虚页的大小相等。在为进程分配内存空间时，将进程中的若干个虚页分别装入到多个不相邻的页帧中，可参考图7-16所示的描述。由于进程的最后一页经常装不满一帧，从而形成不可利用的碎片，称为“页内碎片”。

在分页系统中，若选择太小的页面大小，虽然可以减小页内碎片，起到减少内存碎片总空间的作用，有利于内存利用率的提高，但却会造成每个进程占用较多的页面，从而导致进程的页表过长，占用大量内存。此外，还会降低页面换进换出的效率。然而，如果选择的页面过大，虽然可以减少页表的长度，提高页面换进换出的速度，但又会使页内碎片增大。因此，页面的大小应选择适中，通常为 1 ～ 8 KB。

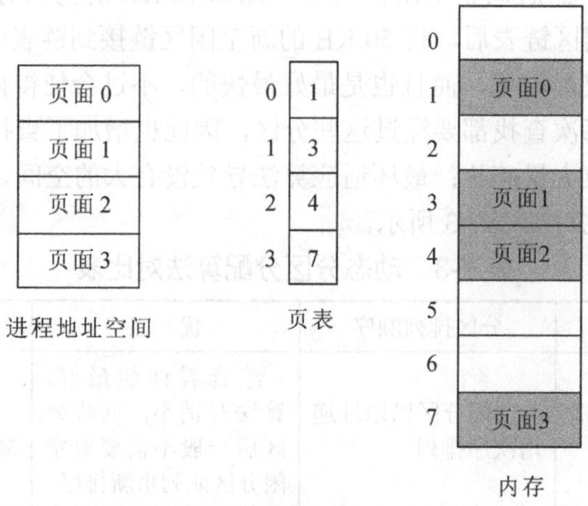

图 7-16　页式存储管理示意图

分页系统中的虚地址结构如图 7-17 所示。

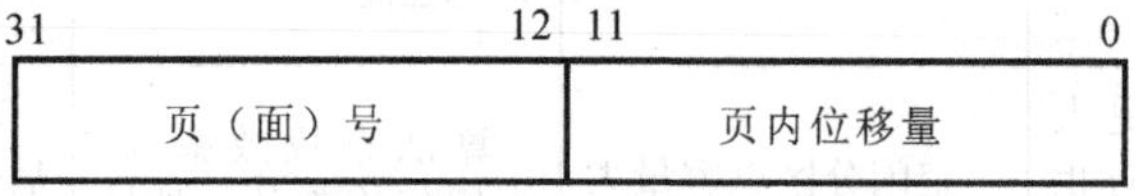

图 7-17　分页系统中的虚地址结构

它包含两个部分内容，前一部分为页号，后一部分为位(偏)移量，即页内地址。图7-17中的地址长度为32位，其中0～11位为页内偏移量(页内地址)，即每页大小为4 KB；12～31位为页号，地址空间最多允许有1M个虚页。

在分页系统中，允许将进程的各个虚页离散地存储在内存的任一页帧中。为保证进程依然能够正确运行，即能在内存中找到每个页面所对应的页帧，系统又为每个进程建立了一张页表。在进程地址空间内所有页(0～n)依次在页表中有一页表项，其中记录了相应页在内存中对应的页帧号(见图7-16中的页表)，在设置了页表后，进程执行时，通过查找该表即可找到每页在内存中的页帧号。可见，页表的作用是实现从页号到页帧号的地址映射。

假设某系统物理内存大小为4 GB，页面大小为4 KB，则每个页表项至少应该为多少字节？

由于4 GB= 2^{32}B，4 KB= 2^{12}B，因而4 GB的内存总共会被分为2^{32}/ 2^{12}= 2^{20}个内存块，内存页帧号的范围应该是0～$2^{20}-1$，因此至少要20个二进制位才能表示这么多的内存页帧号，故每个页表项至少要3个字节才够(每个字节8个二进制位，3个字节共24个二进制位)。

各页表项会按顺序存放在内存中，如果该页表在内存中存放的起始地址为X，则M号页面对应的页表项是存放在内存地址，为X+3×M。

7.4.2 地址变换机构

为了能将用户程序地址空间中的逻辑地址转换为内存空间中的物理地址，在系统中必须设置地址变换机构。又因为页表的作用就是用于实现从页号到页帧号的变换，所以地址变换任务是由地址变换机构借助于页表来完成的。

1. 基本页式地址变换机构

进程在运行期间，需要对程序和数据的地址进行变换，即将用户地址空间中的逻辑地址变换为内存空间中的物理地址，由于它执行的频率非常高，每条指令的地址都需要进行变换，因此需要采用硬件实现。页表功能可以由一组专门的寄存器来实现。一个页表项用一个寄存器来存储，由于寄存器具有较高的访问速度，因此有利于提高地址转换速度。但由于寄存器成本高，且大多数现代计算机的页表有可能很大，使页表项的总数达到几千甚至几十万个，显然这些页表项不可能都通过寄存器来实现。因此，页表大多驻留在内存中。在系统中只设置一个页表寄存器 PTR(Page-Table Register)，其中存放页表在内存的始址和页表的长度。程序未执行时，页表的始址和页表长度存放在本进程的 PCB 中。当调度程序调度到该进程时，才将这两个数据装入页表寄存器中。因此在单处理机环境下，虽然系统中可以运行多个进程，但只需要一个页表寄存器。

当CPU执行一条指令时，指令中提供的是逻辑地址(虚拟地址)，页式地址转换机构需要将这个虚拟地址转换成内存中的物理地址，才能正确地执行命令。地址转换的过程如下：

(1) 将有逻辑地址分为页号和页内地址两部分。

(2) 以页号为索引去查找页表，该操作由硬件执行。先将页号与页表长度进行比较，如果页号大于或等于页表长度，则表示本次所访问的地址已超越进程的地址空间，产生越界错误。若未出现越界错误，则找到页号在页表中的表项。

(3) 读出对应表项的内容，得到该页对应的页帧号，然后将页帧号与逻辑地址中的页内位移量进行拼接计算，从而得到内存的物理地址。

基本页式地址变换结构如图 7-18 所示。

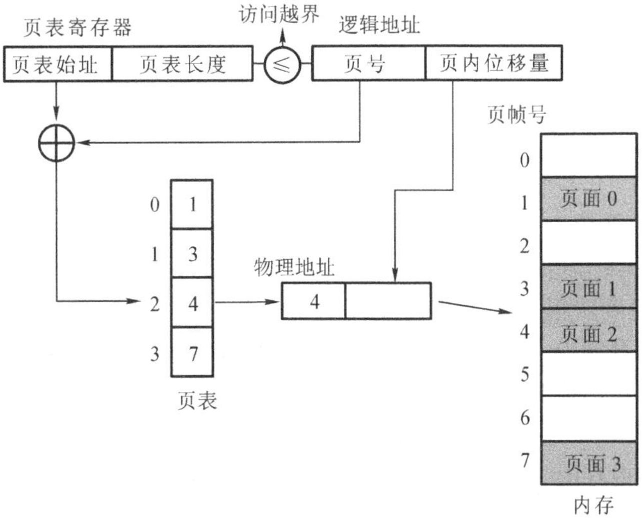

图 7-18 基本页式地址变换结构

2. 具有快表的地址变换机构

根据上面的地址转换机构可知CPU执行指令时，每次存取一个数据时都要两次访问内存，第一次是访问页表(页表是放在内存的)，从中找到指定页的页帧号，再将页帧号与页内偏移量拼接形成物理地址，接下来再进行数据的存取。CPU直接访问内存的速度较慢，故采用这种方式的处理效率太低。

为了提高地址变换速度，可在地址变换机构中增设一个专用且快速的硬件缓冲器(又称为“联想寄存器”或“快表”)，在IBM系统中又取名为TLB，用来存放最近访问的那些页表项。引入快表的地址变换过程如下：

(1) 将逻辑地址分为页号和页内地址两部分。

(2) 此页号与快表中的所有页号进行比较，若其中有该页号，便表示所要访问的页表项在快表中，于是可直接从快表中读出该页所对应的页帧号。若在快表中未找到对应的页表项，则还需再访问内存中的页表，同时需要将此页表项写入到快表中(修改快表)。如果联想寄存器已满，则需要淘汰一个表项并进行置换。

具有快表的地址变换结构如图 7-19 所示。

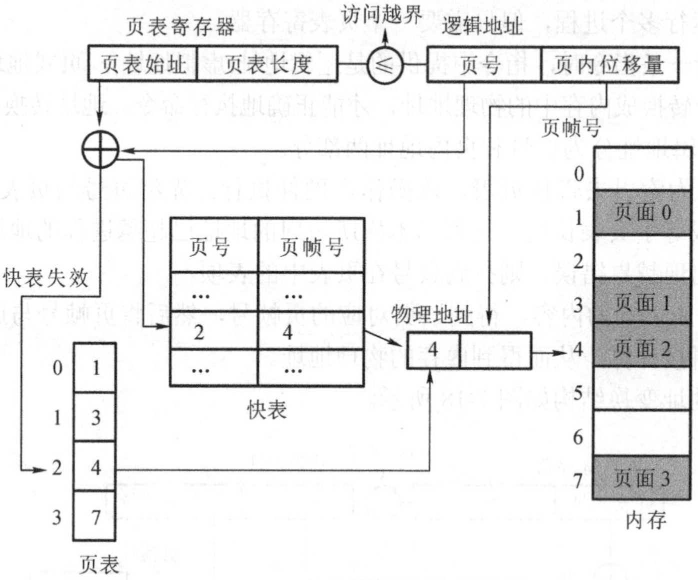

图 7-19 具有快表的地址变换结构

在引入快表的系统中且在快表命中的情况下(在快表中查找到虚面与页帧的对应关系)，CPU存取数据时需要访问快表一次，然后再根据得到的物理地址访问内存一次，由于访问快表的速度快很多，因此会较大地降低指令执行时间。

在引入快表的系统中，内存的有效访问时间 (EAT) 可定义为：从进程给出特定的虚地址的访问请求，经过地址变换，到内存中找到对应的实际物理地址单元并取出数据所需花费的总时间。

假定访问一次内存的时间为 t，查找快表所需要的时间为 λ，快表的命中率为 a，则：

(1) 基本分页存储管理方式中，有效访问时间分为第一次访问内存时间(查找页表对应的页表项所消耗的时间t)与第二次访问内存时间(将页表项中的页帧号与虚地址中的页内位移量拼接成实际物理地址所耗费的时间t)之和：EAT=2t。

(2) 引入快表的分页存储管理方式中，通过查询快表可直接得到虚页所对应的页帧号，由此拼接形成实际物理地址，减少了一次访问内存，也缩短了进程访问内存的有限时间。

有效访问时间如下：

$$EAT = (\lambda + t)\,a + (2t + \lambda)\,(1 - a) = 2t + \lambda - t \times a$$

例 在一个引入了快表的分页存储系统中，页表放在内存中，多数活动页表项都可以存在快表中。假定一次内存访问时间是 100 ns，查找快表的时间为 20 ns，若快表的命中率是 85%，则访问内存的有效时间为多少？若快表的命中率为 50%，则访问内存的有效时间为多少？

解：当快表的命中率为 85%时，有效存取时间为

$$EAT = 0.85 \times (20 + 100) + (200 + 20) \times (1 - 0.85) = 135 \text{ ns}$$

当快表的命中率为 50%时，有效存取时间为

$$EAT = 0.5 \times (20 + 100) + (200 + 20) \times (1 - 0.5) = 170 \text{ ns}$$

7.4.3 两级或多级页表

由于现在计算机可以拥有很大的逻辑地址空间，因此页表变得非常大，占用很多内存空间，而且页表需要连续存放在内存中，这显然是不现实的。怎么办呢？我们可以采用两个方法来解决这一问题：① 采用两级(或多级)页表的方式；② 只需将当前需要的部分页表项调入内存，其余的页表项仍驻留在磁盘上，需要时再调入。

1. 两级页表

我们可以利用将页表进行分页的方法来建立两级页表结构。试想一下，可以将一个非常大的页表拆分成多个页面组，每组包含若干个页面信息。为这些页面组进行编号，即依次为0#页面组，1#页面组，…，n#页面组，然后将各个页面组分别存放在不同的页帧中。同样，也要为这些页面组再建立一张外层页表，在每个外层页表项中记录每个页面组在内存中的存放地址(页帧号)。

下面以32位逻辑地址空间为例来说明。当页面大小为4KB时(12位)，若采用一级页表结构，应具有20位的页号，即页表项应有1M个。在采用两级页表结构时，再对页表进行分组，使每组中包含2^{10}(即1024)个页面与页帧的对应关系(页表项)，最多允许有2^{10}个页面组；或者说，DIR为10位，页面组编号为0～1024，PAGE为10位，同一组中的页面编号为0～1024。此时的虚拟地址如图7-20所示。

31　　　22	21　　　12	11　　　0
DIR	PAGE	OFFSET

图 7-20 两级页表的逻辑地址

由图 7-21 可以看出，在每个页面组的表项中，存放的是进程的某页在内存中的页帧号，如 0# 页面组的 0 号虚页存放在 1 号页帧中，1 号虚页存放在 3 号页帧中；而在外层页表项中所存放的是某页面组页表的地址，如 0# 页面组存放在 988 号页帧中。我们可以

利用外层页表和页面组这两级页表来实现进程从逻辑地址到内存中物理地址的变换。

两级页表在地址转换机构中，同样需要增设一个外层页表寄存器，用于存放外层页表的起始地址。把指令虚地址给出的页面组号 DIR 作为外层页表的索引，从中找到该页面组页表的始址，再利用 PAGE 作为中间页表（某个页面组页表）的索引，找到指定页在内存的页帧号，用该页帧号和页内位移量 OFFSET 拼接即可构成访问的内存物理地址。图 7-21 所示为两级页表时的地址变换机构。

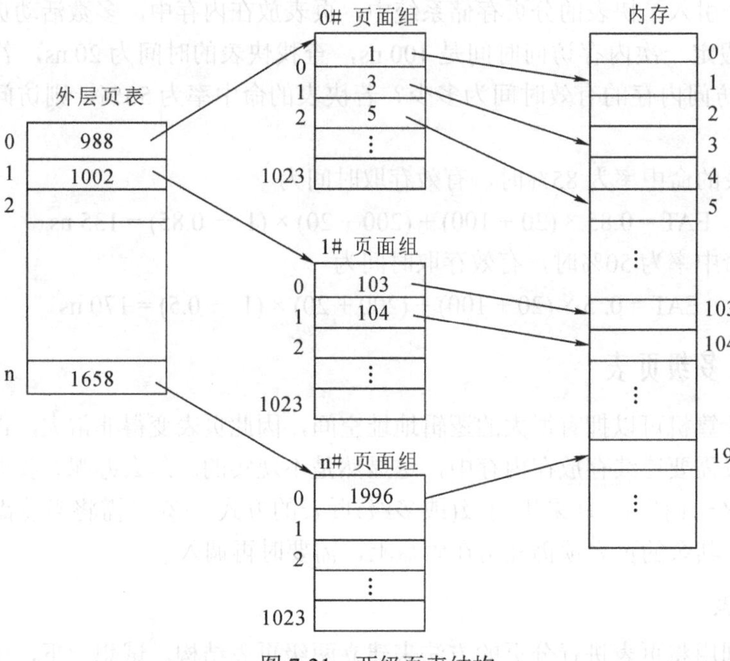

图 7-21　两级页表结构

64 位逻辑地址空间的系统，两级分页的管理方案就不再合适了。为了说明这一点，假设系统中的页的大小为 4 KB，此时页表由 2^{52} 条表项组成，如果使用两级页表方案，那么内部页表（页面组页表）仍旧为一页大小，包含 2^{12} 表项，外部页表需要 2^{42} 个表项，显然这么大的外部页表是不适合连续存放在系统中的，因此可以考虑使用三级或三级以上的页表形式。

7.4.4　页的共享

分页存储管理可以共享公共代码，如果代码是可重入的代码（即纯代码，不能修改）则可以共享。因此，两个或两个以上的进程可以在相同时间执行相同的代码，被共享的页面在内存中只保留一个副本，进程如果需要访问共享页面，只需要将共享页面的信息加入本进程的页表项中即可。

分页式存储管理具有许多优点，首先解决了进程在内存空间非连续存放的问题，没有外碎片，每个进程产生的内部碎片不超过一页的大小。在没有虚拟存储技术的系统中，进程页虽然不占据连续的存储区，但每次仍要求一次全部进入内存。因此，如果进程很大，那么还是存在小内存不能运行大进程的问题。当然，引入虚拟存储管理技术之后，这个问题就迎刃而解了。

7.5　段式存储管理

7.5.1　段式存储管理的基本思想

用户的程序结构不是一维的，一般是由主程序及一些子程序、过程、函数或模块构成，还包括各种数据结构，如堆栈、表格、变量等，即程序多由程序段和数据段组成。每一段都有独立、完整的逻辑意义，每一个段的长度可以不同。在段式存储管理中，进程的地址空间由若干个逻辑分段组成，每一个分段是一组逻辑意义完整的信息集合，并且有自己名字(段名)，每一段都是以0开始的连续的一维地址空间；整个进程的地址空间是二维的，由段号与段内位移量(段内地址)组成，如图7-22所示。

段号	段内位移量

图 7-22　地址空间

系统为每个进程创建一张段表，每个段在表中有一个表项，包括三个数据项：段号、段长和内存起始地址。其中，段长指明了段的大小，内存起始地址指出了该段在内存中的存放位置。段表的主要功能是实现逻辑段到内存空间之间的映射。

段式存储管理系统以段为单位进行内存分配，每段在主存中占有一个连续空间；如果在装入某段信息时找不到满足该段地址空间大小的空闲区，则采用移动技术合并分散的空闲区，以满足大进程的装入。但是，不同的段之间不要求连续。由于每个段的长度不一样，因此分配的内存空间大小也不一样，如图 7-23 所示。

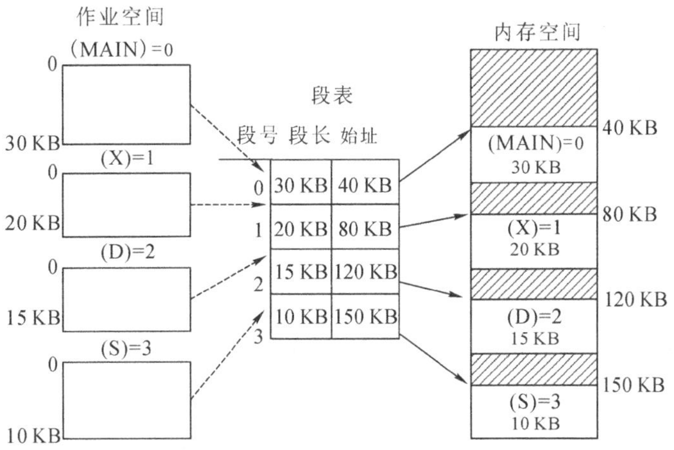

图 7-23　段式存储管理示意图

7.5.2　段式存储管理的地址转换

为了实现从进程的逻辑地址到物理地址的变换功能，在系统中设置了段表寄存器，用于存放段表起始地址和段表长度 TL。在进行地址变换时，系统将逻辑地址中的段号与段表长度 TL 进行比较。若 S ≥ TL，表示段号太大，访问越界了，于是产生越界中断信号；

若访问未越界，则根据段表的起始地址和该段的段号，计算出该段对应段表项的位置，从中读出该段在内存的起始地址。然后，再检查段内位移量 d 是否超过该段的段长 SL，若超过，即 d ≥ SL，同样发出越界中断信号；若访问未越界，则将该段的起始地址与段内位移量相加，即可得到要访问的内存物理地址。

图 7-24 所示出给了分段系统的地址变换过程。

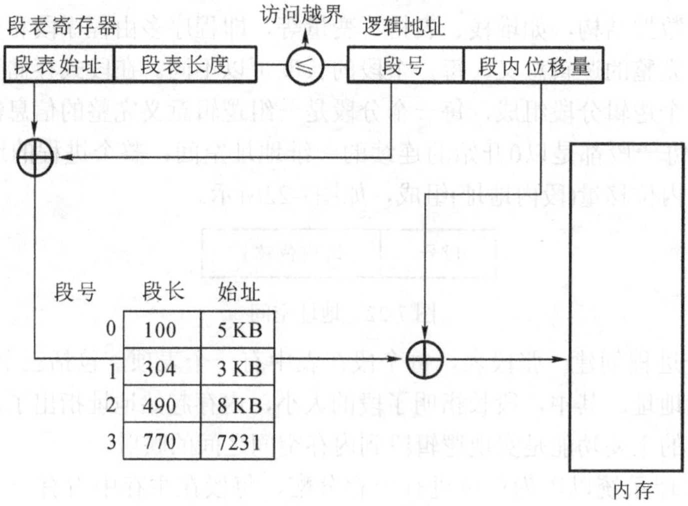

图 7-24 段式存储管理地址变换机构

与分页系统类似，当段表放在内存中时，每次要访问一个数据，都须访问两次内存(段表一次，内存存取数据一次)，从而极大地降低了指令执行的效率。要解决该问题，也可以再增设一个联想存储器，用于保存最近常用的段表项。由于一般情况是段比页大，因而段表项的数目比页表项的数目少，其所需的联想存储器也相对较小，便可以显著地减少存取数据的时间。

7.5.3 段的共享

1. 共享段表

为了实现分段共享，可在系统中配置一张共享段表，所有需要共享的段都在共享段表中占有一表项。表项中记录了共享段的段号、段长、内存始址、存在位(是否已调入内存)等信息，并记录了共享此段的每个进程的情况。其中主要的表项说明如下。

1) 共享进程计数 count

共享段是被多个进程所共享的，当某进程不再需要而释放它时，系统不会第一时间回收该段所占用的内存区，仅当所有共享该段的进程全部不再需要它时，才由系统回收该段所占内存区。设置一个整型变量 count 记录下共享该段的进程数目。

2) 存取控制字段

对于一个共享段，应该提供给不同的进程以不同的存取权限。例如，对于文件主，通常允许它读和写；而对于其他进程，则可能只允许读，甚至只允许执行，这样的设置也可以为共享段提供必要的保护。

3) 进程号与段号

进程号代表需要共享该段的进程；段号为该段在进程中的独立段号。对于一个共享段来说，不同的进程可以使用不同的段号去共享该段。

共享段表和对应表项内容如表 7-4 所示。

表 7-4 共享段表

共享段名	段长	起始地址	共享计数 count	进程名	段号	存取控制	…

2. 共享段的分配与回收

由于共享段是供多个进程所共享的，因此对共享段的内存分配方法与非共享段的内存分配方法有所不同。

在为共享段分配内存时，对第一个请求使用该共享段的进程，由系统为该共享段分配一空闲区，再把共享段调入该区；同时在共享段表中增加一个表项，填写有关数据，把 count 置为 1。

之后，当又有其他进程需要使用该共享段时，由于该共享段已被调入内存，故此时无需再为该段分配内存，而只需在调用进程的段表中增加一个表项填写该共享段的内存地址，在共享段的段表中填上调用进程的进程名、存取控制等信息，同时将 count 的值加 1。

当共享此段的某进程不再需要该段时，应将该段释放。释放过程需要做的工作：删除共享段在进程段表中对应的表项，然后在共享段表中将引用计数器count的值减1。若count的值为0，则需由系统回收该共享段的物理内存，以及取消在共享段表中该段所对应的表项，表明此时已没有进程使用该段；否则(减1结果不为0)，说明还有其他进程在使用该共享段，因此该共享段仍然保留在内存中。

段式存储管理的优点是没有内部碎片，便于实现内存共享。与动态分区管理类似，段式存储管理机制会产生外部碎片，这些碎片可以通过内存紧缩来消除。

分页式存储管理与分段式存储管理的主要区别如表 7-5 所示。

表 7-5 分页式存储管理与分段式存储管理的对比

	分 页	分 段
管理思想	页是信息的物理单位，是为了管理主存的方便而划分的；页的大小固定不变，实现了程序的非连续存放	段是信息的逻辑单位，是根据用户的需要划分的；段的大小是不固定的，是由其完成的功能决定。因此，段对用户是可见的
虚地址	页式向用户提供的是一维地址空间，其页号和页内偏移是机器硬件的功能	段式向用户提供的是二维地址空间
共享与存储访问控制	可以实现页面共享，但使用受到诸多限制，访问控制困难	便于共享逻辑完整的信息，易于实现存取访问权限控制
动态链接	不支持动态链接	支持动态链接

7.6 段页式存储管理

段式管理有利于段的动态增长以及共享和内存保护；分页系统有效地克服了碎片问题，提高了存储器的利用率。段页式存储管理机制就是将两者结合在一起的新的存储管理方式。

段页式管理的基本思想：一个进程仍然有一个自己的二维地址空间。一个进程中所包含的独立逻辑功能的程序或数据仍被划分为段，并有各自的段号s；对于s中的程序或数据，则按照一定的大小将其划分为不同的页；最后不足一页的部分仍占一页。段页式存储管理系统的进程虚拟地址由三部分组成：段号s、页号p和页内位移量d (如图7-25所示)。程序员可见的仍是段号s和段内位移量w。p和d是由地址变换机构把w的高几位解释成页号p，以及把剩下的低位解释为页内地址d而得到的。

图 7-25　进程虚拟地址

操作系统需要为每个进程建立一张段表，段表中包含段号、段长、该段页表起始地址等信息，它管理内存的分配和回收、存储保护和地址交换等。进程中的每个段都需要建立一张页表，页表不再属于进程而是属于某个段。在内存中的固定区域存放进程的段表和页表。因此，在段页式存储管理系统中，要对内存中的指令或数据进行一次存取的话，至少需要访问三次以上的内存。第一次是通过段表地址寄存器得到段表初始地址去访问段表，取出对应表项的页表地址；第二次是访问页表得到对应的页帧号，计算出物理地址；第三次才能真正地访问内存中的数据单元。段页式存储管理系统中的地址变换结构如图 7-26 所示。

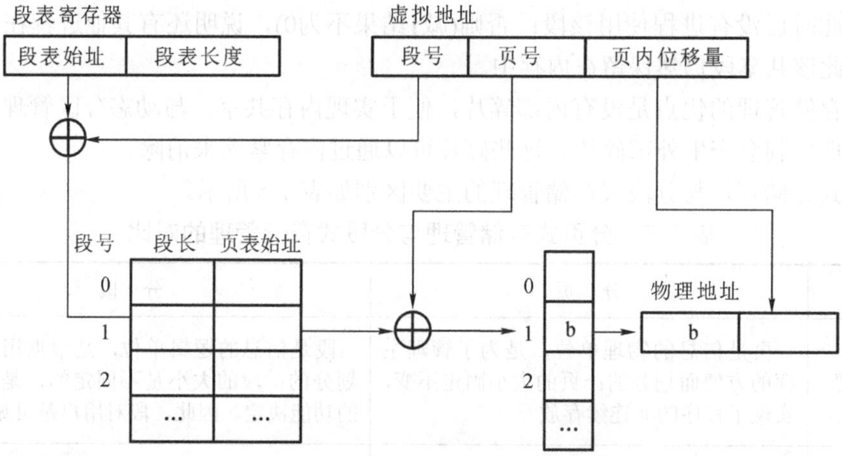

图 7-26　段页式存储管理地址变换机构

若进程执行指令时需要存取内存数据，则指令中给出一个虚地址。段页式地址变换过程如下：

(1) 根据段表寄存器提供的段表起始地址来定位段表的位置。

(2) 将虚拟地址中的段号作为索引查询段表找出该段所对应的页表的内存起始地址。

(3) 使用虚拟地址中给出的页号查找页表，以获得对应页的页帧号。

(4) 使用页帧号与虚拟地址中的页内位移量进行拼接构成物理地址。

综合来说，段页式管理是由段式管理和页式管理机制结合而成，具有两者的优点。由于管理软件的增加，因此复杂性和开销也将增加。另外，需要的硬件以及占用的内存也有所增加，使得执行速度下降。

7.7 存储保护的实现

存储管理是操作系统十分重要的一项工作。存储管理的主要任务是管理主存资源，为多道程序运行提供有力的支撑，从而提高存储空间的利用率。在前面的章节中，我们详细地介绍了分区管理、分页存储管理、段式存储管理以及段页式存储管理的基本思想，但是有一个问题始终没有涉及——在操作系统中如何进行存储保护？如何保证进程之间的访问不越界呢？

计算机系统资源被同时执行的多个进程所共享。就内存而言，它同时载入多个用户的程序和系统软件。为了使系统正常工作，必须防止因为一个进程出错而破坏其他进程的现象产生，还须防止一个用户进程不合法地访问其他进程的内存空间。因此，存储保护是多道程序和多处理机系统必不可少的部分，也是存储管理中非常重要的一部分。

为了使系统正常运行，避免内存中各进程相互干扰，必须对内存中的程序和数据进行保护。系统可以从以下两个方面进行：

(1) 防止地址越界。对进程所产生的地址必须加以检查，发生越界时产生中断，由操作系统进行相应处理。

(2) 防止操作越权。对属于自己区域的信息，可读，可写；对公共区域中允许共享的信息或获得授权许可的信息，可读而不可修改；对未获授权使用的信息，不可读，不可写。

内存保护一般都会从以上两个方面进行着手。防止地址越界保护可采用界限寄存器的方式，由操作系统给定进程的上、下界寄存器内容，从而限定每个用户进程的内存范围，禁止进程的越界访问；防止操作越权可以通过设置内存区域的访问控制字段来进行管控。

(1) 在连续存储管理方案中，进程载入内存后，当获得 CPU 执行时，内存区的起始地址与终止地址会分别填入上、下界寄存器。进程指令中的逻辑地址经过重定位后，若物理地址在上、下界寄存器值的范围内，则地址合法，否则产生越界中断。

(2) 分页存储管理中的信息保护可从两个方面实现：一个方面是在进行地址变换时，产生的页号应小于页表长度，否则视为越界访问，这类似于基址－限长存储保护；另一方面，可在页表中增加存取控制和存储保护的信息，对每一个存储块，可允许四种保护方式，即无权限、只能执行、只读、可读／写。当要访问某页时，先判断该页的存取控制和存储保护信息是否允许。

(3) 分段存储管理系统的保护常采用两种措施：其一可以在段表中设置一个段长值，以指明该段的长度。当存储访问时，虚拟地址中的段内位移量与段长相比较，如超过段长，便发出越界中断信号；其二可以在段表增加一个“存取控制方式”的数据项，该项可以标明进程对每一段的访问权限。

存储保护一般以硬件保护机制为主，软件为辅，因为完全用软件实现系统开销太大，速度成倍降低。当发生越界或非法操作时，硬件产生中断，进入操作系统处理。从某种程度上讲，软件存储保护的确不能算是存储管理的重中之重，但它依然还是存储管理中必不可少的一部分。它为程序的正确执行和系统的正常工作提供了强力支撑。

7.8 虚拟存储技术

通过前面的介绍，我们已经了解到内存是程序运行的载体，但是现在计算机系统中的程序功能可能非常复杂，地址空间会很大，尤其是在多道程序的系统中，如何在有限的内存空间中运行多个体量较大的应用程序，是一个难题。为了解决这个问题，我们引入了虚拟内存技术。

所谓虚拟内存技术，又称为虚拟存储技术，就是把内存与外存有机地结合起来使用，从而得到一个容量很大的“内存”。该技术可以让系统看上去具有比实际物理内存大得多的内存空间，并为实现多道程序的执行创造了条件。

对于一台物理机，它的虚拟内存空间有多大呢？计算机虚拟内存空间的大小是由程序计数器的寻址能力所决定的。例如，在程序计数器的位数为32的处理器中，它的虚拟内存空间为4 GB。

如果一个系统采用了虚拟存储技术，那么它就存在两个内存空间：虚拟内存空间和物理内存空间。虚拟内存空间中的地址称为虚拟地址，实际物理内存空间中的地址称为实际物理地址或物理地址，处理器和应用程序设计人员看到的是虚拟内存空间和虚拟地址，而处理器片外的地址总线看到的是物理地址空间和物理地址。

当操作系统支持虚拟存储技术的时候，进程只需要将部分代码载入内存即可使得程序在内存中运行。当下一条需要执行的指令不在内存时，则需要将新的程序段调入内存，将旧的程序段置换出去。在计算机技术中将内存中的程序段复制回外存的做法叫作“换出”，而将外存中程序段映射到内存的做法称为“换入”。经过不断有目的的换入和换出，处理器就可以运行一个大于实际物理内存的应用程序了。或者说，处理器似乎拥有了一个大于实际物理内存的内存空间。

与虚拟存储技术相关的一个重要概念是程序的局部性原理，它是实施虚拟存储方案的基础。局部性原理是指程序在执行过程中的一个较短时间内所执行的指令地址或操作数地址分别局限于一定的内存区域中。在程序代码中，我们经常可以发现以下的特性：

(1) 程序可能包含若干循环。一般情况下，循环是由相对较少的指令组成。在循环过程中，计算分页系统中存储键保护被限制在程序中的相邻部分。

(2) 程序中很少出现连续的过程调用。相反，程序中过程调用的深度限制在小范围内，一段时间内，指令引用被局限在很少几个过程中。

(3) 对于连续访问数组之类的数据结构，在短时间内往往是对内存中相邻位置的数据的操作。

(4) 程序中有些部分是彼此互斥的，不是每次运行时都会调用，如出错处理代码等。

正是基于程序局部性的原理，所以没有必要把一个进程的代码和数据一次性全部装入内存，而是把进程当前执行所必须涉及的内容放入内存中，其余部分可根据需要随后调入。

7.8.1 请求分页存储管理

请求分页存储管理是实现虚拟存储器的一种常用方式，它是在基本分页存储管理的基础上实现的。其基本思想：在进程开始运行之前，仅装入当前要执行的部分页面即可运行；在执行过程中，如果所要访问的页面已调入内存，则进行地址转换，得到欲访问的内存物理地址；如果所要访问的页面不在内存中，则产生一个缺页中断。如果此时内存能容纳新页，则启动磁盘I/O将其调入内存；如果内存已满，则通过页面置换功能将当前所需的页面调入。

为实现请求分页管理，需要一定的硬件支持，包括请求分页的页表机制、缺页中断机构、地址变换机构等。

1. 请求分页的页表机制

请求分页系统是建立在基本分页系统的基础上，为了能支持虚拟存储器功能而添加了请求调页功能和页面置换功能。我们需要对基本分页系统中的页表进行必要的扩展，图7-27所示是扩展之后的页表字段信息。

页号	页帧号	状态位	访问位	修改位	辅存地址

图7-27 扩展后的页表

页表中各字段的说明如下：

页帧号：指出该页在主存中的占用的页帧号。

状态位：指出该页是否已经调入主存(通常1表示已在内存，0表示未载入内存)。

访问位：记录该页是否被访问(通常1表示已访问，0表示未访问)。

修改位：表示该页调入主存后是否被修改(通常1表示发生修改，0表示未发生修改)。

辅存地址：指示该页在磁盘上的地址。

为什么会增设一个修改位呢？这是由于进程在磁盘上保留一份备份，若该页调入内存中后未被修改，置换该页时不需要再将该页写回磁盘，以减少系统开销；如果该页被修改，必须将该页写回磁盘上，以保证信息的更新和完整。修改位就是用来判断该页是否回写的依据。

2. 缺页中断机构

在请求分页系统中，可以通过查询页表中的状态位来确定所要访问的页面是否在内存中。每当所要访问的页面不在内存时，会发生缺页错误，因此产生一个缺页中断，此时操作系统会根据页表中的辅存地址在外存中找到所缺的一页，将其调入内存。具体步骤如下：

(1) 首先硬件会陷入内核，保留当前进程CPU现场信息。

(2) 当操作系统发现是一个缺页中断时，查找进程页表，确定该引用的合法性。

(3) 如果是非法访问，则终止该进程。如果页面引用合法，但是尚未在内存，则执行调入过程。

(4) 操作系统查找一个空闲的页帧，如果没有空闲页帧，则需要通过页面置换算法找到一个需要换出的页面。

(5) 如果需要置换的页面内容被修改了，则需要将修改的内容保存到磁盘上。

(6) 页面回写后，操作系统根据虚拟地址对应磁盘上的位置，将磁盘上新的页面内容复制到“干净”的页帧中，此时会引起一个读磁盘调用，发生上下文切换。

(7) 当磁盘中的页面内容全部装入页帧后，操作系统更新内存中对应的页表项。

(8) 恢复缺页中断发生前的状态，将重新执行引起缺页中断的指令。

虽然缺页中断的过程涉及了用户态和内核态之间的切换， 但是缺页中断是由于所要访问的页面不在内存时而由硬件所产生的一种特殊的中断。因此，与一般的中断相比，缺页中断存在以下的区别：

(1) 在指令执行期间产生和处理缺页中断信号。

(2) 一条指令在执行期间，可能产生多次缺页中断。

(3) 缺页中断返回时，执行产生中断的那一条指令；而一般的中断返回时，执行下一条指令。

3. 地址变换机构

请求分页系统中的地址变换机构是建立在基本分页系统地址变换机构的基础上的。在进行地址变换时，先检索快表，若找到要访问的页，便修改页表项中的访问位(写指令则还需重置修改位)，然后利用页表项中给出的页帧号和页内位移量形成物理地址。

若未找到该页的页表项，应到内存中去查找页表，再去对比页表项中状态位，看该页是否已调入内存，未调入则产生缺页中断，请求从外存把该页调入内存。具体的执行过程如图 7-28 所示。

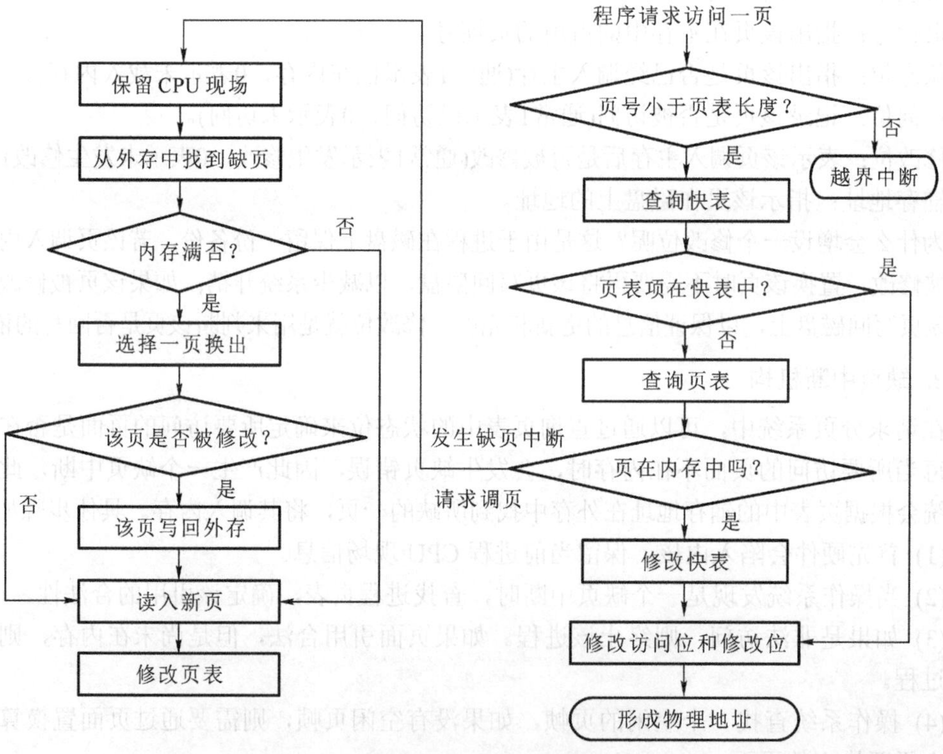

图 7-28　地址变换与缺页处理过程

7.8.2　页面置换算法

本节讨论几种常见的页面置换算法，为了方便比对，可以假设这些置换算法均应用在一个相同的场景：某进程被分配了 3 个页帧。程序页面访问序列为：

6 5 1 2 5 3 5 4 2 3 5 3 2 1 2

1. 先进先出 (FIFO) 页面置换算法

最简单的页面置换算法是先进先出页面置换算法，如图7-29所示。这种算法的实质：总是选择在主存中停留时间最长(即最老)的页面进行置换，即先进入内存的页，先被换出内存。理由是最早调入内存的页，其不再被使用的可能性比刚调入内存的可能性大。在实现算法时，可以建立一个FIFO队列，收容所有在内存中的页面，被置换页面总是在队列首部进行。当一个页面被放入内存时，就把它插在队尾上。这种算法只是在按线性顺序访问地址空间时才是理想的，否则效率不高。因为那些常被访问的页往往在主存中也停留得最久，结果它们因变“老”而不得不被置换出去。

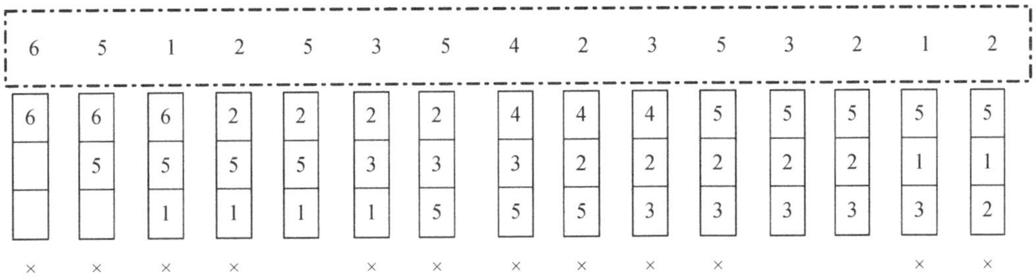

图 7-29　FIFO 页面置换算法

对于前面给出的引用序列，3 个页框开始为空。首次的 3 个页面引用 (6，5，1) 会引起缺页中断，并被载入这些空页框中。

下一个引用 2 号页面置换 6 号页面，这是因为页面 6 最先调入，此时会发生缺页中断；由于 5 是下一个引用并且已在内存中，所以这个引用不会发生缺页中断。

对 3 号页面的首次引用导致页面 5 被替代，因为它现在是队列的第一个。因为这一次的置换，下一个对 5 的引用将会导致缺页中断，然后页面 1 被页面 5 置换。该进程按图 7-29 所示方式继续进行。当访问完序列中的所有页面，共发生了 12 次缺页错误。

注意：在使用图解的方式描述页面置换过程的时候，每当发生缺页中断，请做好标注(如图7-29所示)，可在页框下方画一个“×”。

FIFO 页面置换算法易于理解和编程。然而，它的性能并不总是十分理想。一方面，所置换的页面可以是很久以前使用过但现在已不再使用的初始化模块；另一方面，所置换的页面可以包含一个被大量使用的变量，它早就初始化了，但仍在不断使用。

需要特别说明一下，对于 FIFO 页面置换算法，有可能会出现 Belady 现象。

为了说明该问题，假设页面的引用序列如下：

1 2 3 4 1 2 5 1 2 3 4 5

图7-30所示为这个引用串的缺页错误数量与可用帧数量的曲线。4 帧的缺页错误数(10)比 3 帧的缺页错误数(9)还要大！这个最意想不到的结果被称为 Belady 异常，即对于有

些页面置换算法随着分配帧数量的增加，缺页错误率可能也会增加(虽然我们原本期望为一个进程提供更多的内存可以改善其性能)。

引起Belady现象的原因是FIFO页面置换算法的置换特征有时候与进程访问内存的动态特征是矛盾的，即被置换的页面并不是进程不会访问的。

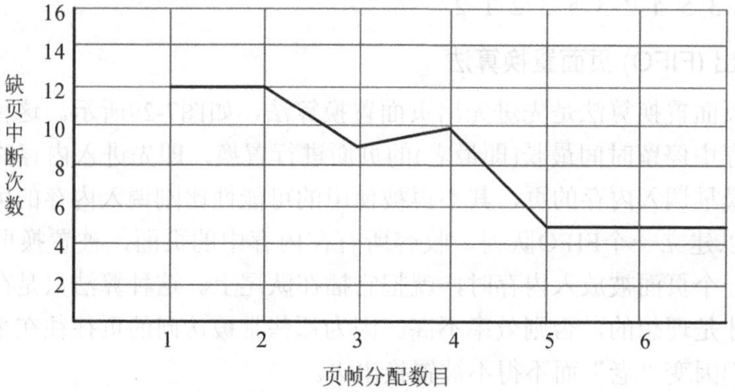

图 7-30　一个引用串的缺页错误曲线

2. 最优 (OPT) 页面置换算法

最优页面置换算法是指其所选择的被淘汰页面将是以后永不使用的，或许是在最长(未来)时间内不再被访问的页面。采用最佳页面置换算法，通常可保证获得最低的缺页率。但由于人们目前还无法预知一个进程在内存的若干个页面中，哪一个页面是未来最长时间内不再被访问的，因而该算法是无法实现的，但可以利用该算法去评价其他算法。

将最优页面置换算法应用到本节给出的访问场景中。其访问顺序以及页面置换过程如图 7-31 所示。

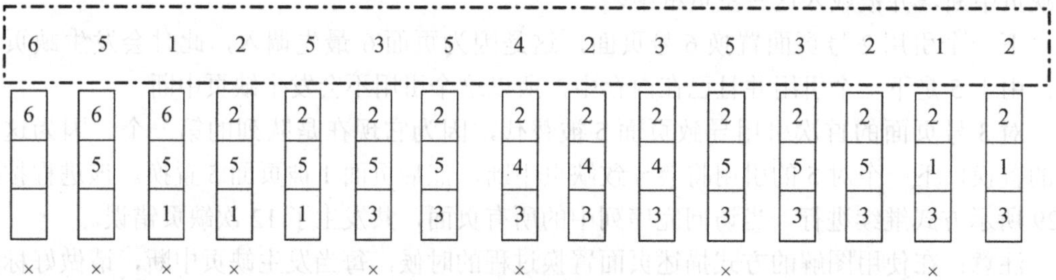

图 7-31　最优页面置换算法

最开始的 3 个页面的引用会产生缺页中断，当装满 3 个空闲页框后，对页面 2 的引用会置换页面 6，因为页面 6 以后再也不会被引用到了，所以被选中淘汰。接下来，页面 5 被引用，由于 5 号页面在内存中，不发生缺页。再接下来，访问页面 3，需要淘汰内存中的一个页面，对 1 号页面的下一次访问是位于内存中的 3 个页面中最靠后的，所以 1 号页面被选中淘汰。后面的访问淘汰策略按照该方法继续进行。所有页面访问置换结果如图 7-31 所示，一共发生 8 次缺页中断。

显然，最优页面置换算法的效果要好于先进先出页面置换算法。然而，最优页面置换算法难以实现，因为需要访问页面的序列是无法预知的。因此，最优页面置换算法主要用于比较研究。

3. 最久未使用 (LRU) 页面置换算法

FIFO 页面置换算法和 OPT 页面置换算法之间的主要差别是，FIFO 页面置换算法利用页面进入内存后的时间长短作为置换依据，而 OPT 页面置换算法的依据是将来使用页面的时间。如果以最近的过去作为不久将来进行近似，那么就可以把过去最长一段时间里不曾被使用的页面置换掉。它的实质是，当需要置换一页时，选择在最近一段时间里最久没有使用过的页面予以置换。这种算法就称为最久未使用 (Least Recently Used，LRU) 页面置换算法。

LRU 页面置换算法是经常采用的页面置换算法，并被认为是相当好的，但是存在如何实现它的问题。LRU 页面置换算法需要实际硬件的支持。其问题是怎么确定最后使用时间的顺序，对此有两种可行的办法。

(1) 实现LRU页面置换的一种方法是使用计数器。在最简单的情况下，为每个页表条目关联一个使用时间域，并为 CPU 添加一个逻辑时钟或计数器。每次内存引用都会递增时钟。每当进行页面引用时，时钟寄存器的内容会复制到相应页面的页表条目的使用时间域。这样，我们总是有每个页面的最后引用的“时间”，可以置换具有最小时间的页面。这种方案需要搜索页表以查找 LRU 页面，而且每次内存访问都要写到内存(到页表的使用时间域)。当页表更改时(由于 CPU 调度)，还必须保留时间，代价太高。

(2) 实现 LRU 页面置换的另一种方法是采用堆栈。每当页面被引用时，它就从堆栈中移除并放在顶部。这样，最近使用的页面总是在堆栈的顶部，最近最少使用的页面总是在底部。如图 7-32 所示，进程对于页面的引用序列为：

4 7 0 7 1 0 1 2 1 2

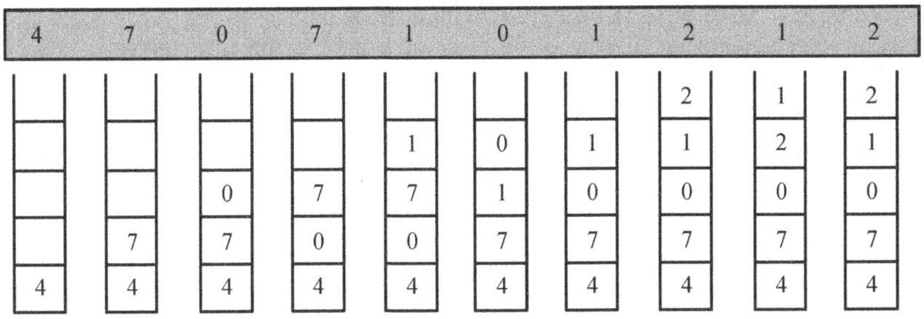

图 7-32 采用堆栈记录最近页面引用

现在采用 LRU 页面置换算法来对本节给出的页面序列进行访问。页面置换的过程如图 7-33 所示。

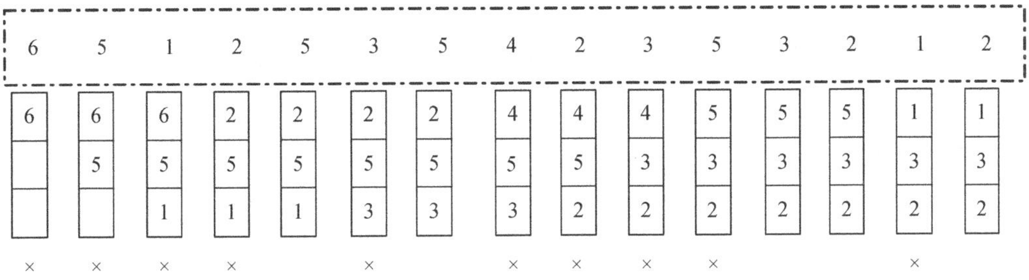

图 7-33 LRU 页面置换算法

采用 LRU 页面置换算法会产生 10 次缺页中断。像最优页面置换算法一样，LRU 页面置换没有 Belady 异常。这两个都属于同一类算法，称为堆栈算法，都绝不可能有 Belady 异常。注意：除了标准的 TLB 寄存器没有其他辅助硬件，这两种 LRU 实现都是不可能的。每次内存引用，都应更新时钟域或堆栈。如果每次引用都采用中断以便允许软件更新这些数据结构，那么它会使内存引用至少慢 10 倍，进而使用户进程运行慢 10 倍。很少有系统可以容忍这种级别的内存管理开销。

4. 近似 LRU 页面置换算法——二次机会页面置换算法

很少有计算机系统能提供足够的硬件来支持真正的 LRU 页面置换算法，有时候可以考虑使用近似的 LRU 页面置换算法。下面介绍比较有代表性的二次机会算法。

二次机会页面置换算法(有时称为时钟算法)的基本思想与FIFO页面置换算法相同，但是有所改进，避免把经常使用的页面置换出去。当选择置换页面时，依然和FIFO页面置换算法一样，选择最早置入内存的页面。因为二次机会法还设置了一个访问状态位，所以还要检查页面的访问位。如果是0，就淘汰这页；如果访问位是1，就给它第二次机会，并选择下一个先进先出页面。当一个页面得到第二次机会时，它的访问位就清为0，它的到达时间就置为当前时间。如果该页在此期间被访问过，则访问位置为1。这样给了第二次机会的页面将不被淘汰，直至所有其他页面被淘汰过(或者也给了第二次机会)。因此，如果一个页面经常使用，它的访问位总保持为1，它就从来不会被淘汰出去。

二次机会页面置换算法可视为一个环形队列。用一个指针指示哪一页是下面要淘汰的。当需要一个存储块时，指针就前进，直至找到访问位是 0 的页。随着指针的前进，把访问位就清为 0。在最坏的情况下，所有的访问位都是 1，指针要通过整个队列一周，每一页都给第二次机会。这时就退化成 FIFO 页面置换算法了。

使用二次机会页面置换算法进行页面置换的过程，如图 7-34 所示。访问位为 1 的页面编号标注“*”号，没有标注的页号代表未访问。指针指向下一次可以考虑置换的页框，初始的 3 个页面依次载入页框，接下来需要访问的 2 号页面需要置换已经在内存中的某个页面。根据图中的标注，此时内存中的 6、5、1 号页面访问位为 1，于是依次给它们二次机会，指针下移，从 6 号到 5 号，再指向 1 号，掠过的页面标记清 0；当指针重新指向 6 号页面时，6 号页面标记位为 0，则被选中为淘汰的页面；2 号页面载入原来 6 号页面所在的页框。此时，完成了第一次页面的置换。以此类推，二次机会页面置换算法在该场景中一共产生 11 次缺页中断。

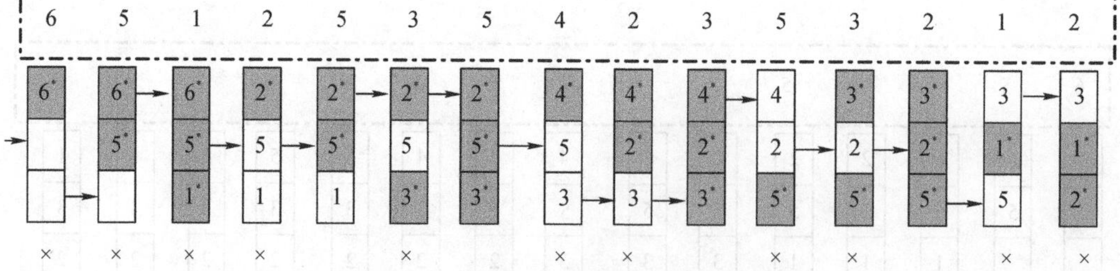

图 7-34　二次机会页面置换算法

7.8.3 页面缓冲算法

页面缓冲算法需要设置一个缓冲区，维护着两个链表结构——空闲页面链表与修改页面链表。

1. 空闲页面链表

实际上该链表是一个空闲页帧链表，用于分配给频繁发生缺页的进程，以降低该进程的缺页率。当这样的进程需要读入一个页面时，便可利用空闲页帧链表中的第一个页帧来装入该页。当有一个未被修改的页要换出时，实际上并不将它换出到外存，而是把它所在的页帧挂在空闲链表的末尾(页面在内存中并不做物理上的移动，而是将页表中的表项移到该链表表尾)。也就是说，实际上被选中淘汰的页面并不是真正从内存中删除，它们仍然保存在内存中，当该进程以后再次访问这些页面时，只花费较小的开销，就使这些页面又返回到该进程的驻留集中。

2. 修改页面链表

修改页面链表是由已修改的页面形成的链表。设置该链表的目的是为了减少已修改页面换出的次数。当进程需要将一个已修改的页面换出时，系统并不立即把它换出到外存上，而是将它所在的物理块挂在修改页面链表的末尾。这样做的目的是降低将已修该页面写回磁盘的频率，降低将磁盘内容读入内存的频率。比如，当被修改的页面数达到一定数目时，再将它们一起写回到磁盘上，从而显著地减少磁盘 I/O 次数。

正是有了页面缓冲算法，操作系统才能显著地降低页面换入、换出的频率，使磁盘 I/O 的操作次数大为减少，因而减少了页面换入、换出的开销；也正是由于换入、换出的开销大幅度减小，才能使其采用一种较简单的置换策略，如先进先出 (FIFO) 页面置换算法，它不需要特殊硬件的支持，实现起来非常简单。

7.8.4 页帧分配算法

我们通常说操作系统给某个进程分配了一定数量的页帧(一般会少于所需页面的数量)，用于虚拟内存的页置换，但是这个页帧数量是如何确定的？事实上，为进程分配的页帧数量是由页帧分配算法来决定的。

首先，我们需要知道，给一个进程分配的页帧数量有上限，不能超过内存可容纳的帧数；同样，帧数也是有下限的。例如，机器的所有指令在一帧，另一帧用于内存引用，此外，如果需要间接引用，则每个进程至少需要 3 帧才能保证正常运行。

帧的下限由计算机的结构来确定。例如：PDP-11 的移动指令的长度在一些寻址模式下为多个字长，因此指令本身可能跨在两个页上；此外，它有两个操作数，而每个操作数都有可能是间接引用，因此共需要 6 帧。

页帧的分配算法通常需要考虑驻留在内存中进程的情况，常见的分配算法包括平均分配法与按比例分配法。

1. 平均分配法

即最大帧数除以进程总数得到一个平均的值，这个值就是操作系统为每个进程分配的页帧数目。例如，内存一共有100个空闲页帧，5个进程，按照平均分配的方案，每个进程可以分配到20个页帧大小的内存空间。这种方案称为平均分配法。

单纯的平均分配没有考虑到不同进程可能需要不同大小的内存空间。

2. 按比例分配法

考虑一个这样的系统，每个页帧大小为1 KB，目前内存一共有60个空闲页帧，现在有两个进程，一个进程的地址空间为100个页面，另一个有20个页面。如果完全平均分配，每个进程将获得30个页帧，对于小的进程而言，还白白浪费10个页帧，显然这种分配方法是不合理的。为了解决该问题，空闲页帧可以按进程大小比例分配，即按照进程地址空间的大小并按比例给进程分配页帧数。设进程P_i的虚拟地址空间的页面数为s_i，且定义：

$$S = \sum s_i$$

如果空闲页帧总数为m，那么进程P_i可分配到a_i个页帧。这里a_i近似为$a_i = (s_i/S) \times m$，其中a_i为满足条件的整数。

在上面的例子中，较大进程可以分配的页帧数目为$60/(100 + 20) \times 100 = 50$；较小的进程可分配的页帧数目为10。这样两个进程可以在合理大小的内存空间中执行。

有些操作系统中可能会根据进程的优先级来进行空闲页帧的分配，优先级越高的进程期望获得的页帧数目越多，以便更快地执行。在这种要求下，也可以按照优先级大小的比列来分配空闲页帧。

7.8.5　页帧分配策略

前面我们已经讨论了多个页面置换算法，这些算法实际上都有一个前提，就是页面的置换都是发生在同一个进程已分配内存空间中，这种页面分配或置换算法可归结为局部分配的策略。除了局部分配策略之外，还有一种页帧分配的策略：全局策略。全局分配策略允许进程抢占其他进程分配的页帧。局部置换算法可以有效地为每个进程分配固定的页帧。全局置换算法在可运行进程之间动态地分配页框，因此分配给各个进程的页框数是随时间变化的。

在局部置换算法里面并没有考虑各个进程之间的访存差异，全局置换算法为进程分配可变数目的物理页面。常驻集是指进程在运行时，当前时刻实际驻留在内存当中的页面集合；而工作集是进程在过去一段时间访问的页面的集合。置换算法的实质就是在进程的工作集的前提下，确定常驻集的大小以及相应页面。

全局置换算法在通常情况下工作得比局部置换算法好，当工作集的大小随进程运行时间发生变化时这种现象更加明显。若使用局部置换算法，即使有大量的空闲页框存在，工作集的增长也会导致颠簸。如果工作集缩小了，局部置换算法又会浪费内存。在使用全局置换算法时，系统必须不停地确定应该给每个进程分配多少页框。

1. 系统抖动的定义

随着进程的增加，CPU的利用率也会增加，但是如果同一时间进程过多，每个进程占用的帧就相应变少，就可能出现进程执行时需要经常性地发生缺页中断、CPU利用率又降低的现象；而这时，操作系统还以为是进程数量太少导致的，还继续加入进程，导致每个进程占用的帧更少、CPU利用率更低的恶性循环，这种现象称为系统抖动。该现象会导致系统吞吐量陡降，缺页错误率显著增加。

系统抖动现象如图 7-35 所示，初始的时候，随着多道程序程度的增加，CPU 利用率也增加，直到达到最大值。如果进程的数目继续增加，那么系统抖动就开始了，并且 CPU 利用率急剧下降。此时，为了提高 CPU 利用率并停止抖动，必须减少进程的数目。

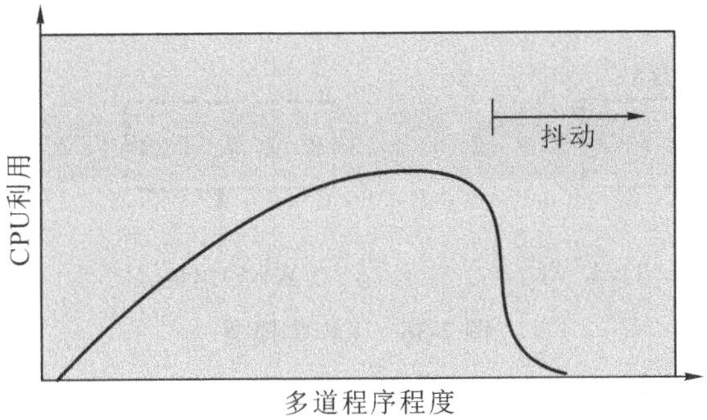

图 7-35 系统抖动现象

2. 系统抖动的原因

产生系统抖动现象的主要原因有两点：其一，分配的页帧数量太小；其二，置换算法选择不当。

(1) 如果分配给进程的页帧数量小于进程所需要的最小值，进程的运行将不可避免地很频繁地产生缺页中断。

(2) 在请求分页存储管理中，可能出现这种情况，即对刚被替换出去的页，立即又要被访问。需要将它调入，因无空闲页帧又要替换另一页，而后者又是即将被访问的页，于是造成了系统需花费大量的时间忙于进行这种频繁的页面交换，致使系统的实际效率很低，严重导致系统瘫痪。这种情况主要是由调度策略选择不当造成的。

通过局部置换算法可以限制系统抖动，当一个进程开始抖动时，由于采用局部置换，因此它不能从另一个进程中获取帧，而且也不能导致后者抖动。然而，这个问题并没有完全解决。如果进程抖动，由于频繁地发生缺页中断，也会间接影响到其他进程的有效访问时间。

3. 解决系统抖动的方法

为了防止抖动，应为进程提供足够多的所需帧数。但是如何知道进程“需要”多少帧呢？我们一般采用两种策略来获知进程所需要的页帧数量：工作集策略与缺页率策略。工作集策略是通过计算每一个进程的工作集近似得到进程需要的页帧数，如果这个总数大于内存的物理帧数，则说明系统颠簸了，需要减少进程；缺页率策略则是通过检测系统进程的缺页中断率来进行，并设置缺页率的上限和下限，超过上限则停止进程，低于下限则加入进程。

1) 工作集策略

工作集策略研究一个进程实际使用多少帧。这种方法主要依靠进程执行的局部性模型。局部性模型指出，随着进程执行，它将从一个局部移向另一个局部。一个“局部”是最近使用页面的一个集合。一个程序通常由多个不同的可能重叠的局部组成。这个“局部”也可理解为工作集。什么是工作集呢？严格地说，一个工作集就是当前时间 t 到过去一段时间内，进程访问的逻辑页面的集合。有了工作集，就能知道一个进程在某个时刻所需要的页面数，进而通过操作系统进行合理分配。

工作集是基于局部性原理的。我们可以定义一个工作集窗口，窗口长度为S。在这个窗口中检查最近S个页面引用。这最近S个引用的页面集合就是当前进程的工作集。工作集模型如图7-36所示。

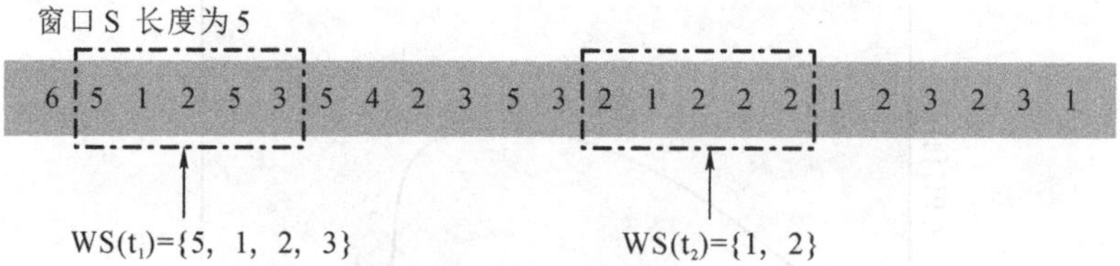

图7-36　工作集模型

如果一个页面刚被访问过，那么它处在工作集中。如果它不再使用，那么它在最后一次引用的S时间单位后会从工作集中删除。因此，工作集是程序局部的近似。

例如，给定如图7-36所示的页面引用序列，如果窗口长度S=5，表示5个内存引用，那么t_1时的工作集为{5，1，2，3}，到t_2时的工作集已经改变为{1，2}。

工作集的精度取决于窗口S的长度。如果S太小，那么它不能包含整个局部；如果S太大，那么它可能包含多个局部。在极端情况下，如果S为无穷大，那么工作集就是进程执行所需的所有页面的集合。

一旦选中了窗口长度S，工作集模型的使用就很简单。操作系统监视每个进程的工作集，并为它分配大于其工作集的帧数。如果还有足够的额外帧，那么可启动另一进程。如果所有进程工作集大小的总和增加，以致超过内存可用帧的总数，就可能会导致系统抖动，则操作系统会选择一个进程来挂起。该进程的页面被写出(交换)，并且其页帧可分配给其他进程。挂起的进程以后可以重启。

2) 缺页率策略

缺页率策略是另一种更为直接的防止抖动的方法。如果系统随时能够检测到系统中的缺页错误的情况，就可以动态地调整为进程分配的页帧数目。

我们可以设置所需缺页率的上下限。如果实际缺页率超过上限，则可为进程再分配更多的页帧；如果实际缺页率低于下限，则可从进程中移走页帧。因此，可以靠直接监测缺页率来防止抖动。

实际上，抖动及其导致的交换对性能的负面影响很大。目前，处理这一问题的最佳实践是，在可能的情况下提供足够的物理内存以避免抖动和交换。从智能手机到大型机，提供足够的内存，可以保持所有工作集都并发地处在内存中，并且提供最好的用户体验(除非在极端条件下)。

7.9　Linux系统内存管理

7.9.1　Linux进程地址空间

Linux操作系统采用虚拟内存管理技术，使得每个进程都有各自互不干涉的进程地址空间。该空间是块大小为4GB的线性虚拟空间，用户所看到和接触到的都是该虚拟地址，无法看到实际的物理内存地址。利用这种虚拟地址不但能起到保护操作系统的效果(用户不能直接访问物理内存)，而且更重要的是，用户程序可使用比实际物理内存更大的地址空间。

在讨论进程空间细节前，这里先要强调几个知识点。

(1) 4GB的进程地址空间被人为地分为两个部分——用户空间与内核空间。用户空间占据0～3GB，内核空间占据3GB、4GB(如图7-37所示，注意这里是32位内核地址空间划分，64位内核地址空间划分和它是不同的)。用户进程通常情况下只能访问用户空间的虚拟地址，不能访问内核空间虚拟地址。只有用户进程进行系统调用(代表用户进程在内核态执行)的时刻可以访问到内核空间。

(2) 每个进程的用户空间都是完全独立、互不相干的。

(3) 用户内存空间对应进程，所以每当进程切换，用户内存空间就会跟着变化；而内核空间是由内核负责映射，它并不会跟着进程改变，是固定的。内核空间地址有自己对应的页表 (init_mm.pgd)，用户进程各自有不同的页表。

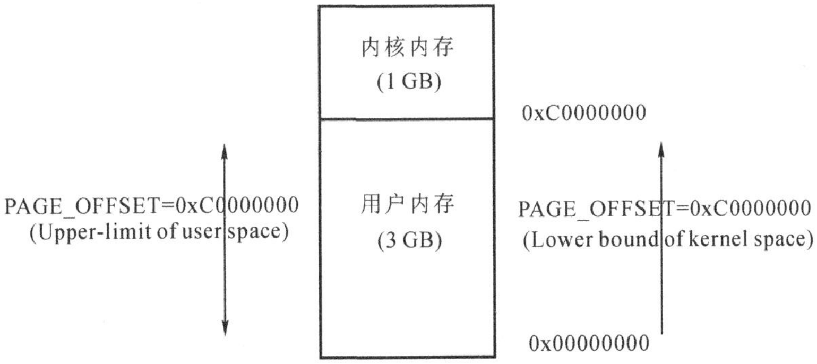

图 7-37 Linux 进程地址空间

在x86结构中，将内核地址空间划分为三部分：ZONE_DMA、ZONE_NORMAL和ZONE_HIGHMEM。在x86结构中，三种类型的区域(从3GB开始计算)介绍如表7-6所示。

表 7-6 内核地址空间 zone 分区

管理内存域	描 述
ZONE_DMA	内存开始为 16 MB，标记了适合 DMA 的内存域。该区域的长度依赖于处理器类型。这是由于古老的 ISA 设备强加的边界，但是为了兼容性，现代的计算机也可能受此影响
ZONE_DMA32	标记了使用32位地址字可寻址， 适合DMA的内存域。显然， 只有在53位系统中ZONE_DMA32才和ZONE_DMA有区别。在32位系统中， 本区域是空的(即长度为0 MB)， 在Alpha和AMD64系统上， 该内存的长度可能是0～4 GB
ZONE_NORMAL	16～896MB，标记了可直接映射到内存段的普通内存域。这是在所有体系结构上保证会存在的唯一内存区域，但无法保证该地址范围对应的实际的物理地址。例如，如果 AMD64 系统只有 2GB 内存，那么所有的内存都属于 ZONE_DMA32 范围，而 ZONE_NORMAL 则为空
ZONE_HIGHMEM	高于 896 MB，标记了超出内核虚拟地址空间的物理内存段，因此这段地址不能被内核直接映射

7.9.2 物理内存管理

Linux内核管理物理内存是通过分页机制实现的，它将整个内存划分成无数个4KB(在i386体系结构中)大小的页，从而分配和回收内存的基本单位便是内存页了。利用分页管理有助于灵活分配内存地址，因为分配时不要求必须有大块的连续内存，系统可以拼凑出所需要的内存供进程使用。虽然如此，但是实际上系统使用内存时还是倾向于分配连续的内存块，因为分配连续内存时，页表不需要更改，因此能降低TLB的刷新率(频繁刷新会在很大程度上降低访问速度)。鉴于这些需求，内核分配物理页面时为了尽量减少不连续情况，采用了“伙伴”关系来管理空闲页面。

内核使用struct page结构表示物理页。为了简化理解，下面的代码只保留了重要的部分代码(除去了容易混淆思维的联合体结构)。

```
struct page{
        unsigned long flags;
        structaddress_space *mapping;
        pgoff_t index;
        atomic_t  _mapcount;
        atomic_t  _refcount;
        structlist _headlru;
        long private;
        void *virtual;
};
```

关于各成员的详细描述如表 7-7 所示。

表 7-7　struct page 成员说明

成员	描　述
flag	用来存放页的状态，每一位代表一种状态，所以至少可以同时表示出 32 种不同的状态。这些状态定义在 linux/page-flags.h 中
virtual	对于物理内存可以直接映射内核的系统，我们可以在其之间映射出虚拟地址与物理地址的管理。但是对于需要使用高端内存区域的页，即无法直接映射到内核的虚拟地址空间，因此需要用 virtual 保存该页的虚拟地址
_refcount	引用计数，表示内核中引用该 page 的次数，如果要操作该 page，引用计数会 +1，操作完成会 -1。当该值为 0 时，表示没有引用该 page 的位置，所以该 page 可以被解除映射，这往往在内存回收时是有用的
_mapcount	被页表映射的次数，也就是说该 page 同时被多少个进程共享。初始值为 -1，如果只被一个进程的页表映射了，该值为 0。如果该 page 处于伙伴系统中，该值为 PAGE_BUDDY_MAPCOUNT_VALUE(-128)，内核通过判断该值是否为 PAGE_BUDDY_MAPCOUNT_VALUE 来确定该 page 是否属于伙伴系统
private	私有数据指针，由应用场景确定其具体的含义
lru	链表头，用于在各种链表上维护该页，以便按页将不同类别分组，主要有三个用途：伙伴算法，Slab 分配器，被用户态使用或被当作页缓存使用
mapping	指向与该页相关的 address_space 对象
index	页帧在映射内部的偏移量

1. Linux 内存管理伙伴系统算法

Linux内核通过伙伴系统(Buddy System)算法来管理物理内存。伙伴系统算法在理论上是非常简单的内存分配算法。它的用途主要是尽可能减少外部碎片，同时允许快速分配与回收物理页面。为了减少外部碎片，以及连续的空闲页面，可根据空闲块(由连续的空闲页面组成)大小，组织成不同的链表(或者orders)。这样，所有的2页面大小的空闲块在一个链表中，4页面大小的空闲块在另外一个链表中，以此类推，如图7-38所示。

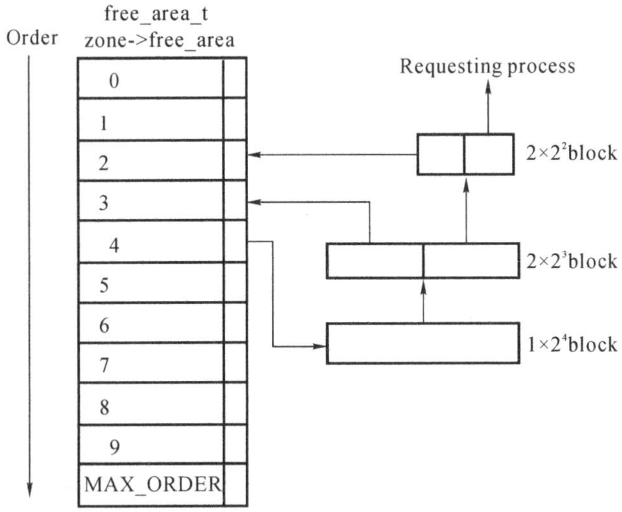

图 7-38 伙伴系统分配示意图

注意：不同大小的块在空间上不会有重叠。当一个需求为4个连续页面时，检查是否有4页面的空闲块而快速满足请求。若该链表上(每个节点都是大小为4页面的块)有空闲块，则分配给用户，否则向下一个级别(order)的链表中查找。若存在(8页面的)空闲块(现处于另外一个级别的链表上)，则将该页面块分裂为两个4页面的块，一块分配给请求者，另外一块加入到4页面的块链表中。这样，可以避免分裂大的空闲块，而此时也可以满足需求的小页面块，从而减少外面碎片。

伙伴系统分配器大体上分为两类：__get_free_pages() 类函数返回分配的第一个页面的线性地址；alloc_pages() 类函数返回页面描述符地址。不管以哪种函数进行分配，最终会调用 alloc_pages() 进行分配页面。

2. Slab

所谓尺有所短，寸有所长。以页为最小单位分配内存对于内核管理系统中的物理内存来说的确比较方便，但内核自身最常使用的内存却往往是很小 (远远小于一页) 的内存块。比如，存放文件描述符、进程描述符、虚拟内存区域描述符等行为所需的内存都不足一页。这些用来存放描述符的内存相比页面而言，就好比是面包屑与面包。一个整页中可以聚集多个这些小块内存，而且这些小块内存块也和面包屑一样频繁地生成和销毁。

为了满足内核对这种小内存块的需要，Linux系统采用了一种被称为Slab分配器的技术。Slab分配器的实现相当复杂，但原理不难，其核心思想就是“存储池”的运用。内存片段(小块内存)被看作对象，当被使用完后，并不直接释放而是被缓存到“存储池”里，留作下次使用，这无疑避免了频繁创建与销毁对象所带来的额外开销。

Slab技术不但避免了内存内部碎片带来的不便(引入Slab分配器的主要目的是为了减少对伙伴系统算法的调用次数——频繁分配和回收必然会导致内存碎片，从而难以找到大块连续的可用内存)，而且可以很好地利用硬件缓存以提高访问速度。

Slab并非是脱离伙伴关系而独立存在的一种内存分配方式，Slab仍然是建立在页面基础之上。换句话说，Slab将页面(来自于伙伴关系管理的空闲页面链表)撕碎成众多小内存块以供分配，Slab中的对象分配和销毁使用kmem_cache_alloc与kmem_cache_free。

3. kmalloc

Slab 分配器不仅仅只用来存放内核专用的结构体，它还被用来处理内核对小块内存的请求。当然，鉴于 Slab 分配器的特点，一般来说内核程序中对小于一页的小块内存的请求是通过 Slab 分配器提供的接口 kmalloc 来完成的。从内核内存分配的角度来讲，kmalloc 可被看成是 get_free_page(s) 的一个有效补充，也就是内存分配粒度更灵活了。

有兴趣的话，可以到/proc/slabinfo中找到内核执行现场使用的各种Slab信息统计，其中会看到系统中所有Slab的使用信息。从信息中可以看到系统中除了专用结构体使用的Slab外，还存在大量为kmalloc而准备的Slab(其中有些为dma准备的)。

4. vmalloc

不论是伙伴系统算法，还是Slab技术，从内存管理理论角度而言目的基本是一致的，它们都是为了防止“碎片”。不过碎片又分为外部碎片和内部碎片之说，所谓内部碎片是说系统为了满足一小段内存区(连续)的需要，不得不分配了一大区域连续内存给它，从而造成了空间浪费；外部碎片是指系统虽有足够的内存，但却是分散的碎片，无法满足对大块“连续内存”的需求。无论何种碎片都是系统有效利用内存的障碍。Slab分配器使得一个页面内包含的众多小块内存可独立被分配使用，避免了内部碎片，节约了空闲内存。伙伴关系把内存块按大小分组管理，一定程度上减轻了外部碎片的危害，因为页框分配不再盲目，而是按照大小依次有序进行，不过伙伴关系只是减轻了外部碎片，但并未彻底消除。读者可以想象一下多次分配页面后，空闲内存的剩余情况。

所以避免外部碎片的最终思路还是落到了如何利用不连续的内存块组合成“看起来很大的内存块”——这里的情况很类似于用户空间分配虚拟内存，内存逻辑上连续，其实映射到并不一定连续的物理内存上。Linux内核借用了这个技术，允许内核程序在内核地址空间中分配虚拟地址，同样也利用页表(内核页表)将虚拟地址映射到分散的内存页上。以此完美地解决了内核内存使用中的外部碎片问题。内核提供vmalloc函数分配内核虚拟内存，该函数不同于kmalloc，它可以分配比kmalloc大得多的内存空间(可远大于128 KB，但必须是页大小的倍数)。但相比kmalloc来说，vmalloc需要对内核虚拟地址进行重映射，必须更新内核页表，因此分配效率上要低一些(用空间换时间)。

与用户进程相似，内核也有一个名为init_mm的mm_strcut结构来描述内核地址空间，其中页表项pdg=swapper_pg_dir包含了系统内核空间(3～4GB)的映射关系。因此，vmalloc分配内核虚拟地址必须更新内核页表，而kmalloc或get_free_page由于分配的连续内存，所以不需要更新内核页表。

7.9.3 Linux 内核高端内存

当内核模块代码或线程访问内存时，代码中的内存地址都为逻辑地址，而对应到真正的物理内存地址，需要地址一对一的映射，如逻辑地址 0xc0000003 对应的物理地址为 0x3，0xc0000004 对应的物理地址为 0x4，…(如图 7-39 所示)。逻辑地址与物理地址对应的关系为：

物理地址 = 逻辑地址－0xc0000000

逻辑地址	物理内存地址
0xc0000000	0x0
0xc0000001	0x1
0xc0000002	0x2
0xc0000003	0x3
…	…
0xe0000000	0x20000000
…	…
0xffffffff	0x40000000 ??

图 7-39 内核代码逻辑地址与物理地址对应关系图

假设按照上述简单的地址映射关系，那么内核逻辑地址空间访问为 0xc0000000 ～ 0xffffffff，其对应的物理内存范围就为 0x0 ～ 0x40000000，即只能访问 1GB 物理内存。若机器中安装 8GB 物理内存，那么内核就只能访问前 1GB 物理内存，后面 7GB 物理内存将会无法访问，因为内核的地址空间已经全部映射到物理内存地址范围 0x0 ～ 0x40000000。即使安装了 8GB 物理内存，那么物理地址为 0x40000001 的内存，内核该怎么去访问呢？代码中必须要有内存逻辑地址，因为 0xc0000000 ～ 0xffffffff 的地址空间已经被用完，所以无法访问物理地址 0x40000000 以后的内存。此时，我们就需要借助高端内存来实现访问。

高端内存HIGH_MEM地址空间范围为 0xF8000000 ～ 0xFFFFFFFF(896 ～1024 MB)。内核是如何借助128 MB高端内存地址空间实现访问所有物理内存的呢?当内核想访问高于896 MB物理地址内存时，从0xF8000000～0xFFFFFFFF地址空间范围内找一段相应大小空闲的逻辑地址空间，借用一会儿建立映射到想访问的那段物理内存(即填充内核PTE页面表)，用完后归还。这样，别人也可以借用这段地址空间访问其他物理内存，实现了使用有限的地址空间访问所有物理内存的目的。使用高端内存访问全部内存空间的示意图如图7-40所示。

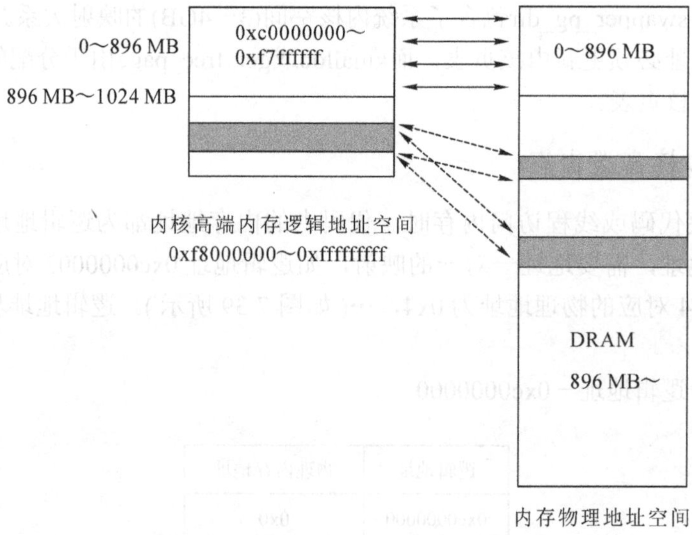

图 7-40　使用高端内存访问全部内存空间的示意图

例如，内核想访问以 2GB 开始的一段大小为 1 MB 的物理内存，即物理地址范围为 0x80000000 ～ 0x800FFFFF。访问之前先找到一段 1 MB 大小的空闲地址空间，假设找到的空闲地址空间为 0xF8700000 ～ 0xF87FFFFF，用这 1 MB 的逻辑地址空间映射到物理地址空间 0x80000000 ～ 0x800FFFFF 的内存。映射关系如图 7-41 所示。

逻辑地址	物理内存地址
0xF8700000	0x80000000
0xF8700001	0x80000001
0xF8700002	0x80000002
…	…
0xF87FFFFF	0x800FFFFF

图 7-41　高端内存映射示例

当内核访问完 0x80000000 ～ 0x800FFFFF 物理内存后，就将 0xF8700000 ～ 0xF87FFFFF 内核线性空间释放。这样，其他进程或代码也可以使用 0xF8700000 ～ 0xF87FFFFF 地址访问其他物理内存。

从上面的描述，我们可以知道高端内存的最基本思想：借一段地址空间建立临时地址映射，用完后释放，从而达到这段地址空间可以循环使用，也可以访问所有物理内存的目的。

对于高端内存，可以通过 alloc_page() 或者其他函数获得对应的 page，但是要想访问实际物理内存，还得把 page 转为线性地址才行。也就是说，我们需要为高端内存对应的 page 找一个线性空间，这个过程称为高端内存映射。对应高端内存的三部分，高端内存映射有三种方式：

1) 映射到内核动态映射空间 (Noncontiguous Memory Allocation)

这种方式很简单，因为通过 vmalloc() 在“内核动态映射空间”申请内存的时候，就可能从高端内存获得页面 (参看 vmalloc 的实现)，因此说高端内存有可能映射到“内核动态映射空间”中。

2) 持久内核映射 (Permanent Kernel Mapping)

如果是通过 alloc_page() 获得了高端内存对应的 page，如何给它找个线性空间？内核专门为此留出一块线性空间，从 PKMAP_BASE 到 FIXADDR_START，用于映射高端内存。在 2.6内核上，这个地址范围是 4GB～8MB 到 4GB～4MB 之间，这个空间也叫“内核永久映射空间”或者“永久内核映射空间”。这个空间和其他空间使用同样的页目录表，对于内核来说，就是 swapper_pg_dir，对普通进程来说，就是 CR3 寄存器的指向。通常情况下，这个空间是 4MB 大小，因此仅仅需要一个页表即可。内核通过pkmap_page_table来寻找这个页表。通过 kmap()，可以把一个 page 映射到这个空间来。由于这个空间是 4MB大小，最多能同时映射 1024 个 page，因此，对于不使用的page，应该及时从这个空间释放掉(也就是解除映射关系)，即通过 kunmap()可以把一个 page 对应的线性地址从这个空间释放出来。

3) 临时映射 (Temporary Kernel Mapping)

内核在 FIXADDR_START 到 FIXADDR_TOP 之间保留了一些线性空间用于特殊需求，这个空间称为“固定映射空间”。在这个空间中，有一部分用于高端内存的临时映射。这块空间具有以下特点：

(1) 每个 CPU 占用一块空间。

(2) 在每个 CPU 占用的那块空间中，又分为多个小空间，每个小空间大小是 1 个 page，每个小空间用于一个目的，这些目的定义在 kmap_types.h 中的 km_type 中。

当要进行一次临时映射时，需要指定映射的目的，根据映射目的，可以找到对应的小空间，然后把这个空间的地址作为映射地址。这意味着一次临时映射会导致以前的映射被覆盖。通过 kmap_atomic() 可实现临时映射。

在此，需要特别说明一些容易混淆的概念，如下：

(1) 用户进程没有高端内存概念，只有在内核空间才存在高端内存。用户进程最多只可以访问 3GB 物理内存，而内核进程可以访问所有物理内存。

(2) 目前现实中，64 位 Linux 内核不存在高端内存，因为 64 位内核可以支持超过 512 GB 内存。若机器安装的物理内存超过内核地址空间范围，则会存在高端内存。

(3) 32 位系统用户进程最大可以访问 3 GB 物理内存，内核代码可以访问所有物理内存。64 位系统用户进程最大可以访问超过 512 GB 物理内存，内核代码可以访问所有物理内存。

7.9.4 进程用户空间管理

进程内存管理的对象是进程线性地址空间上的内存镜像，这些内存镜像其实就是进程使用的虚拟内存区域(Memory Region)。进程虚拟空间是一个32或64位的“平坦”(独立的连续区间)地址空间(空间的具体大小取决于体系结构)。要统一管理这么大的平坦空间可绝非易事，为了方便管理，虚拟空间被划分为许多大小可变的(但必须是4096的倍数)内存区域，这些区域在进程线性地址中像停车位一样有序排列。这些区域的划分原则是“将访问属性一致的地址空间存放在一起”，所谓访问属性在这里无非指的是“可读、可写、可执行等”。对任何一个普通进程来讲，它都会涉及五种不同的内存对象。

(1) 代码段。代码段是用来存放可执行文件的操作指令，也就是说它是可执行程序在内存中的镜像。代码段需要防止在运行时被非法修改，所以只准许读取操作，而不允许写入(修改)操作——它是不可写的。

(2) 数据段。数据段用来存放可执行文件中已初始化全局变量，换句话说就是存放程序静态分配的变量和全局变量。

(3) bss段。bss段包含了程序中未初始化的全局变量，在内存中bss段全部置零。

(4) 堆(heap)。堆是用于存放进程运行中被动态分配的内存段，它的大小并不固定，可动态扩张或缩减。当进程调用malloc等函数分配内存时，新分配的内存就被动态添加到堆上(堆被扩张)；当利用free等函数释放内存时，被释放的内存从堆中被剔除(堆被缩减)。它的物理内存空间是由程序申请的，并由程序负责释放。

(5) 栈。栈是用户存放程序临时创建的局部变量，也就是函数括弧“{}”中定义的变量(但不包括static声明的变量，static意味着在数据段中存放变量)。除此以外，在函数被调用时，其参数也会被压入发起调用的进程栈中，并且待到调用结束后，函数的返回值也会被存放回栈中。由于栈的先进先出特点，所以栈特别方便用来保存/恢复调用现场。从这个意义上讲，我们可以把堆栈看成一个寄存、交换临时数据的内存区，它是由操作系统分配的，内存的申请与回收都由操作系统来管理。

如果要查看某个进程占用的内存区域，可以使用命令cat /proc/<pid>/maps来获得；pid是进程号，如果程序使用了动态库，那么除了进程本身使用的内存区域外，还会包含哪些动态库使用的内存区域(区域顺序：代码段、数据段、bss段)。下面只抽出和某进程example有关的信息，除了前两行代表的代码段和数据段外，最后一行是进程使用的栈空间。

```
------------------------------------------------------------------------------------------------
08048000－08049000 r-xp0000000003:03439029/home/mm/src/example
08049000－0804a000rw-p 0000000003:03439029/home/mm/src/example
...
bfffe000－c0000000rwxpffff0000 00:000
------------------------------------------------------------------------------------------------
```

每行数据格式如下：

(内存区域)开始－结束 访问权限 偏移主设备号：次设备号 i 节点 文件。

注意：你一定会发现进程空间只包含三个内存区域，似乎没有上面所提到的堆bss等，其实并非如此，程序内存段和进程地址空间中的内存区域是种模糊对应，也就是说，堆、bss、数据段(初始化过的)都在进程空间中由数据段内存区域表示。

1. 内存描述符

一个进程的虚拟地址空间主要由两个数据结构来描述。一个是最高层次的结构：mm_

struct(定义在mm_types.h中)；一个是较高层次的结构：vm_area_structs。最高层次的mm_struct结构描述了一个进程的整个虚拟地址空间；较高层次的结构vm_area_truct描述了虚拟地址空间的一个区间(简称虚拟区或线性区)。每个进程只有一个mm_struct结构，在每个进程的task_struct结构中，有一个指向该进程的结构。可以说，mm_struct结构是对整个用户空间(注意，是用户空间)的描述。task_struct中关于内存描述的成员如下：

```
structtask_struct
{
//...
    structmm_struct *mm, *active_mm;
//...
};
```

其中，mm 表示进程所拥有的用户空间内存描述符；active_mm 表示进程运行时所使用的内存描述符。值得注意的是，对于普通进程，这两个指针变量相同；对于内核线程，不拥有任何内存描述符，mm 成员总是设为 NULL。当内核线程运行时，它的 active_mm 成员被初始化为前一个运行进程的 active_mm 值。

每一个进程都会有自己独立的 mm_struct，这样每一个进程都会有自己独立的地址空间，这样才能互不干扰。当进程之间的地址空间被共享的时候，可以理解为这个时候是多个进程使用一份地址空间，这就是线程。

mm_struct 数据结构详解如下：

```
structmm_struct{
    structvm_area_struct *mmap;     /* 内存区域链表 */
    structrb_rootmm_rb;          /* VMA 形成的红黑树 */
    atomic_tmm_users;          /* 使用地址空间的用户数目 */
    atomic_tmm_count;          /* 主使用计数器 */
    ...
    structlist_headmmlist;       /* 所有 mm_struct 形成的链表 */
    ...
unsigned long total_vm;       /* 全部页面数目 */
    unsigned long locked_vm;      /* 上锁的页面数据 */
    unsigned long pinned_vm;      /* Refcount permanently increased */
    unsigned long shared_vm;      /* 共享页面数目 Shared pages (files) */
    unsigned long exec_vm;       /* 可执行页面数目 VM_EXEC & ~VM_WRITE */
    unsigned long stack_vm;       /* 栈区页面数目 VM_GROWSUP/DOWN */
    unsigned long def_flags;
    unsigned long start_code, end_code, start_data, end_data;
                         /* 代码段、数据段起始地址和结束地址 */
    unsigned long start_brk, brk, start_stack;
                     /* 栈区的起始地址，堆区起始地址和结束地址 */
    unsigned long arg_start, arg_end, env_start, env_end;
```

```
                         /* 命令行参数和环境变量的起始地址和结束地址 */
    ...
        mm_context_t context;           /* 体系结构特殊数据 */
        unsigned long flags;            /* 状态标志位 */
        ...
    };
```

mm_users域记录正在使用该地址的进程数目，mm_count表示mm_struct结构体的主引用计数，当mm_users值减少为0时(所有使用该地址空间的线程都退出)，mm_count变为0；当mm_count等于0时，说明已经没有人和指向该mm_stuct结构体的引用了，这时该结构体会被撤销。

在地址空间中，mmap为地址空间的内存区域(用vm_area_struct结构来表示)链表，mm_rb用红黑树来存储；链表表示起来更加方便，红黑树表示起来更加方便查找。区别是，当虚拟区较少时采用单链表，由mmap指向这个链表；当虚拟区较多时时采用红黑树的结构，由mm_rb指向这棵红黑树。这样就可以在使用大量数据的时候效率更高。

所有的 mm_struct 结构体通过自身的 mmlist 域链接在一个双向链表上，该链表的首元素是 init_mm 内存描述符，代表 init 进程的地址空间。

在进程的进程描述符 task_struct 中，mm 域存放着该进程使用的内存描述符，所以 current->mm 指向当前进程的内存描述符。fork() 函数利用 copy_mm() 函数复制父进程的内存描述符，而子进程中的 mm_struct 结构体实际是通过文件 kernel/fork.c 中的 allocate_mm() 宏从 mm_cachep slab 缓存中分配得到的。通常，每个进程都有唯一的 mm_struct 结构体，即唯一的进程地址空间。如果父进程希望和子进程共享地址空间，可以调用 clone() 时，设置 CLONE_VM 标志，这样的进程称作线程。Linux 中所谓的线程和进程的本质区别就是，是否共享地址空间。

当 CLONE_VM 被指定后，内核就不再需要调用 allocate_mm() 函数，而仅仅需要在调用 copy_mm() 函数中将 mm 域指向其父进程的内存描述符就可以了。具体代码如下：

```
if(clone_flags&CLONE_VM) {
    //current 是父进程，而 tsk 在 fork() 指向期间是子进程
    atomic_inc(&current->mm->mm_users);
    tsk->mm=current->mm;
}
```

进程退出时，内核会调用 exit_mm()，该函数执行一些常规撤销工作，同时更新一些统计量。该函数会调用 mmput() 减少内存描述符中的 mm_users 用户基数，如果用户计数降到 0，那么将调用 mmdrop() 函数，减少 mm_count 使用计数。如果使用计数也等于零，说明内存描述符不再有任何使用者了，那么调用 free_mm() 宏并通过 kmem_cache_free() 将 mm_struct 结构体归还到 mm_cachep slab 缓存中。

2. 虚拟内存区域

在 Linux 内核中，对应进程内存区域的数据结构是 vm_area_struct，内核将每个内存区域作为一个单独的内存对象管理，相应的操作也都一致。采用面向对象方法使 VMA 结

构体可以代表多种类型的内存区域，比如内存映射文件或进程的用户空间栈等，对这些区域的操作也都不尽相同。

vm_area_struct是描述进程地址空间的基本管理单元，对于一个进程来说往往需要多个内存区域来描述它的虚拟空间，如何关联这些不同的内存区域呢？大家可能都会想到使用链表，vm_area_struct结构确实是以链表形式链接，不过为了方便查找，内核又以红黑树(以前的内核使用平衡树)的形式组织内存区域，以便降低搜索耗时。并存的两种组织形式，并非冗余：链表用于需要遍历全部节点的时候，而红黑树适用于在地址空间中定位特定内存区域的时候。内核为了内存区域上的各种不同操作都能获得高性能，同时使用了这两种数据结构。图7-42反映了进程地址空间的管理模型。

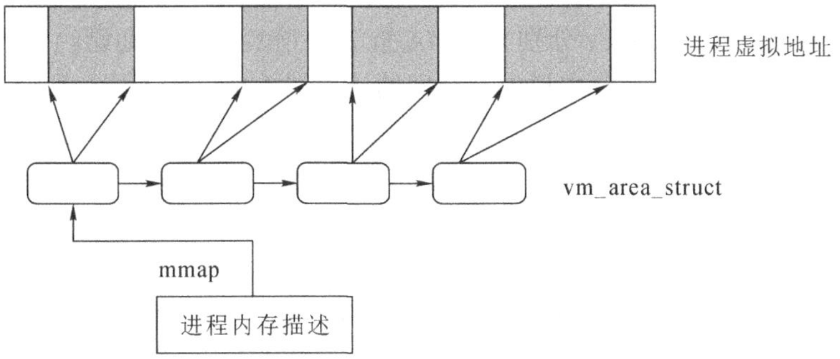

图 7-42 Linux 进程地址空间模型

Linux 4.20 源代码关于 vm_area_struct 结构体的描述如下：

```
struct vm_area_struct{
    unsigned long vm_start;
    unsigned long vm_end;
    struct vm_area_struct  *vm_next,*vm_prev;
    strut trb_node vm_rb;
    unsigned long rb_subtree_gap;
    struct mm_struct *vm_mm;
    pgprot_t vm_page_prot;
    unsigned long vm_flags;
    struct{
      struct rb_node rb
      unsigned long rb_subtree_last;
    }shared;
    struct list_head anon_vma_chain;
    struct anon_vma  *anon_vma;
    conststruct vm_operations_struct  *vm_ops;
    unsigned long vm_pgoff;
    struct file  *vm_file;
    void * vm_private_data;
```

```
    #ifndef CONFIG_MMU
        struct vm_region *vm_region;
        #end if
        #ifdef CONFIG_NUMA
            struct mempolicy *vm_policy;
        #end if
    };
```

Linux 源代码中，vm_area_struct 结构体各字段功能及部分取值描述如下：

(1) vm_start、vm_end 成员分别保存了该虚拟内存空间的首地址和末地址后第一个字节的地址，以字节为单位，所以虚拟内存空间范围可以用 [vm_start, vm_end] 表示。

(2) 指针 vm_next、vm_prev 分别为 VMA 链表的前后成员。通常，进程所使用到的虚拟内存空间不连续，且各部分虚拟内存空间的访问属性也可能不同。所以，一个进程的虚拟内存空间需要多个 vm_area_struct 结构来描述。在 vm_area_struct 结构的数目较少时，各个 vm_area_struct 按照升序排序，以单链表的形式组织数据，vm_next、vm_prev 分别指向当前节点的下一个节点、上一个节点。

(3) 当 vm_area_struct 结构的数据较多时，vm_rb 仍然采用链表组织的话，势必会影响到它的搜索速度。针对这个问题，每个进程结构体 mm_struct 中都创建一个红黑树，将本 VMA 作为一个节点加入到红黑树中，以提高 vm_area_struct 的搜索速度。

(4) rb_subtree_gap 保存本 node 中左右子树中最大的 gap，也就是最大间隙 size。换句话说，从这个 node 开始，左右子树中能插入的 VMA 最大 length 是多少。

(5) vm_mm 指向 VMA 所属进程的 structmm_struct 结构。

(6) vm_page_prot 描述 VMA 访问权限，用于创建区域中各页目录、页表项和存取控制标志，如 R/W、U/S、A、D、G 位等。

(7) vm_flags 主要保存 VMA 标志位。其定义和描述如表 7-8 所示。

表 7-8　vm_area_struct 结构成员 vm_flags 取值说明

标志名	描　述
VM_DENYWRITE	在这个区间映射一个打开后不能用来写的文件
VM_EXEC	页可以被执行
VM_EXECUTABLE	页含有可执行代码
VM_GROWSDOWN	这个区间可以向低地址扩展
VM_GROWSUP	这个区间可以向高地址扩展
VM_IO	这个区间映射一个设备的 I/O 地址空间
VM_LOCKED	页被锁住不能被交换出去
VM_MAYEXEC	VM_EXEC 标志可以被设置
VM_MAYREAD	VM_READ 标志可以被设置
VM_MAYSHARE	VM_SHARE 标志可以被设置
VM_MAYWRITE	VM_WRITE 标志可以被设置
VM_READ	页是可读的

续表

标志名	描 述
VM_SHARED	页可以被多个进程共享
VM_SHM	页用于 IPC 共享内存
VM_WRITE	页是可写的

(8) 对于具有地址空间 (Address Apace) 和后备存储 (Backing Store) 的区域，结构体 shared 链接到 address_space->i_mmap 间隔树。

(9) anon_vma_chain 指向匿名域的指针。

(10) anon_vma 为通用链表节点。

(11) vm_ops 为 VMA 操作函数合集，常用于文件映射。

(12) vm_pgoff 指定文件映射的偏移量，单位是页面。

(13) vm_file 描述一个被映射的文件。

(14) vm_private_data 是 vm_pte(共享内存)。

(15) vm_region 为 NOMMU 映射区域。

(16) vm_policy 针对 VMA 的 NUMA 政策。

1) VMA 操作

vm_area_struct 结构体中的 vm_ops 域指向与指定内存区域相关的操作函数。

```
struct vm_operations_struct{
// 当指定的内存区域被加入到一个地址空间时，该函数被调用
void(*open)(struct vm_area_struct*area);
// 当指定的内存区域从地址空间删除时，该函数调用
void(*close)(struct vm_area_struct*area);
// 当没有出现在屋里内存中的页面被访问时，该函数被页面故障处理调用
int(*fault)(struct vm_area_struct*vma,struct vm_fault*vmf);
// 当某个页面为只读页面时，该函数被页面故障处理调用
int(*page_mkwrite)(struct vm_area_struct*vma,struct vm_fault*vmf);
// 当 get_user_pages() 函数调用失败时，该函数被 access_process_vm() 函数调用
int(*access)(struct vm_area_struct*vma,unsigned long addr,
void*buf,intlen,intwrite);
…
};
```

2) 内存区域的树型结构和内存区域的链表结构

mmap 和 mm_rb 独立地指向与内存描述符相关的全体内存区域对象，它们包含完全相同的 vm_area_struct 结构体指针，仅仅方法不同。

mmap 域使用单独的链表连接所有的内存区域对象，每个 vm_area_struct 结构体通过自身 vm_next 域被连入链表。mmap 域指向链表中的一个内存区域，链中最后一个结构体指针指向空 mm_rb 域并使用红黑树连接所有内存区域对象，mm_rb 指向红黑树根节点，

地址空间中每个 vm_area_struct 通过自身的 vm_rb 连接到树中。

链表用于需要遍历全部节点的时候，而红黑树适用于在地址空间中定位特定内存区域的时候，内核为了内存区域上的各种不同操作都能获得高性能，所以同时使用了这两种数据结构。

实际使用中的内存区域可使用 proc 文件系统和 pmap 工具查看给定进程的内存空间和其中所含的内存区域。若某进程 pid 为 2636，则：

```
leon@ubuntu:~$ cat /proc/2636/maps
08048000-08049000 r-xp 00000000 08:01 131477/home/leon/a.out
08049000-0804a000 r--p 00000000 08:01 131477/home/leon/a.out
0804a000-0804b000 rw-p 00001000 08:01 131477/home/leon/a.out
b7589000-b758a000rw-p 00000000 00:00 0
b758a000-b772e000 r-xp 00000000 08:01 524970  /lib/i386-linux-gnu/libc-2.15.so
b772e000-b7730000 r--p001a4000 08:01 524970 /lib/i386-linux-gnu/libc-2.15.so
b7730000-b7731000rw-p001a6000 08:01 524970/lib/i386-linux-gnu/libc-2.15.so
b7731000-b7734000rw-p 00000000 00:00 0
b7744000-b7747000rw-p 00000000 00:00 0
b7747000-b7748000 r-xp 00000000 00:00 0 [vdso]
b7748000-b7768000 r-xp 00000000 08:01 524935/lib/i386-linux-gnu/ld-2.15.so
b7768000-b7769000 r--p0001f000 08:01 524935/lib/i386-linux-gnu/ld-2.15.so
b7769000-b776a000rw-p 00020000 08:01 524935/lib/i386-linux-gnu/ld-2.15.so
bfb5b000-bfb7c000rw-p 00000000 00:00 0[stack]
```

每行数据格式如下：

(内存地址)开始-结束　访问权限　偏移　主设备号：次设备号　i 节点　文件

或者用 pmap 命令查看：

```
leon@ubuntu:~$ pmap2636
2636:./a.out
080480004K r-x-- /home/leon/a.out
080490004K r---- /home/leon/a.out
0804a0004Krw--- /home/leon/a.out
b75890004Krw---[ anon ]
b758a0001680K r-x-- /lib/i386-linux-gnu/libc-2.15.so
b772e0008K r---- /lib/i386-linux-gnu/libc-2.15.so
b77300004K rw--- /lib/i386-linux-gnu/libc-2.15.so
b773100012K rw--- [ anon ]
b774400012K rw--- [ anon ]
b77470004K r-x-- [ anon ]
b7748000128K r-x-- /lib/i386-linux-gnu/ld-2.15.so
b77680004K r---- /lib/i386-linux-gnu/ld-2.15.so
b77690004K rw--- /lib/i386-linux-gnu/ld-2.15.so
```

```
bfb5b000 132Krw---[ stack ]
total2004K
```

以上信息分别表示程序和C库的代码段、数据段、bss段。进程全部地址空间大约为2004 KB，但只有大概不到200 KB的内存区域是可写或私有的。如果一片内存范围是共享的或不可写的，那么内核只需要在内存中为文件保留一份映射，比如C库的代码，只读入一次是安全的。由于内存未被共享，因此只要一有进程写该处数据，那么该处数据就将被复制出来(写时复制)，然后才被更新。

每个与进程相关的内存区域都对应于一个 vm_area_strcut 结构体。此外，进程不同于线程，进程结构体 task_struct 包含唯一的 mm_struct 结构体引用。

下面来看几个 vma 的基本操作函数，这些函数都是后面实现具体功能的基础。find_vma() 用来寻找一个针对于指定地址的 vma，该 vma 要么包含了指定的地址，要么位于该地址之后并且离该地址最近，或者说寻找第一个满足 addr<vma_end 的 vma。

```
struct vm_area_struct*find_vma(struct mm_struct*mm,unsigned long addr)
  {
    struct vm_area_struct*vma=NULL;
    if(mm){
      vma=mm->mmap_cache;  //首先尝试 mmap_cache 中缓存的 vma
      if(!(vma&&vma->vm_end>addr&&vma->vm_start<=addr)){
        struct rb_node*rb_node;
        rb_node=mm->mm_rb.rb_node;//获取红黑树根节点
        vma=NULL;
        while(rb_node){
          struct vm_area_struct*vma_tmp;
          vma_tmp=rb_entry(rb_node,  //获取节点对应的 vma
          struct vm_area_struct,vm_rb);
          if(vma_tmp->vm_end>addr){
          vma=vma_tmp;
          if(vma_tmp->vm_start<=addr)
          break;
          rb_node=rb_node->rb_left;
        }else
        rb_node=rb_node->rb_right;
        }
        if(vma)
          mm->mmap_cache=vma;  //将结果保存在缓存中
      }
    }
  returnvma;
}
```

该函数在指定地址空间中搜索的一个 vm_end 大于 addr 的内存区域，这样返回的 VMA 首地址可能大于 addr，所以指定的地址并不一定就包含在返回的 VMA 中。

因为很有可能在执行某个 VMA 操作后，其他操作还会对该 VMA 进行操作，所以 find_vma() 函数返回的结果被缓存在内存描述符的 mmap_cache 域中。实践证明，被缓存的 VMA 有相当好的命中率，检查被缓存的 VMA 速度会很快，如果指定的地址不在缓存中，那么必须搜索和内存描述符相关的所有内存区域。这种搜索通过红黑树进行。

查找第一个和指定地址区间相交的 VMA：find_vma_intersection()。

```
static inline struct vm_area_struct*find_vma_intersection(structmm_struct*
                    mm,unsigned long start_addr,unsigned long end_addr)
{
    structvm_area_struct*vma=find_vma(mm,start_addr);
    if(vma&&end_addr<=vma->vm_start)
        vma=NULL;
    return vma;
}
```

其中，mm 是要搜索的地址空间；start_addr 表示区间的起始地址；end_addr 表示区间尾地址。如果 find_vma() 返回 NULL，那么 find_vma_intersection() 返回 NULL；如果 find_vma() 返回有效 VMA，那么 find_vma_intersection() 只有在该 VMA 的起始位置与给定的地址区间结束位置之前，才将其返回，否则返回 NULL。

3. 内存映射

内存映射，简而言之就是将用户空间的一段内存区域映射到内核空间，映射成功后，用户对这段内存区域的修改可以直接反映到内核空间；同样，内核空间对这段区域的修改也直接反映用户空间。那么对于内核空间 <----> 用户空间两者之间需要大量数据传输等操作时，效率是非常高的。图 7-43 是一个把普通文件映射到用户空间的内存区域的示意图。

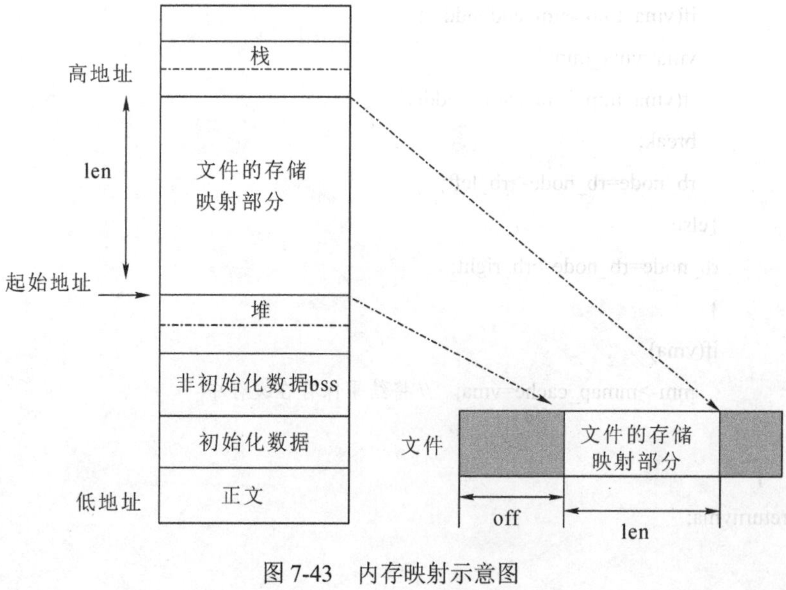

图 7-43 内存映射示意图

mmap 函数是 Unix/Linux 下的系统调用，mmap 系统调用并不是完全为了用于共享内存而设计的。它本身提供了不同于一般对普通文件的访问方式，进程可以像读写内存一样对普通文件进行操作。而 Posix 或系统 V 的共享内存 IPC 则纯粹用于共享目的，当然 mmap() 实现共享内存也是其主要应用之一。

mmap系统调用使得进程之间通过映射同一个普通文件实现共享内存。普通文件被映射到进程地址空间后，进程可以像访问普通内存一样对文件进行访问，不必再调用read()、write()等操作。mmap并不分配空间，只是将文件映射到调用进程的地址空间里(但是会占掉virutal memory)，然后就可以用memcpy等操作写文件，而不用write()了。写完后，内存中的内容并不会立即更新到文件中，而是有一段时间的延迟，用户可以调用msync()来显式同步一下，这样其所写的内容就能立即保存到文件里了。这点应该和驱动相关。不过通过mmap来写文件这种方式没办法增加文件的长度，因为要映射的长度在调用mmap()的时候就决定了。例如：

void * mmap(void *start, size_t length, int prot , int flags, int fd, off_t offset)

mmap 用于把文件映射到内存空间中，简单说 mmap 就是把一个文件的内容在内存里面做一个映像。映射成功后，用户对这段内存区域的修改可以直接反映到内核空间；同样，内核空间对这段区域的修改也直接反映用户空间。那么对于内核空间 <----> 用户空间两者之间需要大量数据传输等操作时，效率是非常高的。

start：要映射到的内存区域的起始地址，通常都是用 NULL(NULL 即为 0)。NULL 表示由内核来指定该内存地址 。

length：要映射的内存区域的大小。

prot：期望的内存保护标志，不能与文件的打开模式冲突。它可以是表 7-9 中的某个值，可以通过 or 运算合理地组合在一起 。

表 7-9 prot 保护标志

标 志	说 明
PROT_EXEC	页内容可以被执行
PROT_READ	页内容可以被读取
PROT_WRITE	页可以被写入
PROT_NONE	页不可访问

flags：指定映射对象的类型，映射选项和映射页是否可以共享。它的值可以是表 7-10 中一个或者多个值的组合体。

表 7-10 flags 标志

标 志	说 明
MAP_FIXED	使用指定的映射起始地址，如果由 start 和 len 参数指定的内存区重叠于现存的映射空间，那么重叠部分将会被丢弃；如果指定的起始地址不可用，操作将会失败，并且起始地址必须落在页的边界上
MAP_SHARED	对映射区域的写入数据会复制回文件内，而且允许其他映射该文件的进程共享

续表

标　志	说　明
MAP_PRIVATE	建立一个写入时复制的私有映射。内存区域的写入不会影响到原文件。这个标志和以上标志是互斥的，只能使用其中一个
MAP_DENYWRITE	这个标志被忽略
MAP_NORESERVE	不要为这个映射保留交换空间。当交换空间被保留时，对映射区修改的可能会得到保证。当交换空间不被保留，同时内存不足时，对映射区的修改会引起段违例信号
MAP_LOCKED	锁定映射区的页面，从而防止页面被交换出内存
MAP_GROWSDOWN	用于堆栈，告诉内核 VM 系统，映射区可以向下扩展
MAP_ANONYMOUS	匿名映射，映射区不与任何文件关联
MAP_32BIT	将映射区放在进程地址空间的低 2 GB，MAP_FIXED 指定时会被忽略。当前，这个标志只在 x86-64 平台上得到支持
MAP_POPULATE	为文件映射通过预读的方式准备好页表，随后对映射区的访问不会被页违例阻塞
MAP_NONBLOCK	仅和 MAP_POPULATE 一起使用时才有意义。不执行预读，只为已存在于内存中的页面建立页表入口

如果想取消内存映射，可以调用 munmap() 来取消内存映射：

int munmap(void *start, size_t length)

start：要取消映射的内存区域的起始地址。

length：要取消映射的内存区域的大小。

返回说明：

成功执行时，munmap() 返回 0；失败时，munmap 返回 -1。

int msync(const void *start, size_t length, int flags);

4. 页表的实现

实现虚拟地址到物理地址转换最容易想到的方法是使用数组，对虚拟地址空间的每一页都分配一个数组项。但是有一个问题，考虑 IA32 体系结构下页面大小为 4 KB，整个虚拟地址空间为 4 GB，则需要包含 1M(2^{20}) 个页表项，这还只是一个进程，因为每个进程都有自己独立的页表。因此，系统所有的内存都来存放页表项恐怕都不够。

想象一下进程的虚拟地址空间，实际上大部分是空闲的，真正映射的区域几乎是汪洋大海中的小岛，因此我们可以考虑使用多级页表，可以减少页表内存使用量。实际上，多级页表也是各种体系结构支持的，由于没有硬件支持，因此我们是没有办法实现页表转换的。

为了减少页表的大小并忽略未做实际映射的区域，计算机体系结构的设计都会考虑将虚拟地址划分为多个部分。具体的体系结构划分方式不同，比如 ARM7 和 IA32 就有不同的划分，这里不作讨论。

Linux 操作系统在 86_AMD 平台使用四级页表，如图 7-44 所示。

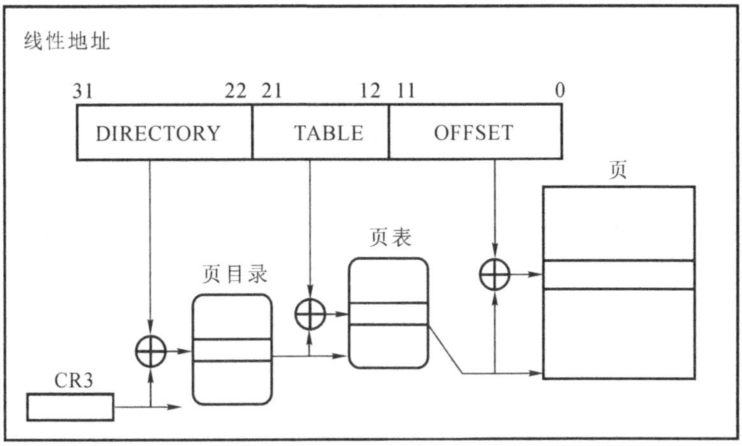

图 7-44 四级页表地址变换示意图

图中 CR3 保存着进程页目录 PGD 的地址，不同的进程有不同的页目录地址。进程切换时，操作系统负责把页目录地址装入 CR3 寄存器。地址翻译过程如下：

(1) 对于给定的线性地址，根据线性地址的 bit22 ～ bit31 作为页目录项索引值，在 CR3 所指向的页目录中找到一个页目录项。

(2) 找到的页目录项对应着页表，根据线性地址的 bit12 ～ bit21 作为页表项索引值，在页表中找到一个页表项。

(3) 找到的页表项中包含着一个页面的地址，线性地址的 bit0 ～ bit11 作为页内偏移值和找到的页确定线性地址对应的物理地址。

这个地址翻译过程完全是由硬件完成的。在地址转换过程中，有两种情况会导致失败。

(1) 要访问的地址不存在。这通常意味着由于错误访问了无效的虚拟地址，操作系统必须采取某种措施来处理这种情况。对于现代操作系统，发送一个段错误给程序；或者要访问的页面还没有被映射进来，此时操作系统要为这个线性地址分配相应的物理页面，并更新页表。

(2) 要查找的页不在物理内存中，比如页已经交换出物理内存。在这种情况下，需要把页从磁盘交换回物理内存。

5. TLB

CPU使用Cache缓冲了最近使用的页面映射，我们称之为Translation Lookaside Buffer(TLB)。TLB是一个组相连的Cache。当一个虚拟地址需要转换成物理地址时，首先搜索TLB。如果发现了匹配(TLB命中)，那么直接返回物理地址并访问；如果没有匹配项(TLB miss)，那么就要从页表中查找匹配项，若存在就要把结果写回TLB。

小　　结

任何程序只有载入内存才能正常运行，程序经过编译和链接后，会生成一个独立的逻辑地址空间，当程序被调入内存运行的时候，需要进行地址重定位的工作，将逻辑地址空间映射到物理地址空间。重定位的方式有两种：静态地址重定位与动态地址重定位。

静态地址重定位：当用户程序被装入内存时，一次性实现逻辑地址到物理地址的转换，以后不再转换(一般在装入内存时由软件完成)。

动态地址重定位：在程序运行过程中要访问数据时再进行地址变换(即在逐条指令执行时完成地址映射。一般为了提高效率，此工作由硬件地址映射机制来完成)。

有限的内存容量远远不能满足大程序以及多道程序的存储要求，这就需要扩充内存。早期使用覆盖技术应用在同一进程内部，缓解内存空间不足的矛盾，但是由于使用太过复杂，目前该技术已被虚拟存储技术替代；交换技术是扩充内存的另一种方式，应用于不同进程之间，它是中级调度的基础，同时也是虚存储技术的基础。

连续内存分配方式支持程序一次性全部载入内存的连续区域，有固定分区方案与可变分区方案。固定分区会产生内部碎片，动态分区可产生外部碎片，连续分配的要求导致分区方案的内存利用率不高。

页式存储管理、段式存储管理、段页式存储管理方法均可支持内存空间的非连续分配。

页式存储管理的基本原理是将各进程的虚拟地址空间划分为若干个长度相等的页。把内存空间按页的大小划分为页帧，然后把页式虚拟地址与内存地址建立一一对应的页表，并用相应的硬件地址转换机构来解决不连续地址变换问题。页式管理采用请求调页和预调页技术来实现虚拟存储管理。

段式存储管理的基本思想是把程序按内容或过程函数关系分成段，每个进程对应一个二维线性虚拟空间。段式管理程序以段为单位分配内存，然后通过地址映射机构把段式虚拟地址转换为实际内存物理地址。该管理方法支持动态链接，有利于实现代码共享。

段页式存储管理是段式存储管理和页式存储管理相结合而成，系统必须为每个进程建立一张段表。另外，由于一个段又被划分为若干个页，每一段必须建立一张页表以便把段中的虚页变换为内存中的实际页面。段页式存储管理兼具页式和段式存储管理两者的优点。由于管理软件的增加，复杂性和开销也增加了，另外需要的硬件以及占用的内存也有所增加，使得其执行速度下降。

在以上三种存储管理方案中，存储保护通常采用防止地址越界和防止操作越权两种方法来实现的。

Linux 操作系统采用虚拟内存管理技术，4GB 的进程地址空间被人为地分为两个部分——用户空间与内核空间。用户空间占据 0 ～ 3G，内核空间占据 3GB、4GB。

Linux 内核管理物理内存是通过分页机制实现的，在 86 系统中采用四级页表实现地址变换。

习 题

1. 名词解释

地址重定位　局部性原理　覆盖与交换

2. 存储保护的目的是什么？在页式存储管理中如何进行存储保护？

3. 某虚拟存储器的用户空间共有 32 个页面，每页 1 KB，主存 16 MB。假定某时刻为用户的第 0、1、2、3 页分别分配的页帧号为 5、10、4、7，试将虚拟地址 0A5C 和 093C 变换为物理地址。

4. 在一个请求分页系统中，采用 LRU 页面置换算法时，假如一个进程的页面访问序列为4，3，2，1，4，3，5，4，3，2，1，5，当分配给该进程的页帧数 M 分别为 3 和 4 时，试计算访问过程中所发生的缺页次数和缺页率是多少？

5. 什么是系统抖动？产生抖动的原因是什么？

6. 简述页式存储管理和段式存储管理的区别。

7. 内存保护是否可以完全由软件来实现？为什么？

8. 用可变分区方式管理主存时，假定主存中按地址顺序依次有五个空闲区，空闲区的大小分别为 32 KB、10 KB、5 KB、228 KB、100 KB，现有五个作业 J1、J2、J3、J4 和 J5，它们各需主存 11 KB、10 KB、108 KB、28 KB、115 KB，若采用首次适应分配算法能把这五个作业按 J1 ～ J5 的次序全部装入主存吗？

9. 对一个将页表放在分页系统的内存中：

(1) 如果访问内存需要 0.2 μs，有效访问时间为多少？

(2) 如果增加一个快表，且假定在快表中找到页表项的几率高达90%，则有效访问时间又是多少(假定查找快表需花的时间为0)？

10. 某系统采用分页存储管理方式，拥有逻辑空间 32 页，每页 2 KB，拥有物理空间 1MB。

(1) 写出逻辑地址的格式。

(2) 若不考虑访问权限等，进程的页表项有多少项？每项至少有多少位？

11. 在分页存储管理系统中，逻辑地址的长度为 16 位，页面大小为 4096 字节，现有一逻辑地址为 2F6AH，且第 0、1、2 页依次存放在页帧 5、10、11 中，问相应的物理地址是多少？

12. 在分页虚拟存储管理系统中，为什么说一条指令执行期间可能产生多个中断？

13. 在分页虚拟存储管理系统中，假定系统为某进程分配了四个页帧(将开始4页先装入主存)，页的引用顺序为7，1，2，0，3，0，4，2，3，0，3，2，7，0，1，若采用FIFO调度算法、LRU调度算法时分别产生多少次缺页中断？

14. 现有一分页虚拟存取管理系统，其页表保存在寄存器中。若有一个可用的空页或被替换的页未被修改，则它处理一个缺页中断需要 8 ms；若被替换的页已被修改，则处理一个缺页中断需要 20 ms。内存存取时间为 1μs，假定 70%被替换的页被修改过，为保证有效存取时间不超过 2μs，可接受的最大缺页率是多少？

15. Linux用户空间(进程)是否有高端内存概念？

16. Linux 用户进程能访问多少物理内存？内核代码能访问多少物理内存？

第 8 章　文件系统

文件管理是操作系统的五大功能之一，是操作系统中实现文件统一管理的一组软件。从系统角度来看，文件系统对文件存储器的存储空间进行组织、分配和回收，负责文件的存储、检索、共享和保护。从用户角度来看，文件系统主要实现“按名取存”，文件系统的用户只要知道所需文件的文件名，就可存取文件中的信息，而无需知道这些文件究竟存放在什么地方。

8.1　文件和文件系统

8.1.1　文件

在大部分操作系统中，文件系统是最核心的部分。由于系统的内存有限并且不能永久保存用户的程序和数据，因此需要将这些重要的信息保存在外部的存储设备上。当需要使用的时候，再将它们载入内存。文件系统就是承担这一系列管理任务的系统软件。文件系统管理的主要对象是文件，究竟什么是文件呢？文件是操作系统中的一个重要概念。文件是以计算机硬盘为载体存储在计算机上的信息集合，文件可以是文本文档、图片、程序，等等。在系统运行时，计算机以进程为基本单位进行资源的调度和分配；而在用户进行的输入、输出中，则以文件为基本单位。大多数应用程序的输入都是通过文件来实现的，其输出也保存在文件中，以便信息的长期存储及将来的访问。

当用户将文件用于应用程序的输入、输出时，还希望可以访问文件、修改文件和保存文件等，以实现文件的维护管理。这就需要系统提供一个文件管理系统，操作系统的文件系统就是用于实现用户的这些管理要求。从用户角度来看，文件系统提供了与二级存储相关的资源的抽象，让用户能在不了解文件的各种属性、文件存储介质的特征以及文件在存储介质上的具体位置等情况下，方便快捷地使用文件。

用户通过文件系统建立文件，提供应用程序的输入、输出，对资源进行管理。下面通过介绍自底向上的文件结构组成，来了解文件的结构。

1. 数据项

数据项是文件系统中最低级的数据组织形式，可分为以下两种类型：

(1) 基本数据项：用于描述一个对象的某种属性的一个值，如姓名、日期或证件号等。它是数据中可命名的最小逻辑数据单位，即原子数据。

(2) 组合数据项：由多个基本数据项组成。

2. 记录

记录是一个具有特定意义的信息单位，它由该记录在文件中的逻辑地址(相对位置)与记录名所对应的一组键、属性及其属性值所组成。

图 8-1 所示是一个记录的组成示例。

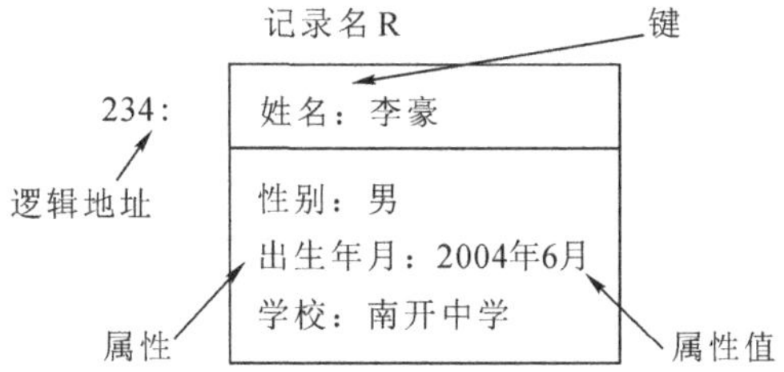

图 8-1 记录结构

图8-1中，234是名为R的记录在文件中的逻辑地址(也可以理解为记录的编号)，“姓名”是该记录的键，而“性别”“出生年月”“学校”等是该记录的属性，紧跟在这些后面的是属性值。由于各系统设计的要求不同，记录既可以是定长的，也可以是变长的。记录的长度可以短到一个字符，也可以长到一个文件，这要由系统设计人员确定。

3. 文件

文件是指由创建者所定义的一组相关信息的集合，可分为有结构文件和无结构文件两种。在有结构文件中，文件由一组相似记录组成，如某学校所有学生学籍信息记录组成学生信息文件，这又称为记录式文件；而无结构文件又被称为字符流文件，比如一个二进制文件或字符文件。

虽然上面给出了结构化的表述，但实际上关于文件并无严格的定义。通常，在操作系统中将程序和数据组织成文件，文件可以是数字、字母或二进制代码，基本访问单元可以是字节、行或记录。

文件有一定的属性。这根据系统的不同而有所不同，但是通常都包括以下属性：

(1) 名称。用户为文件指定的名称，便于用户按名存取文件。

(2) 标识符。标识符为标识文件系统内文件的唯一标签，通常为数字，用户无法直接使用该标识符。

(3) 文件类型。支持不同类型文件的系统需要这种信息。

(4) 位置。位置指向存储设备和设备上文件位置的指针。

(5) 大小。文件当前大小(用字节、字或块表示)也可包含文件允许的最大值。

(6) 保护。对文件进行保护的访问控制信息。

(7) 时间、日期和用户标识。文件创建、上次修改和上次访问的相关信息，用于保护和跟踪文件的使用。

有些较新的文件系统还支持扩展文件属性，包括文件的字符编码和安全功能等属性。

8.1.2 文件系统层次结构

作为操作系统的基本功能之一，文件系统承担着重要的文件管理任务。一个设计良好的文件系统能够将用户与底层的设备有机地结合起来。现代主流文件系统都采用多层构架的设计原理，图 8-2 所示的文件系统层次结构自上而下分别为用户接口、文件目录结构、存取控制模块、逻辑文件系统与文件信息缓冲区、物理文件系统、辅助分配模块和设备管理模块。每层的主要功能可描述如下。

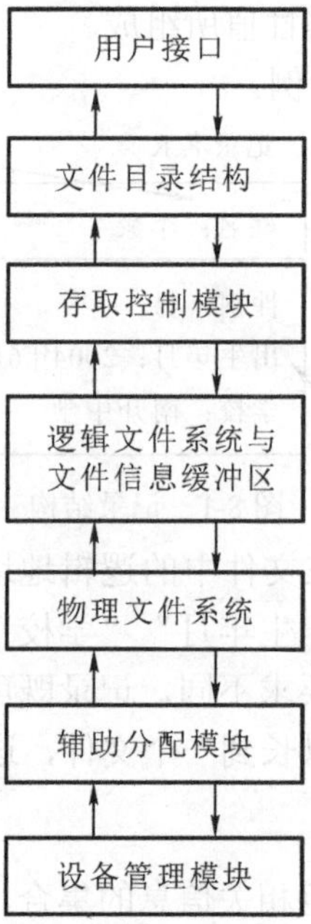

图 8-2 文件系统层次结构

1. 用户接口

文件系统为用户提供与文件相关的各种系统调用函数，如新建、打开、读写、关闭、删除文件，建立、删除目录等。此层由若干程序模块组成，每一模块对应一条系统调用，用户发出系统调用时，控制即转入相应的陷阱机构处理执行并返回结果。

2. 文件目录结构

文件目录结构的主要功能是管理文件目录，其任务有管理活跃文件目录表、管理读写状态信息表、管理用户进程的打开文件表、管理与组织在存储设备上的文件目录结构、调用下一级存取控制模块。

3. 存取控制模块

文件保护的功能主要由该层软件实现。例如，它把用户的访问要求与文件控制块 FCB 中指示的访问控制权限进行比较，以确认访问的合法性。

4. 逻辑文件系统与文件信息缓冲区

逻辑文件系统与文件信息缓冲区的主要功能是根据文件的逻辑结构将用户要读写的逻辑记录转换成文件逻辑结构内的逻辑块号。

5. 物理文件系统

物理文件系统的主要功能是把逻辑记录所在的逻辑块号转换成实际的物理地址。

6. 辅助分配模块

辅助分配模块的主要功能是管理辅存空间，即负责分配辅存空闲空间和回收辅存空间。

7. 设备管理模块

设备管理模块的主要功能是分配设备、分配读写用缓冲区、磁盘调度、启动设备、处理设备中断、释放设备读写缓冲区、释放设备等。

如果某进程需要读取文件Student的信息，则需要经过第一层的用户接口对操作系统发出读取文件的系统调用命令。操作系统得到命令后，经过了第二层文件目录结构模块，查找目录得到文件Student的相关信息，如文件控制块FCB等。通过查看Student文件控制块上的信息，了解进程用户有没有访问该文件的权限，此时需要第三层存取控制模块提供服务。用户通过验证后，就真正开始寻址了。操作系统的寻址需要先得到逻辑地址，再得到物理地址，于是在开始寻址的时候，操作系统经过了逻辑文件系统与文件信息缓冲区得到了相应文件的内容的逻辑块号，然后在物理文件系统层将逻辑块号转换成对应的物理块号。如果只是读出文件的内容，则直接启动设备管理模块，完成对应文件信息的读入过程；如果此时需要给文件分配空间(如插入内容)或回收空间(如删除文件)，则需要辅助分配模块提供服务，然后启动设备管理模块完成文件内容的修改等操作。

8.2　文件的逻辑结构

文件的逻辑结构是用户可见的结构，用户可以通过合理的方式来组织文件的内容，以便更高效地对文件内容进行读写。逻辑文件从结构上分成两种形式：一种是无结构的流式文件，是指对文件内的信息不再划分单位，它是依次的一串字符流构成的文件；一种是有结构的记录式文件， 是用户把文件内的信息按逻辑上独立的含义划分信息单位，每个单位称为一个逻辑记录(简称记录)。

所有记录通常都是描述一个实体集的，有着相同或不同数目的数据项。记录的长度可分为定长和不定长记录两类。

在文件系统设计时，选择何种逻辑结构才能更有利于用户对文件信息的操作呢？一般情况下，选取文件的逻辑结构应遵循下述原则：

(1) 当用户对文件信息进行修改操作时，逻辑结构应能尽量减少对已存储好的文件信息的变动。

(2) 当用户需要对文件信息进行读取操作时，逻辑结构应使文件系统在尽可能短的时间内查找到需要查找的记录或基本信息单位。

(3) 尽可能减少文件信息存储空间的占用。

显然，对于字符流的无结构文件来说，查找文件中的基本信息单位，例如某个单词，用户只能逐一比对。所以，那些对基本信息单位操作不多的文件较适于采用字符流的无结构方式，如源程序文件、目标代码文件等。除了字符流的无结构方式外，记录式的有结构文件可把文件中的记录按各种不同的方式排列，构成不同的逻辑结构，以便用户对文件中的记录进行修改、追加、查找和管理等操作。常见的记录式文件的逻辑结构包括堆结构、顺序结构、散列结构等。

8.2.1　堆结构文件

堆结构是最简单的文件组织形式(如图8-3所示)。文件中的记录可以长短不一，每条记录可以拥有不同的属性。图8-3展示了堆结构文件中记录的组织方式。这些记录的组织方式是按照生成的先后顺序排列而成。也就是说，记录的排列顺序与记录内容是无关的。堆结构的文件有利于记录的追加，能够较好地用于穷举查找。但是，如果需要按照关键字查找某条记录时，只能搜索文件的全部内容，效率会很差。因此，这种组织形式对于大部分文件都是不适用的。

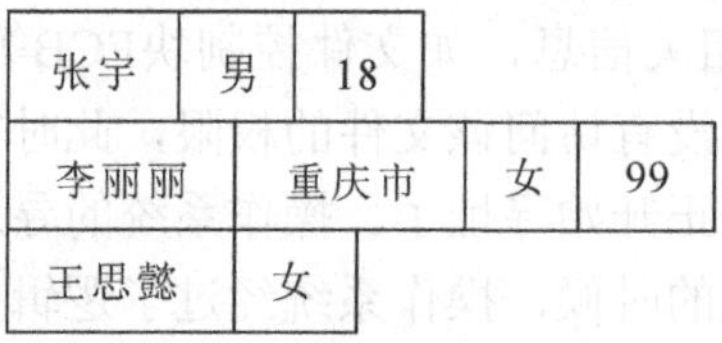

图 8-3　堆结构文件示意图

8.2.2　顺序结构文件

顺序结构是一种最常见的文件组织形式。记录在文件中按照某个规则进行排序，通常按照某个关键字(如按照数字或字母顺序)排序。如果需要频繁地对文件中的记录进行查找、增加或删除操作，则可以采用这样的结构来组织文件。比如，如果需要查阅某公司员工的薪资分布情况，则在构建员工基本信息的文件中按照薪水进行排序，如表8-1所示。如果需要了解7000元以下的员工年龄构成的情况，则可以设置查询条件。由于记录按照薪水已经排好序，故可以很快得到结果。

表 8-1　顺序结构文件示意图

姓名	性别	年龄	薪水
丁一	男	23	4230
李双	女	26	6350
张珊	女	35	6890
郑思	男	30	9500

8.2.3　散列结构文件

顺序结构文件按照某个关键字排序，在记录数目较大的情况下，按照关键字搜索某条记录时，也很耗费时间。如果考虑到搜索时间复杂度，那么采用散列结构来组织文件是一种较好的方法。

散列文件使用散列函数将记录的关键字值经过计算转化为记录的逻辑号(也可理解为记录的编号)。这里，可以举一个例子来说明散列结构文件的组织过程。假设有10个学生的成绩信息如表8-2所示，现在需要按照散列结构来组织这10条记录。

学生表中的主关键字域为“姓名”。首先，需要设计一个散列函数 H(Key)，其中 Key 为学生表中关键字“姓名”的值。H(Key) 的值为 Key 的首字母在字母表中的顺序编号，若 Key=Jack，则 Jack 的首字母“J”在字母表中的顺序编号为“10”。故当 Key=Jack 时，H(Jack)=10。根据该定义，表中 10 条记录的散列值分别为：

H(Jack)=10;H(Ada)=1;H(Lucy)=12; H(Rose)=18;

H(Mike)=13;H(GiGi)=7; H(Sophia)=19;

H(Baby)=2; H(Yacco)=25; H(Emily)=5。

这 10 条记录最后的逻辑结构组织如表 8-3 所示。如果需要查询某个学生的具体信息，只要给出学生的姓名，重新执行 H(Key)，计算得到的数值即为该学生信息的逻辑号。

表 8-2 学生成绩信息表

姓名	性别	成绩
Jack	male	76
Ada	male	68
Lucy	female	95
Rose	female	54
Mike	male	78
GiGi	male	81
Sophia	female	60
Baby	female	88
Yacco	male	90
Emily	female	85

表 8-3 散列后的信息表

逻辑号	姓名	性别	成绩
1	Ada	male	68
2	Baby	female	88
…	…	…	…
5	Emily	female	85
…	…	…	…
7	GiGi	male	81
…	…	…	…
10	Jack	male	76
…	…	…	…
12	Lucy	female	95
13	Mike	male	78
…	…	…	…
18	Rose	female	54
19	Sophia	female	60
…	…	…	…
25	Yacco	male	90

按照该例中的散列函数的定义，散列值分布在 1 ～ 26 之间。如果有更多的学生记录信息，这 26 个散列值应该会满射。当学生人数过多时，本例中的散列函数不可避免地会产生散列冲突问题。这种冲突与散列函数的选取是密切相关的，好的散列函数计算后的结果冲突就少。这也与冲突发生后处理方法有着紧密的联系，好的处理方法在处理一次冲突后不会引起另一次冲突的发生。

8.2.4 文件的读写方式

文件的读写方式是由文件的性质和用户使用文件的情况确定的。主要的读写方式包括顺序读写、直接读写以及索引读写。

1. 顺序读写

顺序读写是按照文件的逻辑地址顺序存取。针对不同性质的文件，我们可以采用不同的实现方法：

(1) 对于无结构的流式文件，每读取文件中的一个字符，文件内部指针便向后移动指向下一个字符。在这种方式下，文件指针不能回溯，如果读完当前字符后，希望指针后退重新读取前面的字符，这样的操作是不允许的。唯一能做的就是重新让文件指针指向第一个字符，然后再按顺序读到想要读的字符位置处。

(2) 对于记录型的文件，固定长度的记录实现起来是比较简单的。在读写记录时，总是读完上一条记录，才能接着读写逻辑号紧邻的下一条记录。在这个过程中，文件记录读写指针需要自动推进，以指向下一次要读写的位置，直到读写至文件末尾。如果希望回头读写当前记录之前的记录信息，则需要重置文件指针至文件头部，然后再一个记录一个记录移动指针直到目标位置。

可变长记录的顺序文件，每个记录的长度信息存放于记录最前面的一个单元中，它的存取操作分两步进行。读出时，根据读指针的值先读出存放记录长度的单元内容，然后得到当前记录长度后再读出相应长度的内容，同时调整指针值到下一条记录处。

顺序读写主要用于磁带文件，但也适用于磁盘上的顺序存储的文件。

2. 直接读写(随机读写法)

在现代文件系统中，更多的应用程序需要以任意次序直接读写文件中的某个记录。例如学生学籍系统，一般将学生学号作为主关键字，每条记录的详细信息存放在某物理块中，如果需要查询学生的基本情况，则可以根据学号将指定学生的学籍等基本信息读出。这就是文件的直接读写。

为了实现直接存取，一个文件可以看作是由顺序编号的逻辑块(也可理解为记录)组成的，这些块常常划成等长并作为定位和存取的一个最小单位，于是用户可以请求读块22、写块48，再读块9，等等。这种方法中，文件指针可以定位到指定逻辑块，无需一块一块地移动指针。

下面的程序代码展示了一个随机读写数据文件 student，将文件中的第 2、4、6、8、10 个学生数据输出在屏幕上，并保存到新文件 data_stu 中。

```
#include <stdio.h>
#include <stdio.h>
```

```
#define SIZE 10

struct student{
      char name[20];
      intnum;
      int age;
      charaddr[20];
}stu[SIZE];

void main() {
      FILE *fp_read,*fp_write;
      inti;
        if( !(fp_write = fopen( “data_stu” ,” wb” ))) {
           printf( “cannot open the file data_stu!\n” );
           return;
        }
        if( !(fp_read = fopen( “student” ,” rb” ))) {
           printf( “cannot open the file student!\n” );
           return;
        }

        for(i=1; i<SIZE; i+=2) {
           fseek(fp_read,i*sizeof(struct student),0);
           fread(&stu[i],sizeof(struct student),1,fp_read);
           fwrite(&stu[i],sizeof(struct student),1,fp_write);
           printf( “%s\t%d\t%d\t%s\n” ,stu[i].name,stu[i].num,stu[i].age,stu[i].addr);
        }

      fclose(fp_read);
      fclose(fp_write);
      printf( “Successful storage!\n” );
}
```

3. 索引读写

第三种类型的文件读写方法是基于索引文件的索引读写方法。其实，这种方法是建立在直接读写基础上的。由于我们需要经常根据关键字查询某条记录，因此可以为文件创建一个索引表。索引表可以包含两项：键值与逻辑号(逻辑块号)。当需要按照键值查找文件记录时，首先搜索索引找到该键值对应的逻辑块号，然后读出需要的记录信息，如图8-4所示。

姓名	逻辑号
Ada	1
Baby	7
Emily	9
GiGi	5
Jack	0
Lucy	2
Mike	4
Rose	3
Sophia	6
Yacco	8

逻辑号	姓名	性别	成绩
0	Jack	male	76
1	Ada	male	68
2	leLucy	fema	95
3	leRose	fema	54
4	Mike	male	78
5	GiGi	male	81
6	Sophia	fema	60
7	leBaby	fema	88
8	Yacco	male	90
9	Emily	fema	85

图 8-4　索引读写示意图

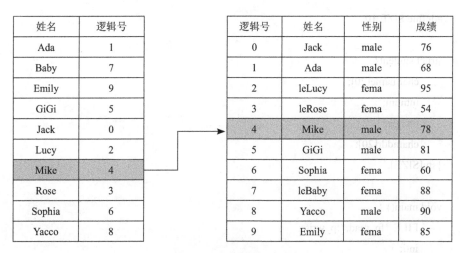

索引表一般按照关键字排序，这样可以使用合适的搜索算法(如二分法)快速定位关键字在索引表中的位置，然后提取出逻辑块。对于大文件，索引本身可能太大以至于不能放置在内存中，可以采用二级索引或多级索引来解决该问题。

8.3　文件的物理结构与组织

文件系统往往根据存储设备类型、存取要求、记录使用频度和存储空间容量等因素提供若干种文件存储结构。站在用户的角度上，看到的是逻辑文件，逻辑文件可以反映出文件中的记录的组织方式。用户处理的是逻辑记录，按照逻辑文件形式去存储、检索和加工有关的文件信息，也就是说数据的逻辑结构和组织是面向应用程序的。然而，这种逻辑上的文件总得需要以不同方式保存到物理存储设备上去，所以，文件的物理结构和组织是指逻辑文件在物理存储空间中存放方法和组织关系。下面详细介绍一下常见的几种文件物理结构。

8.3.1　磁盘的成组与分解

当磁盘被初始化后，存储空间的分块大小就确定了，但由于不同的用户或同一用户的不同文件的逻辑记录大小是各不相同的，因此在逻辑记录较小的情况下，若让一个逻辑记录独占一个物理块，那么存储空间的利用率是不高的。操作系统提供逻辑记录的成组和分解操作不仅有利于提高存储空间的利用率，而且可减少输入/输出操作次数，从而提高计算机系统的工作效率。

因此，若要将记录保存到磁盘的物理块中，需要考虑如何存放的问题。一般情况下，需要考虑将多条记录保存到一个物理块中。把若干个逻辑记录存入一个块的工作称为“记录的成组”。每块中逻辑记录的个数称为“块因子”。当需要读取一条记录时，就涉及另一个问题“记录的分解”。记录的分解是记录成组的一个逆过程。进程是先从磁盘中找到记录所在的块，并将该块读入主存缓冲区，再从缓冲区取出所需要的记录送到用户工作区。如果用户所需的记录已经在缓冲区中，则不需要启动外设读块信息，这也可以提高系统工作效率。逻辑记录的成组与分解详细过程可描述如下：

假定定长记录的长度为RL，物理块的长度为BL，则块因子m=[BL/RL]。由于磁盘与主存交换信息时总是以物理块为单位，因此采用记录的成组和分解技术时，必须在主存中开辟输入/输出缓冲区，缓冲区大小与物理块大小一致。用户请求把一个逻辑记录存入磁盘时，操作系统只是把逻辑记录的信息传送到输入/输出缓冲区，当输入/输出缓冲区中有m个逻辑记录时才启动磁盘工作，并把m个逻辑记录写到磁盘的一个物理块中。同样，用户要求读一个逻辑记录时，如果该逻辑记录已经在输入/输出缓冲区，则直接从缓冲区中分解出来传送给用户；否则操作系统启动磁盘，把含有该逻辑记录的整个物理块内容读到输入/输出缓冲区，然后从中分解出用户要求的一个逻辑记录。

8.3.2 连续文件

将一个文件中逻辑上连续的信息存放到存储介质依次相邻的物理块上便形成顺序结构，这类文件叫连续文件，又称为顺序文件。文件的连续分配可以用第一块的盘块地址和连续块的数量来实现。如果文件有 n 块长并从位置 addr 开始，那么该文件将连续占用块 addr，addr+1，addr+2，…，addr+n-1。一个文件的目录条目应该包含该文件起始块的地址和文件的长度。连续文件示意图如图 8-5 所示。

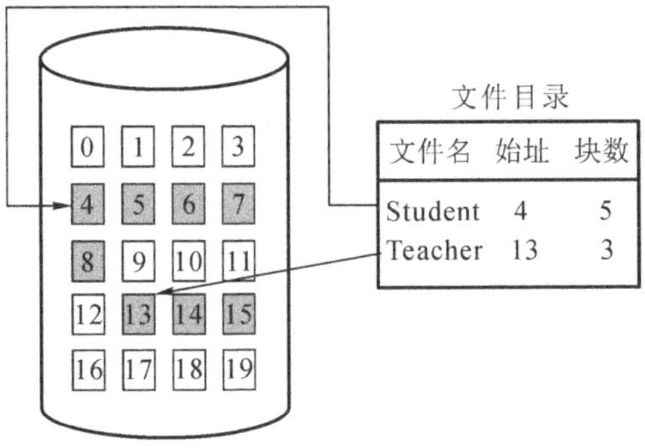

图 8-5 连续文件示意图

对于连续文件的访问是比较容易的，既支持顺序读写也支持随机读写。在顺序存取时，文件系统会记住上次访问过的逻辑块的物理地址(所在物理块)，如果需要访问接下来的逻辑记录，则直接访问紧邻着的下一个物理块即可。

如果需要直接读写，而且需要访问某个逻辑号为i的记录，文件在硬盘中的起始物理块号为b，则直接读取b+i号物理块就可以取得对应的记录信息(假设每个物理块存放一条记录)。不过，连续文件也存在固有缺陷。

(1) 建立文件前需要能预先确定文件长度，以便分配存储空间，比如复制一个现有文件的内容。通常而言，输出文件的大小难以事前预估，无法使用连续文件的物理结构模式。

(2) 修改、插入和追加文件记录有困难。有时候，与文件相邻的物理块已经分配给其他文件了，此时文件不能扩展。要解决这个问题，可以考虑两种策略：① 终止用户程序，加上合适的错误消息，重新分配更多的存储空间容纳文件内容。② 当需要扩展文件，发现文件增长空间不足时，可以寻找另一块连续的空闲区接受新增内容，这个新的空闲区被称为“扩展区”。

(3) 对存储设备作连续分配，会造成少量空闲块的浪费。这些空闲区被称为外部碎片。由于这些碎片足够小，不足以容纳其他文件，此时就需要进行存储空间的整理与合并操作。这些措施会一定程度拖累系统性能。

8.3.3　链接文件

一个文件的信息存放在若干不连续的物理块中，各块之间通过指针链接，前一个物理块中有一个指针域指向下一个物理块，最后的物理块的指针域存放符号“∧”表示无后继块，这样的文件称为链接文件。根据实现方式的不同，链接文件又可以分为隐式链接文件与显式链接文件。

1. 隐式链接文件

隐式链接文件的空间结构如图 8-6 所示。此方式的文件可以很好地支持顺序存取。当想要访问文件的某记录时，需要从文件的第一条记录所在的物理块开始，顺藤摸瓜，逐一读取串联着的下一个物理块。经过对比，若还未搜索到满足条件的记录，则再读取串联着的下一个物理块，以此类推，直到找到满足条件的记录为止。隐式链接文件与连续文件相比而言，具有以下的一些优点：

(1) 可以高效地利用存储设备中不连续的空闲物理块，从而提高磁盘的空间利用率，不存在外部碎片问题。

(2) 有利于文件的插入和删除，有利于文件的动态扩充。

主要的缺点如下：

(1) 不能支持高效随机访问，对顺序存取有特效。

(2) 指针会占用额外的存储空间。

(3) 可靠性较低，如果某个物理块的指针丢失或被损害，则余下的文件内容无法被存取。

为了解决该问题，可以引入显示链接的物理组织方式。

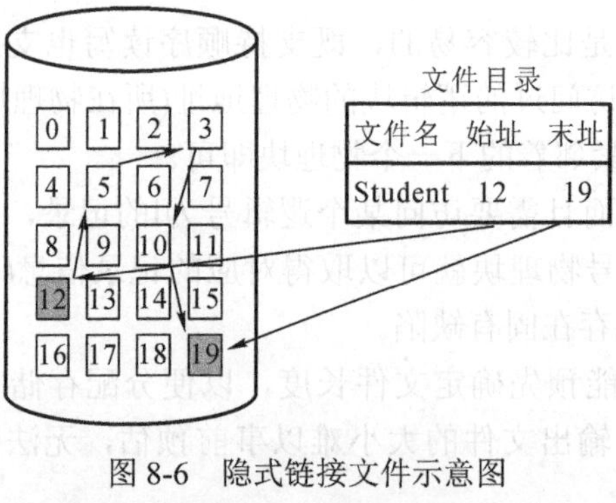

图 8-6　隐式链接文件示意图

2. 显式链接文件

把用于链接文件各物理块的指针，显式地存放在内存的一张链接表中。此表就是文件访问表(FAT)，分配给文件的所有盘块号都存入在该表中。文件的控制块FCB中存放每一条链的链首指针所对应的盘块号；FAT表项中存入链接指针，即下一个块号。当需要读取文件中的某条记录时，根据关键字的值找到对应的逻辑块号，然后查找FAT表，根据逻辑块号可以快速地定位待查找记录的物理块号。这里，以学生信息表(如表8-4所示)为例说明在使用链接文件时，如何实现记录的读取操作。如果需要查询Rose的信息，首先根据逻辑结构表得到Rose的逻辑号为3(逻辑号反映了记录在文件中的相对位置，若逻辑号为n，则代表该记录为文件中的第n+1条记录)；然后查询文件的FCB，找到该文件在硬盘上存储的起始物理块68号块；接着查询FAT表，得知68号块链接的下一个物理块号为92(这是存放逻辑号为1的记录的位置)；继续查询FAT表，依次查到存放逻辑号为2的记录的位置77号(物理块)和存放逻辑号为3的记录的位置(101号物理块)，现在就可以直接读取Rose的详细信息了。各条记录在物理块中的存放情况如图8-7所示。

表8-4　Student

逻辑号	姓名
0	Jack
1	Ada
2	Lucy
3	Rose
4	Mike
5	GiGi
6	Sophia
7	Baby
8	Yacco
9	Emily

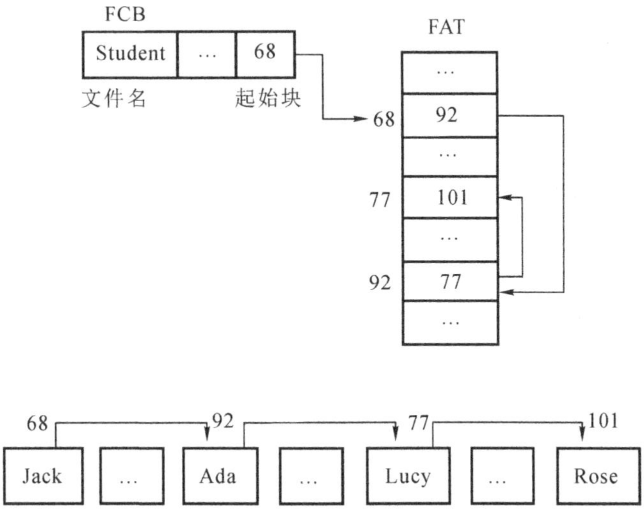

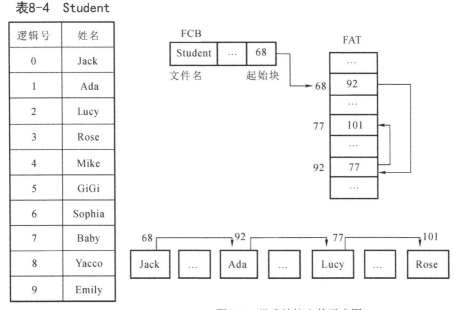

图 8-7　显式链接文件示意图

显式链接文件可以支持直接存取。FAT 放置在内存中，此后的查找操作便在内存中进行，因而检索速度显著提高，减少了访问磁盘的次数。采用显式链接方式的系统有 MS-DOS、OS/2、Windows 等。

8.3.4　索引文件

一个文件的信息存放在若干个不连续物理块中，系统为每个文件建立一个专用数据结构——索引表，表中每一栏目指出文件信息所在的逻辑块号和与之对应的物理块号。索引表的物理地址则由文件说明信息项(文件目录)给出。

索引文件支持直接存取同时保留了链接结构的优点，没有外部碎片的问题，如图 8-8 所示。因为磁盘上的任一块都可分配给文件，能满足文件动态增长、插入删除的要求，但是索引表本身也会占用部分存储空间。在实现索引结构的系统中，每个文件必须有一个索引物理块专门存放索引表。但是当文件足够大的时候，索引表有可能也很大，大到一个物理块存放不下，此时就需要解决索引表过大的问题。下面有几个方案。

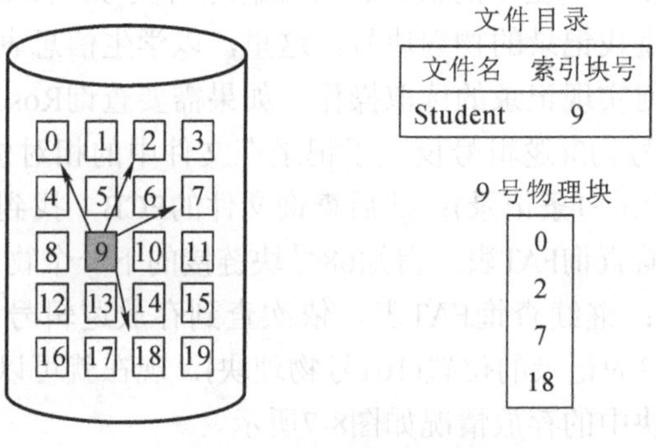

图 8-8 索引文件示意图

1. 链接更多的索引块

当一个索引块不能容纳一张索引表时，可以将多个索引块链接起来，此时索引表的长度跨越了多个物理块。

2. 多级索引

当索引文件的索引本身非常庞大时，可以把索引分块，建立索引的索引，形成树形结构的多级索引。在实际系统中，索引结构一般不会超过三级。

二级文件索引(一级间接索引)结构中，文件目录中有一组表项，其内容登记的是第一级索引表块的块号，第一级索引表块中的索引表登记的是文件逻辑记录所在的磁盘块号。二级索引优点为可供用户修改，但缺点是安全性能和稳定性低。

三级文件索引(二级间接索引)结构中，文件目录项中有一组表项，其内容登记的是第二级索引表块的块号，第二级索引表块中的索引表项登记的是第一级索引表块的块号，第一级索引表项中登记的是文件逻辑记录所在的磁盘块号。该文件检索效率高，但是数据含量少。

每种文件物理结构从形式上来说，大相径庭，不同的组织模式支持不同的文件存取方式，在存储效率和数据块访问时间上也有所不同。操作系统应该根据什么准则来选择合适的实现方式呢？

连续文件只需访问一次就能获得并在内存中保存文件的第一个物理块，所以可以立即计算逻辑块号为 i 的磁盘地址，并直接读取。

对于隐式链接文件，根据其在硬盘物理块中的存储方式的特点，可以很好地支持顺序访问，即一次性访问多个记录信息。如果需要根据关键词访问某条记录时，则需要访问多条无关的其他记录才能达成目的，因此隐式链接文件不适用于需要直接访问的应用程序。显式链接文件由于引入了特殊的 FAT 表，可以支持直接读取。

因此，有的系统通过使用连续文件支持直接访问，通过链接文件支持顺序访问。对于这些系统，在创建文件时必须声明使用的访问类型。用于按顺序访问的文件可以采用链接的物理组织模式，用于直接访问的文件可以使用连续或索引的物理组织模式，但是在创建时必须声明其最大文件的大小。在这种情况下，操作系统必须具有适当的数据结构和算法来支持两种分配方法。

8.4　目 录 管 理

目录管理是操作系统提供给文件系统的基本功能。目录管理程序是操作系统中用于检索、管理和存取目录的程序。其主要目的有：为了使用户能方便地在外存上找到自己所需的文件；为每个文件建立其目录项，并对众多的目录项加以有效地组织，以实现方便地按名存取，即用户只需提供文件名便可对该文件进行存取。目录管理还应能实现文件共享，这样，只需在外存上保留一份该共享文件的副本。此外，还应能提供快速的目录查询手段，以提高对文件的检索速度。

8.4.1　文件控制块

文件控制块(File Control Block, FCB)是操作系统为管理文件而设置的一组具有固定格式的数据结构，存放了为管理文件所需的所有属性信息(文件属性或元数据)。文件控制块一般应包括文件标志和控制信息、逻辑结构信息、物理结构信息、使用信息、管理信息等。文件控制块的作用就是操作系统和要处理的文件之间相联系的一条纽带，操作系统要依靠FCB中的数据完成对文件的读或写操作。图8-9所示是MS-DOS文件控制块的结构。

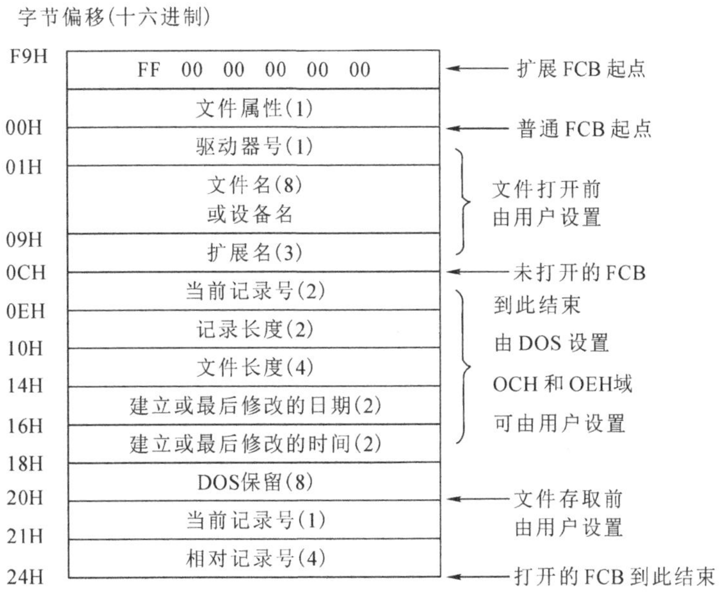

图 8-9　MS-DOS 文件控制块的结构

8.4.2　文件目录

计算机系统中有大量的文件，为了便于对文件进行管理，计算机系统需要建立文件名和文件物理位置之间的映射关系。文件目录就是专门管理这种映射关系的数据结构。

文件目录为每个文件设立一个表目。文件目录表目通常包含文件名、文件内部标识、文件的类型、文件存储地址、文件的长度、访问权限、建立时间和访问时间等内容。简而言之，文件目录是由文件说明信息组成的集合。文件目录管理的基本功能包括：

(1) 实现“按名存取”，即用户只需向系统提供所需访问文件的名字，便能快速准确地找到指定文件在外存上的存储位置。这是目录管理中最基本的功能，也是文件系统向用户提供的最基本的服务。

(2) 快速检索文件目录。通过合理地组织目录结构，可加快对目录的检索速度，从而提高对文件的存取速度。这是在设计一个大、中型文件系统时所追求的主要目标。

(3) 实现文件共享。在多用户系统中，应允许多个用户共享一个文件。这样就需在外存中只保留一份该文件的副本供不同用户使用，以节省大量的存储空间，方便用户和提高文件利用率。

(4) 允许文件重名。系统应允许不同用户对不同文件采用相同的名字，以便用户按照自己的习惯给文件命名和使用文件。

8.4.3 目录结构

系统中较为常见的目录结构有三种形式：单级目录、两级目录与多级目录结构。

1. 单级目录结构

这是最简单的目录结构。在整个文件系统中只建立一张目录表，每个文件占一个目录项，目录项中包含文件名、文件扩展名、文件长度、文件类型、文件物理地址等属性。图8-10展示了典型的单级目录结构。

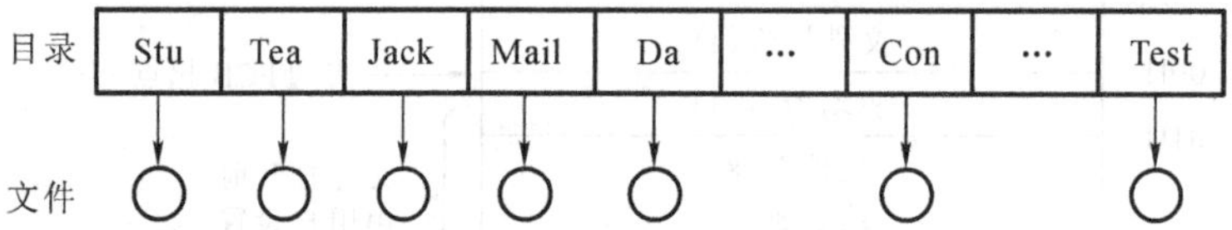

图 8-10 单级目录结构

单级目录结构的优点是简单且能实现按名存取，但却存在以下一些缺点：

(1) 查找费时。对于单级目录，若要查找某个文件，则需要逐一搜索目录中的每一个文件名，直到找到待查文件为止。如果系统中文件数目较大，则需要花费大量时间查找目录项。对于一个具有 N 个目录项的单级目录，查找某个文件的平均需查找次数为 N/2。

(2) 重名问题。若系统中所有的文件都在同一个目录中，则需要每一个文件都拥有不同的名字。但是，在系统中文件数目足够大的情况下，很难避免文件出现重名的情况，为了最大限度减少重名的几率，可以考虑增加文件命名的复杂度。这又给用户记住文件名称带来麻烦。

(3) 不利于文件共享。通常，每个用户都有自己的名字空间或命名习惯。因此，应当允许不同用户使用不同的文件名来访问同一个文件。然而，单级目录却要求所有用户都用同一个名字来访问同一个文件。

2. 两级目录结构

两级目录结构是对单级目录结构的一种扩展。我们可以在第一级目录(通常称为主文件目录)下为每用户单独建立一个用户文件目录，每个用户自己的文件可以由这个用户文件目录来统一管理(如图8-11所示)。

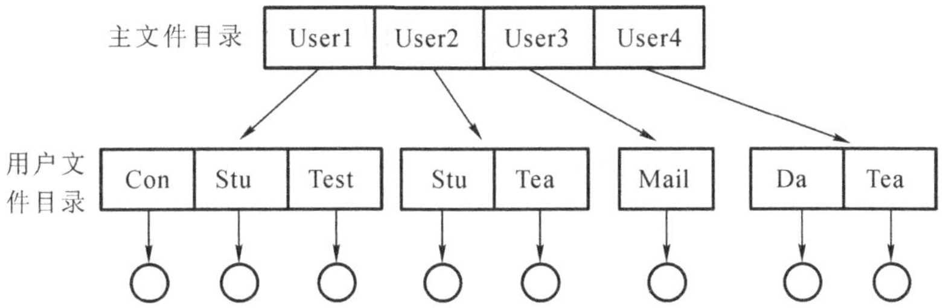

图 8-11 两级目录结构

两级目录结构基本上克服了单级目录的缺点，并具有以下优点：有利于文件的管理、共享和保护；适用于多用户系统，不同的用户可以命名相同文件名的文件，一定程度上解决了命名冲突的问题。总的来说，两级文件目录是单级文件目录的扩展，并没有从根本上解决文件数目过大时，同一个用户文件目录下的命名冲突的问题与文件搜索时间较长的问题。

3. 多级目录结构

通过前面的分析，我们已经了解到单级目录和两级目录结构面临着的固有缺点，要想从根本上解决命名冲突的问题，需要更多级的目录结构形式。在现代主流操作系统中，通常采用多级目录结构来管理系统中的海量文件。

多级目录结构又称为树型目录结构，每个文件系统有一个根目录，在根目录中可以包含若干子目录和文件，在子目录中不但可以包含文件，而且还可以包含下一级子目录，这样类推下去就构成了多级目录结构，如图 8-12 所示。在树状目录结构中，把数据文件称为树叶，其他的目录均作为树的节点。

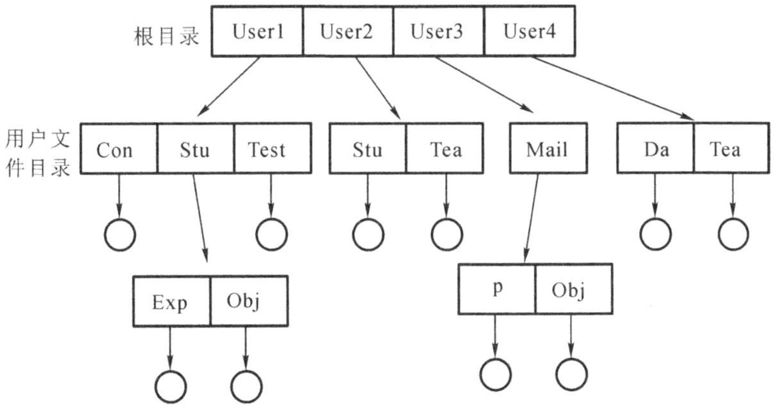

图 8-12 多级目录结构

采用多级目录结构的优点是用户可以将不同类型和不同功能的文件分类储存，既方便文件管理和查找，还允许不同文件目录中的文件具有相同的文件名，解决了一级、二级目录结构中的重名问题。Windows、Unix、Linux 和 DOS 等操作系统采用的就是多级目录结构。

8.5　空闲空间的管理

应用程序经常在硬盘上进行文件的创建与删除操作，因此，文件系统需要对磁盘空间进行管理。当用户存储文件时，文件系统需要为其分配磁盘空间。怎样才能合理分配磁盘上的空闲空间呢？下面介绍几种常见的磁盘空闲空间管理方法。

8.5.1　位示图

这种方法是在外存上建立一张位示图 (Bitmap)，记录文件在磁盘上的空间使用情况。每一位仅对应磁盘上的一个物理块，利用二进制的一位来表示磁盘中一个盘块的使用情况，取值 0 表示该物理块是空闲的，取值 1 表示物理块已分配。由所有盘块对应的位构成一个集合，称为位示图。通常，可用 m×n 个位 (bit) 来构成位示图，m 为行数，n 为列数，并使 m×n 等于磁盘的总块数。

当一个文件需要存储在磁盘上时，应该为它分配空闲块。可分三步进行：

(1) 顺序扫描位示图，从中找出一个或若干值“0”的二进制位，直到总数满足文件要求为止。如图 8-13 所示的就是一个使用了 5 个 16 位整数构成的位示图。当需要为文件分配空间时，需要按照从左到右、从上到下的顺序扫描，即先扫描第一行的 16 个字位，然后再扫描第二行的字位，以此类推。

	0	1	2	3	4	5	6	7	8	9	10	11	12	13	14	15
0	0	0	0	1	1	1	1	0	1	1	0	0	0	0	0	1
2	1	1	1	0	0	1	0	1	0	0	0	0	0	0	0	0
3	1	1	1	1	0	0	1	0	0	1	1	0	0	0	0	0
4	0	0	0	0	0	0	0	0	0	0	0	1	1	1	1	1
5	1	0	0	0	1	0	0	1	1	1	1	0	0	0	0	0

图 8-13　位示图

(2) 将找到的二进制位转换成与之相应的盘块号。假设磁盘上的物理块从 0 开始编号，依次为 0、1、2、…。位示图中的 (0，0) 对应 0 号块，(0，1) 对应 1 号块，(i，j) 对应 (i × 16 + j) 号块。

(3) 修改位示图，置对应位为“1”。

当文件被删除的时候，对应的物理块会被回收。盘块的回收分以下两步：

(1) 将回收盘块的盘块号转换成位于图中的行号和列号。按照图 8.13 所示位示图的构成，编号为 n 的物理块的行号 i=n/16，列号 j=n mod 16，即 30 号块对应图中的 (1,14)。

(2) 修改位示图，置对应位为“0”。

位示图的优点在于通过它可以比较容易地找到一组连续的空闲块。该图适用于所有类型的物理结构文件。一个位示图所需要占用的空间(位)为：硬盘容量(字节数)/sizeof(物理块)。因此，对于一个16 GB的磁盘，每个物理块的大小为1024字节，则位示图需要占用 2 MB的空间。

8.5.2 空闲块列表

系统为外存上的所有空闲区域建立一个空闲块列表，其中空闲块列表的每个表项对应一个由多个空闲块构成的空闲区，它包括空闲块个数和第一个空闲块号等，如表 8-5 所示。空闲文件列表适用于文件的连续分配方式，它与内存的动态分配方式相似，同样是采用首次适应算法、最佳适应算法等。当一个文件被删除、释放物理块时，系统将把被释放的连续空闲区的长度以及第一块块号置入空闲块列表的新表项中。同样，也采取类似于内存回收的方法，即要考虑回收区是否与空闲块列表中插入点的前区和后区相邻接，如果存在需要合并的情况，则应予以合并。在内存分配上，虽然很少采用连续分配方式，然而在外存的管理中，由于这种分配方式比较高效，可减少访问磁盘的 I/O 频率，因此空闲块列表的应用还是较常见的。

表 8-5 空闲块表

序号	第一个空闲块号	空闲块数目
1	2	1
2	20	2
3	48	5
4	90	1

8.5.3 空闲链表法

将磁盘上的所有空闲块串成一条链。在每个空闲块上除含有用于指示下一个空闲块的指针外，还应指明空闲块的大小信息(有的节点是单个空闲块，有的节点是多个相邻空闲块合并形成的空闲区)。分配空闲块的方法与内存动态分区分配类似，通常采用首次适应算法。在回收盘区时，同样也要将回收区与相邻接的空闲盘区合并。空闲块链接方法因系统而异，比较典型的空闲链表法可分为两种方式：空闲块链与成组链接法。

1. 空闲块链

空闲块链比较容易理解，形式结构如图 8-14 所示。

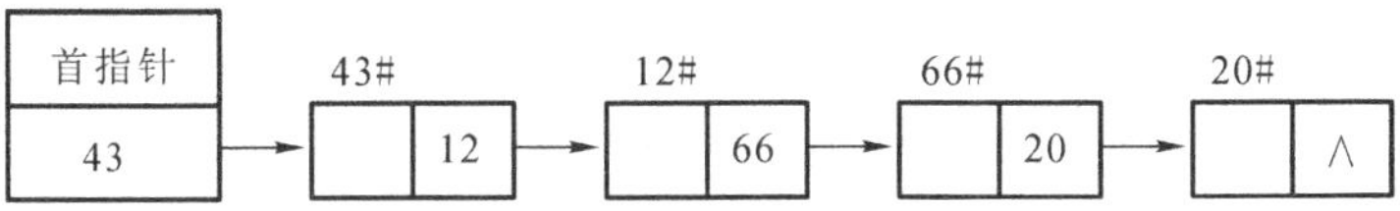

图 8-14 空闲块链

2. 成组链接法

成组链接法是 Unix/Linux 等大型文件系统采用的文件空间管理方法。在 Unix/Linux 系统中，将空闲块分成若干组，每 100 个空闲块为一组，每组的第一个空闲块登记了下一组空闲块的物理盘块号和空闲块总数。如果一组的第一个空闲块号等于 0，则有特殊的含义，意味着该组是最后一组，即无下一个空闲块。平时，整个链接信息保存于计算机系统磁盘上的系统区，系统启动以后，第一组的链接信息经缓冲区复制到内存专用块中。成组链接法如图 8-15 所示。

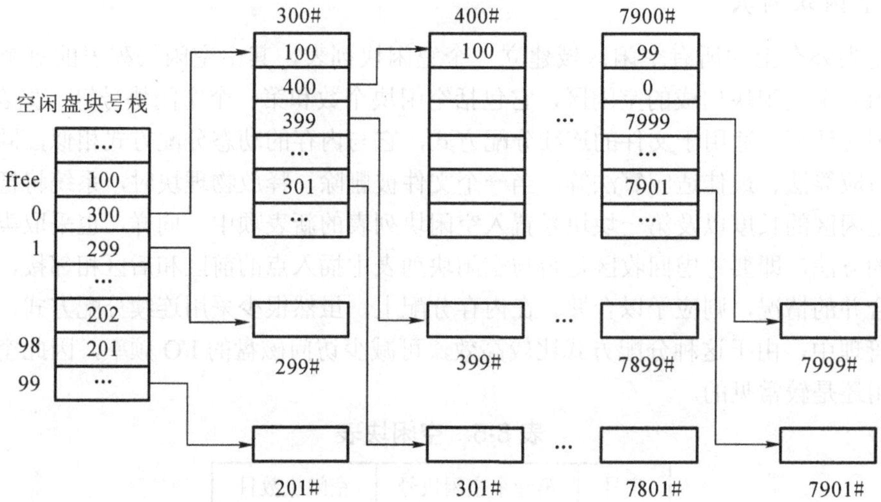

图 8-15　成组链接法

成组链接法中的空闲块按照以下的规则进行组织：

(1) 空闲盘块号栈：用来存放当前可用的一组空闲盘块的盘块号(最多含100 个号)以及栈中尚有的空闲盘块号数N。由于栈是临界资源，每次只允许一个进程去访问，故系统为栈设置了一把锁。

(2) 文件区中的所有空闲盘块被分成若干个组，比如，将每 100 个盘块作为一组。假定盘上共有 10 000 个盘块，每块大小为 1 KB，其中第 201 ～ 7999 号盘块用于存放文件，即作为文件区。这样，该区的最末一组盘块号应为 7901 ～ 7999，次末组为 7801 ～ 7900，…，第二组的盘块号为 301 ～ 400，第一组为 201 ～ 300，如图 8-15 所示。

(3) 将每一组含有的盘块总数 N 和该组所有的盘块号记入其前一组的第一个盘块中。这样，由各组的第一个盘块可链成一条链。

(4) 将第一组的盘块总数和所有的盘块号记入空闲盘块号栈中，作为当前可供分配的空闲盘块号。

(5) 最末一组只有 99 个盘块，将其盘块号分别记入其前一组的第一个物理块中。

当系统要为用户分配文件所需的盘块时，须调用盘块分配过程来完成。该过程首先检查空闲盘块号栈是否上锁，如未上锁，便从栈顶取出一空闲盘块号，将与之对应的盘块分配给用户，然后将栈顶指针下移一格。若该盘块号已是栈底，则这是当前栈中最后一个可分配的盘块号。由于在该盘块号所对应的盘块中记录了下一组可用的盘块号，因此，须调用磁盘读过程，将栈底盘块号所对应盘块的内容读入栈中作为新的盘块号栈的内容，并把原栈底对应的盘块分配出去(其中，有用数据已读入栈中)。然后再分配一相应的缓冲区(作为该盘块的缓冲区)，最后把栈中的空闲盘块数减1 并返回。

在系统回收空闲盘块时，须调用盘块回收过程进行回收。它是将回收盘块的盘块号记入空闲盘块号栈的顶部，并执行空闲盘块数加 1 操作。当栈中空闲盘块号数目已达 100 时，表示栈已满，便将现有栈中的 100 个盘块号记入新回收的盘块中，再将其盘块号作为新栈底。

8.6 文件的存取控制

8.6.1 文件共享

在现代大多数的文件系统中，除了极少数特殊用途的文件之外，其余的文件都应该具备共享能力。对于不同的应用程序而言，究竟怎样实现文件的共享呢？要了解这个问题，首先需要弄清楚“系统打开文件表”与“用户打开文件表”的作用。

1. 系统打开文件表

系统打开文件表 (Open File Table) 存在于内存中，整个操作系统只维护一张这样的表，用于保存已经打开文件的 FCB 文件号、共享计数、读写位置、打开模式、修改标志等信息，其中还有一个比较重要的内容就是一个指向硬盘存放文件内容的数据块。

2. 用户打开文件表

用户打开文件表是每个进程都有的一张表，用于记录用户打开的文件的一些信息，主要的属性有文件描述符 fd 和一个指向系统打开文件表项的指针。

通过用户打开文件表，不同的用户可以使用不同的名称来共享磁盘中的同一个文件。共享文件被打开时，在系统打开文件表中占用一个表项，不同的用户在自己的进程空间中使用不同的名称(文件描述符)访问共享文件。即用户打开文件表中会有不同的表项，但是这些表项指向系统打开文件表相同的表目。用户打开文件表与系统打开文件表的关系如图8-16所示。

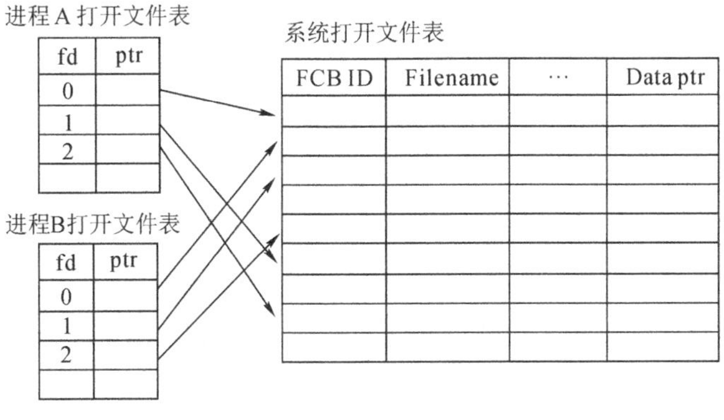

图 8-16 用户打开文件表与系统打开文件表的关系

例1 如果需要在同一个进程中共享同一个文件(如图8-17所示)，那么可以使用下面的代码：(两个文件共享一个句柄，可以使用dup()来实现。)

```
#include<stdio.h>
#include<unistd.h>
#include<sys/types.h>
#include<sys/stat.h>
#include<fcntl.h>
```

```
int main(){
    intfd=open("test.txt",O_RDONLY);
    intfdcopy=dup(fd);
    char buff1[10];
    char buff2[10];
    read(fd, buff1, 5);
    read(fdcopy, buff2, 5);
    printf("buff1:%s\n", buff1);
    printf("buff2:%s\n", buff2);
    close(fd);
    close(fdcopy);
}
```

其中 test.txt 中的数据是：ABCDEFGHIJ

结果：

```
buff1:ABCDE
buff2:FGHIJ
```

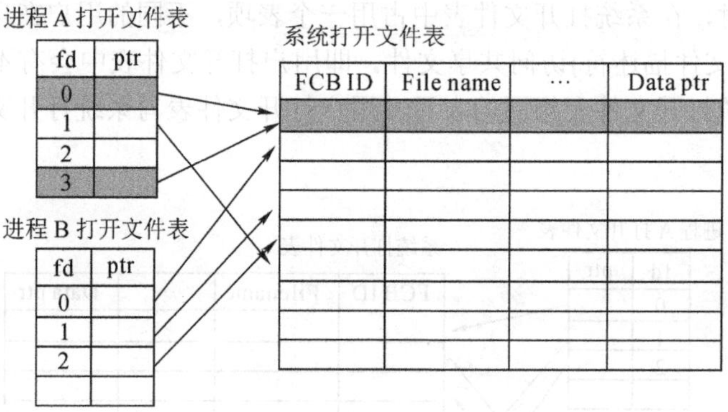

图 8-17　同一进程中共享文件

例2　父进程通过fork命令实现子进程对父进程的一种复制。该父、子进程的用户文件打开表一样，这是不同进程之间共享文件的一种方式(如图8-18所示)。代码如下：

```
include<stdio.h>
#include<unistd.h>
#include<sys/types.h>
#include<sys/stat.h>
#include<fcntl.h>
int main(){
  int fd = open("test.txt",O_RDONLY);
  pid_t pid = fork();
  char buff[10];
  if(pid>0){
```

```
        read(fd, buff, 5);
        printf("father:%s\n", buff);
    }
    else{
        read(fd, buff, 5);
        printf("son:%s\n", buff);
    }
}
```

结果：

```
father:ABCDE
son:FGHIJ
```

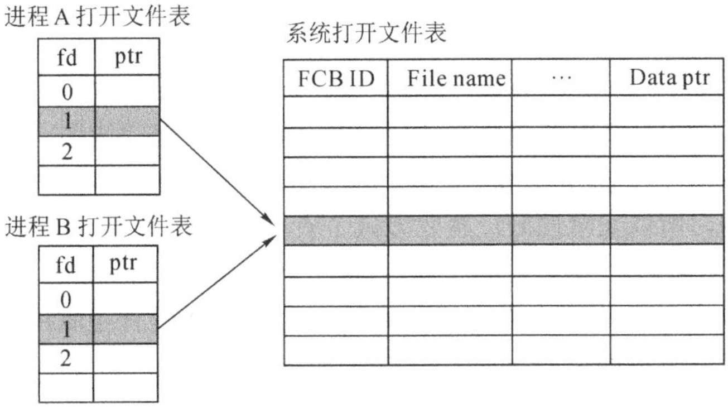

图8-18 不同进程中共享文件

利用用户打开文件表与系统打开文件表实现文件的共享适用于单机系统中文件的共享。随着互联网的发展，文件传输服务(FTP)被广泛地应用。FTP能被用于访问(读取或写入)共享文件，该文件是从FTP服务器站点分享来的，通过用户特别设置的密码来获得其访问权。许多FTP站点使用公众密码('它发生在匿名时)来提供公众文件分享，或至少可以通过下载文件的方式来浏览或复制文件。

8.6.2 文件保护

为了防止文件共享可能会导致文件被破坏或被未经核准的修改，文件系统必须控制用户对文件的存取，即解决对文件的读、写、执行的许可问题。为此，必须在文件系统中建立相应的文件保护机制。文件系统应该提供给文件特定的访问权限，如：

- 读：从文件中读。
- 写：向文件中写。
- 执行：将文件装入内存并执行。
- 添加：将新信息添加到文件结尾部分。
- 删除：删除文件，释放空间。
- 列表清单：列出文件名和文件属性。

此外，还可以对文件的重命名、复制、编辑等加以控制。这些高层的功能可以通过系统程序调用低层系统调用来实现。保护可以只在低层提供。例如，复制文件可利用一系列的读请求来完成。这样，具有读访问用户同时也具有复制和打印的权限了。

文件提供给多个用户共享使用的时候，需要进行合理的保护，可以通过口令保护、密码保护和访问控制(存储控制矩阵和存取控制表)等方式实现。其中，口令保护和密码保护是为了防止用户文件被他人存取或窃取，而访问控制则用于控制用户对文件的访问方式。

1. 口令保护

口令保护方式是指用户在建立一个文件时提供一个口令，系统为其建立 FCB 时附上相应口令，同时告诉共享该文件的其他用户。用户请求访问时必须提供相应口令。若用户提供的口令与之前保存的口令完全一致时，则用户会被允许对该文件进行访问，否则用户的访问请求会被拒绝。这种方式既可做到文件共享，又可做到保密。口令保护所需要的时间和空间的开销不多，缺点是口令直接存在系统内部，不够安全。

2. 密码保护

密码保护方式是指用户对文件进行加密。用户在将文件写入到存储设备时对文件进行编码加密，在需要读出文件时对其进行译码解密。解密时需要使用密钥。显然，只有了解密钥的用户才能读出文件的内容。这种方法保密性强，与口令不同，解码所使用的密钥并不会存放在系统中，所以安全性好。密码方式节省了存储空间，不过编码和译码要花费一定时间。

口令和密码都是防止用户文件被他人存取或窃取，并没有控制用户对文件的访问权限，如果需要控制用户对某个文件具体如读、写、执行等的权限，则可以使用存取控制矩阵和存取控制表来实现。

3. 存储控制矩阵

访问矩阵是以用户为行索引、以文件对象为列索引的矩阵，矩阵中的每一个元素表示一组访问模式，是若干访问方式的集合。矩阵中第i行第j列的元素M_{ij}记录着第i个用户可以执行对第j个文件对应的访问方式，如图8-19所示。访问控制矩阵中的访问模式包括r(读)、w(写)和x(执行)。例如：Santa对file3拥有读、写、执行权限(rwx)，对file1只拥有读权限(r)；而Jack对file1拥有读、写权限(rw)，对file2拥有读、写、执行权限(rwx)，对file3拥有写权限(w)。

	file1	file2	file3	file4
Jack	rw	rwx	w	
Lily		rw		
Santa	r		rwx	
Rose				
Mike		r	r	

图 8-19　存储控制矩阵

4. 存取控制表

解决访问控制最常用的方法是根据用户身份进行控制。而实现基于身份访问的最为普通的方法是为每个文件和目录增加一个访问控制列表 (Access-Control List，ACL)，以规定每个用户名或用户组及其所允许的访问类型。

每个文件有一张存取控制表，如表 8-6 所示。文件被打开时，存取控制表也会被载入内存，因此存取控制验证过程可以高效地进行。

表 8-6 存储控制表

	file1
Wang	rw
A 组	rwe
B 组	e
Jack	rw
其他	r

8.7 文件系统的其他功能

8.7.1 文件系统调用的实现

读写文件前，必须了解在磁盘上读写文件的功能都是由操作系统提供的，现代操作系统不允许普通的程序直接操作磁盘。所以，读写文件就是请求操作系统打开一个文件对象(通常称为文件描述符)的过程，然后通过操作系统提供的接口从这个文件对象中读取数据，或者把数据写入这个文件对象。这个接口就是文件系统调用。下面介绍几种基本的文件操作：

(1) 创建文件。创建文件就是指在存储设备上建立一个新的文件，一般会包含两个必要的步骤：第一，必须为文件分配必要的空间；第二，需要在目录中为文件创建一个条目。

(2) 读文件。利用系统调用读文件，需要指出文件名和需要读入文件的内存地址。为了顺利地读文件，系统需要为该文件维护一个读指针，每当发生读操作时，必须更新读指针。这个文件指针作为每个进程的当前文件位置指针，保留在进程的 PCB 块中。

(3) 写文件。为了写文件，调用相应的系统调用时，需要指出文件名和文件内容。对于给定的文件名，系统就会搜索目录以便查找该文件的位置。系统需要维护文件的写指针，每当发生写操作时，必须更新指针。通常情况下，文件的读操作和写操作使用同一个指针，这样既能节省空间，也降低了系统复杂度。

(4) 文件内部重定位。为文件内部指针直接指定值。在为内部指针重定位的时候，不一定发生读写操作。该重定位的操作也被称为“文件寻址”操作。

(5) 删除文件。释放文件占用的存储空间，并删除对应的目录条目。

(6) 截断文件。是为了保证某一个文件大小在一定的范围内，超过该字节数就要对文件进行截断操作。

以上几个基本的操作可以组合起来实现其他更为复杂的文件操作，如实现文件的复制、获得文件的长度信息、允许用户设置文件属性等功能。

以上的大多数文件操作都涉及给定文件和指定目录的搜索过程。在真正读写文件之前，需要首先使用文件打开操作。打开文件的具体过程：fd=fopen() 是一个系统调用，用于根据文件名打开一个文件，返回该文件的文件描述符；文件打开后，进程便可以根据文件描述符 fd 进行其他操作，比如读、写、关闭等操作。

各个操作系统打开文件的过程是类似的，现在以 Unix 为例，介绍打开一个文件操作系统所做的工作。在此之前，需要了解几个相关的概念。

进程控制块 (Process Control Block，PCB) 是一个内核数据结构，是操作系统感知进程存在的唯一标识。它包括进程状态、进程 id、PC、寄存器、内存信息，文件打开信息等，如图 8-20 所示。

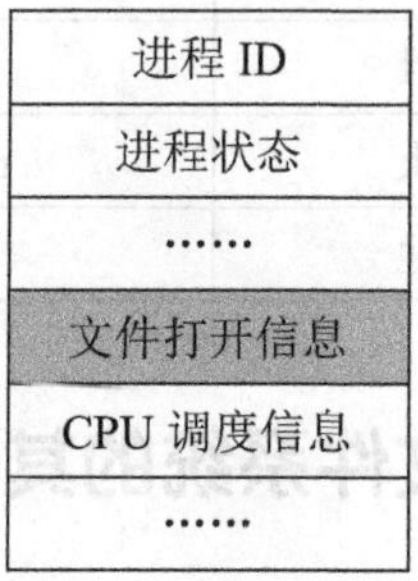

图 8-20　进程控制块

文件控制块 (File Control Block，FCB) 是操作系统为管理文件而设置的一组具有固定格式的数据结构，存放了为管理文件所需的所有属性信息 (文件属性或元数据)。FCB 一般包含文件的读写模式、所有者、时间戳、数据块指针等信息。

文件打开的过程如图 8-21 所示 (从右往左看)。

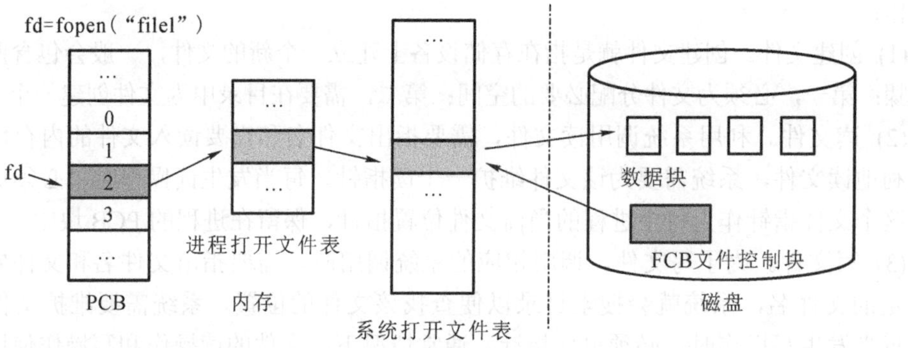

图 8-21　文件打开过程

调用 fopen(“file1”) 操作时，系统会首先搜索系统打开文件表，以便确定指定文件是否被其他进程使用。

如果文件 file1 已经打开，则在进程打开文件表中为该文件分配一个表项，然后将该表项的指针指向系统文件打开表中和文件 file1 对应的一项；接着在 PCB 中，为文件分配一个文件描述符 fd(fopen() 函数的返回值)，作为进程文件打开表项的指针，此时文件打开完成。

如果文件 file1 没有打开，查看含有文件 file1 信息的目录项是否在内存中，如果不在，将目录结构装入到内存中，以便加快目录操作。根据目录结构中文件 file1 对应项找到 FCB 在磁盘中的位置，将其复制到系统打开文件表中；然后在进程的打开文件表中分配新的一项，将该表项的指针指向系统打开文件表中文件 file1 对应的表项；最后在 PCB 中，为文件 file1 分配一个文件描述符 fd，作为进程打开文件表项的指针，此时文件打开完成。

当进程执行关闭文件的操作时，如调用 fclose() 函数，系统就会删除用户打开文件表中对应的条目，然后将系统打开文件表中相应条目中的引用计数值减 1。当引用计数值为 0 时，相应的表目会从系统打开文件表中删除。

8.7.2　虚拟文件系统

一般来说，现代操作系统需要同时支持多个不同类型的文件系统。使用什么样的设计思想才能让用户方便地访问不同的文件系统呢？显然，为每个不同的文件系统编写不同风格的代码，从而实现各种管理功能，为用户提供不同的接口，这种思路是行不通的。这样会增加用户对多文件系统的使用难度，不符合操作系统设计的初衷。现在绝大多数操作系统包括 Unix 系统都采用面向对象的编程技术来简化、组织和模块化过程，这些方法允许不同类型的文件系统可使用同样的结构来实现。操作系统可以采用如图 8-22 的三层结构将系统调用功能和实现细节分离开来。

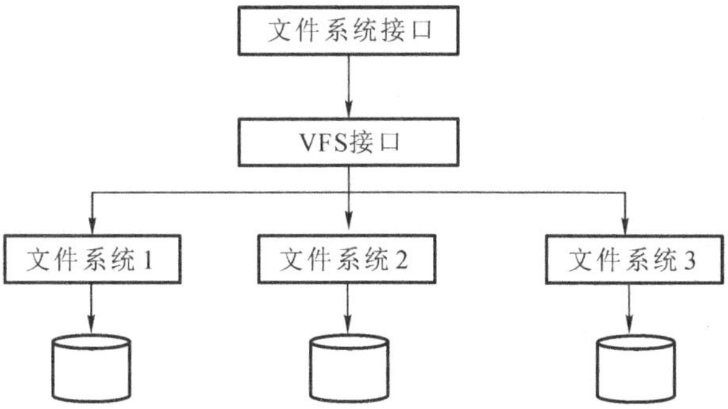

图 8-22　虚拟文件系统结构

图 8-22 中的第一层为文件系统接口，包括 open()、read()、write() 等调用。第二层为虚拟文件系统 (Virtual File System, VFS) 接口，该系统隐藏了各种硬件的具体细节，把文件系统操作和不同文件系统的具体实现细节分离开来，为所有的设备提供了统一的接口，可支持多达数十种不同的文件系统。虚拟文件系统可以分为逻辑文件系统和设备驱动程序。逻辑文件系统指所支持的具体的文件系统，如 Ext2、NTFS 等；设备驱动程序指为每一种硬件控制器所编写的设备驱动程序模块。

8.8　Linux 文件系统

Linux 内核支持装载不同的文件系统类型，不同的文件系统有各自管理文件的方式。Linux 中，标准的文件系统为 Ext 文件系统族。当然，开发者不能为他们使用的每种文件系统采用不同的文件存取方式，这与操作系统作为一种抽象机制背道而驰。为支持各种文件系统，Linux 内核在用户进程 (或 C 标准库) 和具体的文件系统之间引入了一个抽象层，该抽象层称之为“虚拟文件系统 (VFS)”。

VFS 一方面提供一种操作文件、目录及其他对象的统一方法，使用户进程不必知道文件系统的细节。另一方面，VFS 提供的各种方法必须和具体文件系统的实现达成一种妥协，毕竟对几十种文件系统类型进行统一管理并不是件容易的事。为此，VFS 中定义了一个通用文件模型，以支持文件系统中对象 (或文件) 的统一视图。Linux 对 Ext 文件系统族的支持是最好的，因为 VFS 抽象层的组织与 Ext 文件系统类似，这样在处理 Ext 文件系统时可以提高性能 (在 Ext 和 VFS 之间转换几乎不会损失时间)。

8.8.1 Linux 支持的常见文件系统

Linux系统能够支持的文件系统非常多，除Linux默认文件系统Ext2、Ext3 和 Ext4 之外，还能支持 fat16、fat32、NTFS(需要重新编译内核)等Windows文件系统。也就是说，Linux可以通过挂载的方式使用 Windows文件系统中的数据。Linux所能够支持的文件系统在 “/usr/src/kemels/当前系统版本/fs” 目录中(需要在安装时选择)，该目录中的每个子目录都是一个可以识别的文件系统。下面介绍较为常见的Linux支持的文件系统，如表 8-7所示。

表 8-7 Linux 支持的常见文件系统

文件系统	描 述
Ext	Linux 中最早的文件系统
Ext2	Ext2 是 Ext 文件系统的升级版本，支持最大 16TB 的分区和最大 2TB 的文件
Ext3	Ext3 是 Ext2 文件系统的升级版本
Ext4	Ext4 是 Ext3 文件系统的升级版本，在性能、伸缩性和可靠性方面进行了大量改进。它向下兼容 Ext3，是 CentOS 6.3 的默认文件系统
xfs	xfs 被业界称为最先进、最具有可升级性的文件系统技术
swap	swap 是 Linux 中用于交换分区的文件系统
NFS	NFS 是网络文件系统的缩写，是用来实现不同主机之间文件共享的一种网络服务
iso9660	iso9660 是光盘的标准文件系统。Linux 要想使用光盘，必须支持 iso9660 文件系统
fat	fat 是 Windows 下的 fatl6 文件系统，在 Linux 中识别为 fat
vfat	vfat 是 Windows 下的 fat32 文件系统，在 Linux 中识别为 vfat
NTFS	NTFS 是 Windows 下的 NTFS 文件系统，不过 Linux 默认是不能识别 NTFS 文件系统的，如果需要识别，则需要重新编译内核才能支持
ufs	Sun 公司的操作系统 Solaris 和 SunOS 所采用的文件系统
proc	Linux 中基于内存的虚拟文件系统，用来管理内存存储目录 /proc
sysfs	和 proc 一样，sysfs 也是基于内存的虚拟文件系统，用来管理内存存储目录 /sysfs
tmpfs	tmpfs 也是一种基于内存的虚拟文件系统，不过也可以使用 swap 交换分区

8.8.2 VFS 中的数据结构

VFS 是面向对象的，VFS 中的数据结构既包含数据也包含对该数据进行操作的函数的指针，虽然是使用 C 的数据结构来实现，但是思想上和面向对象编程是一致的。

VFS 的通用数据模型主要包括四种对象类型：

(1) superblock 对象：表示一个特定的已挂载文件系统。

(2) inode 对象：表示一个特定的文件。

(3) dentry 对象：表示一个 directory entry，即 dentry。路径上的每一个单独的组件都是一个 dentry。VFS 中没有目录对象，目录只是一种文件。

(4) file 对象：表示进程中打开的文件。

内核处理文件的关键是inode，每个文件(和目录)都有且只有一个对应的inode(struct inode实例)，其中包含元数据和指向文件数据的指针，但inode并不包含文件名。系统中所有的inode都有一个特定的编号，用于唯一的标识各个inode。文件名可以随时更改，但是索引节点对文件是唯一的，并且随文件的存在而存在。对于每个已经挂载的文件系统，VFS在内核中都生成一个超级块结构(struct super_block实例)。超级块代表一个已经安装的文件系统，用于存储文件系统的控制信息，如文件系统类型、大小、所有inode对象、脏的inode链表等。每种对象类型都有着对应的操作函数表(相当于对象的方法)。下面详细地介绍各个对象的结构。

1. superblock 对象

任何类型的文件系统都要实现superblock对象，用于存储文件系统的描述信息。superblock对象通常对应了磁盘上的filesystem superblock 或者 filesystem control block。非磁盘文件系统(比如基于内存的文件系统sysfs)需要动态地生成superblock对象，并将其保存在内存中。创建、管理、删除superblock对象的代码在fs/super.c中，VFS使用super_block结构体来保存superblock对象。使用alloc_super()函数来创建和初始化superblock对象，当文件系统挂载时，文件系统会调用alloc_super()从磁盘中读取超级块，并填充super_block结构体。

super_block 结构体在 <linux/fs.h> 中定义的。下面的代码给出了部分域：

```
struct super_block
{
    struct list_head              s_list;          /* 指向所有超级块的链表 */
    dev_t                         s_dev;           /* 设备标识符 */
    */unsigned longs_blocksize;                    /* 以字节为单位的块大小 */
    unsigned char s_blocksize_bits;                /* 以位为单位的块大小
    */unsigned char               s_dirt;          /* 修改标记 */
    unsigned long long            s_maxbytes;      /* 文件大小上限 */
    struct file_system_type       s_type;          /* 文件类型 */
    struct super_operations       s_op;            /* 超级块方法 */
    struct dquot_operations       *dq_op;          /* 磁盘限额方法 */
    struct quotactl_ops           *s_qcop;         /* 限额控制方法 */
    struct export_operations      *s_export_op;    /* 导出方法 */
    unsigned long                 s_flags;         /* 挂载标志 */
    unsigned long                 s_magic;         /* 文件系统幻数 */
```

```
    struct dentry             *s_root;              /* 目录挂载点 */
    struct rw_semaphore       s_umount;             /* 卸载信号量 */
    struct semaphore          s_lock;               /* 超级块信号量 */
    int                       s_count;              /* 超级块引用计数 */
    int                       s_need_sync;          /* 尚未同步标志 */
    atomic_t                  s_active;             /* 活动引用计数 */
    void                      *s_security;          /* 安全模块 */
    struct xattr_handler      **s_xattr;            /* 扩展属性操作 */
    struct list_head          s_inodes;             /* inodes 链表 */
    struct list_head          s_dirty;              /* 脏数据链表 */
    struct list_head          s_io;                 /* 回写链表 */
    struct list_head          s_more_io;            /* 更多会写链表 */
    struct hlist_head         s_anon;               /* 匿名目录项 */
    struct list_head          s_files;              /* 被分配文件链表 */
    struct list_head          s_dentry_lru;         /* 未使用目录链表 */
    int                       s_nr_dentry_unused;   /* 链表中目录数目 */
    struct block_device       *s_bdev;              /* 相关块设备 */
    struct mtd_info           *s_mtd;               /* 存储磁盘信息 */
    struct list_head          s_instances;          /* 文件系统实例 */
    struct quota_info         s_dquot;              /* 限额相关选项 */
    int                       s_frozen;             /* frozen 标志 */
    wait_queue_head_t         s_wait_unfrozen;      /* 冻结的等待队列 */
    char                      s_id[32];             /* 文本名字 */
    void                      *s_fs_info;           /* 文件系统特定信息 */
    fmode_t                   s_mode;               /* 安装权限 */
    struct semaphore          s_vfs_rename_sem;     /* 重命名信号量 */
    u32                       s_time_gran;          /* 时间戳粒度 */
    char                      *s_subtype;           /* 子类型名称 */
    char                      *s_options;           /* 已安装选项 */
};
```

2. superblock 操作函数

superblock 对象中最重要的成员是 s_op 指针，指向 superblock_operations，superblock_operations 在 <linux/fs.h> 中定义。下面仅包含部分的操作函数：

```
struct super_operations {
    struct inode *(*alloc_inode)(struct super_block *sb);
    void (*destroy_inode)(struct inode *);
    void (*dirty_inode) (struct inode *);
    int (*write_inode) (struct inode *, int);
```

```
    void (*drop_inode) (struct inode *);
    void (*delete_inode) (struct inode *);
    void (*put_super) (struct super_block *);
    void (*write_super) (struct super_block *);
    int (*sync_fs)(struct super_block *sb, int wait);
    int (*freeze_fs) (struct super_block *);
    int (*unfreeze_fs) (struct super_block *);
    int (*statfs) (struct dentry *, struct kstatfs *);
    int (*remount_fs) (struct super_block *, int *, char *);
    void (*clear_inode) (struct inode *);
    void (*umount_begin) (struct super_block *);
    int (*show_options)(struct seq_file *, struct vfsmount *);
    int (*show_stats)(struct seq_file *, struct vfsmount *);
    ssize_t (*quota_read)(struct super_block *, int, char *, size_t, loff_t);
    ssize_t (*quota_write)(struct super_block *, int, constchar *, size_t, loff_t);
    int (*bdev_try_to_free_page)(struct super_block*, struct page*, gfp_t);
};
```

这是一个函数表，每个指针都指向了一个对superlbock对象进行操作的函数(不含创建、删除superblock，这个是在fs/super.c中)，这些操作函数对文件系统和它的inode执行low-level operations。当文件系统想要调用某个方法时，比如写superblock，使用superblock的指针sb，调用方法为sb->s_op->write(sb)。这里需要传入sb指针是因为C语言缺乏面向对象的特性(没有C++中的this指针)，所以需要将sb作为参数传入。

函数表中有的函数是可选的，即可以选择不实现，文件系统可以将指针置为NULL；对于置NULL的函数，VFS将调用一个通用函数或者什么都不做，取决于是什么函数。

3. inode对象

inode对象包含了内核操作一个文件或者目录需要的所有信息。对于Unix-style的文件系统，这些信息可以直接从磁盘中的inode读入，没有inode的文件系统需要根据磁盘上的数据动态生成inode的信息，并将这些信息填入内存中的inode对象。

inode对象使用inode结构体来存储，该结构体定义在 <linux/fs.h> 中。

```
struct inode
{
    struct hlist_node       i_hash;         /* 散列表 */
    struct list_head        i_list;         /* inodes 链表 */
    struct list_head        i_sb_list;      /* 超级块链表 */
    struct list_head        i_dentry;       /* 目录项链表 */
    unsigned  longi_ino;                    /* inode 号 */
    atomic_t                i_count;        /* 引用计数 */
    unsigned  int i_nlink;                  /* 硬链接数 */
```

```
uid_t                       i_uid;                      /* 使用者的ID*/
gid_t                       i_gid;                      /* 使用组的ID*/
kdev_t                      i_rdev;                     /* 实际设备标识符 */
u64                         i_version;                  /* 版本号 */
loff_t                      i_size;                     /* 文件大小(字节)*/
seqcount_t                  i_size_seqcount;            /* 串行计数 i_size */
struct timespec             i_atime;                    /* 上次访问时间 */
struct timespec             i_mtime;                    /* 上次修改时间 */
struct timespec             i_ctime;                    /* 最后改变时间 */
unsigned  int i_blkbits;                                /* 块大小(字位)*/
blkcnt_t                    i_blocks;                   /* 文件的块数 */
unsigned  shorti_bytes;                                 /* 使用的字节数 */
umode_t                     i_mode;                     /* 访问权限 */
spinlock_t                  i_lock;                     /* 自旋锁 */
struct rw_semaphore         i_alloc_sem;                /* 嵌入 i_sem 内部 */
struct semaphore            i_sem;                      /* inode 信号量 */
struct inode_operations     *i_op;                      /* inode 操作表 */
struct file_operations      *i_fop;                     /* 缺省的 inode 操作 */
struct super_block          *i_sb;                      /* 相关的超级块 */
struct file_lock            *i_flock;                   /* 文件锁链表 */
struct address_space        *i_mapping;                 /* 相关映射 */
struct address_space        i_data;                     /* 设备地址映射 */
struct dquot                *i_dquot[MAXQUOTAS];        /* inode 的磁盘限数 */
struct list_head            i_devices;                  /* 块设备链表 */
union
{
    struct pipe_inode_info  *i_pipe;                    /* 管道信息 */
    struct block_device     *i_bdev;                    /* 块设备驱动 */
    struct cdev             *i_cdev;                    /* 字符设备驱动 */
};
unsigned  long i_dnotify_mask;/* 目录通知掩码 */
struct dnotify_struct       *i_dnotify;                 /* 目录通知 */
struct list_head            inotify_watches;            /* 索引节点通知监测表 */
struct mutex  inotify_mutex;  /* 保护 inotify_watches*/
unsigned  long  i_state;                                /* 状态标志 */
unsigned  long dirtied_when;  /* 第一次弄脏数据时间 */
unsigned  int i_flags;                                  /* 文件系统标志 */
atomic_t                    i_writecount;               /* 写者计数 */
void *i_security;                                       /* 安全模块 */
```

```
    void *i_private;                                    /* fs 私有指针 */
};
```

文件系统中的每个文件都可以用一个inode对象来表示，但是inode对象只有在文件被访问时才会在内存中构建。inode对象中一些域是和特殊文件相关的，比如i_pipe指向named pipe数据结构，i_bdev指向block device数据结构，i_cdev指向character device数据结构，这三个指针存储在了union中。因为一个给定的inode最多指向这三个数据结构中的0个或者1个，所以文件系统可能无法支持inode对象中的一些属性，比如有些文件系统没有access timestamp。这种情况下，文件系统可以自己决定怎么实现这些特性(比如将timestamp置为0)

4. inode 操作函数

inode 中的 i_op 指针指向操作 inode 的函数表，该函数表定义在 <linux/fs.h> 中。

```
struct inode_operations
{
    int (*create) (struct inode *,struct dentry *,int, struct nameidata *);
    struct dentry * (*lookup) (struct inode *,struct dentry *, struct nameidata *);
    int (*link) (struct dentry *,struct inode *,struct dentry *);
    int (*unlink) (struct inode *,struct dentry *);
    int (*symlink) (struct inode *,struct dentry *,constchar *);
    int (*mkdir) (struct inode *,struct dentry *,int);
    int (*rmdir) (struct inode *,struct dentry *);
    int (*mknod) (struct inode *,struct dentry *,int,dev_t);
    int (*rename) (struct inode *, struct dentry *,
                struct inode *, struct dentry *);
    int (*readlink) (struct dentry *, char __user *,int);
    void * (*follow_link) (struct dentry *, struct nameidata *);
    void (*put_link) (struct dentry *, struct nameidata *, void *);
    void (*truncate) (struct inode *);
    int (*permission) (struct inode *, int);
    int (*setattr) (struct dentry *, struct iattr *);
    int (*getattr) (struct vfsmount *mnt, struct dentry *, struct kstat *);
    int (*setxattr) (struct dentry *, constchar *,constvoid *,size_t,int);
    ssize_t (*getxattr) (struct dentry *, constchar *, void *, size_t);
    ssize_t (*listxattr) (struct dentry *, char *, size_t);
    int (*removexattr) (struct dentry *, constchar *);
    void (*truncate_range)(struct inode *, loff_t, loff_t);
    long (*fallocate)(struct inode *inode, int mode, loff_t offset, loff_t len);
    int (*fiemap)(struct inode *, struct fiemap_extent_info *, u64 start, u64 len);
};
```

5. dentry 对象

dentry(directory entry 的简称，即目录项) 是路径上具体的一个组件，一个路径上的每一个组件都对应着一个 dentry，如路径 /bin/vi.txt 中共有三个 dentry 对象，分别是 /、bin、vi.txt。

dentry 对象使用 dentry 结构体来表示，该结构体定义在 <linux/dcache.h> 中。

```
struct dentry
{
    atomic_t                    d_count;          /* 使用计数 */
    unsigned  int               d_flags;          /* 目录项标识 */
    spinlock_t                  d_lock;           /* 单目录项锁 */
    int                         d_mounted;        /* 是登录点的目录吗 ? */
    struct inode                *d_inode;         /* 相关的 inode */
    struct hlist_node           d_hash;           /* 散列表 */
    struct dentry               *d_parent;        /* 父目录项对象 */
    struct qstr                 d_name;           /* 目录项名称 */
    struct list_head            d_lru;            /* 未使用的链表 */
    union
    {
        struct list_head        d_child;          /* 目录项内部链表 */
        struct rcu_head         d_rcu;            /* RCU 加锁 */
    } d_u;
    struct list_head            d_subdirs;        /* 子目录链表 */
    struct list_head            d_alias;          /* inodes 别名链表 */
    unsigned  long              d_time;           /* 重置时间 */
    struct dentry_operations    *d_op;            /* 目录项操作指针 */
    struct super_block          *d_sb;            /* 文件的超级块 */
    void                        *d_fsdata;        /* 文件系统特定数据 */
    unsigned  char              d_iname[DNAME_INLINE_LEN_MIN]; /* 短文件名 */
};
```

因为dentry对象没有在磁盘上的物理存储，所以denty结构体中没有用于标记对象是否被修改的域(即不需要判断对象是否dirty，从而需要写回磁盘)。dentry分为三种状态，used、unused和negative。其中，used表示该dentry对应一个有效的inode(dentry的d_inode域指向一个有效的inode)，并且d_count是正数，即有一个或者多个用户正在使用该dentry。unused表示该dentry对应一个有效的inode(dentry的d_inode域指向一个有效的inode)，并且d_count为0，即VFS并没有使用该dentry；因为该dentry仍然指向一个有效的inode对象，dentry当前被保存在dentry cache中(等待可能再次被使用)。negtive表示该dentry没有对应一个有效的inode(dentry的d_inode为NULL)，这种情况可能是因为对应的inode对象被销毁了或者是查找的路径名称不对。此时，dentry仍然被保存在cache中，这样下次路径查找可以快速进行(直接从目录项缓存中获得)。

目录项缓存由三个部分组成：

(1) used dentry 双向链表。每个 inode 对象都有一个 i_dentry 域，这是一个双向链表，用于保存该 inode 对应的 dentry 对象 (一个 inode 可以有很多个 dentry 对象)。

(2) least recently used 双向链表。存储 unused 和 negative 状态的 dentry 对象。该链表按照 lru 的顺序存储，尾部的是最 not lru 的对象，当需要删除 dentry 来释放空间时，从链表的尾部删除对象。

(3) 哈希表和哈希函数。哈希表存储路径和 dentry 的映射关系，它使用 dentry_hanshtable 数组来存储，数组中每个元素都指向一个由哈希值相同的 dentry 组成的链表。哈希函数根据路径计算哈希值。具体的哈希计算方法由 dentry 的操作函数 d_hash() 来决定，文件系统可以自己实现这个函数。

dentry 存储在 cache 中时，dentry 的存在导致对应的 inode 的使用计数大于 0。这样，dentry 对象可以将 inode 钉在内存中，只要 dentry 被 cache 了，那么对应的 inode 就一定也被 cache 了 (使用的是 inode cache，即 icache)。所以，当路径查找函数在 dentry cache 中命中时，其对应的 inode 一定也在内存中。

6. dentry 操作函数

dentry 结构体中的 d_op 指针指向操作 dentry 的函数表，函数表定义在 <linux/dcache.h> 中。

```
struct dentry_operations
{
    int (*d_revalidate) (struct dentry *, struct nameidata *);
    int (*d_hash) (struct dentry *, struct qstr *);
    int (*d_compare) (struct dentry *, struct qstr *, struct qstr *);
    int (*d_delete) (struct dentry *);
    void (*d_release) (struct dentry *);
    void (*d_iput) (struct dentry *, struct inode *);
    char *(*d_dname) (struct dentry *, char *, int);
};
```

7. file 对象

file 对象是打开的文件在内存中的表示 (Representation)，用于在进程中表示打开的文件。进程和 file 对象直接进行交互，不会解除 superblocks、inodes、dentrys。多个进程可以同时打开同一个文件，所以一个文件在内存中可以对应多个 file 对象；而 inode 和 dentry 在内存中只有唯一的对应。file 对象使用 file 结构体来表示，定义在 <linux/fs.h> 中。

```
struct file
{
    Union
    {
        struct list_head        fu_list;        /* 文件对象链表 */
        struct rcu_head         fu_rcuhead;     /* 释放之后的 RCU 链表 */
```

```
    } f_u;
    struct path               f_path;          /* 包含目录项 */
    struct file_operations    *f_op;           /* 文件操作表 */
    spinlock_t                f_lock;          /* 单个文件结构锁 */
    atomic_t                  f_count;         /* 文件对象使用计数 */
    unsigned  int             f_flags;         /* 当打开文件时所指定的标志 */
    mode_t                    f_mode;          /* 文件的访问模式 */
    loff_t                    f_pos;           /* 文件当前位移量(文件指针) */
    struct fown_struct        f_owner;         /* 文件拥有者 */
    conststruct cred          *f_cred;         /* 文件的信任状 */
    struct file_ra_state      f_ra;            /* 预读状态 */
    u64                       f_version;       /* 版本号 */
    void                      *f_security;     /* 安全模块 */
    void                      *private_data;   /* tty 设备驱动钩子 */
    struct list_head          f_ep_links;      /* 事件池链表 */
    spinlock_t                f_ep_lock;       /* 事件池锁 */
    struct address_space      *f_mapping;      /* 页缓存映射 */
    unsigned long             f_mnt_write_state;  /* 调试状态 */
};
```

和 dentry 对象类似，file 对象在磁盘上也没有对应的存储，所以 file 对象也没有 flag 表示 file 是否 dirty。file 对象通过指针 f_dentry 指向对应的 dentry 对象，dentry 对象指向对应的 inode，inode 中存储了文件本身是否 dirty 的信息。

8. file 操作函数

file 结构体中的 f_op 指针指向操作 file 的函数表，函数表定义在 <linux/fs.h> 中。

```
struct file_operations
{
    struct module *owner;
    loff_t (*llseek) (struct file *,loff_t, int);
    ssize_t (*read) (struct file *,char __user *,size_t,loff_t *);
    ssize_t (*write) (struct file *,constchar __user *, size_t,loff_t *);
    ssize_t (*aio_read) (struct kiocb *, conststruct iovec *, unsigned  long, loff_t);
    ssize_t (*aio_write) (struct kiocb *, conststruct iovec *, unsigned  long, loff_t);
    int (*readdir) (struct file *, void *, filldir_t);
    unsigned  int (*poll) (struct file *, struct poll_table_struct *);
    int (*ioctl) (struct inode *, struct file *, unsigned  int, unsigned  long);
    long (*unlocked_ioctl) (struct file *, unsigned  int, unsigned  long);
    long (*compat_ioctl) (struct file *, unsigned  int, unsigned  long);
    int (*mmap) (struct file *, struct vm_area_struct *);
```

```
    int (*open) (struct inode *, struct file *);
    int (*flush) (struct file *, fl_owner_t id);
    int (*release) (struct inode *, struct file *);
    int (*fsync) (struct file *, struct dentry *, int datasync);
    int (*aio_fsync) (struct kiocb *, int datasync);
    int (*fasync) (int, struct file *, int);
    int (*lock) (struct file *, int, struct file_lock *);
    ssize_t (*send_page) (struct file *, struct page *,
    int, size_t, loff_t *, int);
    unsigned long (*get_unmapped_area) (struct file *,
                            unsigned long,
                            unsigned long,
                            unsigned long,
                            unsigned long);
    int (*check_flags) (int);
    int (*flock) (struct file *, int, struct file_lock *);
    ssize_t (*splice_write) (struct pipe_inode_info *,
                            struct file *,
                            loff_t *,
                            size_t,
                            unsigned int);
    ssize_t (*splice_read) (struct file *,
                            loff_t *,
                            struct pipe_inode_info *,
                            size_t,
                            unsigned int);
    int (*set_lease) (struct file *, long, struct file_lock **);
}
```

文件系统可以实现自己的 file 操作函数，也可以使用 file 的通用操作函数。通用操作函数一般可以在标准的基于 Unix 的文件系统中正常工作。

8.8.3 文件系统相关的数据结构

内核使用两种数据结构来管理和文件系统相关的数据，file_system_type 结构体用于表示文件系统类别，vfsmount 结构体用于表示一个挂载的文件系统实例。

1. file_system_type

因为 Linux 支持很多中文件系统，所以内核必须要有一个特殊的数据结构来描述每个文件系统的特性和行为，file_system_type 结构体就是做这个的。file_system_type 定义在 <linux/fs.h> 中。

```
struct file_system_type
{
    constchar                *name;              /* 文件系统的名字 */
    int                      fs_flags;           /* 文件系统类型标志 */
    struct super_block       *(*get_sb) (struct file_system_type *, int, char *, void *);
                                                 /* 用来从磁盘中读取超级块 */
    void                     (*kill_sb) (struct super_block *);
                                                 /* 终止访问超级块 */
    struct module            *owner;             /* 文件系统模块 */
    struct file_system_type  *next;              /* 链表中下一个文件系统类型 */
    struct list_head         fs_supers;          /* 超级块对项链表 */
                                                 /* 下面的字段运行时使锁生效 */
    struct lock_class_key    s_lock_key;
    struct lock_class_key    s_umount_key;
    struct lock_class_key    i_lock_key;
    struct lock_class_key    i_mutex_key;
    struct lock_class_key    i_mutex_dir_key;
    struct lock_class_key    i_alloc_sem_key;
};
```

其中，get_sb()函数在文件系统加载的时候读取磁盘上的superblock，并使用读入的数据填充内存中的superblock对象。每种文件系统不管有多少个实例(哪怕是0个)，都会有且只有一个file_system_type。

2. vfsmount

vfsmount结构体在文件系统挂载时创建，该结构体表示一个具体的文件系统实例(挂载点)。vfsmount结构体，定义在<linux/mount.h>中。

```
struct vfsmount
{
    struct list_head     mnt_hash;          /* 散列表 */
    struct vfsmount      *mnt_parent;       /* 父文件系统 */
    struct dentry        *mnt_mountpoint;   /* 安装点的目录项 */
    struct dentry        *mnt_root;         /* 该文件系统的根目录项 */
    struct super_block   *mnt_sb;           /* 该文件系统的超级块 */
    struct list_head     mnt_mounts;        /* 挂载文件系统链表 */
    struct list_head     mnt_child;         /* 子文件系统链表 */
    int                  mnt_flags;         /* 挂载标志 */
    char                 *mnt_devname;      /* 设备文件名 */
    struct list_head     mnt_list;          /* 描述符链表 */
    struct list_head     mnt_expire;        /* 在到期链表中的入口 */
```

```
    struct list_head        mnt_share;          /* 在共享安装链表中的入口 */
    struct list_head        mnt_slave_list;     /* 从挂载链表 */
    struct list_head        mnt_slave;          /* 从挂载链表入口 */
    struct vfsmount         *mnt_master;        /* 从挂载链表的主人 */
    struct mnt_namespace    *mnt_namespace;     /* 相关的命名空间 */
    int                     mnt_id;             /* 挂载标识符 */
    int                     mnt_group_id;       /* 组标识符 */
    atomic_t                mnt_count;          /* 使用计数 */
    int                     mnt_expiry_mark;    /* 如果标记为到期，则值为真 */
    int                     mnt_pinned;         /* 钉住计数进程 */
    int                     mnt_ghosts;         /* 镜像引用计数 */
    atomic_t                __mnt_writers;      /* 写者引用计数 */
};
```

vfsmount 中含有指向文件系统示例的 superlbock 对象的指针。各个数据结构的关系如图 8-23 所示。

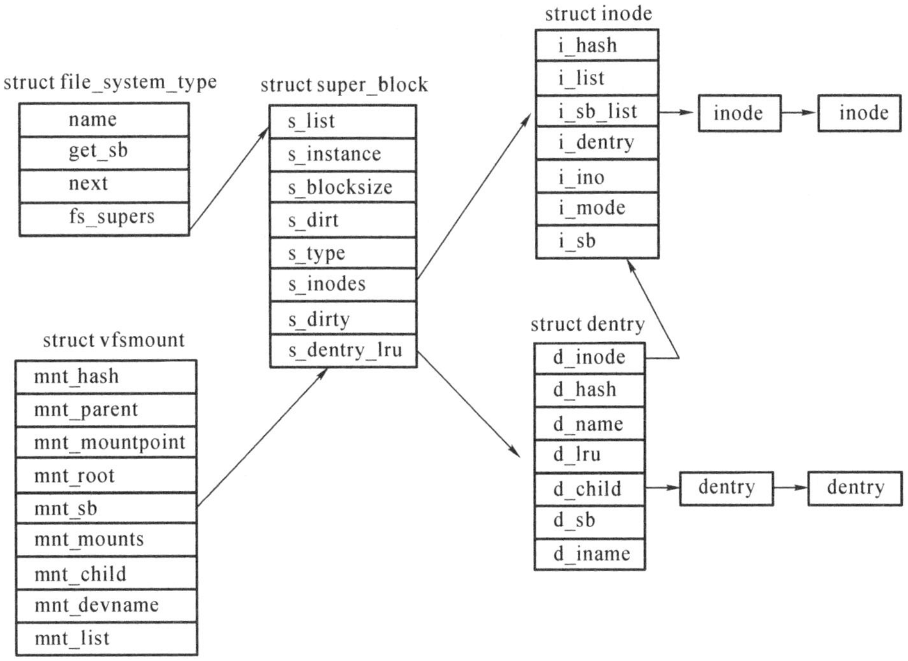

图 8-23 各数据结构之间的关系

8.8.4 和进程相关的数据结构

进程使用 files_struct、fs_struct 和 mnt_namespace 三个数据结构来将进程和 VFS 层关联起来，记录已打开文件列表、进程的根文件系统、当前工作目录等信息。

1. file_struct

进程描述符的 files 指针指向 file_struct，该结构体定义在 <linux/fdtable.h> 中。

```
struct files_struct
{
    atomic_t            count;              /* 使用计数 */
    struct fdtable      *fdt;               /* 指向其他 fd 标的指针 */
    struct fdtable      fdtab;              /* 基 fd 表 */
    spinlock_t          file_lock;          /* 单个文件的锁 */
    intnext_fd;                             /* 缓存下一个可用的 fd */
    struct embedded_fd_set close_on_exec_init;
                                            /* exec() 时关闭的文件描述符链表 */
    struct embedded_fd_set open_fds_init    /* 打开的文件描述符链表 */
    struct file         fd_array[NR_OPEN_DEFAULT];
                                            /* 缺省的文件对象数组 */
};
```

其中，fd_array指向一个已打开文件的列表，fd_array[i]指向文件描述符为i的file对象；NR_OPEN_DEFAULT是一个常数(在64bit机器中是64)，当打开的文件数超过这个常数值时，内核会创建一个新的fdtable，并使fdt指向这个新的fdtable结构体。

2. fs_struct

fs_struct 结构体用于存储和进程相关的文件系统信息。进程描述符中的 fs 指针指向进程的 fs_struct 结构体，fs_struct 结构体定义在 <linux/fs_struct.h> 中。

```
struct fs_struct
{
    int                 users;              /* 用户数目 */
    rwlock_t            lock;               /* 保护结构体的锁 */
    int                 umask;              /* 掩码 */
    int                 in_exec;            /* 当前正在执行的文件 */
    struct path root;                       /* 根目录路径 */
    struct path pwd;                        /* 当前工作目录的路径 */
};
```

root 保存了进程的根目录，pwd 保存了进程的当前工作目录。

3. mnt_namespace

mnt_namespace 结构体给了每个进程一个独立的文件系统视角。进程描述符中的 mnt_namespace 域指向进程的 mnt_namespace 结构体。Linux 中默认是所有进程共享一个 namespace 的，只有当 clone() 指定了 CLONE_NEWS 标志时，才会创建一个新的 namespace。mnt_namespace 结构体定义在 <linux/mnt_namespace.h> 中。

```
struct mnt_namespace
{
```

```
    atomic_t              count;          /* 结构体的使用计数 */
    struct vfsmount       *root;          /* 根目录的挂载点对象 */
    struct list_head      list;           /* 挂载点链表 */
    wait_queue_head_t     poll;           /* 轮询的等待队列 */
    intevent;                             /* 事件计数 */
};
```

list 是一个双向链表，该链表将所有组成该 namespace 的已挂载文件系统连接到一起。

小　　结

文件系统是一组系统软件，为应用程序和用户提供文件服务，包括各种文件操作、目录维护和访问控制等。

本章主要讨论了文件、文件系统的基本概念，介绍了典型的文件系统的层次结构模型。用户对于文件的各种操作，由上而下依次通过用户接口、文件目录结构、存取控制模块、逻辑文件系统与文件信息缓冲区、物理文件系统、辅助分配模块、设备管理模块等层的服务并返回结果。

为了高效地利用存储空间，实现按名存取，文件按照一定的逻辑结构组织文件内容。逻辑结构是用户可见的结构，应用程序可以通过合理的逻辑结构来管理记录。常见的记录式文件的逻辑结构包括堆结构、顺序结构和散列结构。

对于系统而言，文件需要真正地存放在磁盘上，系统直接面对文件的物理组织方式(物理结构)。文件的物理结构模式一般会受到硬件的制约。例如，磁带适合连续结构的文件，并支持顺序读写；磁盘则支持连续结构、链接结构、索引结构的文件。对于不同物理结构的文件，适用的读写方式也不一样。

文件目录结构对于文件的按名存取起到了很大的作用，本章介绍了单级目录、两级目录与多级目录的定义。多级目录结构解决了命名冲突的问题以及文件搜索时间过长的问题。

创建新文件时，文件系统需要给文件分配空闲空间。磁盘空间的分配与回收常见的管理方法包括位示图法、空闲块列表法以及空闲链表法。目前，成组链接法比较具有代表性。

文件共享时需要对文件进行存取控制，常用的手段包括口令保护、密码保护、存储控制矩阵与存取控制表。每种方法各有特点，前两种方法都是防止用户文件被他人窃取，后两种方法实现用户对文件的访问权限控制。

虚拟文件系统 VFS 是 Linux 内核中的一个软件层，用于给用户空间的程序提供文件系统接口；同时，它也提供了内核中的一个抽象功能，允许不同的文件系统共存。系统中所有的文件系统不但依赖 VFS 共存，而且也依靠 VFS 协同工作。

为了能够支持各种实际文件系统，VFS 定义了所有文件系统都支持基本的、概念上的接口和数据结构；同时，实际文件系统也提供 VFS 所期望的抽象接口和数据结构，将自身的诸如文件、目录等概念在形式上与 VFS 的定义保持一致。

习　题

1. 什么是文件管理？

2. 文件系统实现按名存取主要是通过怎样的机制来实现的？

3. 列出并简单定义文件的几种常见逻辑组织形式。

4. 请解释文件控制块与文件的关系。

5. 对目录执行的典型操作有哪些？

6. 列出几种常见的记录组块方式。

7. 列出并简单定义三种文件的物理结构，以及各自的特点是什么。

8. 假设某个文件由长度为 80 个字符的 100 个逻辑记录组成，磁盘存储空间被划分成长度为 2048 个字符的块，为了有效地使用磁盘空间，可以采用成组方式把文件存放在磁盘上。请回答下列问题：

(1) 该文件至少占用多少个磁盘存储块？

(2) 若该文件是以链接结构形式保存在磁盘上的，现用户要求使用第 28 个逻辑记录，则写出系统为满足用户要求而应做的主要工作。

9. 举例说明数据分解的操作过程。

10. 简要说明文件保护与文件保密的定义域区别。

11. 当用户想要读取一个文件时，需要怎么操作才能正确完成读取过程？为什么需要这些操作？

12. 虚拟文件系统的功能与优势是什么？

13. 假定一个文件系统组织方式与 MS-DOS 相似，在 FAT 中可有 64 KB 个指针，磁盘的盘块大小为 512B，试问该文件系统能否指引一个 512 MB 的磁盘？

14. 在 Unix 中，每个 i 节点中有 10 个直接地址和一、二、三级间接索引。若每个盘块大小为 512B，每个盘块地址为 4B，则一个 1 MB 的文件分别占用多少间接盘块？25 MB 的文件呢？

15. 假设某文件系统的硬盘空间为 500 MB，盘块大小为 1 KB，采用显示链接分配。请回答以下问题：

(1) 其 FAT 表 (文件分配表) 需占用多少存储空间？

(2) 如果文件 A 占用硬盘的盘块号依次为 120、130、145、135、125 共五个盘块，请画图示意文件 A 的 FCB 与 FAT 表的关系以及 FAT 表中各盘块间的链接情况。

第9章　I/O　系　统

9.1　I/O系统概述

计算机系统的设备包括主机与外设。主机是指计算机除去输入/输出设备以外的主要机体部分，外设可以简单地理解为输入设备和输出设备(I/O设备)。I/O设备可以和计算机本体进行交互使用，如：键盘、写字板、麦克风、音响、显示器等。因此，输入/输出设备起到了人与机器之间进行联系的作用。

在现代计算机体系结构中，CPU可以使用单独的指令直接读入或写出，被认为是计算机的核心。关于 CPU 和主存储器(内存)的组合，任何信息传入或传出 CPU /内存组合，例如通过从磁盘驱动器读取数据，就会被认为是执行I/O操作。主机与外设通过总线连接成一个整体。总线是一组线和一组严格定义的可以描述在线上传输信息的协议，为什么说是在线上传输信息的协议呢？那是因为信息是通过线上的具有一定时序的电压模式来进行传递的。

图9-1就是一个典型的PC总线结构图，该图显示了一个PCI总线，用以连接CPU-内存子系统与快速设备，扩展总线就是去连接串行、并行端口和相对较慢的设备(比如说键盘或打印机)。通过PC总线，各种外设(显示器、硬盘、打印机、键盘)与主机(CPU、内存)连接成一个整体，可以畅通无阻地进行信息交互，各司其职，协调地工作。

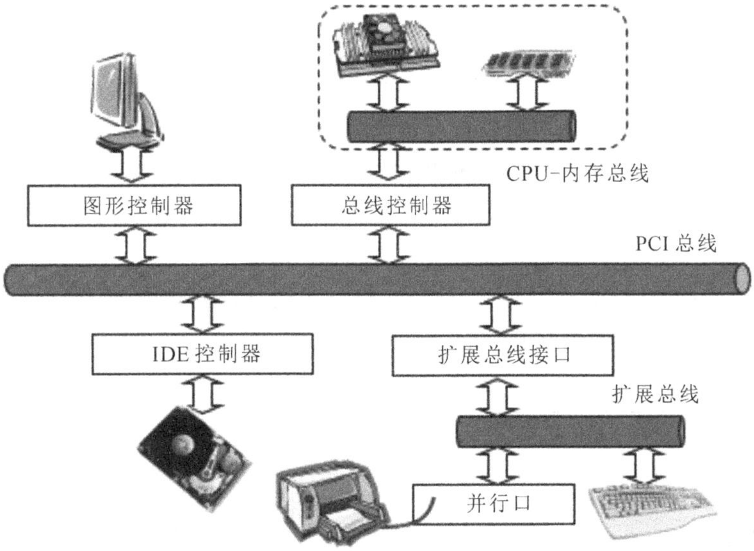

图 9-1　PC 总线结构图

9.2 I/O设备与控制器

I/O设备又称为输入/输出设备。输入设备是向计算机输入数据和信息的设备，是用户和计算机系统之间进行信息交换的主要装置之一。输入设备的任务是把数据、指令及某些标志信息等输送到计算机中去，常见的输入设备包括鼠标、键盘、语音输入系统、电脑手写板等；输出设备是把计算或处理的结果或中间结果以人能识别的各种形式，如数字、符号、字母等表示出来。因此，输入/输出设备起着人机交互的作用，常见的有显示器、打印机、绘图仪、影像输出系统、语音输出系统、磁记录设备等。

9.2.1 I/O 设备的分类

现代计算机系统中可支持的I/O设备种类繁多，根据不同的划分标准，可将这些I/O设备划分成多种不同的类别。若以数据传输的速率的大小划分，则可将设备分为低速设备、中速设备和高速设备。

(1) 低速设备：传输速率仅为每秒几个至数百个字节的一类设备，如键盘、鼠标等。

(2) 中速设备：传输速率在每秒数千个字节至数万个字节的一类设备，如行式打印机、激光打印机等。

(3) 高速设备：传输速率在数百个千字节至千兆字节的一类设备，如磁带机、磁盘机、光盘机等。

若按照使用特性划分，则可将设备分为人机交互类外部设备、存储设备和网络通信设备。

(1) 人机交互类外部设备：用于同计算机用户之间交互的设备，如打印机、显示器、鼠标、键盘等。这类设备数据交换速度相对较慢，通常是以字节为单位进行数据交换。

(2) 存储设备：用于存储程序和数据的设备，如磁盘、磁带、光盘等。这类设备用于数据交换，速度较快，通常以多字节组成的块为单位进行数据交换。

(3) 网络通信设备：用于与远程设备通信的设备，如各种网络接口、调制解调器等。其速度介于前两类设备之间。网络通信设备在使用和管理上与前两类设备也有很大不同。

按信息交换的单位划分，可将I/O设备分为块设备与字符设备。其中，块设备以数据块为单位传输数据，所以被称为块设备。它属于有结构设备，如磁盘等。块设备的基本特征是传输速率较高，可寻址，即可随机地读/写任一块。字符设备是以字符为单位传输数据的设备，它属于无结构类型，如交互式终端机、打印机等。它们的基本特征是传输速率低，不可寻址，并且在输入/输出时常采用中断驱动方式。

除此之外，还可以按照设备的可否共享的属性划分，将设备分为共享设备和独占设备。设备的各种分类差异如表 9-1 所示。

表 9-1 设备分类表

划分依据	设备类别	例　子
使用特性	人机交互类外部设备 存储设备 网络通信设备	鼠标、键盘 磁盘、磁带 网络接口、调制解调器

续表

划分依据	设备类别	例 子
信息交换单位	块设备 字符设备	磁盘 打印机
数据传输速度	低速设备 中速设备 高速设备	键盘、鼠标 打印机 磁带机、磁盘机
是否共享	共享设备 独占设备	磁盘 打印机、键盘

9.2.2 设备控制器的结构

在计算机设备中，各类控制器的作用至关重要。控制器是用于操作端口、总线或设备的一组电子器件。设备控制器是 CPU 与 I/O 设备之间的接口。它能接收 CPU 发来的命令，控制一个或多个 I/O 设备工作，以实现 I/O 设备和计算机之间的数据交换，减轻 CPU 的负担。

图9-2展示了设备控制器与设备之间的关系，一个设备控制器可以关联多台设备。一般来说，不同的设备控制器在复杂性和控制外设的数量上相差很大，但是大部分设备控制器由状态/控制寄存器、数据缓冲寄存器(数据寄存器)以及地址译码器、I/O控制逻辑、外设接口控制逻辑等组成。

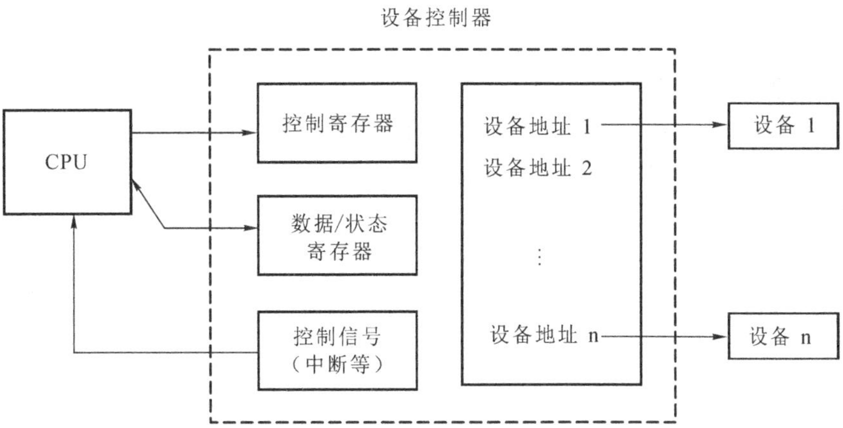

图 9-2 设备控制器结构图

9.2.3 设备控制器的 I/O 端口

在I/O控制器中CPU能够访问的各类寄存器称为I/O端口，设备驱动程序(控制外设进行输入/输出的底层I/O软件)通过访问I/O端口控制外设进行I/O，对I/O端口的读/写就是向I/O设备送出命令或从设备读状态或读/写数据。

一个 I/O 控制器会拥有多个端口，因此 I/O 端口需要进行编址，才能方便 CPU 的访问。系统中，I/O 端口的编址方式可有以下两种方式：独立编址和统一编址。

1. 独立编址（专用的 I/O 端口编址）

内存和 I/O 端口在两个独立的地址空间中。这种编址方式的优点在于：I/O 端口的地址码较短，译码电路简单；存储器同 I/O 端口的操作指令不同，程序比较清晰；存储器和 I/O 端口的控制结构相互独立，可以分别设计。但是也存在着不容忽视的缺点：需要有专用的 I/O 指令，程序设计的灵活性较差。

2. 统一编址(内存映射)

将内存和 I/O 端口统一编址。当一个地址空间分配给 I/O 端口以后，内存就不能再分配这一部分的地址空间。这种编址方式不需要专用的 I/O 指令，任何对存储器数据进行操作的指令都可用于 I/O 端口的数据操作，程序设计比较灵活；由于 I/O 端口的地址空间是内存空间的一部分，这样，I/O 端口的地址空间可大可小，从而使外设的数量几乎不受限制。但是统一编址方式占用了内存空间的一部分，影响了系统的内存容量。另一方面，访问 I/O 端口也同访问内存一样，由于内存地址较长，因此导致执行时间增加。

9.2.4 设备控制器的基本功能

1. 数据缓冲

由于 I/O 设备的速率较低而 CPU 和内存的速率却很高，故在控制器中必须设置一个缓冲器。在输出时，用此缓冲器暂存由主机高速传来的数据，然后才以 I/O 设备所具有的速率将缓冲器中的数据传送给 I/O 设备；在输入时，缓冲器则用于暂存从 I/O 设备送来的数据，待接收到一批数据后，再将缓冲器中的数据高速地传送给主机。

2. 差错控制

设备控制器还兼管对由 I/O 设备传送来的数据进行差错检测。若发现传送中出现了错误，则通常是将差错检测码置位，并向 CPU 报告，于是 CPU 将本次传送来的数据作废，并重新进行一次传送。这样，便可保证数据输入的正确性。

3. 数据交换

这是指实现 CPU 与控制器之间、控制器与设备之间的数据交换。对于前者，是通过数据总线，由 CPU 并行地把数据写入控制器，或从控制器中并行地读出数据；对于后者，是设备将数据输入到控制器，或从控制器传送给设备。为此，在控制器中必须设置数据寄存器。

4. 标识和报告设备的状态

控制器应记下设备的状态供 CPU 了解。例如，仅当该设备处于发送就绪状态时，CPU 才能启动控制器从设备中读出数据。为此，在控制器中应设置一状态寄存器，用其中的每一位来反映设备的某一种状态。当 CPU 将该寄存器的内容读入后，便可了解该设备的状态。

5. 接收和识别命令

CPU 可以向控制器发送多种不同的命令，设备控制器应能接收并识别这些命令。为此，在控制器中应具有相应的控制寄存器，用来存放接收的命令和参数，并对所接收的命令进行译码。例如，磁盘控制器可以接收 CPU 发来的 Read、Write、Format 等 15 条不同的命令，而且有些命令还带有参数；相应地，在磁盘控制器中有多个寄存器和命令译码器等。

6. 地址识别

就像内存中的每一个单元都有一个地址一样，系统中的每一个设备也都有一个地址，而设备控制器又必须能够识别它所控制的每个设备的地址。此外，为使CPU能向(或从)寄存器中写入(或读出)数据，这些寄存器都应具有唯一的地址。控制器应能正确识别这些地址，为此，在控制器中应配置地址译码器。

9.3 设备数据传输控制方法

9.3.1 轮询方式

轮询方式如图 9-3 所示。

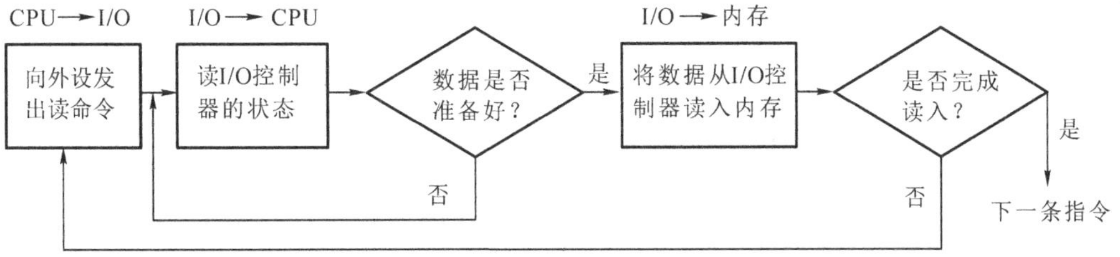

图 9-3 轮询方式

轮询方式也称为程序直接控制方式，该方式采用用户程序直接控制主机与外部设备之间进行输入/输出操作。CPU必须不停地循环测试I/O设备的状态端口，当发现设备处于准备好(Ready)状态时，CPU就可以与I/O设备进行数据存取操作。在使用轮询方式控制主机和外设的数据交换时，数据传送有两种类型：无条件传送和条件传送。

(1) 无条件传送(同步方式)：对一些简单外设如显示器在规定的时间用相应的I/O指令进行信息的输入或输出。其实质是用程序来定时同步传送数据，适合于各类巡检过程控制。

(2) 条件传送(异步方式)：在专门的查询程序中安排相应的 I/O 指令，通过这些指令直接从 I/O 接口中取得外设和接口的状态，如“就绪(Ready)”“忙 (Busy)”“完成(Done)”等，根据这些状态来控制外设和主机的信息交换。因此，这是一种通过程序查询到的状态来控制数据传送的方式，所以也被称为程序查询方式。

图9-3展示了以轮询方式进行某次输入的过程：当前进程需要输入操作时，CPU向外设发出读命令，外设接到命令后，开始准备数据。当外设准备数据的过程中，CPU会不断地循环检测I/O控制器的状态，若数据已经准备好(数据寄存器装满或数据读入完毕)，则CPU就将I/O控制器中的数据寄存器的读入数据放至内存中；若需要读入的数据还没有完毕，则开始下一轮读入操作。

轮询方式的特点是简单、易控制，而且控制器的外围接口控制逻辑少。在该方式下，

CPU 只能与外设进行串行工作，效率低、速度慢，适合于慢速设备工作方式。

9.3.2 中断控制方式

中断控制方式如图 9-4 所示。

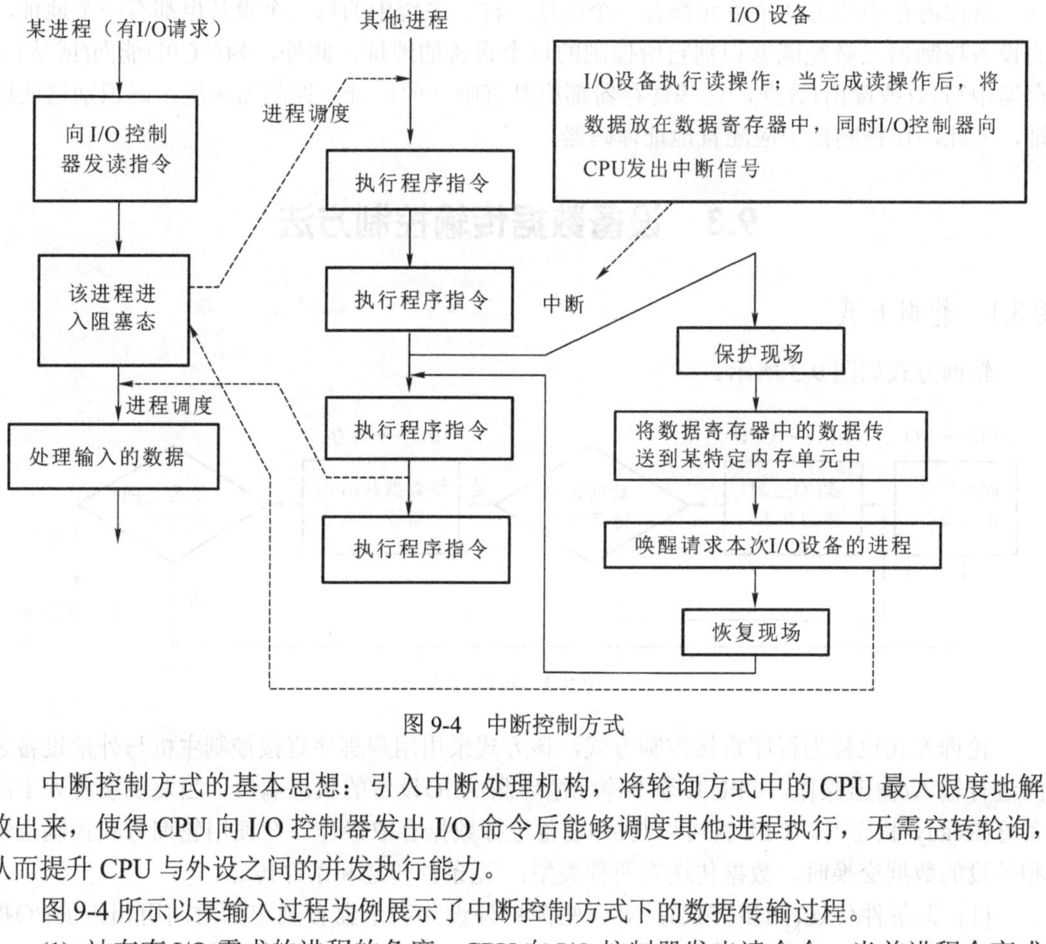

图 9-4　中断控制方式

中断控制方式的基本思想：引入中断处理机构，将轮询方式中的 CPU 最大限度地解放出来，使得 CPU 向 I/O 控制器发出 I/O 命令后能够调度其他进程执行，无需空转轮询，从而提升 CPU 与外设之间的并发执行能力。

图 9-4 所示以某输入过程为例展示了中断控制方式下的数据传输过程。

(1) 站在有 I/O 需求的进程的角度，CPU 向 I/O 控制器发出读命令，当前进程会变成阻塞状态，然后 CPU 执行调度程序从就绪队列中调度一个合适的就绪进程继续执行。在新进程执行过程中，每执行一条指令，CPU 就会检测一次中断，当接收到来自于外设 I/O 控制器的中断请求信号时，CPU 保存当前进程的上下文，转向执行外设的中断服务程序，CPU 将数据寄存器中的数据传送到特定的内存单元中。传送过程结束后，恢复中断现场，继续执行中断前的进程。

(2) 站在 I/O 设备的角度，当 I/O 控制器接收到来自于 CPU 的读命令之后，开始准备数据，将数据放在数据寄存器中；当数据准备好后，I/O 控制器向 CPU 发出中断信号。

中断驱动方式较之轮询方式而言，极大地提升了 CPU 的利用率，初步实现了 CPU 与外设的并行工作。但是，由于 I/O 控制器中数据寄存器中的数据与内存之间的传输仍然需要 CPU 的参与，故在中断驱动方式中，仍然会消耗大量的 CPU 时间。此外，如果需要传输的数据量大，并且外设的速度较快的情况下，容易造成在多次中断的情况下出现数据丢失的现象。

9.3.3 DMA 方式

DMA 的英文拼写是“Direct Memory Access”，汉语的意思就是直接内存访问，是一种不经过 CPU 而直接从内存存取数据的数据传输模式。在中断模式下，硬盘和内存之间的数据传输是由 CPU 来控制的；而在 DMA 模式下，CPU 只需向 DMA 控制器下达指令，让 DMA 控制器来处理数据的传送，数据传送完毕再把信息反馈给 CPU，这样就很大程度上减轻了 CPU 资源占有率。DMA 方式如图 9-5 所示。

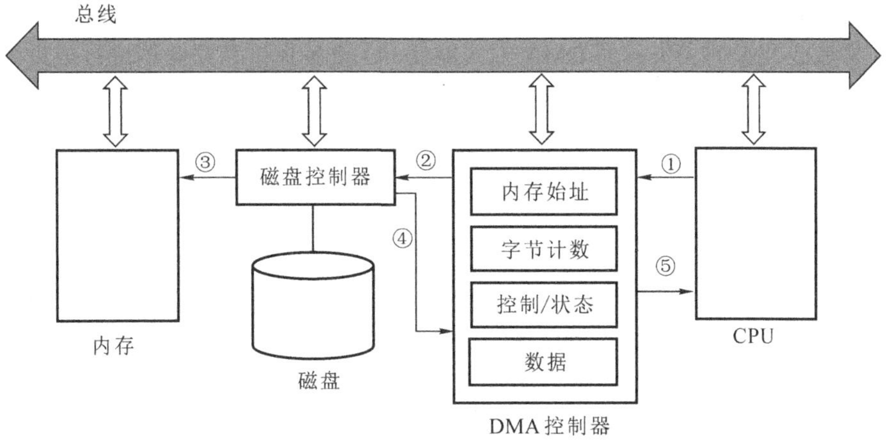

①—CPU 将命令块地址写入 DMA 控制器；
②—DMA 请求传送；
③—传送数据至内存；
④—发送应答信号；
⑤—结束 I/O 向 CPU 发送中断信号

图 9-5 DMA 方式

在进行 DMA 数据传送的系统中，要想理解其工作原理，首先要弄明白 DMA 控制器的基本组成。一个 DMA 控制器，实际上是采用 DMA 方式的外围设备与系统总线之间的接口电路，这个接口电路是在中断接口的基础上再加 DMA 机构组成的。当一个进程要求设备输入数据时，CPU 对 DMA 进行初始化工作。

(1) 存放数据的内存起始地址至 DMA 控制器的内存地址寄存器中。

(2) 将要输入数据的字节数存放至 DMA 控制器的传送字节数寄存器中。

(3) 将 DMA 控制器的控制状态寄存器中的相应中断允许位与 DMA 启动位置为 1。

(4) 若启动位被置 1，则启动 DMA 控制器开始进行数据传输。

该进程放弃 CPU，进入阻塞等待状态，等待第一批数据输入完成。进程调度程序调度其他进程运行。与此同时，由 DMA 控制器控制整个数据的传输。

(1) 当输入设备将一个数据送入DMA控制器的数据缓冲寄存器后，DMA控制器立即取代CPU，接管数据地址总线的控制权(CPU工作周期挪用)，将数据送至相应的内存单元。

(2) DMA 控制器中的传输字节数寄存器计数减 1。

(3) 恢复 CPU 对数据地址总线的控制权。

(4) 不断循环输入传输过程直到数据传输完毕。

当一批数据输入完成，DMA 控制器向 CPU 发出中断信号，请求中断运行进程并转向执行中断处理程序。中断程序首先保存被中断进程的现场，唤醒等待输入数据的那个进程，使其变成就绪状态，然后恢复现场，返回被中断的进程继续执行。

当进程调度程序调度到要求输入数据的那个进程时，该进程就到指定的内存地址中读取数据进行处理。

DMA 方式主要适用于一些高速的 I/O 设备，这些设备传输字节或字的速度非常快。对于这类高速 I/O 设备，如果采用中断的方法来传输字节信息，会大量占用 CPU 的时间，同时也容易造成数据的丢失。而 DMA 方式能使 I/O 设备直接和存储器进行成批数据的快速传送，故总体效果较好。不足之处在于：DMA 方式在控制数据传送的过程中，主要用于内存中连续存放的数据的 I/O 传输；对于不连续的数据块的传输，则需要多次 DMA 过程才能完成。

9.3.4　通道方式

通道本质上是一个简单的处理器，专门负责输入/输出控制，具有执行I/O指令的能力，并通过执行通道I/O程序来控制I/O操作。

通道控制方式与 DMA 控制方式类似，也是一种以内存为中心，实现设备与内存直接交换数据的控制方式。与 DMA 控制方式相比，通道方式所需要的 CPU 干预更少，而且可以做到一个通道控制多台设备，从而进一步减轻 CPU 负担。通道方式如图 9-6 所示。

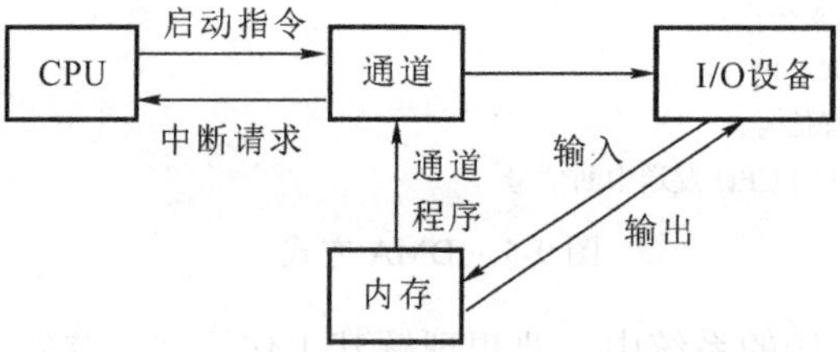

图 9-6　通道方式

通道控制方式的工作过程如下：

(1) 当一个进程要求输入/输出数据时，CPU根据请求形成有关通道程序，然后执行输入/输出指令启动通道工作。

(2) 申请输入/输出数据的进程放弃CPU进入阻塞等待状态，等待数据输入/输出工作完成以后，进程调度程序调度其他进程运行。

(3) 通道开始执行CPU放在主存中的通道程序，独立负责外设与主存的数据交换。

(4) 当数据交换完成后，通道向CPU发出中断请求信号，中断正在运行的进程，转向中断处理程序。

(5) 中断处理程序首先保护被中断进程的现场，唤醒申请输入/输出的那个进程，使其变为就绪状态(关闭通道)，然后恢复现场，返回被中断的进程继续运行。

(6) 当进程调度程序调度到申请输入/输出数据的那个进程时，该进程就到指定的内存地址中进行数据处理。

I/O通道控制方式是对DMA控制方式的发展，它进一步减少了CPU对数据传输的控制，即把对一个数据块的读/写为单位的干预减少为对一组数据块的读/写及有关的控制和管理为单位的干预。同时，又可实现CPU、通道和I/O设备的并行操作，从而更有效地提高整个系统的资源利用率。在通道控制方式中，CPU只需发出启动指令，指出要求通道执行的操作和使用的I/O设备，该指令就可以启动通道并使该通道从内存中调出相应的通道程序来执行。

9.4 缓冲技术

9.4.1 缓冲区的引入

在进行操作系统具体设计的时候，我们经常需要采用缓冲技术来优化某些功能，为什么需要缓冲技术呢？通常来说，缓冲区是用来保存两个设备之间或者设备与用户程序之间传送数据的存储区域，这些存储区域在系统中是必不可少的。其主要原因可归结为以下几点：

(1) 缓解设备之间速度差异的矛盾。例如，一个程序时而进行长时间的计算而没有输出，时而又阵发性把输出送到打印机。由于打印机的速度跟不上CPU，而使得CPU长时间的等待。如果设置了缓冲区，那么程序输出的数据先送到缓冲区暂存，然后由打印机慢慢地输出。这时，CPU不必等待，可以继续执行程序，实现CPU与I/O设备之间的并行工作。事实上，凡在数据的生产者与消费者速率差异比较大的地方都可设置缓冲，以缓和它们之间速度不匹配的矛盾。又如，网络设备Modem(调制解调器)经常需要将从网络接收到的文件保存到硬盘中。此时，Modem可以看作是数据的生产者，硬盘是数据的消费者，这两个设备对于数据传输的速率相差悬殊。Modem大约比硬盘慢数千倍。为了解决这个矛盾，可以在内存中设置一个缓冲区用来暂存Modem接收到的字节数据。当缓冲区装满时，启动一次I/O操作将缓冲区的数据一次性写到硬盘中区。可以试想一下，如果没有缓冲区的引入，Modem接收一个字节的数据就需要启动一次I/O操作将数据写到硬盘中；如果I/O操作每传送一个字节产生一次中断，那么设置了n个字节的缓冲区之后，则可以等到缓冲区满才产生中断。这样，缓冲技术可以大大减少外设对CPU的中断次数，能够非常高效地提升CPU与外设之间的并行性能。

(2) 缓冲区可以缓解设备之间传输数据大小不一致的矛盾。在网络中进行数据传输时，各个设备之间经常性地需要处理传输数据大小不一致的问题。例如：在网络的发送端，一个较长的消息需要拆分成若干小的网络数据包，这些小包通过网络传送至数据接收方；接收方则需要将这些数据包重新组合。因此，我们就需要设置缓冲区来处理这些数据的拆分与重组。

(3) 支持应用程序 I/O 的语义复制。

什么是“语义复制”呢？假设这样一个场景：某个应用程序需要将内存缓冲区的数据写到硬盘上，则可以调用 write() 系统调用来完成该任务。通常一个进程发出 I/O 请求后，会被阻塞至等待队列中，有些系统中该进程甚至会被换出内存。即该进程内存缓冲区的内容有可能会被其他进程刷新，那么如何保证原来进程的 write() 操作正确完成呢？此时，我们就需要借助“语义复制”的思想，为了保证写入硬盘的数据就是write()系统调用发生时的内容，可以将原来应用程序内存缓冲区的内容复制到内核缓冲区中。硬盘写的操作实际在内核缓冲区中执行。这样，即使原来的进程阻塞后被交换出内存，以致原来内存缓冲区的内容发生改变，也不会影响原来应用程序写操作数据的正确性。

操作系统常常会采用这样的“语义复制”方法来保障应用程序与外设之间的数据传送的顺利完成，虽然会有一定的额外开销，但是也获得了很好的效果。

9.4.2 缓冲区的分类

1. 硬件缓冲

硬件缓冲的设置目的是为了协调系统和硬件之间的数据传输速度的差异。例如，Cache存储器又称为高速缓冲存储器，它位于CPU与主存之间，容量较小，但是数据传输速度很快。Cache可以很好地提升CPU对内存反复使用的数据的处理速度。CPU要运算的数据都是从内存取来的，但是内存速度比CPU慢很多，CPU总是在闲等，浪费了许多宝贵时间。有了Cache后，可以事先把CPU可能会用到的数据从内存复制到缓存， 由于预测机制的作用(在90%以上的命中率下)，CPU需要的数据就在缓存里面，很快就可以取到，这样就可以减少直接访问内存的次数。Cache的设置可以大幅提高系统的效率。

另一个常见的硬件缓冲就是硬盘的缓存区，主要作用是提高CPU与硬盘之间的速度。众所周知，内存里面的数据大部分是从硬盘读取而来的，内存速度比硬盘要快几十倍，于是在硬盘里面设计跟内存速度差不多的缓存，可以提前把内存可能用到的数据从硬盘读到缓存，然后内存需要读取数据时先到硬盘缓存中寻找，找不到时再查找硬盘。

2. 内存缓冲

在内存中规划出一个具有n个单元的缓冲区，以便存放系统输入或输出的数据，这样的缓冲区又称为内存缓冲区。

内存缓存中的一个典型示例：Linux系统中的页缓存，它通过软件机制来实现。页缓存和硬件Cache的原理基本相同，将容量大而低速的外设中的部分数据预先存放到内存页缓冲区中；页缓存以页为大小进行数据缓存，它将磁盘中最常用和最重要的数据存放到部分物理内存中，使得系统访问块设备时可以直接从主存中获取块设备数据，而不需从磁盘中获取数据。

在大多数情况下，内核在读写磁盘时都会使用页缓存。内核在读文件时，首先在已有的页缓存中查找所读取的数据是否已经存在。如果该页缓存不存在，则一个新的页将被添加到缓存中，然后用从磁盘读取的数据填充它；如果当前物理内存足够空闲，那么该页将长期保留在缓存中，使得其他进程再使用该页中的数据时不再访问磁盘。写操作与读操作类似，直接在页缓存中修改数据，但是页缓存中修改的数据(该页此时被称为Dirty Page)并不是马上就被写入磁盘，而是延迟几秒钟，以防止进程对该页缓存中的数据再次修改。

3. 软件缓冲

在现代计算机系统中，有很多软件在运行时都会进行信息缓存，特别是网络应用程序经常需要对一些特殊的数据在客户端进行本地缓存。这些缓存会以临时文件方式存储于客户端电脑磁盘中，当软件再次启动时，软件会优先从缓存中读取数据，这样无疑加快了软件的运行速度和数据处理速度。

例如，浏览器打开一些网页之后，会缓存于电脑中，下次打开会先读取缓存中的数据而不是去网络中调用。

软件缓存有优点也有缺点，如软件缓存越来越多会导致系统中临时文件过多而造成变慢的问题，同时很多软件的缓存体积非常大，无疑会占用大量空间，所以有时会通过清理缓存的方法来优化系统的速度。

9.4.3 缓冲技术的种类

在进行数据缓冲的时候，常见的缓冲技术包括单缓冲、双缓冲与多缓冲、缓冲池等技术。

1. 单缓冲

单缓冲是操作系统提供的最简单的一种缓冲技术，如图 9-7 所示。在块设备之间进行数据传输时，一般情况下，缓冲区的大小与物理块的大小一样。数据生产者设备与消费者设备之间的速率差别很大的情况下，可以采用单缓冲方式传输数据。

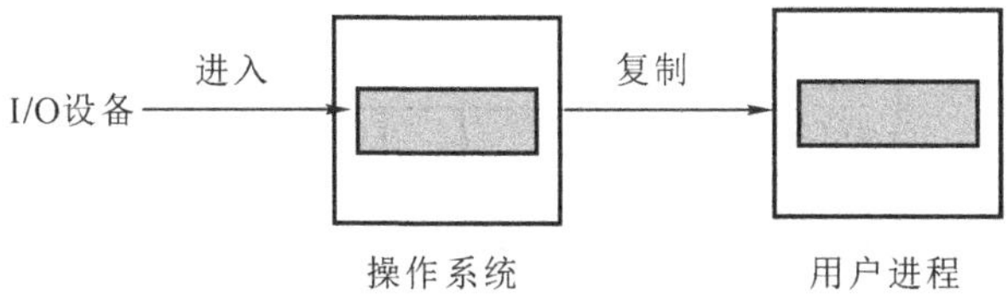

图 9-7　单缓冲

例如，当用户进程需要从硬盘中读入数据时，系统为该进程分配一个内核缓冲区。输入数据从硬盘读入到缓冲区中，传送结束后，进程把该缓冲区移到用户空间，并立即请求另一块，此时的读操作被称为“预先读入”，这是一种优化措施。期望这些预读入的数据会被使用。根据计算机执行的局部性原理，这种优化预读入的措施是合理的，可以有效地降低启动硬盘进行实际 I/O 传送的频率。

2. 双缓冲与多缓冲

双缓冲是针对单缓冲方式的改进，在数据生产者设备与消费者设备之间的速率相差不大的情况下比较适用。在该模式下，系统为进程分配两个缓冲区。假设生产进程向缓冲 1 放入数据，当缓冲区 1 装满后，消费进程从缓冲区 1 中读取数据消费；此时，生产进程继续向缓冲区 2 放入数据，当缓冲区 2 装满时，缓冲区 1 的数据也差不多被消费进程读取完毕，接着消费进程继续读取缓冲区 2 的内容；同时，生产进程继续向缓冲区 1 写入数据，如此循环推进，生产进程与消费进程并发执行。

通过上述例子，可以了解双缓冲的工作原理。但是，在实际系统中只有两个缓冲区往往是不够用的。此时，我们可以把双缓冲扩展成为多个缓冲区，将它们按照顺序编号 0，1，2，…，n。生产进程一次向各个缓冲区中存放数据，消费进程也按照相同的顺序从中读取出数据进行消费，这时由于缓冲区数量多，容量较大，因此更具备实用性。双缓冲如图 9-8 所示。

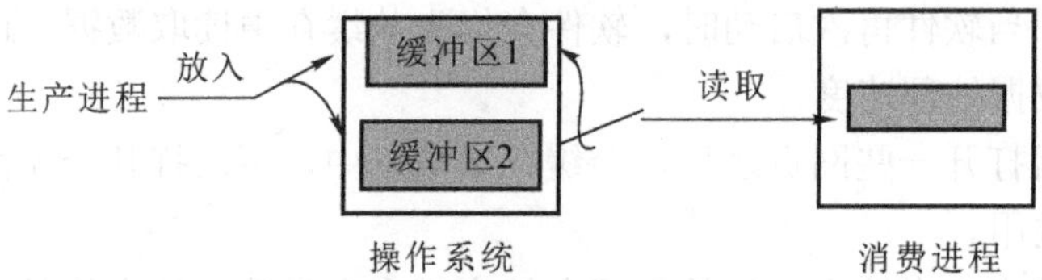

图 9-8　双缓冲

3. 缓冲池

在多缓冲的基础上，可以构建缓冲池。缓冲池中的缓冲区由操作系统统一进行管理和分配。系统会维护三个队列，如图 9-9 所示。

(1) 缓冲池中的空缓冲区链接成一个空缓冲队列 emq。

(2) 装满输入数据的缓冲区链接成一个输入缓冲队列 inq。

(3) 装满输出数据的缓冲区链接成一个输出缓冲队列 outq。

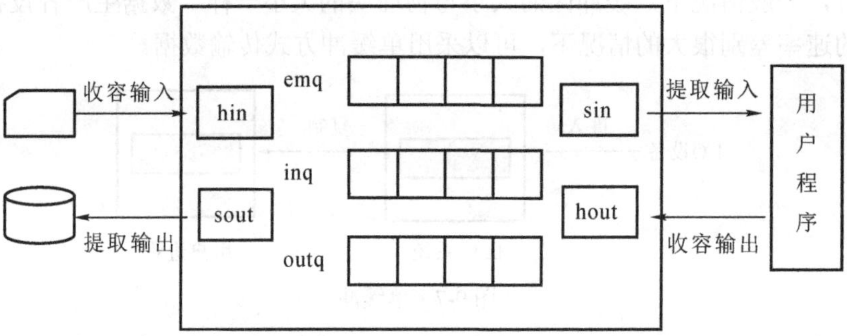

图 9-9　缓冲池

系统维护着inq、outq、emq三个缓冲队列和hin、sout、sin、hout四个工作缓冲区。这些工作缓冲区是在这三种缓冲队列上申请和取出缓冲区用于数据的读取和存储，操作完成之后再把缓冲区放回到原来的队列。这四个工作缓冲区对应的功能分别描述如下(其中 Get_buf( )表示从缓冲队列取出一个缓冲区的过程；Put_buf()表示把缓冲区插入到对应缓冲队列的过程)：

(1) 收容输入：把设备输入的数据放在缓冲区中。

① 首先从空缓队列取出一个缓冲区当作 hin 工作缓冲区 (hin=Get_buf(emq))，然后把数据装入到 hin 中。

② 把得到的 hin 缓冲区放在 inq 缓冲队列中 (inq=Put_buf(inq,hin))，供给用户程序利用。

(2) 提取输入：把缓冲区的数据交给用户程序处理。

① 把 inq 缓冲队列中的数据提取到 sin 工作缓冲区中 (sin=Get_buf(inq))，供给用户提取数据。

② 提取完数据之后，把 sin 的工作缓冲区放回到 emq 空缓冲队列中 (emq=Put_buf(emq, sin))。

(3) 收容输出：把用户程序处理完的数据放在缓冲区中。

① 先用工作缓冲区 hout 向空缓冲队列 emq 申请缓冲区，得到用户处理的数据 (hout=Get_buf(emq))。

② hout 的数据读取完之后，放在 outq 缓冲区中。Put_buf(outq,hout) 供给外设读取。

(4) 提取输出：将缓冲区中的数据提交给输出设备。

① 先把要输出到设备的缓冲区中的数据放在 sout 工作缓冲区中 (sout=Get_buf(outq))。

② 提取完 sout 的数据之后，把 sout 缓冲区放到 emq 空缓冲队列中 (emq=Put_buf(emq, sout))。

有了缓冲池支撑缓冲，能够大大提高设备和 CPU 的利用率。这时，可以允许多个线程来处理数据。

9.4.4 虚拟设备的实现

1. 什么是虚拟设备

通过虚拟技术将一台独占设备虚拟成多台逻辑设备，供多个用户进程同时使用，通常把这种经过虚拟的设备称为虚拟设备。在I/O系统中，如果只有一台输入设备和一台输出设备时，允许两个或两个以上的任务并行执行I/O操作。在执行过程中，可以通过虚拟技术让每个作业都感觉在独占这输入/输出设备。

2. 虚拟设备的实现

虚拟技术中最成功的案例是SPOOLing系统(如图9-10所示)。SPOOLing是Simultaneous Peripheral Operation On-Line (即外部设备联机并行操作)的缩写，它是关于慢速字符设备与计算机主机交换信息的一种技术，通常称为“假脱机技术”。SPOOLing技术是对脱机输入、输出系统的模拟。SPOOLing系统的主要特点包括以下两个部分：

(1) 输入井和输出井。这是在磁盘上开辟的两个大存储空间。输入井是模拟脱机输入时的磁盘设备，用于暂存 I/Q 设备输入的数据；输出井是模拟脱机输出时的磁盘，用于暂存用户程序的输出数据。

(2) 输入缓冲区和输出缓冲区。为了缓和 CPU 和磁盘之间速度不匹配的矛盾，在内存中要开辟两个缓冲区：输入缓冲区和输出缓冲区。输入缓冲区用于暂存由输入设备送来的数据，以后再传送到输入井；输出缓冲区用于暂存从输出井送来的数据，以后再传送给输出设备。

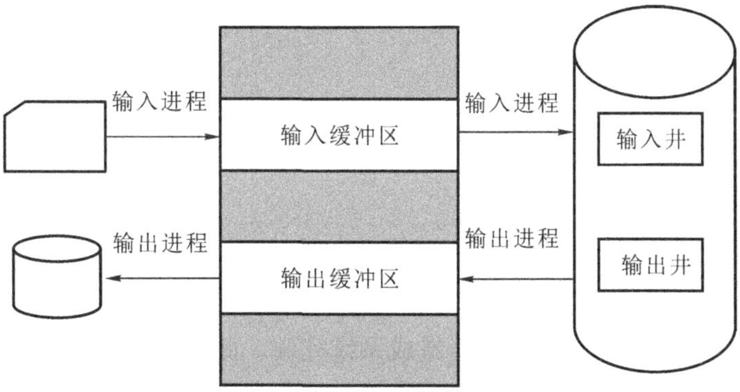

图 9-10　SPOOLing 系统

例如：在输入过程中，当系统输入模块收到作业的输入请求信号后，输入管理模块中的读过程负责将信息从输入设备中读入输入缓冲区。当缓冲区满时，由写过程将信息从缓冲区写到外存的输入井中，读过程和写过程反复循环，直到这个请求输入完毕。当读过程读到一个硬件结束标志之后，系统再次驱动写过程把最后一批信息写入外存输入井并调用中断处理程序结束该次输入。然后，系统为该作业建立作业控制块，从而使输入井中的作业进入作业等待队列，等待作业调度程序选中后进入内存运行。

将一台独享打印机改造为可供多个用户共享的打印机，是应用 SPOOLing 技术的典型实例。具体做法是：系统对于用户的打印输出，并不真正把打印机分配给该用户进程，而是先在输出井中申请一个空闲盘块区，并将要打印的数据送入其中；然后为用户申请并填写请求打印表，将该表挂到请求打印队列上。若打印机空闲，输出程序从请求打印队列上取表，将要打印的数据从输出井传送到内存缓冲区，再进行打印，直到打印队列为空。

SPOOLing技术带来的好处是：首先字符设备和虚拟设备间的数据交换由SPOOLing进程统一调度，以并行方式进行，从而提高并发，同时减少用户进程的等待时间。其次，在多道程序系统中用程序模拟脱机输入/输出时外围控制器的功能，这样便可在主机的直接控制下实现脱机输入/输出功能，使得设备的利用率和系统效率都能得到提高。

9.5 设备的分配

9.5.1 设备分配的原则

在多道程序系统中，每个进程都有均等的机会向设备发出请求，通常情况下，系统中进程的总数会大于设备的总数。因此，若多个进程对共享设备同时发出使用申请时，则会形成竞争的局面。为了保障操作系统正常的执行，合理的设备分配原则就必不可少了。在设计设备分配策略中，需要考虑许多以下一些相关因素。

1. 设备的固有属性

现代操作系统中的设备种类繁多，每类设备都有自己的特点。有些设备是可以提供给多个进程同时使用的，如硬盘；而有些设备属于独占设备，只能允许一个进程占用该设备，如打印机。显然，共享型设备与独占型设备对进程请求响应的模式差别很大，需要考虑二者的差异性。

2. 系统采用的分配算法

分配算法是设备分配策略的核心。当同时有多个进程请求同一个设备时，分配算法确定哪个或哪些进程能够被分配设备。

3. 设备分配的安全性

通常情况下，系统中设备的数量少于进程数量，当进程之间竞争使用独占资源的时候，如果分配策略不当，那么有可能会造成系统死锁，此时，被锁定的进程无法推进。为了避免此类情况发生，在设计设备分配规则时，需要注意考虑分配算法的安全性。

4. 设备的无关性

用户程序与实际使用的物理设备无关。底层的硬件设备对于用户是透明的，在用户程序中使用的设备是逻辑设备，系统根据实际情况分配具体的物理设备。

9.5.2 设备分配相关的技术

针对不同类型的设备，需要提供不同的分配方式。目前，系统中较常见的分配方式包括以下三种。

1. 独占设备——静态分配

独占设备是指那些只能让一个应用程序在整个运行期间独占使用的设备。独占设备采用独享分配方式或称为静态分配方式，即在一个应用程序执行前，为它分配所需使用的这类设备；当应用程序处理完毕撤离时，收回分配给它的这类设备。静态分配技术是由设备的物理性质来决定的。

对独占型设备一般采用静态分配，这种分配方式实现简单，且不会发生死锁，但采用这种分配方式时外部设备利用率不高。

2. 共享设备——动态分配

共享设备是指多个进程可以同时使用的设备。对共享设备采用动态分配的方式，即在进程运行的过程中进行，当进程需要使用设备时，通过系统调用命令向系统提出设备请求，系统按一定的分配策略给进程分配所需设备，一旦使用完毕立即释放。显然这种分配方式有利于提高设备的使用效率，但会出现死锁。磁盘的分配就是典型的动态分配方式。

3. 虚拟设备——虚拟分配

虚拟分配是指利用虚拟技术将独占设备虚拟成共享设备。虚拟分配最成功的技术就是SPOOLing技术，该技术把一台独占设备变换为若干台逻辑设备，供若干个用户(进程)同时使用。将虚拟技术用来模拟独占设备的那部分共享设备称为虚拟设备。(具体细节可以参考9.4.4小节)

当确定设备分配方式之后，常用的设备分配算法采用先来先服务和优先级高者优先的方式来实施。

(1) 先来先服务。根据进程对某设备提出请求的先后次序，可将进程排成一个队列，当设备空闲时间，优先把设备分配给队首的进程。

(2) 优先级高者优先。该算法总是将设备分配给优先级最高的进程。为此，通常在形成设备队列时，将优先级高的进程排在前面；对于相同优先级的 I/O 请求，则按先来先服务原则排队。

但是，在实际的设备分配过程中，还需要考虑从进程运行的安全性上考虑。因为在多进程的系统中，一般情况下，进程的总数会大于设备的总数，即涉及多进程对同一设备的竞争使用问题。从进程安全角度出发，设备分配方法又可以分为以下两种方式：

(1) 安全分配方式(单请求方式)。在这种分配方式中，每当进程发出I/O请求后便进入阻塞状态，直至I/O操作完成时才被唤醒。在此策略中，由于已经避免了造成死锁的四个必要条件之一的“请求和保护”条件，因而分配是安全的。其缺点是进程进展缓慢、CPU和I/O之间是串行工作的。

(2) 不安全分配方式(多请求方式)。在这种分配方式中，进程发出I/O请求后仍继续运行，需要时又发出第二个I/O请求、第三个I/O请求。仅当进程所请求的设备已被另一进程占用时，进程才进入阻塞状态。这种方式的优点是一个进程可同时操作多个设备，使这些设备能并行工作；缺点为分配不安全，从而可能形成死锁。因此，在设备分配程序中还应增加一个功能，用于对本次的设备分配是否会形成死锁而进行安全性计算，仅当计算结果说明分配是安全时，方可进行分配。

9.5.3 设备分配相关的数据结构

当进行设备分配时，所需要的数据结构有：

(1) 设备控制表DCT：系统为每个设备配置一张设备控制表，用于记录本设备的情况，如设备类型，设备标识号、设备状态、设备队列、控制器表。

(2) 控制器控制表COCT：系统为每个控制器设备配置一张用于记录本控制器情况的控制器控制表。

(3) 系统设备表SDT：记录系统中全部设备的情况，每个设备占一个表目，包括设备类型、设备标识符、设备控制表，设备驱动程序入口等。在配有通道的控制器系统的设备管理中，还要有通道控制表、CHCT，用来记录通道的特性、状态及其他管理信息。

系统设备表中有对应的设备控制表的指针，设备控制表中有与该设备相连控制器的控制表的指针，控制器控制表中有与该控制器相连通道的通道控制表。也就是说，从系统设备表可以找到该设备的设备控制表，然后找到相连的控制器控制表，最后找到相连的通道的通道控制表。

动态设备分配流程可参考图9-11所示。

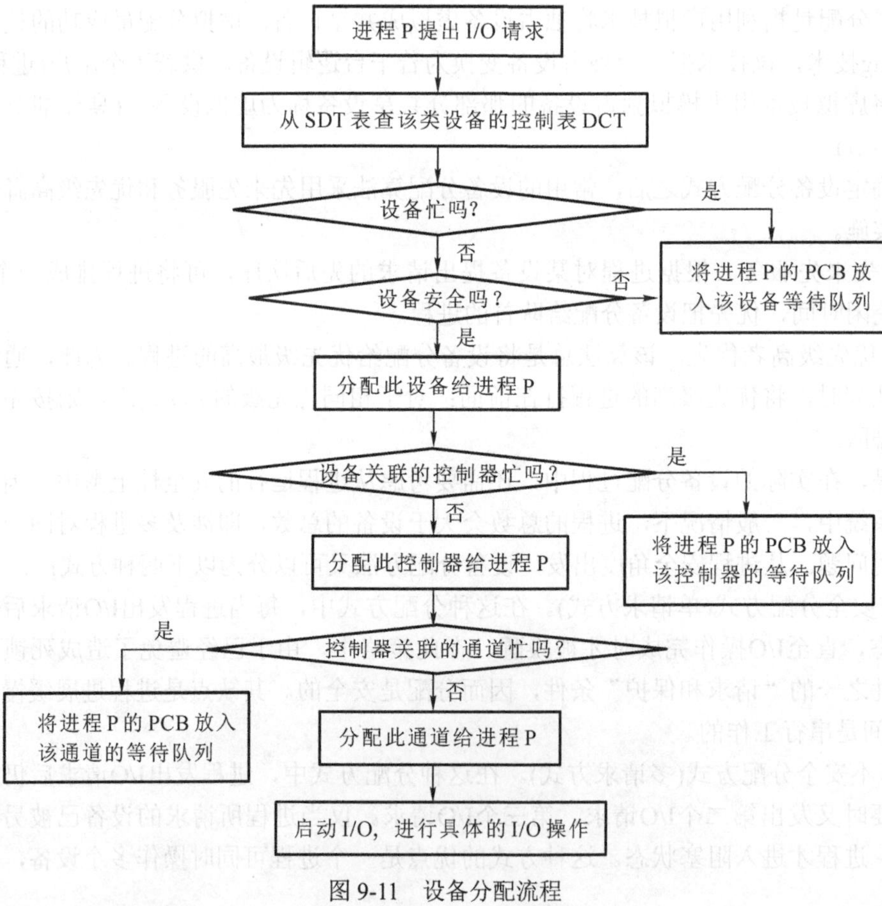

图9-11 设备分配流程

当某进程提出 I/O 请求后，系统的设备分配程序可按下述步骤进行设备分配。

1. 分配设备

首先根据I/O请求中的物理设备名，查找系统设备表(SDT)，从中找出该设备的DCT(设备控制表)，再根据DCT中的设备状态字段，可知该设备是否正忙。若忙，便将请求I/O进程的PCB挂在设备队列上；否则，便按照一定的算法来计算本次设备分配的安全性。如果不会导致系统进入不安全状态，便将设备分配给请求进程；否则，仍将其PCB插入设备等待队列。

2. 分配控制器

在系统把设备分配给请求I/O的进程后，再到其DCT(指向控制器表的指针)中找出与该设备连接的控制器的COCT(控制器控制表)，从COCT的状态字段中可知该控制器是否忙碌。若忙，便将请求I/O进程的PCB挂在该控制器的等待队列上；否则，便将该控制器分配给进程。

3. 分配通道

通过COCT中与控制器连接的通道表指针，找到与该控制器连接的通道的CHCT(通道控制表)，再根据CHCT内的状态信息可知该通道是否忙碌。若忙，便将请求I/O的进程挂在该通道的等待队列上；否则，将该通道分配给进程。

只有在设备、控制器和通道三者都分配成功时，这次的设备分配才算成功。然后，便可启动具体的I/O设备进行数据传送。

9.6　I/O 相关软件

9.6.1　I/O 软件的基本概念

为了保证主机与外设之间数据传输的顺利进行，操作系统必须配套一系列的软件。在进行 I/O 相关软件设计时，需要考虑两个重要的问题：效率与通用性。

1. 效率

在大多数系统中，I/O 操作是系统的瓶颈。与内存和 CPU 相比较，外设的速度较低，为了解决这个瓶颈问题，其中一种方法就是想办法提高 CPU 与外设的并行执行的能力。但是由于硬件的限制，光靠这种方法不能有效解决该问题，所以还需要考虑一些其他的方法。总之，在设计 I/O 软件时，“效率”是需要重点考虑的原则，比如各种缓冲技术就是为了提升“效率”的优化手段。

2. 通用性

为了最大限度地避免错误，我们希望能够使用统一的方式来管理所有的设备。但是由于底层设备的多样性，在实际中很难真正实现通用性。目前，常用的方法是用一种层次化的、模块化的方法设计 I/O 相关的软件。这种方法隐藏了大部分 I/O 设备底层中的细节，提供给上层用户统一的结构，如采用相同的读写、打开、关闭等来操作设备。

现代操作系统中，与 I/O 相关的软件可组织成五个层次，如图 9-12 所示。由底至上分别为中断服务程序、设备驱动程序、设备独立性软件以及上层的用户I/O软件。接下来，针对每个层次分别详细地介绍。

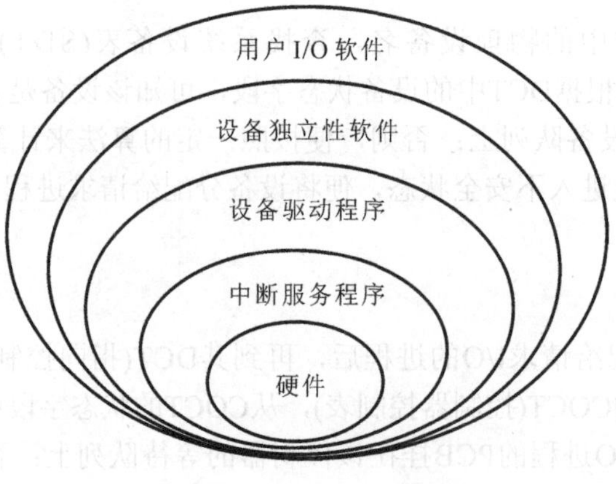

图9-12　I/O软件结构图

9.6.2　中断服务程序

所谓中断，是指CPU在正常运行程序时，由于程序的预先安排或内外部事件，引起CPU中断正在运行的程序而转到发生中断事件程序中。这些引起程序中断的事件称为中断源。

中断是一种电信号，由硬件设备产生，并直接送入中断控制器的输入引脚上，然后再由中断控制器向处理器发送相应的信号。处理器一经检测到该信号，便中断自己当前正在处理的工作，转而去处理中断。不同的设备对应的中断不同，而每个中断都通过一个唯一的数字标识，这些值通常被称为中断请求线。

中断机制是现代计算机系统中的基本机制之一，它在系统中起着通信网络的作用，以协调系统对各种外部事件的响应和处理。中断是实现多道程序设计的必要条件，是CPU对系统发生的某个事件作出的一种反应。中断源向CPU提出处理的请求称为中断请求。发生中断时，被打断程序的暂停点称为断点。CPU暂停现行程序而转为响应中断请求的过程称为中断响应。处理中断源的程序称为中断处理程序。CPU执行有关的中断处理程序称为中断处理，而返回断点的过程称为中断返回。中断的实现由软件和硬件综合完成，硬件部分叫作硬件装置，软件部分称为中断处理程序。

系统要想能够应对各种不同的中断信号，总的来看就是需要知道每种信号应该由哪个中断服务程序负责，以及这些中断服务程序具体是如何工作的。系统只有事前对这两件事都知道得很清楚，才能正确地响应各种中断信号和异常。系统将所有的中断信号统一进行了编号(0～255)，这个编号称为中断号；有的中断号已经被系统占用，有的中断号在给定范围内可以自行定义对应的中断服务程序。中断向量和中断服务程序的对应关系主要是由中断向量表负责。

中断服务程序具体负责处理中断(异常)的代码是由软件(也就是操作系统)实现的，这部分代码属于操作系统内核代码。也就是说，从CPU检测中断信号到加载中断服务程序以及从中断服务程序中恢复执行被暂停的程序，这个流程基本上是硬件确定下来的，而具体的中断向量和服务程序的对应关系设置和中断服务程序的内容是由操作系统确定的。中断处理流程如图9-13所示。

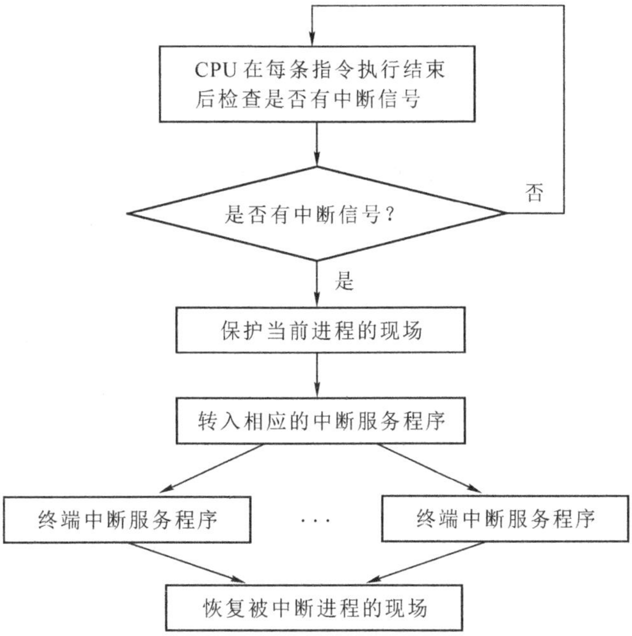

图 9-13 中断处理流程

需要明确的一点是，CPU对于中断和异常的具体处理机制本质上是完全一致的。即：当CPU收到中断或者异常的信号时，它会暂停执行当前的程序或任务，通过一定的机制跳转到负责处理这个信号的相关处理程序中，在完成对这个信号的处理后再跳回到刚才被打断的程序或任务中(如图9-13所示)。具体的处理过程可描述如下。

1. CPU检查是否有中断/异常信号

CPU在执行完当前程序的每一条指令后，都会去确认在执行刚才的指令过程中中断控制器是否发送中断请求过来，如果有，那么CPU就会在相应的时钟脉冲到来时从总线上读取中断请求对应的中断向量。对于异常和系统调用那样的软中断，因为中断向量是直接给出的，所以和通过IRQ (中断请求)线发送的硬件中断请求不同，不会再专门去取其对应的中断向量。

2. 保护当前进程的现场

CPU 开始利用栈保护被暂停执行的进程的上下文。

3. 执行对应的中断服务程序

CPU 利用中断服务程序的段描述符将其第一条指令的地址加载到特定寄存器中，开始执行中断服务程序。这意味着先前的程序被暂停执行，中断服务程序正式开始工作。

4. 恢复执行先前中断的程序

在每个中断服务程序的最后，必须有中断完成返回先前程序的指令。程序执行这条返回指令时，会从栈里弹出先前保存的被暂停程序的现场信息，重新开始执行。

现代操作系统与中断机制的交互有多种方式，在启动时，操作系统探测硬件总线以便确定设备，在中断向量表中注册相应的中断服务程序。在I/O期间，各类设备控制器也会触发中断；中断机制也可以用于处理各种异常，如除数为0、内存访问越界等。

9.6.3 设备驱动程序

设备驱动程序是一种可以使计算机和设备通信的特殊程序，可以说相当于硬件的接口，操作系统只有通过这个接口才能控制硬件设备的工作，假如某设备的驱动程序未能正确安装，便不能正常工作。正因为这个原因，驱动程序在系统中所占的地位十分重要，一般当操作系统安装完后，首要的便是安装硬件设备的驱动程序。不过，大多数情况下，我们并不需要安装所有硬件设备的驱动程序，如硬盘、显示器、光驱等就不需要安装驱动程序，而显卡、声卡、扫描仪、摄像头、Modem等就需要安装驱动程序。另外，不同版本的操作系统对硬件设备的支持也是不同的，一般情况下版本越高所支持的硬件设备也越多。

由于I/O设备众多，而且每个不同的I/O设备的细节和特点是不同的，因此操作系统内核是设计成设备驱动程序模块的结构。设备驱动程序为I/O子系统提供了统一的设备接口，以及操作系统对I/O设备支持的驱动程序大多都是要以模块的形式来进行的，因为可能这个操作系统刚发布出来，又有新设备出来了，那肯定不能又来修改内核，如果将其这个读驱动程序作为模块安装会更好。

尽管每类设备驱动程序实现细节不同，但是均需要具备以下一些功能：

(1) 接收与设备无关的软件发来的命令和参数，并将命令中的抽象要求转换为与设备相关的底层操作序列。

(2) 检查用户I/O请求的合法性。

(3) 发出I/O命令，如果设备空闲，便立即启动I/O设备，完成指定的I/O操作及时响应由设备控制器发来的中断请求，并根据中断类型调用相应的中断处理程序进行处理。

9.6.4 设备独立性软件

什么是设备独立性？“独立”两字体现在应用程序独立于具体使用的物理设备。为了提高操作系统的可适应性和可扩展性，在现代操作系统中都毫无例外地实现了设备独立性(也称为设备无关性)。

为了实现设备独立性而引入了逻辑设备和物理设备这两个概念。具有设备独立性的系统中，用户编写程序时使用的设备与实际使用的设备无关，亦即逻辑设备名是用户命名的，可以更改。物理设备名是系统规定的，是不可更改的。因此，系统必须具有将逻辑设备名称转换为某物理设备名称的功能，这非常类似于存储器管理中所介绍的逻辑地址和物理地址的概念。

鉴于驱动程序是一个与硬件(或设备)紧密相关的软件，必须在驱动程序之上设置一层软件(称为设备独立性软件)，以执行所有设备的公共操作，完成逻辑设备名到物理设备名的转换(为此应设置一张逻辑设备表，如表9-2所示)，并向最外层的用户I/O软件层提供统一接口，从而实现设备的独立性。如现代某些操作系统把所有外部设备统一当作文件来看待，只要安装它们的驱动程序，任何用户都可以像使用文件一样，操纵、使用这些设备，而不必知道它们的具体存在形式。

表 9-2 逻辑设备表

逻辑设备名	设备类型	物理设备名	是否分配	驱动程序入口地址
/dev/tty	终端	3	是	1024
/dev/printer	打印机	5	否	2046
…	…	…	…	…

设备独立性带来的好处是：用户和物理的外围设备无关，系统增减或变更外围设备时程序不必修改；易于对付输入/输出设备的故障。例如，某台行式打印机发生故障时，可用另一台替换，甚至可用磁带机或磁盘机等不同类型的设备代替，从而提高系统的可靠性，增加了外围设备分配的灵活性，能更有效地利用外围设备资源实现多道程序设计技术。

9.6.5 用户层 I/O 软件

尽管大部分I/O软件属于操作系统，但是有一小部分是与用户程序链接在一起的库例程。如C语句：count = write (fd, buffer, nbytes)；在该语句中，所调用的库函数write将与用户程序链接在一起，并包含在运行时的二进制程序代码中。这一类库例程显然也是I/O系统的一部分。此类库例程的主要工作是提供参数给相应的系统调用并调用之。但也有一些库例程的功能更加实际，如格式化输入/输出就是用库例程实现的。如C语言中的printf和scanf函数，标准I/O库包含相当多的涉及I/O的库例程，它们都能作为用户程序的一部分运行。

并非所有的用户层 I/O 软件都由库例程构成。另一种重要的 I/O 软件就是 SPOOLing 系统，SPOOLing 是在多道程序系统中处理独占设备的一种方法，具体工作原理可详见 9.4.4 节。

9.7 Linux 系统 I/O 相关技术

计算机系统中的每一个物理设备都有它自己的硬件控制器。例如，键盘、鼠标和串行口由 SuperIO 芯片控制，IDE 磁盘由 IDE 控制器控制，SCSI 磁盘由 SCSI 控制器控制，等等。每一个硬件控制器都有自己的控制和状态寄存器 (CSR)，而且不同的设备有不同的寄存器。一个 Adaptec 2940 SCSI 控制器的 CSR 和 NCR 810 SCSI 控制器的 CSR 完全不同。CSR 用于启动和停止设备、初始化设备和诊断它的问题。管理这些硬件控制器的代码不是放在每一个应用程序里边，而是放在 Linux 内核。这些处理或者管理硬件控制器的软件叫作设备驱动程序。本质上，Linux 内核的设备驱动程序是特权的、驻留在内存的、低级硬件控制例程的共享库。正是 Linux 的设备驱动程序处理它们所管理的设备的特性。

9.7.1 Linux 系统设备及驱动程序简介

Linux的一个基本特点是它抽象了对设备的处理。将所有的硬件设备都像常规文件一样看待：它们可以使用和操作文件相同的、标准的系统调用来打开、关闭和读写。系统中的每一个设备都用一个设备特殊文件代表。例如，系统中第一个IDE硬盘用/dev/hda表示。对于块(磁盘)和字符设备，这些设备特殊文件用mknod命令创建，并使用主(Major)和次(Minor)设备编号来描述设备。网络设备也用设备特殊文件表达，但是它们由Linux在找到并初始化系统中的网络控制器的时候创建。同一个设备驱动程序控制的所有设备都有一个共同的主设备编号，次设备编号用于区分不同的设备以及它们的控制器。Linux使用主设备号表和一些系统表(如字符设备表chrdevs)，把系统调用中传递的设备特殊文件(比如在一个块设备上安装一个文件系统)映射到这个设备的设备驱动程序中。

Linux 有许多不同的设备驱动程序，它们都具有相似的特征。

(1) 设备驱动程序和内核中的其他代码相似，是内核的一部分，如果发生错误，可能严重损害系统。一个粗劣的驱动程序甚至可能摧毁系统，可能破坏文件系统，从而丢失数据。

(2) 设备驱动程序必须向 Linux 内核或者它所在的子系统提供一个标准的接口。例如：终端驱动程序向 Linux 内核提供了一个文件 I/O 接口；而 SCSI 设备驱动程序向 SCSI 子系统提供了 SCSI 设备接口，接着向内核提供了文件 I/O 和 buffer cache 的接口。

(3) 设备驱动程序使用标准的内核服务，如内存分配、中断转发和等待队列来完成工作。

(4) 大多数的 Linux 设备驱动程序可以在需要的时候作为内核模块进行加载，在不需要的时候进行卸载。这使得内核对于系统资源非常具有适应性和效率。

(5) Linux 设备驱动程序可以建立在内核。至于哪些设备建立在内核，可以在内核编译的时候进行配置。

(6) 在系统启动每一个设备驱动程序初始化的时候，它会查找它管理的硬件设备。如果一个设备驱动程序所控制的设备不存在也没有关系，此时这个设备驱动程序只是多余的，占用很少的系统内存，不会产生危害。

特别需要注意的是，设备驱动程序必须小心使用内存。因为它们是Linux内核的一部分，所以它们不能使用虚拟内存。每一次当设备驱动程序运行时(可能是接收到了中断、调度了一个buttom half handler或处理程序任务队列)，当前的进程都可能改变。设备驱动程序不能依赖于一个正在运行的特殊进程，哪怕驱动程序正在为当前进程工作。像内核中其他部分一样，设备驱动程序使用数据结构跟踪它所控制的设备。这些数据结构可以在设备驱动程序的代码部分静态分配，但是这会让内核不必要地增大从而造成浪费。多数设备驱动程序分配内核的、不分页的内存来存放它们的数据。

Linux内核提供了内核的内存分配和释放例程，设备驱动程序正是使用了这些例程。内核内存按块分配，块的大小为2的幂数。例如，128或512字节，即使设备驱动程序请求的数量没有这么多。设备驱动程序请求的字节数按照块的大小被规约(大于等于它的最小块的大小)。这使得内核的内存回收更容易，因为较小的空闲块可以组合成更大的块。

请求内核内存的时候，Linux还需要做更多的附加工作。如果空闲内存的总数太少，物理页需要废弃或者写到交换设备上。通常，Linux 会挂起请求者，把这个进程放到一个等待队列，直到有了足够的物理内存。不是所有的设备驱动程序(或者实际是Linux的内核代码)都希望发生这样的事情，可以要求内核内存分配例程在不能立刻分配内存时就失败。如果设备驱动程序希望为DMA访问分配内存，那么它也需要指出这块内存是可以进行DMA的。因为需要让Linux内核明白系统中哪些是连续的、可以进行DMA的内存，而不是让设备驱动程序来决定。

Linux 支持三种类型的硬件设备：字符设备、块设备和网络设备。

1. 字符设备

字符设备是Linux中最简单的设备，可以像文件一样访问。应用程序使用标准系统调用打开、读、写和关闭字符设备，完全把它们作为普通文件一样对待。甚至正在被PPP守护进程使用，用于将一个Linux系统连接到网上的Modem，也被看作一个普通文件。当字符设备初始化时，它的设备驱动程序向Linux内核登记，在chrdevs向量表增加一个device_struct数据结构条目。这个设备的主设备标识符用作这个向量表的索引。一个设备的主设备标识符是固定的。chrdevs向量表中的每一个条目，即一个device_struct数据结构包括两个元素(如图9-14所示)：一个是指向登记的设备驱动程序名字的指针；另一个是指向一组文件操作的指针。这组文件操作本身位于这个设备的字符设备驱动程序中，每一个都处理一个特定的文件操作，比如打开、读、写和关闭。/proc/devices中字符设备的内容来自chrdevs向量表，参见include/linux/major.h。

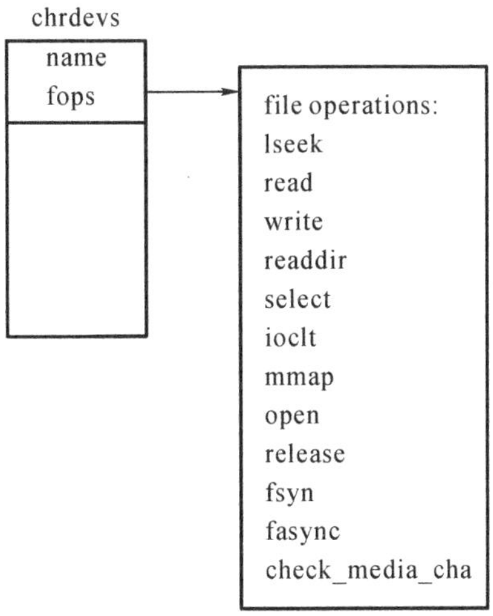

图 9-14 字符设备驱动程序中的部分数据结构

当代表一个字符设备(如/dev/cua0)的字符特殊文件打开时，内核必须做一些事情，从而去调用正确的字符设备驱动程序的文件操作例程。和普通文件或目录一样，每一个设备特殊文件都用VFS I节点表达。这个字符特殊文件的VFS inode(实际上所有的设备特殊文件)包含有设备的major和minor标识符。这个VFS I节点由底层的文件系统(如EXT2)创建，其信息是在查找这个设备特殊文件时由实际的文件系统提供的。

每一个 VFS I 节点都关联着一组文件操作，它们依赖于 I 节点所代表的文件系统对象的不同而不同。不管代表一个字符特殊文件的 VFS I 节点什么时候创建，它的文件操作都被设置成字符设备的缺省操作。实际上，只有一种文件操作：open 操作。当一个应用程序打开这个字符特殊文件时，通用的 open 文件操作使用设备的主设备标识符作为 chrdevs 向量表中的索引，取出这种特殊设备的文件操作块。它也建立描述这个字符特殊文件的 file 数据结构，让它的文件操作指针指向设备驱动程序中的相应操作，然后应用程序所有的文件系统操作都被映射到字符设备的文件操作。

2. 块设备

块设备也支持像文件一样被访问。为打开块特殊文件提供了一组正确的文件操作集，这种机制与字符设备十分相似。Linux 用 blkdevs 向量表维护已经登记的块设备文件。与 chrdevs 向量表一样，使用块设备的主设备号作为该向量表的索引。它的条目也是 device_struct 数据结构。和字符设备不同，块设备进行了分类。SCSI 设备是其中的一类，而 IDE 设备是另一类。每种类型的设备均需要在 Linux 内核中登记，并向内核提供文件操作。属于一个块设备类的设备驱动程序，向这个类提供与类相关的接口。例如，SCSI 设备驱动程序必须向 SCSI 子系统提供接口，SCSI 子系统使用这些接口向内核提供有关这种设备的文件操作。

每一个块设备驱动程序都必须提供普通的文件操作接口，同时提供对 buffer cache 的接口。每一个块设备驱动程序必须填充它在 blk_dev 向量表中的 blk_dev_struct 数据结构。同样，这个向量表的索引还是设备的主设备号。这个 blk_dev_struct 数据结构包括一个请求例程地址和一个指针，该指针指向一个 request 数据结构列表，每一个 request 数据结构都表示一个来自 buffer cache 的、要求设备驱动程序读写一块数据的请求。

每当 buffer cache 希望从一个登记的设备读一块数据，或希望向一个登记的设备写一块数据时，它就在它的 blk_dev_struc 中增加一个 request 数据结构。图 9-15 显示了每一个 request 都是一个读写一块数据的请求，而且每一个 request 都有一个指针指向一个或多个 buffer_head 数据结构。这个 buffer_head 数据结构被 buffer cache 锁定，可能会有一个进程在该阻塞 (Block) 操作上等待这个缓冲区完成。每一个 request 结构都是从一个静态表——all_request 表中分配的。如果这个 request 增加到一个空的 request 列表，驱动程序的 request 函数就被调用，开始对这个 request 队列进行处理；否则，驱动程序只是简单地处理 request 队列中的每一个请求。

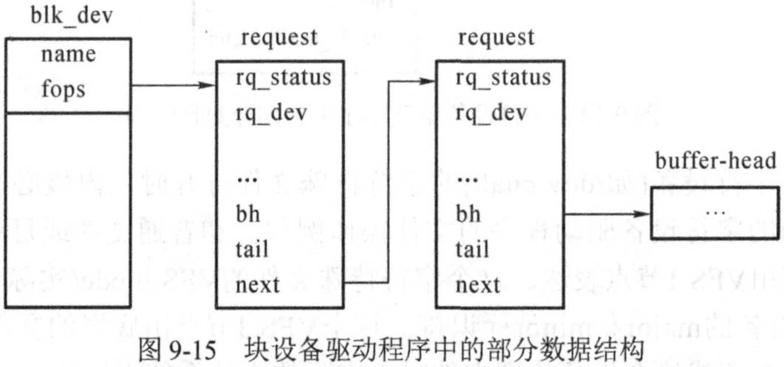

图 9-15　块设备驱动程序中的部分数据结构

一旦设备驱动程序完成了一个请求，该请求的每一个 buffer_head 结构都必须从 request 结构中删除，并被标记为最新的，然后解锁。对于 buffer_head 的解锁会唤醒任何正在等待这个阻塞操作完成的进程。这样的例子包括文件解析的时候：Ext2 文件系统必须从包括这个文件系统的块设备上读取包括下一个 Ext2 目录条目的数据块，这个进程会在 buffer_head(将要包括下一个 Ext2 目录条目) 上睡眠，直到设备驱动程序唤醒它。这个 request 数据结构会被标记为空闲，从而可以被另一个块请求使用。

3. 网络设备

任何网络事物都需要经过一个网络接口形成，网络接口是一个能够和其他主机交换数据的设备。接口通常是一个硬件设备，但也可能是个纯软件设备，比如回环 (Loopback) 接口。网络接口由内核中的网络子系统驱动，负责发送和接收数据包。许多网络连接 (尤其是使用 TCP 协议的连接) 是面向流的，但网络设备却围绕数据包的传送和接收而设计。网络驱动程序不需要知道各个连接的相关信息，它只要处理数据包即可。

由于不是面向流的设备，因此将网络接口映射到filesystem中的节点(比如/dev/tty1)比较困难。Unix访问网络接口的方法仍然是给它们分配一个唯一的名字(比如eth0)，但这个名字在filesystem中不存在对应的节点。内核和网络设备驱动程序间的通信完全不同于内核和字符以及块驱动程序之间的通信，内核调用一套和数据包相关的函数而不是read、write等。

9.7.2 Linux 系统支持的 I/O 数据传输方式

1. Poling and Interrupts(轮询和中断)

每一次给设备命令(例如“把读磁头移到软盘的第42扇区”)的时候，设备驱动程序都可以选择采用什么手段来判断命令是否已经执行结束。设备驱动程序可以轮询设备或者使用中断。轮询设备通常意味着不断读取它的状态寄存器，直到设备的状态改变指示它已经完成了请求。因为设备驱动程序是内核的一部分，如果驱动程序一直在轮询，那么内核在设备完成请求之前不能运行其他任何东西，这将造成惨重的损失。所以，轮询的设备驱动程序使用一个系统计时器，让内核在晚些时候调用设备驱动程序中的一个例程。这个定时器例程会检查命令的状态，Linux的软盘驱动程序就是这样工作的。使用计时器进行轮询是一种最好的近似，而更加有效的方法是使用中断。

中断驱动的设备驱动程序在它控制的硬件设备需要服务时，会发出一个硬件中断。例如：当在网络上接收到一个以太网报文时，以太网设备驱动程序会被设备中断。Linux 内核要有能力把从硬件设备来的中断转发到正确的设备驱动程序中。这通过设备驱动程序向内核登记它所使用的中断来实现。它登记中断处理程序例程的地址和它希望拥有的中断编号。用户通过 /proc/interrupts 可以看到设备驱动使用了哪些中断和每一类型的中断使用了多少次。

对于中断资源的请求发生在驱动程序初始化时，系统中有些中断是固定的，这是 IBM PC 体系结构的遗留物。例如：软驱控制器总是用中断 6；其他中断，如 PCI 设备的中断，在启动的时候动态分配。这时，设备驱动程序必须首先找出它所控制的设备的中断号，然后才能请求拥有这个中断的处理权。对于 PCI 中断，Linux 支持标准的 PCI BIOS 回调 (callback) 来确定系统中设备的信息，包括它们的 IRQ。

一个中断本身如何被转发到 CPU，依赖于体系结构。但是在大多数的体系结构上，中断都用一种特殊的模式传递，在这种模式下，系统中其他的中断将被停止。设备驱动程序在它的中断处理例程中应该做尽可能少的工作，以便 Linux 内核可以结束中断，返回到它被中断以前的地方。收到中断后需要做大量工作的设备驱动程序可以使用内核的下半部处理程序或者任务队列把例程排在后面，以便在以后调用。

2. Direct Memory Access (DMA)

当数据量比较少的时候，用中断驱动的设备驱动程序向设备传输数据或者从设备接收，会工作得相当好。例如，一个 9600 b/s 的 Modem 每 ms (1/1000 s) 大约可以传输一个字符。如果中断延迟，就是从硬件设备发出中断到设备驱动程序中的中断处理程序被调用之间所花的时间比较少 (比如 2 ms)，那么数据传输对系统整体性能的影响就非常小。9600 b/s 的 Modem 的数据传输只会占用 0.002% 的 CPU 处理时间。但是对于高速设备，比如硬盘控制器或者以太网设备，数据传输速率就相当高。一个 SCSI 设备每秒可以传输高达 40 MB 的信息。

直接内存存取，或者说DMA，就是来解决这个问题的。一个DMA控制器，在不需要处理器干预的情况下，允许在设备和系统内存之间传输数据。PC的ISA DMA控制器有8个DMA通道，设备驱动程序可使用其中的7个。每一个DMA通道都关联一个16位的地址寄存器和一个16位的计数寄存器(Count Register)。为了初始化一次数据传输，设备驱动程序需要设置DMA通道的地址和计数寄存器，加上数据传输的方向：读或写。然后，设备驱动程序就可以告诉设备，它可以在需要的时候启动DMA。当传输结束时，设备中断PC。这样，在CPU做其他事情的时候(不需要CPU的参与)，可以发生传输。

使用 DMA 时，设备驱动程序要非常小心。首先，所有的 DMA 控制器都不了解虚拟内存，它只能访问系统中的物理内存。因此，需要进行 DMA 传输的内存必须是连续的物理内存块。这意味着不能直接对一个进程的虚拟地址空间进行 DMA 访问。但是，可以在执行 DMA 操作时把进程的物理页锁定到内存中，从而防止在做 DMA 操作时，物理页被交换出去。其次，DMA 控制器无法访问全部的物理内存。DMA 通道的地址寄存器表示 DMA 地址的前 16 位，跟着的 8 位来自于页寄存器 (Page Register)。这意味着 DMA 请求限制在底部的 16M 内存中。

DMA 通道是稀少的资源，只有 7 个，又不能在设备驱动程序之间共享。像中断一样，设备驱动程序必须有能力发现它可以使用哪一个 DMA 通道；像中断一样，一些设备有固定的 DMA 通道，比如软驱设备，总是用 DMA 通道 2。有时，设备的 DMA 通道可以用跳线设置：一些以太网设备使用这种技术。对一些更灵活的设备，通过它们的 CSR 可以告诉它使用哪一个 DMA 通道，这时，设备驱动程序可以简单地选出一个可用的 DMA 通道。

Linux使用dma_chan数据结构向量表(每一个DMA通道一个)跟踪DMA通道的使用情况。dma_chan数据结构只有两个域：一个字符串指针，描述这个DMA通道的属主；一个标志，显示这个DMA通道是否已被分配。当用户cat /proc/dma的时候，显示出的就是dma_chan向量表。

9.7.3　I/O 相关重要数据结构

Linux 系统中能够随机访问数据片 (Chunk) 的设备称为块设备，这些数据片称为片；而字符设备是按照字符流的方式有序访问。常见的块设备有硬盘、CD-ROM；而字符设备主要有串口和键盘。块设备最小可寻址的单元称为扇区，通常情况下，扇区的大小为 512B；而文件系统最小逻辑可寻址单元称为块。块的大小要比扇区大，但比页小，一般为 512B、1 KB 或者 4 KB。内核执行磁盘的所有操作是按照块来操作的，又称为“文件块”或者是“I/O块”。

1. buffer_head 结构

当一个块被调入到内存中，它要被存储在一个缓冲区中。每个缓冲区与一个块对应，它相当于磁盘块在内存中的表示。文件在内存中由file结构体表示。由于内核处理块时需要一些信息，如块属于哪个设备、块对应于哪个缓冲区，因此每个缓冲区都有一个缓冲区描述符，称为buffer_head。它包含了内核操作缓冲区所需要的全部信息，在<linux/buffer_head.h>文件中定义。具体的结构如下：

```
struct buffer_head {
    unsigned long b_state;                      /* 缓冲区的状态标志 */
    struct buffer_head *b_this_page;            /* 页面中缓冲区 */
    struct page *b_page;                        /* 存储缓冲区的页面 */
    sector_t b_blocknr;                         /* 逻辑块号 */
    size_t b_size;                              /* 块大小 */
    char *b_data;                               /* 指向页面中数据的指针 */
    struct block_device *b_bdev;                /* 对应的块设备 */
    bh_end_io_t *b_end_io;                      /* I/O 完成方法 */
    void *b_private;                            /* I/O 完成方法 */
    struct list_head b_assoc_buffers;           /* 相关的映射链接 */
    struct address_space *b_assoc_map;          /* 缓冲区对应的映射 */
    atomic_t b_count;                           / * 表示缓冲区的使用计数 */
};
```

b_state 表示缓冲区的状态，合法的标志存放在bh_state_bits中，该枚举在<linux/buffer_head.h>中定义。bh_state_bits各个域的说明如下：

```
enum bh_state_bits {
    BH_Uptodate,                /* 该缓冲区包含可用数据 */
    BH_Dirty,                   /* 该缓冲区是脏的 */
    BH_Lock,                    /* 该缓冲区被锁定以防止并发访问 */
    BH_Req,                     /* 该缓冲区有 I/O 请求操作 */
    BH_Mapped,                  /* 该缓冲区是映射磁盘块的可用缓冲区 */
    BH_New,                     /* 缓冲区尚且不能访问 */
    BH_Async_Read,              /* 该缓冲区被异步 I/O 读操作使用 */
    BH_Async_Write,             /* 该缓冲区被异步写操作使用 */
    BH_Delay,                   /* 该缓冲区尚未与磁盘块关联 */
    BH_Boundary,                /* 该缓冲区片于连续块区的边界，下一个块不再连续 */
    BH_Write_EIO,               /* I/O 写错误 */
    BH_Ordered,                 /* 有序写入 */
    BH_Eopnotsupp,              /* 发生“不被支持”错误 */
     …
}
```

注意：在操作的缓冲区头之前，应该先使用get_bh()函数增加缓冲区头的引用计数，确保该缓冲区头不会再被分配出去；当完成缓冲区头的操作之后，还必须使用put_bh函数减少引用计数。与缓冲区头对应的磁盘物理块由b_blocknr索引，该值是b_bdev域指明的块设备的逻辑块号；与缓冲区对应的内存物理页由b_page表示；b_data直接指向相应的块(它位于b_page所指明的页面上的某个位置)，块的大小由b_size表示。所以，块在内存中的起始位置在b_data处，结束位置在(b_data+b_size)处。缓冲区头的目的在于描述磁盘块和物理内存缓冲区之间的映射关系。在Linux 2.6版本以前，缓冲区头的作用比现在还重要。因为缓冲区头作为内核I/O操作单元，不仅仅描述了从磁盘块到物理内存的映射，而且还是所有块I/O操作的窗口。但会带来以下问题：

(1) 对内核来说缓冲区头更倾向操作页面。用一个巨大的缓冲区头表示每一个独立的缓冲区，效率低下，对缓冲区头的操作不方便。

(2) 它仅描述单个缓冲区，当作为所有 I/O 容器使用时，它会使内核打断对大块数据的 I/O 操作，使其对多个 buffer_head 结构体进行操作。所以，引入 bio 对块进行操作。

2. bio 结构

在 Linux 2.6 版本以前，buffer_head 是 kernel 中非常重要的数据结构。它曾经是 kernel 中 I/O 的基本单位(现在已经是 bio 结构)，被用于为一个块映射一个页；它被用于描述磁盘块到物理页的映射关系，所有的 block I/O 操作也包含在 buffer_head 中。但是这样也会引起比较大的问题：第一个问题是buffer_head 结构过大(现在已经缩减了很多)，用 buffer head 来操作 I/O 数据太复杂，kernel 更喜欢根据 page 来工作(这样性能也更好)；第二个问题是一个大的 buffer_head 常被用来描述单独的 buffer，而且 buffer 还很可能比一个页还小，这样就会造成效率低下；第三个问题是 buffer_head 只能描述一个 buffer，这样大块的 I/O 操作常被分散为很多个 buffer_head，这样会增加额外占用的空间。因此，以2.6版本开始的 kernel (实际 2.5 测试版的 kernel 中已经开始引入)使用 bio 结构直接处理 page 和地址空间。

所以，当前的内核在向块设备层提交读写请求时，都会将 buffer_head 封装在 bio 结构中，而不再使用原来的 buffer_head。一个典型的 bio 结构体可如下定义：

```
struct bio {
    sector_t               bi_sector;            /* 磁盘上相关扇区 */
    struct bio             *bi_next;             /* 请求列表 */
    struct block_device    *bi_bdev;             /* 相关的块设备 */
    unsigned long          bi_flags;             /* 状态和命令标志 */
    unsigned long          bi_rw;                /* 读还是写 */
    unsigned short         bi_vcnt;              /* bio_vecs 的数目 */
    unsigned short         bi_idx;               /* bio_io_vect 的当前索引 */
    unsigned int           bi_phys_segments;
    unsigned int           bi_size;              /* 剩余 I/O 计数 */
    unsigned int           bi_seg_front_size;
    unsigned int           bi_seg_back_size;
```

```
    unsigned int            bi_max_vecs;           /* bio_vecs 数目上限 */
    unsigned int            bi_comp_cpu;           /* 结束 CPU */
    atomic_t                bi_cnt;                /* 使用计数 */
    struct bio_vec          *bi_io_vec;            /* bio_vec 链表 */
    bio_end_io_t            *bi_end_io;            /* I/O 完成方法 */
    void                    *bi_private;           /* bio 结构体创建者的私有方法 */
    #if defined(CONFIG_BLK_DEV_INTEGRITY)
      struct bio_integrity_payload *bi_integrity;  /* data integrity */
    #endif
    bio_destructor_t        *bi_destructor;        /* bio 撤销方法 */
    struct bio_vec          bi_inline_vecs[0];
};
```

bio代表来自block_device的读取和写入请求，以及其他一些控制请求。这些请求从block_device发出，经过gendisk再到设备驱动。一个bio结构体里面主要包括具体的块设备信息、块设备中的偏移量、请求大小、请求类型(读或写)以及放置数据的内存位置。在Linux 4.14之前，bio中通过指向struct block_device的指针来标识目标设备。Linux4.14以后，struct block_device被替换成一个指向struct gendisk的指针以及一个可以由bio_set_dev()设置的分区号。考虑到gendisk结构的核心作用，这样的改动更自然一些。一旦bio构造完成，我们就可以通过调用generic_make_request()或者submit_bio()来发起bio请求。但是一般情况下我们并不会等待请求完成，而只是将其插入队列以便后续处理，所以整个过程是异步的。不过这里有一点需要注意，在一些场景下generic_make_request()仍然可能由于等待内存可用(比如它可能会等待先前的请求在完成以后从队列中删除，从而腾出队列中的空间)而在短时间内阻塞。在这种场景下，如果在bi_opf字段中设置了REQ_NOWAIT标志，那么generic_make_request()就不会等待，而是把bio设置为BLK_STS_AGAIN或者BLK_STS_NOTSUPP，然后直接返回。

bi_io_vec 指向一个 bio_vec 结构体数组，每个 bio_vec 结构包含 <page, offset, len> 三个元素，描述一个特定片断：片断所在的物理页、块在物理页中的偏移、从给定偏移量开始的块长度。bi_io_vec 结构体数组表示了一个完整的缓冲区。bio_vec 结构定义在 <linux/bio.h> 文件中：

```
struct bio_vec{
  struct page   *bv_page;       /* 指向这个缓冲区所驻留的物理页 */
  unsigned int  bv_len;         /* 该缓冲区以字节为单位 */
  unsigned int  bv_offset;      /* 缓冲区所驻留的页中以字节为单位的偏移量 */
};
```

bi_vcnt 表示 bi_io_vec 所指向的数组中 bio_vec 的数量。当块 IO 操作执行完后，bi_idx 指向数组的当前索引。

每个 I/O 请求都通过一个 bio 结构体表示，每个请求包含了一个或多个块，这些块存储在 bio_vec 中。bio_vec 结构体描述了每个片断在物理页中的实际位置。bi_idx 指向数组中当前的 bio_vec 片断，块 I/O 层可以通过它跟踪块 I/O 完成的进度。

缓冲区头和 bio 结构体之间有着明显的差别。bio 结构体代表的是 I/O 操作，它可以包括内存中的一个或多个页；而另一方面，buffer_head 结构体代表的是一个缓冲区，它描述的仅仅是磁盘中的一个块。因为缓冲区头是关联单独页中的单独块，所以它可能引起不必要的分割，将请求按块进行分割，只能靠以后重新组合。bio 结构体是轻量级的，它表述的块不需要连续存储区，并且不需要分割 I/O 操作。

3. page 结构

page 在内核中被称为缓存页，在文件系统中扮演最核心的角色。Linux 使用内存缓存文件数据，而所有的文件内容都被分割成 page 然后通过一定方式组织起来，便于查找。page 大小固定，当前一般为 4 KB。一个大文件的缓存可能会占据很多 page。图 9-16 即为若干 page 构造的链表。

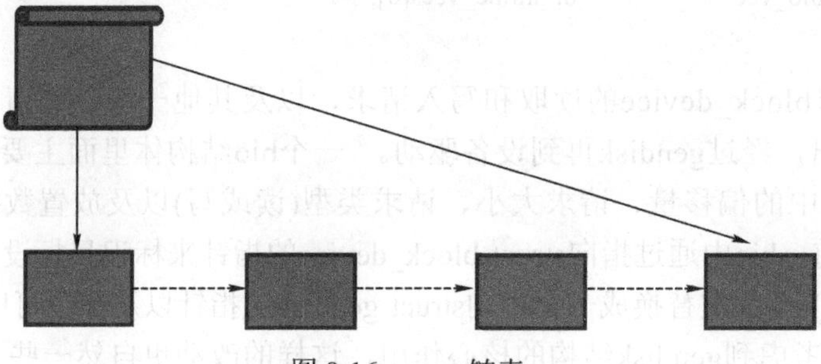

图 9-16　page 链表

图 9-17 显示了 bio、page 与其他结构体之间的关系。

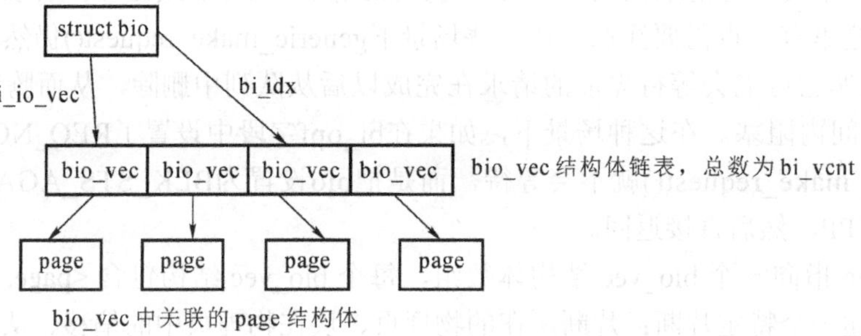

图 9-17　bio、bio_vec 和 page 之间的关系

4. 请求队列

块设备将它们挂起的块 I/O 请求保存在请求队列中，该队列由 request_queue 结构体表示，定义在文件 <linux/blkdev.h> 中，包含一个双向请求链表以及相关的控制信息。通过内核中文件系统这样的高层代码将请求加入到队列中。请求队列只要不为空，队列对应的块设备驱动程序就从队列中获取请求，然后将其送到对应的块设备上去。

9.7.4　Linux 系统中断处理机制

设备的中断会打断内核中进程的正常调度和运行，系统对更高吞吐率的追求势必要求中断服务程序尽可能的短小精悍。但是，这个良好的愿望往往与现实并不吻合。在大多数真实的系统中，当中断到来时，要完成的工作往往并不会是短小的，它可能要进行较大量的耗时处理。为了在中断执行时间尽可能短和中断处理需完成大量工作之间找到一个平衡点，Linux 将中断处理程序分解为两个半部：顶半部 (Top Half) 和底半部 (Bottom Half)。

顶半部完成尽可能少的比较紧急的功能，它往往只是简单地读取寄存器中的中断状态并清除中断标志后就进行“登记中断”的工作。“登记中断”意味着将底半部处理程序挂到该设备的底半部执行队列中去。这样，顶半部执行的速度就会很快，可以服务更多的中断请求。

现在，中断处理工作的重心就落在了底半部的头上，它来完成中断事件的绝大多数任务。底半部几乎做了中断处理程序所有的事情，而且可以被新的中断打断，这也是底半部和顶半部的最大不同，因为顶半部往往被设计成不可中断。底半部则相对来说并不是非常紧急的，而且相对比较耗时，不在硬件中断服务程序中执行。

尽管顶半部、底半部的结合能够改善系统的响应能力，但是，僵化地认为 Linux 设备驱动中的中断处理一定要分两个半部则是不对的。如果中断要处理的工作本身很少，则完全可以直接在上半部全部完成。

1. 注册中断处理程序

中断处理程序是驱动程序的重要组成部分，也是处理中断请求的核心。实际上中断处理程序就是一个函数。这个函数需要调用request_irq或request_threaded_irq函数(linux/interrupt.h)注册到Linux系统中。其中，request_irq函数只能指定一个中断处理函数；而request_threaded_irq函数不仅能指定中断处理函数，还可以指定一个与中断处理函数同样的函数(可称为第2个中断处理函数)。系统会根据前一个中断处理函数的返回值决定是否在另一个线程中调用第2个中断处理函数。这两个函数的原型如下：

- int request_irq(unsigned int irq, irq_handler_t handler, unsigned long flags, const char*name, void *dev);
- int request_threaded_irq(unsigned int irq, irq_handler_t handler, rq_handler_t thread_fn, unsigned long flags, const char *name, void *dev);

其中，irq_handler_t 是函数指针类型，定义如下：

```
typedef irqreturn_t (*irq_handler_t)(int, void *);
```

其中，irqreturn_t 是枚举类型，定义如下：

```
enum irqreturn {
    IRQ_NONE, IRQ_HANDLED, IRQ_WAKE_THREAD
};
typedef enum irqreturn irqreturn_t;
```

request_irq 函数参数的含义如下：

(1) irq：要申请的中断号。对于某些设备，如系统时钟、键盘等，这个参数值通常是固定的；而对于大多数设备来说，这个参数值要么可以通过探测获取，要么可以通过编程动态确定。

(2) handler：中断处理函数的指针。

(3) flags：该参数值可以为 0，也可以设置下列一个或多个标志的掩码。老版本的 Linux 内核是以 SA 开头的宏，如 SA_INTERRUPT，由于信号量的很多宏也以 SA 开头，为了避免产生混淆，在新版本中使用以 IRQF 开头的宏替代。这些宏的含义如下：

- IRQF_DISABLED：当设置该标志时，会使Linux内核在执行中断处理函数时禁止所有的中断。如果未设置该标志，除了当前处理的中断外，中断处理函数可以被其他任何的中断打断。大多数中断处理函数都不需要设置该标志，因为在执行中断处理函数时禁止所有的中断是一种非常不好的内核编程方式。之所以还保留这个标志，是为了某些对性能非常敏感的中断处理。这个标志相当于旧的Linux内核版本的SA_INTERRUPT，在旧版本的Linux内核中用于区分“快”中断和“慢”中断。如果使用了SA_INTERRUPT标志，当前的中断就变成了“快”中断(禁止了所有的中断)。目前，除了时钟中断外，其他的中断很少会使用该标志。
- IRQF_SAMPLE_RANDOM：该标志表明这个设备产生的中断对内核熵池(Entropy Pool)有贡献。内核熵池负责提供从各种随机事件导出真正的随机数。如果指定了该标志，那么来自该设备的中断间隔时间就会作为熵填充到熵池。如果发出中断请求的设备以预知的速率产生中断(如系统定时器)，或者受到某些外部因素影响(如果联网设备收到人为的控制)，那么为这种设备申请中断处理函数时就不要设置这个标志。而对于那些以不可预知的速率产生中断的设备而言，就是一种很好的熵源。
- IRQF_SHARED：该标志指定了多个中断处理程序可以使用同一个中断线 (Interrupt Line)。在同一个中断线上注册的每一个中断处理程序必须指定该标志，否则每一个中断线上只能有一个处理程序。
- IRQF_TIMER：该标志指定了中断处理程序用于系统计时器。

(4) name：与中断相关的设备的文本表示法。例如，PC 上键盘中断对应的值是“keyboard”。这些名字会被 /proc/irq 和 /proc/interrupt 文件使用，以便与用户通信。

(5) dev：用于共享中断线。当释放一个中断处理程序后，dev 参数为当前中断处理程序提供了唯一的标识，以便系统知道要释放中断线上哪一个中断处理程序。如果没有该参数，系统内核就不知道该释放中断线上的哪一个中断处理函数。当然，如果中断线未共享(中断线上只有一个中断处理程序)，该参数也可以设为 NULL。该参数值也会传入中断处理函数的第 2 个参数中。request_irq 函数如果成功请求了中断，返回 0，否则返回一个非零值(表示请求中断失败)。在这种情况下，中断处理程序不会被注册。最常见的错误是-EBUSY，表示当前申请的中断线已经被占用，或者没用指定 IRQF_SHARED 标志。注意：request_irq 函数可能引起休眠，因此，不能在中断上下文或其他可能引起阻塞的地方调用 request_irq 函数。那么 request_irq 函数为什么会引起睡眠呢？也许很多人看了会感到费解，其实只要了解了request_irq 函数在请求中断时都做了些什么就会清楚request_irq 函数为什么会引起休眠了。在请求中断时， 需要在虚拟目录/proc/irq 中建立一个与中断对应的虚拟目录。proc_mkdir 函数用来创建虚拟目录。该函数通过调用 proc_create 函数对这个新的虚拟目录进行设置，而 proc_create 会调用 kmalloc 函数请求分配内存。问题就出在 kmalloc 函数上，该函数是可以引起休眠的。因此，request_irq 函数可能会引起休眠。

下面来看一个如何使用 request_irq 函数请求中断的例子。其中，irqn 是中断号；interrupt_handler 是中断处理函数；dev 是 (void *) 指针类型变量，用于唯一表示当前注册的中断处理函数。

```
if (request_irq(irqn, interrupt_handler, IRQF_SHARED, "hardware_device", dev) )
```

```
{
 printk(KERN_ERR "hardware_device: cannot register IRQ %d\n", irqn) ;
 return -EIO;
}
```

2. 中断处理程序

接下来，需要编写处理程序本身。以下是一个统计中断时间间隔的中断服务程序。

```
irqreturn_t short_interrupt(int irq, void *dev_id, struct pt_regs *regs)
{
    static long mytime=0;
    static int i=0;
    struct net_device *dev=(struct net_device *)dev_id;
    if(i==0){
      mytime=jiffies;
    }else
    if(i<20){
      mytime =jiffies- mytime;
      printk( "Request on IRQ %d time %d\n" ,irq , mytime);
      mytime=jiffies;
      printk("Interrupt on %s -----%d \n",dev->name,dev->irq);
    }
    i++;
    return IRQ_HANDLED;
}
```

这个函数实现的只是对两次发生中断的时间间隔的统计，时间单位是 ms。

函数参数说明：

int irq：在这里很明显传递过来的是中断号。

void *dev_id：这个传递来的是设备的 id 号，可以根据这个设备 id 号得到相应设备的数据结构，进而得到相应设备的信息和相关数据。下面以提取网络数据为例进行说明。

struct net_device *dev=(struct net_device *)dev_id; (特别说明：这里dev_id的值是注册中断时宏传递过来的，是注册中断函数的最后一个参数。)

在这之后就可以用 dev->name; dev->irq; 等得到网络设备的信息了，当然提取 IP 数据报还得进行一些其他的工作。

struct pt_regs *regs：它指向一个数据结构，此结构保存的是中断之前处理器的寄存器和状态，主要用在程序调试。

3. 中断上下文

与进程上下文不一样，内核执行中断服务程序时，处于中断上下文。中断处理程序并没有自己独立的栈，而是使用了内核栈，其大小一般是有限制的 (32 bit 机器 8 KB)，所以其必须短小精悍。同时，中断服务程序是打断了正常的程序流程，这一点上也必须保证快速地执行，并且中断上下文中是不允许睡眠、阻塞的。中断上下文不能睡眠的原因如下：

(1) 当中断处理时，不应该发生进程切换，因为在中断上下文中，唯一能打断当前中断处理器的只有更高优先级的中断，它不会被进程打断。如果在中断上下文中休眠，则没有办法唤醒它，因为所有的唤醒操作都是针对某个进程而言的，而在中断上下文中，没有进程的概念，没有一个task_struct (这点对于软中断和tasklet一样)，因此真的休眠了。比如，调用了会导致阻塞的例程，内核几乎肯定会死。

(2) schedule()在切换进程时，保存当前的进程上下文(CPU寄存器的值、进程的状态以及堆栈中的内容)，以便以后恢复此进程运行。中断发生后，内核会先保存当前被中断的进程上下文(在调用中断处理程序后恢复)。但在中断处理程序里，CPU寄存器的值肯定已经变化了(最重要的程序计数器PC、堆栈SP等)，如果此时因为睡眠或阻塞操作调用了schedule()，则保存的进程上下文就不是当前的进程context了，所以不能在中断处理程序中调用schedule()。

(3) 内核中 schedule() 函数本身在进来的时候判断是否处于中断上下文：

```
if(unlikely(in_interrupt()))
    BUG();
```

因此，强行调用 schedule() 的结果就是内核 BUG。

(4) 中断 handler 会使用被中断的进程内核堆栈，但不会对它有任何影响，因为 handler 使用完后会完全清除它使用的那部分堆栈，恢复被中断前的原貌。

(5) 处于中断 context 时候，内核是不可抢占的。因此，如果休眠，则内核一定挂起。

4. 中断下半部

Linux 实现下半部的机制主要有软中断、tasklet、工作队列等。下面对 tasklet 机制和工作队列机制在 Linux 系统中的实现作简单介绍。

1) 软中断

软中断是一组静态定义的下半部接口，可以在所有处理器上同时执行，即使两个类型相同也可以。但一个软中断不会抢占另一个软中断，唯一可以抢占软中断的是硬中断。

软中断由 softirq_action 结构体实现：

```
struct softirq_action {
    void (*action) (struct softirq_action *); /* 软中断的处理函数 */
};
```

Kernel/softirq.c 中定义了一个包含了 32 个该结构体的数组：

```
static struct softirq_action softirq_vec[NR_SOFTIRQS];
```

每个被注册的软中断都占据了该数组的一项，因此最多可能有 32 个软中断。目前，已注册的软中断有 10 种。注册软中断处理函数的代码如下：

```
void open_softirq(int nr, void (*action) (struct softirq_action *))
{
    softirq_vec[nr].action = action;
}
```

例如，注册网络子系统的函数如下：

```
open_softirq(NET_TX_SOFTIRQ, net_tx_action);
open_softirq(NET_RX_SOFTIRQ, net_rx_action);
```

然后，调用 raise_softirq() 来触发软中断，唤醒 ksoftirqd 内核线程处理软中断。

在下列情况，待处理的软中断会被检查和执行：

(1) 从一个硬件中断代码处返回时。

(2) 在 ksoftirqd 内核线程中。

(3) 在那些显示检查和执行待处理的软中断的代码中，如网络子系统中。

不管是用什么方法唤起，软中断都要在 do_softirq() 中执行。如果有待处理的软中断，do_softirq() 会循环遍历每一个，调用它们相应的处理程序。

在中断处理程序中触发软中断是最常见的形式。中断处理程序执行硬件设备的相关操作，然后触发相应的软中断，最后退出。内核在执行完中断处理程序以后，马上就会调用 do_softirq()，于是软中断开始执行中断处理程序完成剩余的任务。

内核不会立即处理重新触发的软中断。当大量软中断出现的时候，内核会唤醒一组内核线程来处理。这些线程的优先级最低 (nice 值为 19)，能避免它们跟其他重要的任务抢夺资源。但它们最终肯定会被执行，所以这个折中的方案能够保证在很多软中断出现时用户程序不会因为得不到处理时间而处于饥饿状态，同时也保证过量的软中断最终会得到处理。每个处理器都有一个这样的线程，名字为 ksoftirqd/n，n 为处理器的编号。

2) tasklet 机制

tasklet 可以理解为软件中断的派生，所以它的调度时机和软中断一样。对于内核中需要延迟执行的多数任务都可以用 tasklet 来完成，由于同类 tasklet 本身已经进行了同步保护，所以使用 tasklet 比软中断要简单得多，而且效率也不错。tasklet 是把任务延迟到安全时间执行的一种方式，在中断期间运行，即使被调度多次，tasklet 也只运行一次。

软中断和 tasklet 都是运行在中断上下文中，它们与任一进程无关，没有支持的进程完成重新调度。所以，软中断和 tasklet 不能睡眠、不能阻塞，它们的代码中不能含有导致睡眠的动作，如减少信号量、从用户空间复制数据或手工分配内存等。

tasklet 的使用相当简单，只需要定义 tasklet 及其处理函数并将二者关联。具体代码如下：

```
void my_tasklet_func(unsigned long);
DECLARE_TASKLET(my_tasklet,my_tasklet_func,data);
```

其中，my_tasklet_func(unsigned long) 定义了 tasklet 的处理函数。以上的代码实现了将名称为 my_tasklet 的 tasklet 与 my_tasklet_func() 函数相关联，然后在需要调度 tasklet 的时候引用下面的 API 就能使系统在适当的时候进行调度运行。

```
tasklet_schedule(&my_tasklet);
```

此外，Linux 还提供了另外一些其他的控制 tasklet 调度与运行的 API。具体代码如下：

```
DECLARE_TASKLET_DISABLED(name,function,data);
/* 与 DECLARE_TASKLET 类似，但等待 tasklet 被使能 */
tasklet_enable(struct tasklet_struct *); /* 使能 */
```

```
tasklet tasklet_disble(struct tasklet_struct *); /* 禁用 */
tasklet tasklet_init(struct tasklet_struct *,void (*func)(unsigned long),unsigned long);
/* 类似 DECLARE_TASKLET()*/
tasklet_kill(struct tasklet_struct *); /* 清除指定 tasklet 的可调度位，即不允许调度该 tasklet*/
```

tasklet 的具体实现代码如下：

```
// 定义与绑定 tasklet 函数
void test_tasklet_action(unsigned long t);
DECLARE_TASKLET(test_tasklet, test_tasklet_action, 0);
void test_tasklet_action(unsigned long t)
{
    printk("tasklet is executing\n");
}
…
ssize_t globalvar_write(struct file *filp, const char *buf, size_t len, loff_t *off)
{
…
    if (copy_from_user(&global_var, buf, sizeof(int)))
    {
        return - EFAULT;
    }
    // 调度 tasklet 执行
    tasklet_schedule(&test_tasklet);
    return sizeof(int);
}
```

它的功能是：在 globalvar 被写入一次后，就调度一个 tasklet，函数中输出“tasklet is executing”。

3) 工作队列机制

工作队列是另一种下半部机制。它与其他几种下半部分机制最大的区别就是，它可以把工作推后，交给一个内核线程去执行。内核线程只在内核空间运行，没有自己的用户空间，它和普通进程一样可以被调度，也可以被抢占。该工作队列总是会在进程上下文执行。这样，通过工作队列执行的代码能占尽进程上下文的所有优势，最重要的就是工作队列允许重新调度甚至是睡眠。因此，如果推后执行的任务需要睡眠，那么就选择工作队列；如果推后执行的任务不需要睡眠，那么就选择 tasklet。另外，如果需要获得大量的内存、需要获取信号量或者需要执行阻塞式的 I/O 操作时，那么使用工作队列的方式将非常有用。

工作队列的使用方法和 tasklet 非常相似。下面的代码用于定义一个工作队列和一个底半部执行函数。

```
struct work_struct my_wq; // 定义一个工作队列
```

```
void my_wq_func(unsigned long); // 定义一个处理函数
```

通过 INIT_WORK() 可以初始化该工作队列并将工作队列与处理函数绑定。代码如下：

```
INIT_WORK(&my_wq, (void(*) (void *))my_wq_func, NULL);
```

与 tasklet_schedule() 对应的用于调度工作队列执行的函数为 schedule_work()。代码如下：

```
schedule_work(&my_wq); // 调度工作队列执行
```

4) 中断上下半部处理原则

(1) 必须立即将进行紧急处理的极少量任务放入在中断的顶半部中，此时屏蔽了与自己同类型的中断，由于任务量少，因此可以迅速不受打扰地处理完紧急任务。

(2) 将需要较少时间的中等数量的急迫任务放在tasklet中，此时不会屏蔽任何中断(包括与自己的顶半部同类型的中断)，所以不影响顶半部对紧急事务的处理，同时又不会进行用户进程调度，从而保证了自己急迫任务得以迅速完成。

(3) 将需要较多时间且并不急迫(允许被操作系统剥夺运行权)的大量任务放在workqueue中，此时操作系统会尽量快速处理完这个任务。但如果任务量太大，期间操作系统也会有机会调度别的用户进程运行，从而保证不会因为这个任务需要运行时间而使其他用户进程无法进行。

(4) 可能引起睡眠的任务放在 workqueue 中。因为在 workqueue 中睡眠是安全的，所以在需要获得大量的内存时、在需要获取信号量时，在需要执行阻塞式的 I/O 操作时，用 workqueue 很合适。

小 结

计算机系统和外部世界的接口是 I/O 体系结构，由于外设种类繁多，所以 I/O 管理功能比较复杂。

在计算机系统中，一个设备控制器可以关联多台设备，各类控制器的作用至关重要，主要功能包括数据缓冲、数据交换、差错控制、标识和报告设备的状态。

不同规模的计算机系统进行 I/O 数据传输的方式大相径庭，本章介绍了轮询方式、中断传输方式、DMA 方式、通道传输方式。轮询方式中，CPU 与外设只能串行工作，CPU 的利用率很低。中断传输方式提升了 CPU 与外设并行工作的能力，但是当外设速率较高时容易丢失数据。DMA 方式通过挪用 CPU 总线周期，形式上实现了外设与 CPU 并行操作，外设可直接与内存进行数据传输，使数据传输正确率得到了保证。通道传输方式具有真正的处理器，可以与 CPU 完全并行地工作，是所有数据传输方式中效果最好的。

系统中的缓冲技术必不可少，不但可以缓解设备之间速度匹配的矛盾，还可以缓解设备之间传输数据大小不一致的矛盾，支持应用程序 I/O 语义复制。利用缓冲技术可增强系统处理能力，提高资源利用率。按照数据缓冲的速率不同，可采用单缓冲、双缓冲、缓冲池等缓冲技术。此外，SPOOLing 系统采用了缓冲技术将独占设备虚拟成为共享设备。

设备分配时需要考虑不同设备的特征，对于独占型设备可以采用静态分配方案，对于共享型设备则可以采用动态分配方案。常见的设备分配算法有两种：先来先服务与优先级高者优先分配算法。设备分配需要保证设备有高的利用率和避免死锁。进程只有在得到了设备、I/O控制器和通道(通道控制方式时)之后，才能进行I/O操作。

I/O相关软件涉及中断服务程序、设备驱动程序、设备独立性软件以及用户I/O软件。本章介绍了这些软件的主要功能和基本原理。

以Linux操作系统为例，介绍了设备驱动程序的工作原理以及I/O相关的其他技术。Linux中断处理可分为上半部与下半部，下半部实现的方式包括软中断、tasklet以及workqueue。总的来说，与硬件有关的给中断处理程序(比如按键中断后判断电平)，其余的给中断下半部；紧急事务给中断处理程序，相对不紧急的给中断下半部；不能被中断的给中断处理程序，剩余的给中断下半部；没有延时或休眠的给中断处理程序，有延时或休眠的给中断下半部(延时只能用工作队列)。

习 题

1. 分析并简述 I/O 设备与控制器之间的关系。

2. 简述中断控制方式和 DMA 方式进行内存与外设之间数据传输的基本原理，并对比其优缺点。

3. 为什么希望用双缓冲区而不是单缓冲区来提高 I/O 的性能？

4. 为什么要引入缓冲技术？设置软件缓冲区的原则是什么？

5. 设备驱动程序的主要功能是什么？它在系统中处于什么样的地位？

6. 请解释什么是设备独立性原则？

7. 什么是虚拟设备？SPOOLing 系统的功能与原理是什么？

8. 设备分配的原则是什么？

9. I/O 软件分为多个层次，请说明以下各工作是在哪一层完成的。

(1) 向设备存储器写命令。

(2) 检查用户是否有权使用设备。

(3) 将二进制整数转换成 ASCII 码以便打印。

10. 内部中断和外部中断产生的原因是什么？中断处理的主要流程是什么？

11. Linux 系统中把一个中断处理过程分为哪几部分？为什么采用这种技术？

第 10 章　大容量存储器

大容量存储器是为了弥补计算机主存储器容量的限制而配置的具有大容量的辅助存储器，它可以永久性地保存用户或系统的各种文件和数据。大容量存储器优于主存储器之处在于无挥发性(存储器所存储的信息在电源关掉之后依然能长时间存在，不易丢失)和大的存储容量，并且在许多情况下，可以把存储介质从机器上拆卸下来，作为档案资料保存。常见的大容量存储器包括硬盘、磁带和光盘等。

10.1　大容量存储器简介

在本节，我们介绍常见的几种大容量存储器的基本原理。

10.1.1　硬盘

近二十年来，硬盘一直是存储介质的中坚力量，虽然无论是容量还是性能方面都有了翻天覆地的变化，但是它作为个人电脑的主要存储设备的地位依然不可动摇。今天，微电子、物理和机械等各领域的先进技术被不断地应用到新型硬盘的开发与生产中，硬盘的容量也在几个月间就能翻一番。如果从存储数据的介质上来区分，硬盘可分为机械硬盘(Hard Disk Drive，HDD) 和固态硬盘 (Solid State Disk，SSD)。机械硬盘采用磁性碟片来存储数据，而固态硬盘通过闪存颗粒来存储数据。

1. 机械硬盘 (HDD)

最常见的硬盘是机械硬盘，也就是常说的磁盘，拆开后的样子如图 10-1(a) 所示。机械硬盘主要由磁盘盘片、磁头、主轴与传动轴等组成，数据就存放在磁盘盘片中。老式留声机上使用的唱片和磁盘盘片非常相似，只不过留声机只有一个磁头，而硬盘是上下双磁头，盘片在两个磁头中间高速旋转，如图 10-1(b) 所示。

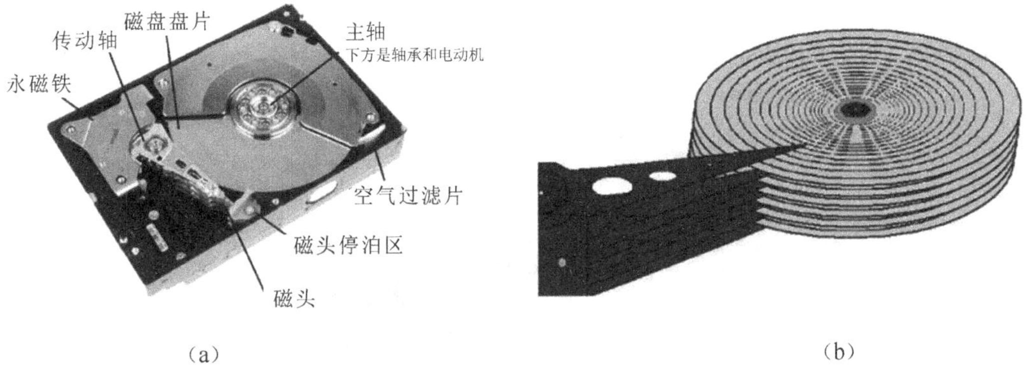

图 10-1　机械硬盘

机械硬盘是上下盘面同时进行数据读取的。硬盘的常见转速是 7200 r/min，所以机械硬盘在读取或写入数据时，需要保持平稳。另外，因为机械硬盘的超高转速，如果内部有灰尘，则会造成磁头或盘片的损坏，所以机械硬盘内部是封闭的。

机械硬盘通过接口与计算机主板进行连接。硬盘的读取和写入速度与接口有很大关系。目前，常见的机械硬盘接口有以下几种：

(1) IDE硬盘接口(Integrated Drive Electronics，并口，即电子集成驱动器)也称作“ATA硬盘”或“PATA硬盘”，是早期机械硬盘的主要接口，ATA133 硬盘的理论速度可以达到 133 MB/s (此速度为理论平均值)。IDE 硬盘接口如图10-2 所示。

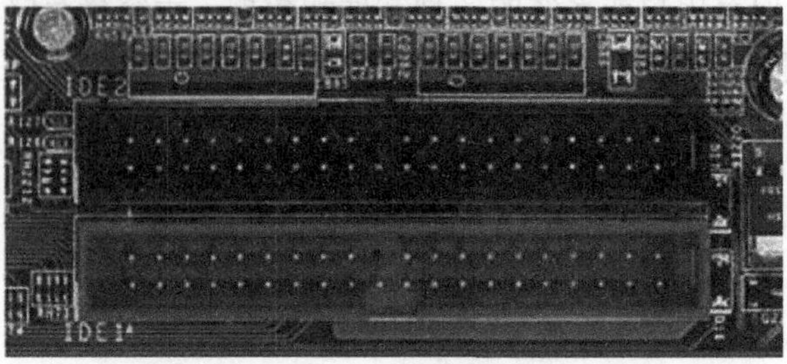

图 10-2　IDE 硬盘接口

(2) SATA 硬盘接口(Serial ATA，串口)，是速度更高的硬盘标准，既具备了更高的传输速度，也具备了更强的纠错能力。目前，它已经是 SATA 三代，理论传输速度达到 600 MB/s (此速度为理论平均值)，如图 10-3 所示。

图 10-3　SATA 硬盘接口

(3) SCSI 硬盘接口(Small Computer System Interface，小型计算机系统接口)，广泛应用在服务器上，具有应用范围广、多任务、带宽大、CPU 占用率低及热插拔等优点，理论传输速度达到 320 MB/s，如图 10-4 所示。

图 10-4　SCSI 硬盘接口

2. 固态硬盘 (SSD)

固态硬盘和传统的机械硬盘最大的区别就是不再采用盘片进行数据存储，而采用存储芯片进行数据存储。固态硬盘的存储芯片主要分为两种：一种是采用闪存作为存储介质；另一种是采用 DRAM 作为存储介质。目前使用较多的主要是采用闪存作为存储介质的固态硬盘，如图 10-5 所示。

图 10-5　固态硬盘

固态硬盘和机械硬盘对比如表 10-1 所示。

表 10-1　固态硬盘和机械硬盘对比

对比项目	固态硬盘	机械硬盘
容量	较小	大
读/写速度	极快	一般
写入次数	5000 ～ 100 000 次	没有限制
工作噪声	极低	有
工作温度	极低	较高
防震	很好	怕震动
重量	低	高
价格	高	低

可以发现，固态硬盘因为丢弃了机械硬盘的物理结构，所以相比机械硬盘具有了低能耗、无噪声、抗震动、低散热、体积小和速度快的优势，不过价格相比机械硬盘更高，而且使用寿命有限。

10.1.2　光盘

光盘全称为光盘存储器，CD 光盘、DVD 光盘等光存储介质采用的存储方式与硬盘相同，是以二进制数据的形式来存储信息的。而要在这些光盘上面存储数据，需要借助激光把电脑转换后的二进制数据刻在扁平、具有反射能力的盘片上。为了识别数据，光盘上定义激光刻出的小坑代表二进制的“1”，而空白处则代表二进制的“0”。DVD 盘的记录凹坑比 CD-ROM 小，且螺旋储存凹坑之间的距离也更小。DVD 存放数据信息的坑点非常小，而且非常紧密，最小凹坑长度仅为 0.4μm，每个坑点间的距离只是 CD-ROM 的 50%，并且轨距只有 0.74 μm。

CD 光驱、DVD 光驱等一系列光盘存储设备，主要的部分就是激光发生器和光监测器。光驱上的激光发生器实际上就是一个激光二极管，可以产生对应波长的激光光束，然后经过一系列的处理后射到光盘上，再经由光监测器捕捉反射回来的信号从而识别实际的数据。如果光盘不反射激光则代表那里有一个小坑，那么电脑就知道它代表一个“1”；如果激光被反射回来，那么电脑就知道这个点是一个“0”。接着，电脑就可以将这些二进制代码转换成为原来的程序。当光盘在光驱中做高速转动时，激光头在电机的控制下前后移动，数据就这样源源不断地读取出来。光存储技术具有存储密度高、存储寿命长、非接触式读写和擦除、信息的信噪比高、信息位的价格低等优点。

常用的光存储器可分为下列几种类型：

(1) 只读型光盘存储器 (Compact Disk-Read Only Memory，CD-ROM)。这种光盘存储器的盘片是由生产厂家预先写入程序或数据，用户只能读取而不能写入或修改。

(2) 只写一次型光盘存储器 (Compact Disk-Write Once Read Many，CD-WORM)。这种光盘存储器的盘片可由用户写入信息，但只能写入一次。写入后，信息将永久地保存在光盘上，可以多次读出，但不能重写或修改。

(3) 可重写型光盘存储器。这种光盘存储器类似于磁盘，可以重复读写，其写入和读出信息的原理随使用的介质材料不同而不同。例如，用磁光材料记录信息的原理是利用激光束的热作用改变介质上局部磁场的方向来记录信息，再利用磁光效应来读出信息。

光盘存储器具有下列突出的优点：

(1) 存储容量大。如一片 CD-ROM 格式的光盘可存储 650 MB 的信息，而采用一片 DVD 格式的光盘其容量可达 10 GB 的级别。因此，这类光盘特别适于多媒体的应用。例如，用一张 DVD 光盘就可以存放一整部电影。

(2) 可靠性高。如不可重写的光盘 (CD-ROM 和 CD-WORM) 上的信息几乎不可能丢失，特别适用于档案资料管理。

(3) 存取速度高。

由于上述优点，现在光盘存储器已广泛地应用于计算机系统中。

10.1.3 磁带

磁带是所有存储媒体中单位存储信息成本最低、容量最大、标准化程度最高的常用存储介质之一。它互换性好、易于保存，近年来由于采用了具有高纠错能力的编码技术和即写即读的通道技术，大大提高了磁带存储的可靠性和读写速度。磁带存储器则是以磁带为存储介质，由磁带机及其控制器组成的存储设备，是计算机的一种辅助存储器。磁带机由磁带传动机构和磁头等组成，能驱动磁带相对磁头运动，用磁头进行电磁转换，在磁带上按顺序记录或读出数据。

磁带存储器以顺序方式存取数据。存储数据的磁带可脱机保存和互换读出。磁带存储器也称为顺序存取存储器 (Sequential Access Memory，SAM)，即磁带上的文件依次存放。磁带存储器存储容量很大，但查找速度慢，在微型计算机上一般用作后备存储装置，以便在硬盘发生故障时恢复系统和数据。

10.2　磁盘基础知识

10.2.1　磁盘结构

计算机的磁盘主要由碟片、磁头、磁头臂、磁头臂服务定位系统和底层电路板、数据保护系统以及接口等组成。计算机硬盘的技术指标主要围绕在盘片大小、盘片多少、单碟容量、磁盘转速、磁头技术、服务定位系统、接口、二级缓存等参数上。下面介绍一下磁盘的基本结构，然后探讨磁盘的工作原理以及读写原理。

数据是在磁盘盘片上进行存储的，每张磁盘盘面主要分为磁道、扇区，它们在盘面上的分布如图 10-6 所示。

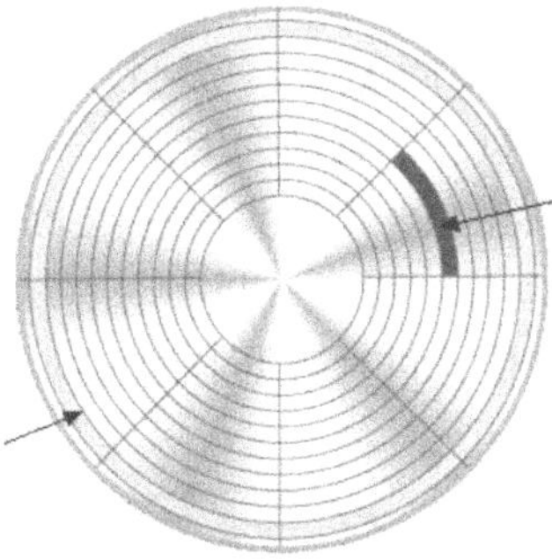

图 10-6　磁盘盘面

磁盘的每一个盘片都有两个盘面 (Side)，每个盘面都能利用，都可以存储数据，称为有效盘片；也有极个别磁盘盘面数为单数。每一个这样的有效盘面都有一个盘面号，又叫磁头号，因为每一个有效盘面都有一个对应的读写磁头，盘面号按顺序从上至下从“0”开始依次编号。

磁盘在格式化时被划分成许多同心圆，这些同心圆轨迹叫作磁道。磁道从外向内从“0”开始按顺序编号。数据以脉冲串的形式记录在这些轨迹中，这些同心圆不是连续记录数据，而是被划分成一段段的圆弧，这些圆弧的角速度一样。由于径向长度不一样，因此线速度不一样。同样的转速下，外圈在同样时间段里划过的圆弧长度比内圈划过的圆弧长度大。磁道是“看”不见的，只是盘面上以特殊形式磁化了的一些磁化区，在磁盘格式化时就已规划完毕。

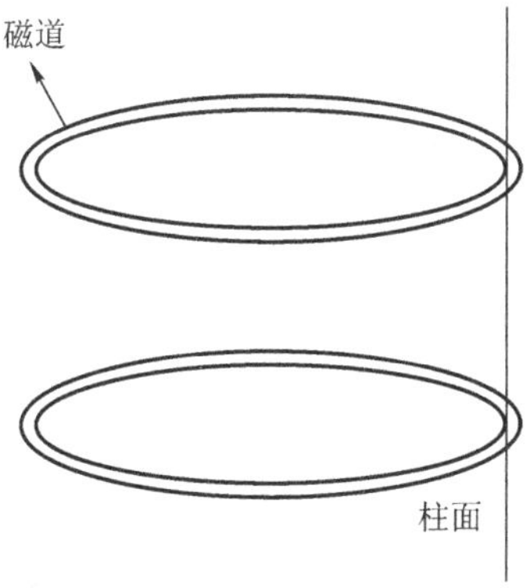

图 10-7　柱面示意图

磁道的一段圆弧叫作一个扇区，扇区从“1”开始编号，每个扇区中的数据作为一个单元同时读出或写入。扇区是硬盘上存储的物理单位，一个扇区有两个主要部分：存储数据地点的标识符和存储数据的数据段。

所有盘面上的同一磁道构成一个圆柱，通常称作柱面(如图10-7所示)，每个圆柱上的磁头由上而下从“0”开始编号。数据的读写按柱面进行，即磁头读/写数据时首先在同一柱面内从“0”磁头开始进行操作，依次向下在同一柱面的不同盘面即磁头上进行操作，只在同一柱面所有的磁头全部读/写完毕后磁头才转移到下一柱面，因为选取磁头只需通过电子切换即可，而选取柱面则必须通过机械切换。电子切换相当快，比在机械上磁头向邻近磁道(柱面)移动快得多，所以，数据的读/写按柱面进行，而不按盘面进行。也就是说，一个磁道写满数据后，就在同一柱面的下一个盘面来写，一个柱面写满后，才移到下一个扇区开始写数据。读数据也按照这种方式进行，这样就提高了磁盘的读/写效率。

磁盘的大小是使用“磁头数 × 柱面数 × 扇区数 × 每个扇区的大小”这样的公式来计算的。其中，磁头数表示磁盘共有几个磁头，也可以理解为磁盘有几个盘面，然后乘以2；柱面数表示磁盘每面盘片有几条磁道；扇区数表示每条磁道上有几个扇区；每个扇区的大小一般是512B。磁盘由一个或者多个铝制或者玻璃制的碟片组成，碟片外由铁磁性材料覆盖。

如图10-8所示，磁盘所有盘片都固定在一个旋转轴上，这个轴是盘片主轴。磁盘所有盘片之间是绝对平行的，在每个盘片的存储面上都有一个磁头，磁头与盘片之间的距离比头发丝的直径还小。所有的磁头连在一个磁头控制器上，由磁头控制器负责各个磁头的运动。磁头可沿盘片的半径方向动作，而盘片以每分钟数千转到上万转的速度在高速旋转，这样磁头就能对盘片上的指定位置进行数据的读写操作。

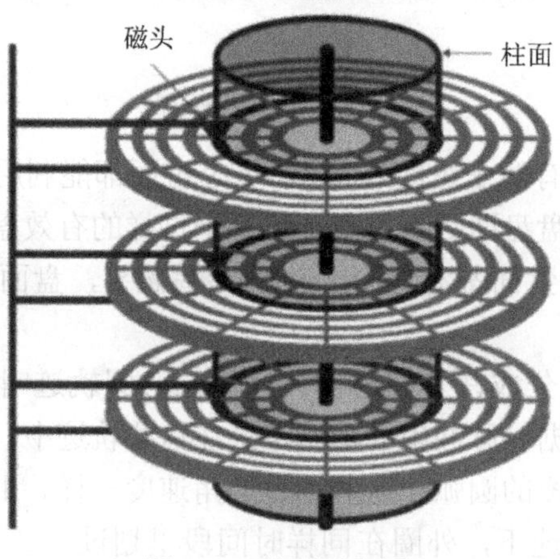

图10-8　柱面示意图

10.2.2　磁盘工作原理

磁头靠近主轴接触的表面，即线速度最小的地方，是一个特殊的区域，它不存放任何数据，称为启停区或着陆区(如图10-9所示)。启停区外就是数据区。在最外圈，离主轴最远的地方是“0”磁道，磁盘数据的存放就是从最外圈开始的。那么，磁头是如何找到“0”磁道的位置的呢？在磁盘中还有一个叫“0”磁道检测器的构件，它是用来完成磁盘的初始定位。“0”磁道是如此的重要，以致很多磁盘仅仅因为“0”磁道损坏就报废，这是非常可惜的。

早期的磁盘在每次关机之前需要运行一个被称为Parking的程序，其作用是让磁头回到启停区。现代磁盘在设计上已摒弃了这个虽不复杂却很让人不愉快的小缺陷。磁盘不工作时，磁头停留在启停区，当需要从磁盘读写数据时，磁盘开始旋转。旋转速度达到额定的高速时，磁头就会因盘片旋转产生的气流而抬起，这时磁头才向盘片存放数据的区域移动。

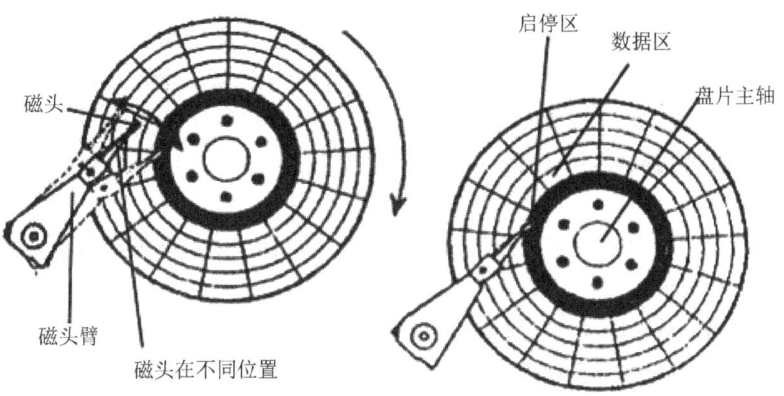

图 10-9　盘面示意图

盘片旋转产生的气流相当强，足以使磁头托起，并与盘面保持一个微小的距离。这个距离越小，磁头读写数据的灵敏度就越高，当然对磁盘各部件的要求也越高。早期设计的磁盘驱动器使磁头保持在盘面上方几微米处飞行。稍后一些设计使磁头在盘面上的飞行高度降到约 0.1 ～ 0.5 μm，现在的水平已经达到 0.005 ～ 0.01 μm，这只是人类头发直径的千分之一。

气流既能使磁头脱离开盘面，又能使它保持在离盘面足够近的地方，非常紧密地跟随着磁盘表面呈起伏运动，使磁头飞行处于严格受控状态。磁头必须飞行在盘面上方，而不是接触盘面，这种位置可避免擦伤磁性涂层，更重要的是不让磁性涂层损伤磁头。

但是，磁头也不能离盘面太远，否则就不能使盘面达到足够强的磁化，难以读出盘上的磁化翻转 (磁极转换形式，是磁盘上实际记录数据的方式)。

磁盘驱动器磁头的飞行悬浮高度低、速度快，一旦有小的尘埃进入磁盘密封腔内，或者磁头与盘体发生碰撞，就可能造成数据丢失，形成坏块，甚至造成磁头和盘体的损坏。所以，磁盘系统的密封一定要可靠，在非专业条件下绝对不能开启磁盘密封腔，否则灰尘进入后会加速磁盘的损坏。

另外，磁盘驱动器磁头的寻道伺服电机多采用音圈式旋转或直线运动步进电机，在伺服跟踪的调节下精确地跟踪盘片的磁道，所以磁盘工作时不要有冲击碰撞，搬动时要小心轻放。

10.2.3　磁盘读写原理

系统将文件存储到磁盘上时，按柱面、磁头、扇区的方式进行，即最先是第一磁道的第一磁头下(也就是第一盘面的第一磁道)的所有扇区，然后是同一柱面的下一磁头，……，一个柱面存储满后就推进到下一个柱面，直到把文件内容全部写入磁盘。文件的记录在同一盘组上存放时，应先集中放在一个柱面上，然后再依次存放在相邻的柱面上；对应同一柱面，则应该按盘面的次序顺序存放(然后从外到内，从上到下，数据的读写按柱面进行而不按盘面进行)。

系统也以相同的顺序读出数据。读出数据时，通过告诉磁盘控制器要读出扇区所在的柱面号、磁头号和扇区号(物理地址的三个组成部分)进行。磁盘控制器则直接使磁头部件步进到相应的柱面，选通相应的磁头，等待要求的扇区移动到磁头下。

当需要从磁盘读取数据时，系统会将数据逻辑地址传给磁盘，磁盘的控制电路按照寻址逻辑将逻辑地址翻译成物理地址，即确定要读的数据在哪个磁道，哪个扇区。为了读取这个扇区的数据，需要将磁头放到这个扇区上方。为了实现这一点，要完成以下步骤。

(1) 首先必须找到柱面，即磁头需要移动对准相应磁道。这个过程叫作寻道，所耗费时间叫作寻道时间。

(2) 然后目标扇区旋转到磁头下，即磁盘旋转将目标扇区旋转到磁头下。这个过程耗费的时间叫作旋转时间。

即一次访盘请求(读/写)完成过程由三个动作组成：

(1) 寻道(时间)。磁头移动定位到指定磁道所花费的时间称为寻道时间。

(2) 旋转延迟(时间)。等待指定扇区从磁头下旋转经过所花费的时间称为旋转延迟时间。

(3) 数据传输(时间)。数据在磁盘与内存之间的实际传输所花费的时间又称为数据传输时间。

10.3 磁盘调度

磁盘是一个典型的共享设备，当某进程发出读写磁盘的请求时，如果所需的磁盘驱动器和控制器空闲，则立即处理请求；如果磁盘驱动器或控制器忙，则任何新的服务请求都会添加到磁盘驱动器的待处理请求队列。对于具有多个进程的一个多道程序系统，磁盘队列可能有多个待处理的请求。因此，当一个请求完成时，操作系统可以按照合适的算法选择下一个请求进行服务，这种算法称为磁盘调度算法。

在探讨具体的调度算法之前，可以回顾一下磁盘读写操作时间的构成：

磁盘读写时间 = 寻道时间 + 延迟时间 + 传输时间

(1) 寻道时间 T_s：活动头磁盘在读写信息前，将磁头移动到指定磁道所需要的时间。这个时间除跨越 n 条磁道的时间外，还包括启动磁臂的时间 s，即：$T_s= m \times n+s$。式中：m 是与磁盘驱动器速度有关的常数，约为 0.2 ms；磁臂的启动时间 s 约为 2 ms。

(2) 延迟时间 T_r：磁头定位到某一磁道的扇区 (块号) 所需要的时间。对于硬盘，典型的旋转速度为 5400 r/m，相当于一周 11.1 ms，T_r 为 5.55 ms；对于软盘，其旋转速度在 300 ～ 600 r/min 之间，T_r 为 50 ～ 100 ms。

(3) 传输时间T_t：从磁盘读出或向磁盘写入数据所经历的时间。这个时间取决于每次所读/写的字节数b和磁盘的旋转速度：$T_t = b/(r \times N)$。式中：r为磁盘每秒钟的转数；N为一个磁道上的字节数。

总平均存取时间 T_a 可以表示为 $T_a = T_s + T_r + T_t$。

在磁盘存取时间的计算中，寻道时间占了大部分比重，因此在设计调度算法时，主要考虑如何减少寻道时间。下面逐一介绍几种常见的基于寻道时间的磁盘调度算法。

10.3.1 FCFS 调度算法

FCFS(First Come First Served) 算法根据进程请求访问磁盘的先后顺序进行调度，这是一种最简单的调度算法。该算法简单，公平，但是效率不高，相邻两次请求可能会造成最内到最外的柱面寻道，使磁头反复移动，增加了服务时间，对机械也不利。例如，考虑一个磁盘队列，其 I/O 请求块的柱面的顺序如下：

98，183，37，122，14，124，65，67

如果磁头开始位于柱面 53，那么它首先从 53 移到 98，接着再到 183、37、122、14、124、65，最后到 67，磁头移动柱面的总数为 640。这种调度如图 10-10 所示。

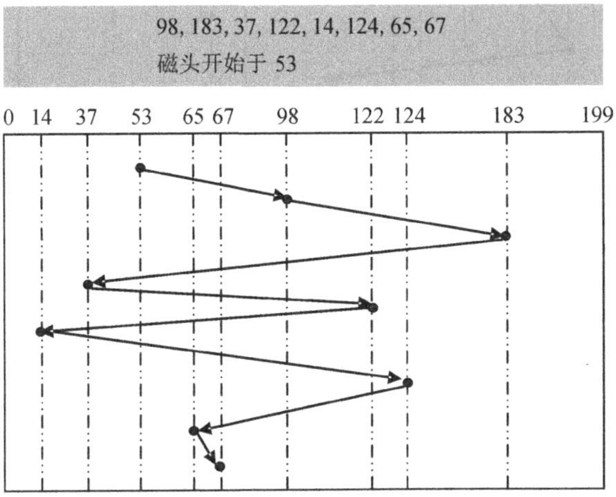

图 10-10　FCFS 调度算法

从 122 到 14 再到 124 的大摆动说明了这种调度的问题。如果对柱面 37 和 14 的请求一起处理，不管是在 122 和 124 之前或之后，总的磁头移动会大大减少，并且性能也会因此得以改善。

该算法的优点是具有公平性。如果只有少量进程需要访问，且大部分请求都是访问簇聚的文件扇区，那么有望达到较好的性能；但如果有大量进程竞争使用磁盘，那么这种算法在性能上往往接近于随机调度。所以，实际磁盘调度中需要考虑一些更为复杂的调度算法。

10.3.2 SSTF 调度算法

在移动磁头到别处以便处理其他请求之前，处理靠近当前磁头位置的所有请求可能较为合理。这个假设是最短寻道时间优先 (Shortest Seek Time First，SSTF) 调度算法的基础。SSTF 调度算法选择处理距离当前磁头位置的最短寻道时间的请求。换句话说，SSTF 选择最接近磁头位置的待处理请求。当然，总是选择最短寻道时间并不能保证平均寻道时间最短，但是能提供比 FCFS 调度算法更好的性能。

以 10.3.1 节中同样的请求队列为例，来看看使用 SSTF 策略的应用：

98，183，37，122，14，124，65，67

对于上面的请求队列，磁头开始位于柱面 53，与开始磁头位置的最近请求位于柱面 65。一旦位于柱面 65，下个最近请求便位于柱面 67。接下来，由于柱面 37 比 98 还要近，所以下次处理37。同理，会处理位于柱面14的请求，接着是98、122、124，最后响应柱面183，如图10-11所示。

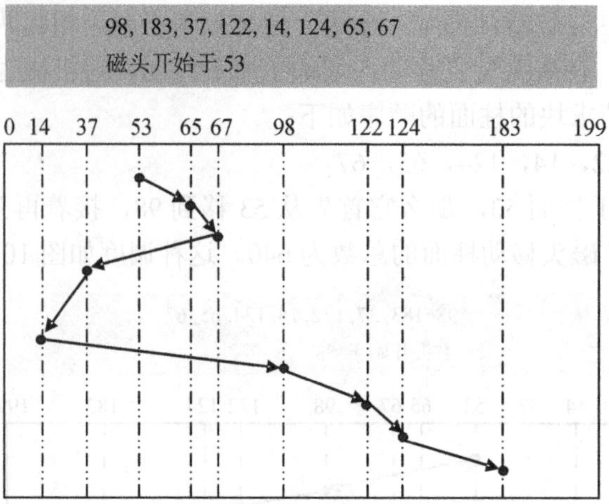

图10-11 SSTF调度算法

这种调度算法的磁头移动只有236个柱面，约为FCFS调度算法的磁头移动总数的三分之一多一点。显然，这种算法大大提高了性能。

SSTF调度算法可能会导致一些请求的饥饿。请记住，请求可能随时到达。假设在队列中有两个请求，分别针对柱面14和186，而当处理来自14的请求时，另一个靠近14的请求来了，这个新的请求会下次处理，这样位于186的请求需要等待。当处理该请求时，另一个14附近的请求可能到达。理论上，相互接近的一些请求会连续不断地到达，这样位于186上的请求可能永远得不到服务。当等待处理请求队列较长时，这种饥饿的情况就很可能出现了。

虽然SSTF调度算法比FCFS算法有了相当改进，但是并非最优的。对于这个例子，还可以做得更好：移动磁头从53到37(虽然37并不是最近的)，再到14，再到65、67、98、122、124、183。这种策略的磁头移动的柱面总数为208。

10.3.3 SCAN调度算法

对于扫描调度算法，磁臂从磁盘的一端开始向另一端移动，在移过每个柱面时，处理请求；当到达磁盘的另一端时，磁头移动方向反转，并继续处理。磁头连续来回扫描磁盘。SCAN算法有时称为电梯算法，因为磁头的行为就像大楼里面的电梯，先处理所有向上的请求，然后再处理相反方向的请求。

下面回到前面的例子来说明。这里需要增加一个条件，当前磁盘柱面号的范围为0～199。在采用SCAN来调度柱面98、183、37、122、14、124、65和67的请求之前，除了磁头的当前位置，还需知道磁头的移动方向。

假设磁头朝0移动并且磁头初始位置还是53，磁头接下来处理37，然后14。在柱面0时，磁头会反转，移向磁盘的另一端，并处理柱面65、67、98、122、124、183上的请求(如图10-12所示)。如果请求刚好在磁头前方加入队列，则它几乎马上就会得到服务；如果请求刚好在磁头后方加入队列，则它必须等待，直到磁头移到磁盘的另一端，反转方向，并返回。

假设请求柱面的分布是均匀的，考虑当磁头移到磁盘一端并且反转方向时的请求密度。这时，紧靠磁头前方的请求相对较少，因为最近处理过这些柱面。磁盘另一端的请求密度却是最多。这些请求的等待时间也最长，那么为什么不先去那里？这就是下一个算法的想法。

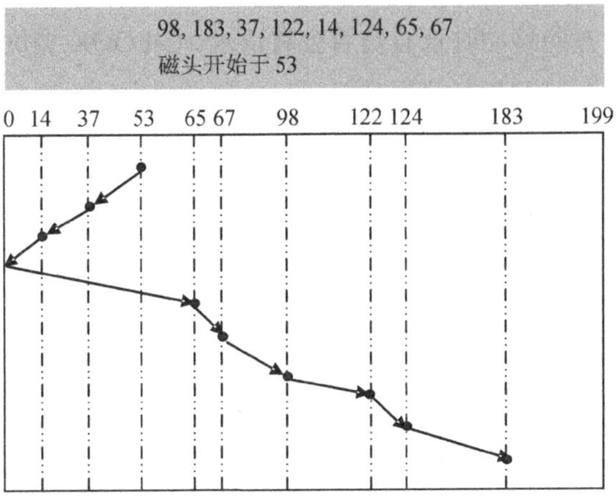

图 10-12 SCAN 调度算法

10.3.4 C-SCAN 调度算法

循环扫描 (Circle SCAN，C-SCAN) 调度算法是 SCAN 的一个变种，它可提供更均匀的等待时间。像 SCAN 一样，C-SCAN 移动磁头从磁盘一端到磁盘另一端，并且处理行程上的请求。然而，当磁头到达另一端时，它立即返回到磁盘的开头，并不处理任何回程上的请求，如图 10-13 所示。

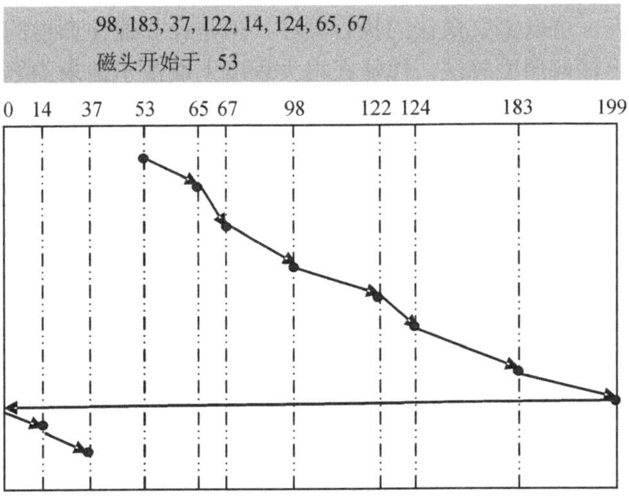

图 10-13 C-SCAN 调度算法

C-SCAN 调度算法基本上将这些柱面作为一个环链，将最后柱面连到首个柱面。

10.3.5 LOOK 调度算法

正如以上所述，SCAN 和 C-SCAN 在磁盘的整个宽度内移动磁臂。实际上，这两种算法通常都不是按这种方式实施的。更常见的是，磁臂只需移到一个方向的最远请求为止。遵循这种模式的 SCAN 调度算法和 C-SCAN 调度算法分别称为 LOOK 和 C-LOOK 调度算法，因为它们在向特定方向移动时查看是否会有请求。C-LOOK 调度算法如图 10-14 所示。

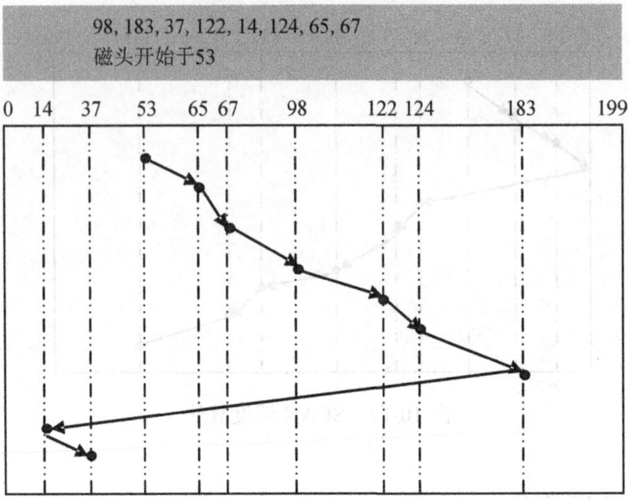

图 10-14 C-LOOK 调度算法

10.3.6 磁盘调度算法的选择

SSTF 是常见的，并且具有自然的吸引力，因为它比 FCFS 具有更好的性能。对于磁盘负荷较大的系统，SCAN 和 C-SCAN 表现更好，因为它们不太可能造成饥饿问题。对于任何特定的请求列表，可以定义最佳的执行顺序，但是计算最佳调度的所需时间可能得不到补偿。然而，对于任何调度算法，性能在很大程度上取决于请求的数量和类型。如果队列常只有一个待处理请求，则所有调度算法都一样，因为如何移动磁头只有一个选择：它们都与 FCFS 调度一样。

文件分配方式可以大大地影响磁盘服务的请求。程序读取连续分配文件时，生成多个相近位置的磁盘请求，导致有限的磁头移动。相比之下，链接或索引的文件可能包括分散在磁盘上的多个块，导致更多的磁头移动。

目录和索引块的位置也很重要，因为每个文件必须打开才能使用，并且打开文件需要搜索目录结构，所以目录会被经常访问。假设目录条目位于第一个柱面，而文件数据位于最后的柱面，在这种情况下，磁头必须移过整个磁盘的宽度。如果目录条目位于中间柱面，则磁头只需移过不到一半的磁盘宽度。目录和索引块的内存缓存也有助于降低磁臂移动，尤其对于读请求。

由于这些复杂因素，磁盘调度算法应该作为操作系统的一个单独模块，这样如果需要，可以用不同的算法来替换。SSTF 或 LOOK 是默认算法的合理选择。

这里描述的调度算法只考虑了寻道距离，对于现代磁盘，旋转延迟几乎与平均寻道时间一样长。不过，操作系统很难通过调度来改善旋转等待延迟，因为现代磁盘没有透露逻辑块的物理位置。通过磁盘驱动器的控制器内的磁盘调度算法，磁盘制造商可以尽量减少旋转等待延迟。如果操作系统向控制器发送一批请求，那么控制器可以对这些请求进行排队和调度，以改善寻道时间和旋转延迟。

10.4　磁盘初始化

一个磁盘在使用之前，需要进行一些预处理才能提供给用户使用。要先写入一些磁性的记号到磁盘上的每一扇区，便可在该操作系统下取用磁盘上的数据，这个动作就称为格式化。简单地说，格式化就是为磁盘做初始化的工作，以便能够按部就班地往磁盘上记录资料。好比有一个大房子用来存放书籍，我们不会把书搬来往屋里地上一扔了事，而是要先在里面支起书架，标上类别，把书分门别类地放好。

盘片格式化牵涉两个不同的程序：低级与高级格式化。前者处理盘片表面格式化赋予磁片扇区数的特质；低级格式化完成后，硬件盘片控制器即可看到并使用低级格式化的成果。后者处理“伴随着操作系统所写的特定信息”。

低级格式化就是将空白的磁盘划分出柱面和磁道，再将磁道划分为若干个扇区，每个扇区又划分出标识部分 id、间隔区 GAP 和数据区 DATA 等。可见，低级格式化是高级格式化之前的一件工作，它只能在 DOS 环境中完成，而且只能针对一块磁盘而不能支持单独的某一个分区。每块磁盘在出厂时，已由磁盘生产商进行低级格式化，因此通常使用者无需再进行低级格式化操作。

需要指出的是，低级格式化是一种损耗性操作，其对磁盘寿命有一定的负面影响。因此，许多磁盘厂商均建议用户不到万不得已，不可“妄”使此招。当磁盘受到外部强磁体、强磁场的影响，或因长期使用，磁盘盘片上由低级格式化划分出来的扇区格式磁性记录部分丢失，从而出现大量“坏扇区”时，可以通过低级格式化来重新划分“扇区”。但是，前提是磁盘的盘片没有受到物理性划伤。

高级格式化就是清除磁盘上的数据，生成引导区信息，初始化 FAT 表，标注逻辑坏道等。一般地，重装系统时都是高级格式化，因为 MBR 不重写，所以有存在病毒的可能。MBR 病毒可以通过杀毒软件清除，或者在 DOS 下执行 fdisk/mbr 重写 MBR 以彻底清除。对于高级格式化，不同的操作系统有不同的格式化程序和不同的格式化结果。

简单地说，高级格式化就是和操作系统有关的格式化，低级格式化就是和操作系统无关的格式化。

10.5　初始引导

10.5.1　引导相关概念

1. BIOS 的概念

基本输入/输出系统(Basic Input/Output System，BIOS)全称是ROM-BIOS，是只

读存储器基本输入/输出系统的简写。它实际是一组被固化到电脑中，为电脑提供最低级、最直接的硬件控制的程序，是连接软件程序和硬件设备之间的枢纽。通俗地说，BIOS是硬件与软件程序之间的一个“转换器”或者是接口(虽然它本身也只是一个程序)，负责解决硬件的即时要求，并按软件对硬件的操作要求具体执行。BIOS在计算机系统中起着非常重要的作用。一块主板性能优越与否，很大程度上取决于主板上的BIOS管理功能是否先进。

BIOS 芯片在主板上表现为一块长方形或正方形芯片。BIOS 中主要存放：

(1) 自诊断程序：通过读取 CMOS RAM 中的内容识别硬件配置，并对其进行自检和初始化。

(2) CMOS 设置程序：引导过程中要用特殊热键启动，设置后存入 CMOS RAM 中。

(3) 系统自举装载程序：在自检成功后将磁盘相对 0 道 0 扇区上的引导程序装入内存，让其运行以装入 DOS 系统。

(4) 主要 I/O 设备的驱动程序和中断服务。

由于 BIOS 直接和系统硬件资源打交道，因此总是针对某一类型的硬件系统，而各种硬件系统又各有不同，所以存在各种不同种类的 BIOS。随着硬件技术的发展，同一种 BIOS 也先后出现了不同的版本，新版本的 BIOS 比起老版本来说，功能更强。

2. MBR 的概念

主引导扇区位于硬盘的 0 磁道 0 柱面 1 扇区，共 512B，由三大部分组成：

(1) 硬盘主引导记录 (Master Boot Record，MBR) 占 446B。

(2) 分区表 (Disk Partition Table，DPT) 占 64B。

(3) 硬盘有效标志 (Magic Number，MN) 占 2B。

AA 和 55 被称为幻数 (Magic Number)，BOIS 读取 MBR 的时候总是检查最后是不是有这两个幻数，如果没有就被认为是一个没有被分区的硬盘。

主引导扇区包含 MBR、DPT、MN，这三个区域是与操作系统无关的，在每块硬盘上都存在。MBR 是一段可执行程序，由各个操作系统写入不同的代码；MBR 的存储空间限制为 446B，MBR 所做的唯一的事情就是装载第二引导装载程序。

3. PBR 的概念

PBR(Partition Boot Record)是各个分区自己的引导记录，又称分区引导记录。它是操作系统的引导过程的一个环节，系统启动时按顺序 BIOS→MBR→DPT→PBR→寻找根目录下的可用于引导的程序。它是由FORMAT高级格式化命令写在各个分区开始处第一个扇区(比如主分区C:从1磁头0柱面1扇区=逻辑1扇区开始，那么C:区逻辑1扇区就是PBR所存放的位置)的一段数据。这段数据主要由以下几个部分组成：

(1) 占 3 个字节的跳转指令。

(2) 占 8 个字节的操作系统厂商标识及版本号。

(3) 占19个字节的分区参数表(又称BPB)，里面存放着对该分区进行读写操作时所必备的参数(如该分区内每扇区所包含的字节数、每簇扇区数、每个磁道的扇区数、该分区FAT份数等)。

(4) 占 480 个字节的 DOS 引导代码，它负责把 DOS 引导文件 IO.SYS、MSDOS.SYS

装入内存。

(5) 占 2 个字节的结束标志字。

以上五个部分也正好占一个扇区。和 MBR 有所不同的是，PBR 扇区后面一般就紧接着存放该分区的 FAT。

10.5.2 初始引导过程

初始引导过程主要由计算机的BIOS完成。BIOS是固化在ROM中的基本输入/输出系统，其内容存储在主板ROM芯片中，主要功能是为内核运作环境进行预先检测。其功能主要包括中断服务程序、系统设置程序、上电自检(Power On Self Test，POST)和系统启动自举程序等。中断服务程序是系统软、硬件间的一个可编程接口，用于完成硬件初始化。系统设置程序用来设置CMOS RAM中的各项参数，这些参数通常表示系统基本情况、CPU特性、磁盘驱动器等部件的信息等，开机时按Delete键即可进入该程序界面。上电自检POST所做的工作是在计算机通电后自动对系统中各关键和主要外设进行检查，一旦在自检中发现问题，将会通过鸣笛或提示信息警告用户。系统启动自举程序是在POST完成工作后执行的，它首先按照系统CMOS设置中保存的启动顺序搜索磁盘驱动器、CD-ROM、网络服务器等有效的驱动器，读入操作系统引导程序，接着将系统控制权交给引导程序，并由引导程序装入内核代码，以便完成系统的顺序启动。

操作系统内核装入内存后，引导程序将CPU控制权交给内核，此时内核才可以开始执行。内核将首先完成初始化功能，包括对硬件、电路逻辑等的初始化，以及对内核数据结构的初始化，如页表(段表)等。此时，将计算机的控制权从BIOS移交到操作系统中，于是它就控制了操作系统启动的整个流程。

常见的系统引导方式分为 MBR 和 UEFI 两种。

1. MBR(Legacy) 方式

MBR方式是一种传统的引导方式，这种引导方式会读取磁盘中特定位置上储存的汇编程序以实现操作系统引导。当在BIOS中设置引导方式为Legacy时会采用MBR引导方式。计算机启动时会读取磁盘第一扇区中的MBR主引导记录，其中的汇编程序会执行特定引导功能，如执行激活分区的PBR、寻找特定启动程序或加载引导菜单。计算机会按照引导中的指令一步一步启动操作系统。说简单一点，这种引导方式(按照BIOS→MBR→PBR→OS顺序将计算机的控制权依次传递)就是认位置不认人的一种启动方式，所以比较容易受到病毒与恶意程序的攻击。

XP 系统引导过程：BIOS 自检后，DPT 把系统控制权交给硬盘第一个分区的 PBR。XP 的 PBR 会去找这个分区的 ntldr，之后是 boot.ini，选择启动的系统后下载注册表，交控制权给 ntoskrnl，然后加载驱动、系统配置等。

Vista 的 PBR 不再找 ntldr，而是找 bootmgr，这个文件也是保存在硬盘第一个分区的根目录下。之后，bootmgr 去找同路径下的 \boot\BCD。BCD 这个文件实际是一个注册表文件，里面的数据保存了系统的引导信息，如果是多系统引导，会提供引导的界面内容；如果是单 Vista 系统，控制权会交给 winload.exe，之后再去找 ntoskrnl.exe。

Linux系统首先读取MBR的信息，启动Boot Manager(通常使用功能强大、配置灵活的

GRUB作为Boot Manager)，然后再加载系统内核启动 init 进程，读取 /etc/inittab 文件中的信息，并进入预设的运行级别，按顺序运行该运行级别对应文件夹下的脚本。

2. UEFI 方式

新型UEFI (Unified Extensible Firmware Interface)是 Intel 为个人电脑固件提出的启动系统的建议标准。其主要目的是为了在Windows系统加载(启动)之前，提供操作系统启动服务。从UEFI启动的硬盘必须是GPT格式，也必须是Win 7/8/10 64系统，UEFI不支持32位系统。UEFI和Legacy(传统的方式)是两种不同的引导方式。BIOS和UEFI的主要对比如下：

(1) BIOS 先要对 CPU 初始化，然后跳转到 BIOS 启动处进行 POST 自检，此过程如有严重错误，则电脑会用不同的报警声音提醒，接下来采用读中断的方式加载各种硬件，完成硬件初始化后进入操作系统启动过程。而 UEFI 则是运行预加载环境先直接初始化 CPU 和内存，CPU 和内存若有问题则直接黑屏，其后启动 PXE，采用枚举方式搜索各种硬件并加载驱动，完成硬件初始化，之后同样进入操作系统启动过程。

(2) BIOS是16位汇编语言程序，只能运行在16位实模式，可访问的内存只有1 MB；而UEFI是32位或64位高级语言程序(C语言程序)，突破实模式限制，可以达到要求的最大寻址。

实际上，UEFI 有两种启动模式：一种是兼容启动模式 CSM；另一种是纯 UEFI 启动模式。CSM 兼容启动模式是 UEFI 和传统 BIOS 两者共存模式，既能用传统 BIOS 引导模式，也能用新式 UEFI 启动电脑系统；UEFI 启动模式则只能在 UEFI 引导模式来启动电脑系统。

(3) UEFI 支持容量更大。传统的 BIOS 启动由于 MBR 的限制，默认是无法引导超过 2.1 TB 以上的硬盘的。随着硬盘价格的不断走低，2.1 TB 以上的硬盘会逐渐普及，因此 UEFI 启动也就成为时下越来越主流的启动方式了。绝大多数新电脑都支持 UEFI 启动模式，2012 年下半年以后的主板基本都支持 UEFI。最近几年的新型主板，预装 Win 8 系统的电脑都是 UEFI 启动模式，UEFI 从预启动环境直接加载操作系统，从而更节省开机时间。

(4) UEFI 另一个特点是图形界面，更利于用户对象图形化的操作选择，如图 10-15 所示。

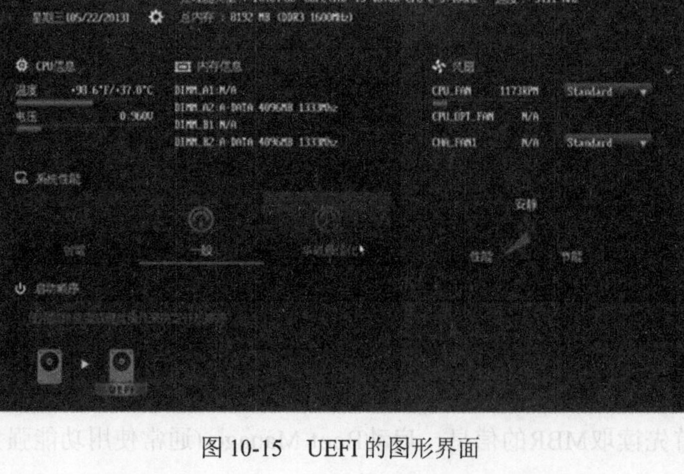

图 10-15　UEFI 的图形界面

10.6　网络存储技术

随着计算机软硬件技术的飞速发展，单机直连式的大容量存储器显然已经很难满足海量信息的存储需求。同时，各种应用对平台的要求也越来越高，不仅在存储容量上，还包括数据访问性能、数据传输性能、数据管理能力、存储扩展能力等多个方面的要求也越来越高。此时，存储系统网络平台就成为一个解决该问题的理想方案。可以说，存储网络平台的综合性能的优劣，将直接影响到整个系统的正常运行。

所谓网络存储技术，就是以互联网为载体实现数据的传输与存储，数据可以在远程的专用存储设备上，也可以是通过服务器来进行存储。网络存储技术是基于数据存储的一种通用网络术语。实际上，可以将存储技术分为总线存储阶段和网络存储阶段。前面讨论的磁盘、磁带等存储器都属于总线存储阶段的存储器。本节介绍的以存储网络为中心的存储是对数据存储新需求的回答。它采用面向网络的存储体系结构，使数据处理和数据存储分离，从而提高了数据的共享性、可用性和可扩展性、管理性。

网络存储架构大致分为三种：直接连接存储、网络附加存储和存储区域网络。这几种网络存储方式特点各异，应用在不同的领域。下面简单地介绍并分析其中的区别。

10.6.1　直接连接存储

直接连接存储 (Direct Attached Storage，DAS) 是指将存储设备通过 SCSI 接口或光纤通道直接连接到服务器上的方式，如图 10-16 所示。这种连接方式主要应用于单机或两台主机的集群环境中，主要优点是存储容量扩展的实施简单，投入成本少，见效快。

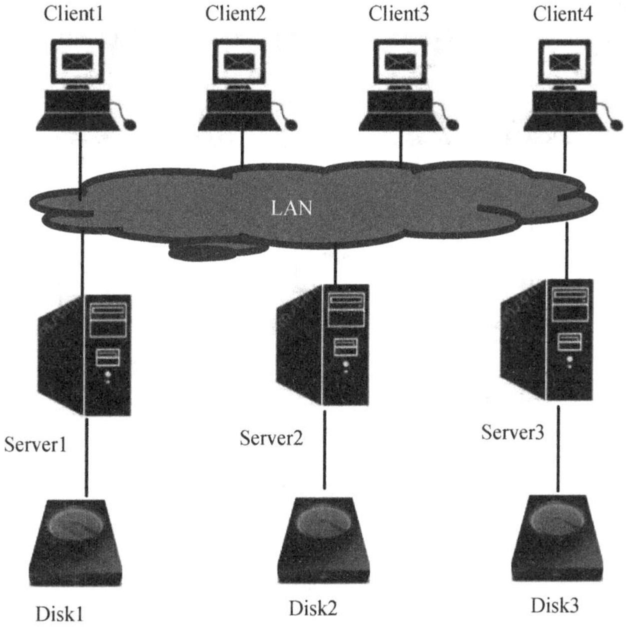

图 10-16　DAS 构架 (以服务器为中心)

DAS 主要应用于下列情况：

(1) 服务器在地理分布上很分散，SAN 或 NAS 在它们之间进行互连非常困难时。

(2) 存储系统必须被直接连接到应用服务器时。

(3) 包括许多数据库应用和应用服务器在内的应用时。

DAS 的缺点包括：

(1) 不能提供跨平台的文件共享功能。

(2) 用户要备份数据和存储数据，都要占用服务器 CPU 的时间，从而降低了服务器的管理效能。

(3) 由于各个主机之间的数据独立，数据需要逐一备份，使数据备份工作较为困难。

(4) 随着服务器的增多，数据管理会越来越复杂；增加存储设备，扩展存储容量，需要对服务器进行重新配置，这样做容易中断单位的业务连接性，造成数据丢失。

10.6.2 网络附加存储

网络附加存储 (Network Attached Storage，NAS) 是一种将分布、独立的数据整合为大型、集中化管理的数据中心，以便于对不同主机和应用服务器进行访问的技术。NAS 中服务器与存储之间的通信使用 TCP/IP 协议，数据处理是“文件级”。NAS 可附加大容量的存储内嵌操作系统，专门针对文件系统进行重新设计和优化以提供高效率的文件服务，既降低了存储设备的成本，也提高了数据传输速率。

NAS 应用于电子出版、CAD、图像、教育、银行、政府、法律环境等那些对数据量有较大需求的行业中。多媒体、Internet 下载以及在线数据的增长，特别是那些要求存储器能随着公司文件大小规模而增长的企业、小型公司、大型组织的部门网络，更需要这样一个简单的可扩展的方案。NAS 构架如图 10-17 所示。

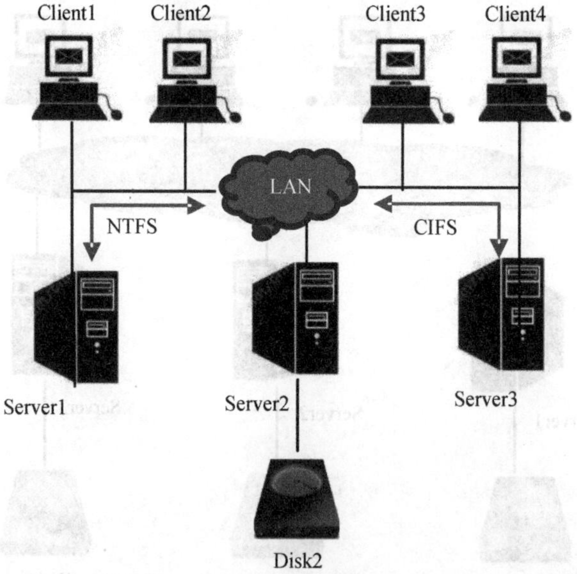

图10-17　NAS构架(以数据为中心)

NAS 的缺点包括：

(1) 由于 NAS 采用 File I/O 方式，因此当客户端数目或来自客户端的请求较多时，

NAS 服务器仍将成为系统的瓶颈。

(2) 进行数据备份时需要占用 LAN 的带宽，造成资源浪费。

(3) NAS 只能对单个存储 (单个 NAS 内部) 设备中的磁盘进行资源整合，目前还无法跨越不同的 NAS 设备，只能进行单独管理，不适合密集型大规模的数据传输。

10.6.3　存储区域网络

存储区域网络(Storage Area Network，SAN)，通常由RAID阵列连接光纤通道(Fibre Channel)组成(架构如图10-18所示)。SAN和服务器以及客户机的数据通信通过SCSI命令而非TCP/IP，数据处理是“块级”。 SAN主要应用于以下几方面：

(1) 数据共享由于存储设备的中心化，大量的文件服务器可以低成本的存取和共享信息，同时也不会使系统性能有明显下降。

(2) 存储共享两个或多个服务器可以共享一个存储单元，这个存储单元在物理上可以被分成多个部分，而每个部分又连接在特定的服务器上。

(3) 数据备份通过使用 SAN 可以独立于原来的网络，从而能够提高操作的性能。

(4) 灾难恢复传统方法，即当灾难发生时，使用磁带实现数据恢复。通过使用 SAN，可采用多种手段实现数据的自动备份，而且这种备份是热备份形式。也就是说，一旦数据出错，立即可以获得该数据的镜像内容。

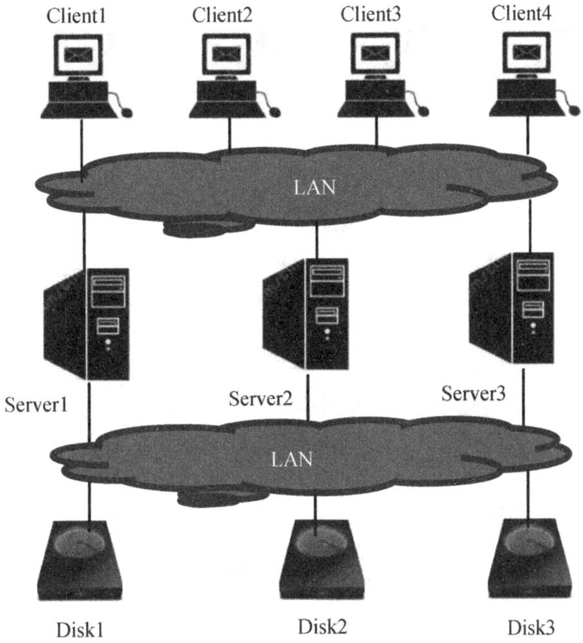

图10-18　SAN构架(以网络为中心)

10.6.4　新的网络存储技术 IP-SAN

网络存储的发展产生了一种新技术 IP-SAN。IP-SAN 是以 IP 为基础的 SAN 存储方案，是 IP 存储技术应用的第三阶段，是完全的端到端的、基于 IP 的全球 SAN 存储。它充分利用了 IP 网络的技术成熟、性能稳定、传输距离远、安装实施简单、后期维护量少的特点，可为用户提供一个运行稳定、实施简单方便、价格低廉的大容量存储系统，是一种可共同使用 SAN 与 NAS 并遵循各项标准的纯软件解决方案。IP-SAN 可让用户同时使用 Gigabit Ethernet SCSI 与 Fibre Channel，建立以 IP 为基础的网络存储基本架构。由于 IP 在局域网和广域网上的应用以及良好的技术支持，因此在 IP 网络中也可实现远距离的块级存储，以 IP 协议替代光纤通道协议，IP 协议用于网络中实现用户和服务器的连接。随着用于执行 1P 协议的计算机的速度的提高及 G 比特的以太网的出现，基于 IP 协议的存储网络实现方案成为 SAN 的更佳选择。

10.6.5 云存储

云存储是在云计算 (Cloud Computing) 概念上延伸和发展出来的一个新的概念。云计算是分布式处理、并行处理和网格计算的发展，是透过网络将庞大的计算处理程序自动分拆成无数个较小的子程序，再交由多部服务器所组成的庞大系统经计算分析之后将处理结果回传给用户。

当我们使用互联网时，只需要知道是什么样的接入网和用户名、密码就可以连接到互联网，并不需要知道广域网和互联网中到底有多少台交换机、路由器、防火墙和服务器，不需要知道数据是通过什么样的路由到达我们的电脑，也不需要知道网络中的服务器分别安装了什么软件，更不需要知道网络中各设备之间采用了什么样的连接线缆和端口。互联网对于具体的使用者是完全透明的，我们经常用一个云状的图形来表示互联网，如图 10-19 所示。

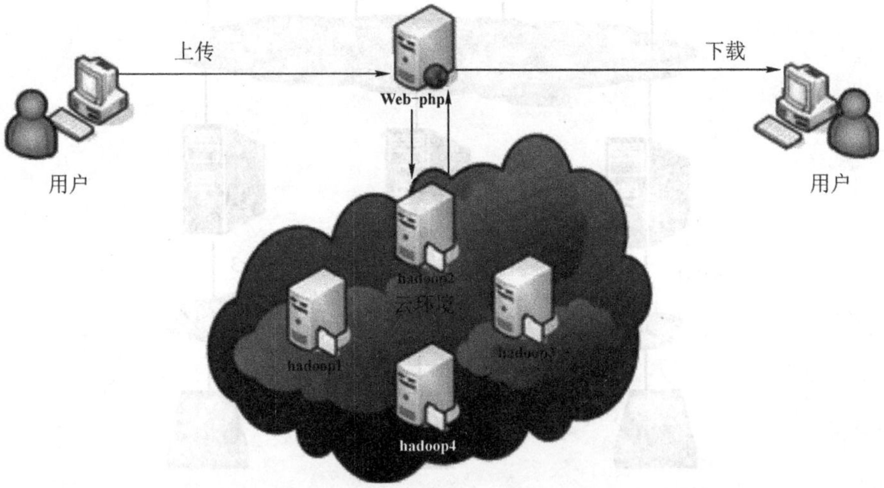

图 10-19 云存储

虽然这个云图中包含了许许多多的交换机、路由器、防火墙和服务器，但对具体的互联网用户来讲，这些都是不需要知道的。这个云状图形代表的是互联网带给大家的互联互通的网络服务，无论我们在任何地方，都可以通过一个网络接入线缆接入互联网，享受网络带给我们的服务。

参考云状的网络结构，创建一个新型的云状结构的存储系统，这个存储系统由多个存储设备组成，通过集群功能、分布式文件系统或类似网格计算等功能联合起来协同工作，并通过一定的应用软件或应用接口，对用户提供一定类型的存储服务和访问服务。

当我们使用某一个独立的存储设备时，必须非常清楚这个存储设备是什么型号，什么接口和传输协议，必须清楚地知道存储系统中有多少块磁盘，分别是什么型号、多大容量，必须清楚存储设备和服务器之间采用什么样的连接线缆。为了保证数据安全和业务的连续性，还需要建立相应的数据备份系统和容灾系统。除此之外，对存储设备进行定期的状态监控、维护、软硬件更新和升级也是必须的。如果采用云存储，那么上面所提到的一切对使用者来讲都不需要了。云状存储系统中的所有设备对使用者来讲都是完全透明的，任何地方的、任何一个经过授权的使用者都可以通过一根接入线缆与云存储连接，对云存储进行数据访问。

云存储对使用者来讲，不是指某一个具体的设备，而是指一个由许许多多个存储设备和服务器所构成的集合体。用户使用云存储，并不是使用某一个存储设备，而是使用整个云存储系统带来的一种数据访问服务。所以严格来讲，云存储不是存储，而是一种服务。

10.7　Linux 磁盘调度算法

为了响应磁盘的访问请求，时间消耗主要花费在寻道上，那么减少寻道时间就成为 I/O 调度算法的核心，这主要是通过对 I/O 请求实施合并和排序来完成的。I/O 调度器的主要工作是管理像磁盘这种块设备的请求队列，并分配 I/O 资源给请求；目标是提升全局吞吐量。I/O 调度器通过合并和排序完成调度任务，合并是指将两个或多个请求结合成一个新的请求，例如当新来的请求和当前请求队列中的某个请求需要访问的是相同或相邻扇区时，那么就可以把两个请求合并为对同一或多个相邻扇区的请求，这样只需要一次寻道即可。即通过合并，多个 I/O 请求被压缩为一次 I/O，最后发送给磁盘的只需要一条寻址命令，就能完成多次寻址同样的效果。

显然，合并请求能减少系统开销和磁盘寻址次数，解决了对相邻扇区的访问，那么对于非相邻扇区呢？我们知道，机械臂的转动是朝着扇区增长的方向的，类似于电梯，如果把I/O请求按照扇区增长排列，一次寻道旋转(机械臂不转，磁盘转动)就可以访问更多的扇区，就可以缩短所有请求的实际寻道时间，这便是I/O调度器的另一项任务：排序。

在最开始的时期，Linux 把这个排序算法命名为 Linux 电梯算法。而 Linux 中 I/O 调度的电梯算法有好几种，一个叫作 ANTICIPATORY，第二个叫作 CFQ(Complete Fairness Queueing)，第三个叫作 DEADLINE，还有一个叫作 NOOP(No Operation)。具体使用哪种算法，可以在启动的时候通过内核参数 elevator 来指定。

10.7.1　NOOP 调度算法

NOOP 调度算法的全称为 No Operation。该算法实现了最简单的 FIFO 队列，所有 I/O 请求大致按照先来后到的顺序进行操作。之所以说“大致”，原因是 NOOP 在 FIFO 的基础上还做了相邻 I/O 请求的合并，并不是完完全全按照先进先出的规则满足 I/O 请求。假设有以下的 I/O 请求序列：

100，500，101，10，56，1000

NOOP 将会按照以下顺序满足：

100(101)，500，10，56，1000

在 Linux2.4 或更早版本的调度程序，那时只有这一种 I/O 调度算法，NOOP 倾向饿死读磁盘的请求而利于写磁盘的请求。电梯算法饿死读请求的解释：因为写请求比读请求更容易。写请求通过文件系统 Cache，不需要等一次写完成，就可以开始下一次写操作，写请求通过合并堆积到 I/O 队列中。读请求需要等到它前面所有的读操作完成，才能进行下一次读操作，在读操作之间有几毫秒时间，如果写请求在这之间就到来，则此时就会饿死了后面的读请求。

10.7.2 CFQ 调度算法

CFQ调度算法的全称为Completely Fair Queuing。该算法的主要目标是在触发I/O请求的所有进程中确保磁盘I/O带宽的公平分配。为了达到这个目标，该算法使用许多个排序队列——缺省为64，它们存放了不同进程发出的请求。当该算法处理一个请求时，内核调用一个散列函数将当前进程的进程标识符(pid)散列到一个特定的队列；然后，该算法将这个新的请求插入该队列的末尾。因此，同一个进程发出的请求通常被插入相同的队列中。该算法本质上采用轮询方式扫描I/O输入队列，选择第一个非空队列，依次调度不同队列中特定个数(公平)的请求。

特点：在最新的内核版本和发行版中，都选择 CFQ 作为默认的 I/O 调度器，对于通用的服务器也是最好的选择。CFQ 试图均匀地分布对 I/O 带宽的访问，避免进程被饿死并实现较低的延迟，是 DEADLINE 和 AS 调度器的折中。CFQ 对于多媒体应用和桌面系统是最好的选择。CFQ 赋予 I/O 请求一个优先级，而 I/O 优先级请求独立于进程优先级，高优先级的进程的读写不能自动地继承高的 I/O 优先级。

10.7.3 DEADLINE 调度算法

除了调度队列外，“最后期限”调度算法还使用了四个队列：其中两个排序队列分别包含读请求和写请求，请求是根据起始扇区号排序的；另外两个最后期限队列包含相同的读请求和写请求，但这是根据它们的“最后期限”排序的。引入这些队列是为了避免请求饿死：由于电梯策略优先处理与上一个所处理的请求最近的请求，因而就会对某个请求忽略很长一段时间，这时就会发生饿死的情况。请求的最后期限本质上就是一个超时定时器，当请求被传给电梯算法时开始计时。缺省情况下，读请求的超时时间是 500 ms，写请求的超时时间是 5 s——读请求优先于写请求，因为读请求通常阻塞发出请求的进程。最后期限保证了调度程序照顾等待很长一段时间的那个请求，即使它位于排序队列的末尾。

当该算法要补充调度队列时，首先确定下一个请求的数据方向。如果同时要调度读和写两个请求，该算法会选择“读”方向，除非该“写”方向已经被放弃很多次了(为了避免写请求饿死)。

接下来，该算法检查与被选择方向相关的最后期限队列：如果队列中的第一个请求的最后期限已用完，那么该算法将该请求移到调度队列的末尾。同时，它也会移动该过期的请求后面的一组来自排序队列的相同扇区号的请求。如果将要移动的请求在磁盘上物理相邻，那么这一批队列的长度会很长，否则就很短。

最后，如果没有请求超时，该算法对来自于排序队列的最后一个请求连带之后的一组相同扇区的请求进行调度。当指针到达排序队列的末尾时，搜索又从头开始(“单方向算法”)。

10.7.4 ANTICIPATORY 调度算法

“ANTICIPATORY”调度算法是 Linux 提供的最复杂的一种 I/O 调度算法。基本上，它是“DEADLINE”调度算法的一个演变，借用了“DEADLINE”调度算法的基本机制：两个最后期限队列和两个排序队列；I/O 调度程序在读和写请求之间交互扫描排序队列，不过更倾向于读请求。扫描基本上是连续的，除非有某个请求超时。读请求的缺省超时时间是 125 ms，写请求的缺省超时时间是 250 ms。

有些情况下，该算法可能在排序队列当前位置之后选择一个请求，从而强制磁头从后搜索。这种情况通常发生在这个请求之后的搜索距离小于在排序队列当前位置之后对该请求搜索距离的一半时。

该算法能够统计出系统中每个进程触发的I/O操作的种类。当刚刚调度了由某个进程p发出的一个读请求之后，该算法马上检查排序队列中的下一个请求是否来自同一个进程p，如果是，立即调度下一个请求；否则，查看关于该进程p的统计信息，如果确定进程p可能很快发出另一个读请求，那么就延迟一小段时间(缺省大约为7 ms)。因此，该算法预测进程p发出的读请求与刚被调度的请求在磁盘上可能是“近邻”。

ANTICIPATORY 算法从 Linux 2.6.33 版本后被删除了，因为使用 CFQ 通过配置也能达到 ANTICIPATORY 的效果。

总的来说，ANTICIPATORY调度算法适用于大多数环境，特别是写入较多的环境(比如文件服务器)Web、App等应用，但不太合适数据库应用；DEADLINE调度算法通常与ANTICIPATORY调度算法相当，但更简洁小巧，更适合于数据库应用；CFQ调度算法为所有进程分配等量的带宽，适合于桌面多任务及多媒体应用，适用于有大量进程的多用户系统，一般是默认的I/O调度算法；NOOP 调度算法对于闪存设备、RAM、嵌入式系统是最好的选择。其应用环境主要有以下两种：一是物理设备包含自己的I/O调度程序，比如SCSI的TCQ；二是寻道时间可以忽略不计的设备，比如SSD等。

特别需要说明的是，Linux 内核允许用户为每个单独的块 I/O 设备设置不同的 I/O 调度算法。这样，根据块设备的不同以及读写该设备的应用不同，可以最大限度地提升系统的 I/O 吞吐率。

小　结

大容量存储器是为了弥补计算机主存储器容量的限制，而配置的具有大容量的辅助存储器主要包括硬盘、磁带和光盘等。磁带的容量很大，但是存在很大的缺点，保存时和纸张一样对环境要求很高，用户使用查询时只能顺序查询，所以很不方便。

硬盘的存储速度在三种存储设备里面是最快的，用户使用硬盘对资料进行存储、查询、检索等操作时非常迅速。但是对某些行业来说，硬盘的安全性太低了，用户保存一些重要资料时，硬盘的缺点便暴露无遗。光盘作为三种存储设备里面单位存储容量成本是最低的，携带非常方便。相对于硬盘，它的安全性非常高，只要管理好，其他人不可能越权查看资料。相对于磁带，光盘可以随时查询用户想要看到的资料，不用像磁带一样只能按顺序查找。所以，特点优势突出的光盘是作为海量存储设备的首选。因此，应用光盘存储、保存、交流数据文件是现在社会的必然趋势。

由于磁盘请求的处理时间大部分消耗在寻道过程中，故大部分磁盘调度算法都是针对优化寻道时间而设计的。在常见的几种磁盘调度算法中，SSTF 算法比较通用，是在 FCFS 算法的基础上改进而来的，但性能比较一般；SCAN 算法与 C-SCAN 算法在高负载系统中性能更好，因为这两种算法不可能导致饥饿现象。对于任何一种算法，性能主要依赖于请求的个数，如果队列中只有少数几个请求，则使用 FCFS 更合算。

数据的重要性越来越得到人们的广泛认同，未来网络的核心将是数据，网络化存储正是数据存储的一个发展方向。目前，网络存储技术沿着三个主要的方向发展：NAS、SAN、IP—SAN。由于 SAN 和 NAS 的融合将更有利于数据的存储和备份，因此，SAN 和 NAS 的融合是未来网络存储技术发展的两个趋势。

云存储是一种网上在线存储的模式，即把数据存放在通常由第三方托管的多台虚拟服务器上，而非专属的服务器上。托管 (Hosting) 公司运营大型的数据中心，需要数据存储托管的人，则通过向其购买或租赁存储空间的方式来满足数据存储的需求，这也成为现代企业级海量数据存储的趋势。

Linux 操作系统支持四种 I/O 调度算法：NOOP、CFQ、DEADLINE、ANTICIPATORY 调度算法。每种算法各有特点，系统可以根据不同应用场景合理选择。

习　题

1. 进程读取硬盘数据所耗费的时间由哪几部分构成？

2. 现有一个 6400 块的文件，块的大小与扇区相同且从头开始存放。假设柱面和文件块都是从 1 开始排序。试问该文件的第 3681 块应在哪个柱面第几道的第几扇区？第 79 柱面 7 磁道 7 扇区存放的是文件的第几块？

3. 假设计算机系统采用CSCAN(循环扫描)磁盘调度策略，使用2 KB的内存空间记录16384个磁盘块的空闲状态。

(1) 请说明在上述条件下如何进行磁盘块空闲状态管理。

(2) 设某单面磁盘旋转速度为 6000 r/min。每个磁道有 100 个扇区，相邻磁道间的平均移动时间为 1 ms。若在某时刻，磁头位于 100 号磁道处，并沿着磁道号大的方向移动，磁道号请求队列为 50、90、30、120，对请求队列中的每个磁道需读取 1 个随机分布的扇区，则读完这 4 个扇区点共需要多少时间？要求给出计算过程。

(3) 如果将磁盘替换为随机访问的Flash半导体存储器(如U盘、SSD等)，是否有比CSCAN更有效的磁盘调度策略？若有，给出磁盘调度策略的名称并说明理由；若无，说明理由。

4. 某文件系统空间的最大容量为 4 TB，以磁盘块为基本分配单位，磁盘块大小为 1 KB。文件控制块 (FCB) 包含一个 512B 的索引表区。请回答下列问题：

(1) 假设索引表区仅采用直接索引结构，索引表区存放文件占用的磁盘块号。索引表项中块号最少占多少字节？可支持的单个文件最大长度是多少字节？

(2) 假设索引表区采用如下结构：第 0 ～ 7B 采用 < 起始块号，块数 > 格式表示文件创建时预分配的连续存储空间，其中起始块号占 6B，块数占 2B；剩余 504B 采用直接索引结构，一个索引项占 6B，则可支持的单个文件最大长度是多少字节？为了使单个文件的长度达到最大，请指出起始块号和块数分别所占字节数的合理值并说明理由。

5. 系统中磁头停留在磁道号为 100 的磁道上，这时先后有 4 个进程提出了磁盘访问请求，要访问磁盘的磁道号按申请到达的先后顺序依次为 55、120、39、110。移动臂的运动方向为沿磁道号递减的方向。若分别采用 FCFS 调度算法、SSTF 调度算法、SCAN 调度算法时，所需寻道长度分别为多少？

6. 某操作系统的磁盘文件空间共有 500 块，若用字长为 32 位的位示图管理盘块空间，试问：

(1) 位示图需要多少个字？

(2) 如果b (盘块号)、i、j从1开始计数，那么第i字第j位对应的块号是多少？

(3) 如果b (盘块号)、i、j从0开始计数，那么第i字第j位对应的块号是多少？

7. 有 3200 个磁盘块可用来存储信息，如果用字长为 16 位的字来构造位示图，并且位示图部分内容如图 10-20 所示。

(1) 位示图共需多少个字？

(2) 若某文件长度为 3200B，每个盘块为 512B，采用链接结构且盘块从 1 开始计数，系统将为其分配哪些磁盘块？试具体说明分配过程。

(3) 若要释放磁盘的第 300 块，应如何处理？

	1位	2位	3位	4位	5位	6位	7位	8位	9位	10位	11位	12位	13位	14位	15位	16位
1字	1	1	1	1	1	1	1	1	1	1	1	1	1	1	1	1
2字	1	1	1	0	1	1	1	0	0	0	0	1	1	1	1	1
3字	1	1	1	1	0	0	0	0	1	1	1	0	0	1	1	0
	…	…	…													

图 10-20　位示图 (1)

8. 有一计算机系统利用图10-21所示的位示图(行号、列号都从0开始编号)来管理空闲盘块。如果盘块从1开始编号，每个盘块的大小为1 KB。

(1) 现在要为文件分配两个盘块，试具体说明分配过程。

(2) 若要释放磁盘的第 300 块，应如何处理？

(编号从0开始)

1	1	1	1	1	1	1	1	1	1	1	1	1	1	1	1
1	1	1	1	1	1	1	1	1	1	1	1	1	1	1	1
1	1	0	1	1	1	1	1	1	1	1	1	1	1	1	1
1	1	1	1	1	1	0	1	1	1	1	0	1	1	1	1
0	0	0	0	0	0	0	0	0	0	0	0	0	0	0	0

图 10-21　位示图 (2)

第 11 章 系统安全

11.1 系统安全的定义

相对于更关注内部问题的保护 (Protection) 机制，安全 (Safety) 是一个更加宽泛的概念，意味着对计算机系统资源、状态的一种衡量。在讨论安全时，计算机资源及其信息、属性是必须受保护的，而确保计算机系统的安全则需要人们确认这些资源不受威胁 (Threat)，以及采取一系列预防或反制措施来对抗试图破坏安全的攻击 (Attack)。系统安全 (System Safety) 是一种以识别、分析危害为基础的风险管理策略，并且以系统为基础来进行补救控制的方法，使系统在规定的性能、时间和成本范围内确保可能存在的损害对系统整体的影响最小，从而使系统整体达到最佳的安全程度。

随着现代计算机系统的规模趋于复杂化，以及诸多系统、应用中元素和数据彼此相互连接，任何危险且不稳定的意外或人为因素都有可能致使安全问题的产生，乃至引发严重的事故。系统安全的重要程度与日俱增，人们也为此建立起各种针对不同系统的安全机制和防御体系，对于不同违反安全的事件和问题的相关机制及原理也进行了大量的分析，这些措施都是为了提高系统的安全性。此外，值得关注的是，保护系统的安全需要我们在不同层次的安全机制上进行考量。

11.1.1 安全需求

系统安全的基本原则是在一个新系统的构思阶段就必须考虑其安全性的问题，制定并执行安全工作机制(系统安全活动)，属于事前分析和预先的防护，与传统的事后分析并积累事故经验的思路截然不同。

为了有效地对试图违反、破坏系统安全的攻击进行防护，可以预先从系统的安全需求角度进行分析，将系统最基本的需求要素归纳为以下四个方面：系统保密性、系统完整性、可用性和抗毁性、合法资源请求。

1. 系统保密性

系统保密性(Confidentiality)：只有授权的用户才能动用和修改系统的信息，而且必须防止信息的非法、非授权的泄漏。攻击系统的保密性主要表现为未授权的读数据(偷信息)。违反保密性向来是入侵者的目标。从系统或数据流中捕获秘密数据，如信用卡信息或身份信息，可使入侵者得到直接经济回报。在常见的应用系统中，系统保密性需求主要体现在两个方面：客户端与系统交互时输入的各类密码；系统与系统进行数据交换是在特定安全需求下需进行端对端的加解密处理。

2. 系统完整性

系统完整性 (Integrity)：也就是说信息必须为其原形被授权的用户所用，也只有授权的用户才能修改信息。攻击系统的完整性涉及未授权的数据修改，例如，这种攻击往往涉及商业、金融业等数据机密。入侵者会攻击系统以获得特权，从而达到获取利益的目的。数据完整性要求防止非授权实体对数据进行非法修改。用户在跟应用系统进行交互时，其输入设备如键盘、鼠标等有可能被木马程序侦听，输入的数据遭到截取修改后被提交到应用系统中，如原本用户准备向 A 账户转入一笔资金在交易数据遭到修改后就被转到 B 账户中了。同样的威胁还存在于交易数据的传输过程中，如在用户向应用系统提交的网络传输过程中或应用系统跟其他第三方系统的通信过程中；另外存储在应用系统数据库中的数据也有可能遭到非法修改，如 SQL 注入攻击等。

3. 可用性和抗毁性

可用性 (Availability) 和抗毁性：设置备份机制、容错机制，防止在系统出现单点失效，系统的备份机制保证了系统的正常运行。攻击系统的可用性和抗毁性涉及对未授权的数据及其备份破坏。入侵者制造巨大破坏并获取状态信息以此为乐，而不是获利。Web 站点的破坏就是这类安全违反常见的例子，这类对数据的可用性进行攻击中最典型的攻击就是拒绝式攻击和分布式拒绝式攻击。

4. 合法资源请求

合法资源请求：系统提供外界直接或间接访问数种资源的管道，例如本地端磁盘驱动器的文件、受保护的特权系统调用、用户的隐私数据与系统运行的程序所提供的服务。系统有能力认证资源访问的请求，允许通过认证的请求并拒绝无法通过的非法请求，同时将适当的权力授权 (Authorization) 给此请求。有些系统的认证机制仅简略地把资源分为特权或非特权，且每个请求都有独特的身份识别号码，如用户名。资源请求通常分成以下两大种类：

(1) 内部来源资源请求：通常是一个正在运行的程序发出的资源请求。在某些系统上，一个程序一旦可执行就可做任何事情(如DOS时代的病毒)，但通常系统会给程序一个识别代号，并且在此程序发出请求时，检查其代号与所需资源的访问权限关系。

(2) 外部来源资源请求：从非本地端电脑而来的资源请求。例如，远程登录本机或某些网络连线请求(FTP或HTTP)。为了识别这些外部请求，系统也许会对此请求提出认证要求。通常是请求输入用户名以及相对应的密码。系统有时也会应用诸如磁卡或生物识别数据的其他种认证方法。例如网络通信上，通常不需通过认证即可访问资源(如匿名访问的FTP服务器或P2P服务)。除了允许／拒绝形式的安全机制，一个高安全等级的系统也会提供记录选项，允许记录各种请求对资源访问的行为。

针对系统自身合法的资源请求，入侵者通常通过偷窃服务和拒绝服务两种形式来对系统安全进行攻击。

(1) 偷窃服务：入侵者可能在一个系统上安装后台程序作为文件服务器，从而达到对未授权的资源恶意占用的目的，并从中获益。

(2) 拒绝服务：攻击者想办法让目标机器停止提供服务，是黑客常用的攻击手段之一。其实，对网络带宽进行的消耗性攻击只是拒绝服务攻击的一小部分，只要能够对目标造成麻烦，使某些服务被暂停甚至主机死机，都属于拒绝服务攻击。拒绝服务攻击问题也一直得不到合理的解决，究其原因这是由网络协议本身的安全缺陷造成的，从而拒绝服务攻击也成为攻击者的终极手法。攻击者进行拒绝服务攻击，实际上让服务器实现两种效果：一是迫使服务器的缓冲区满，不接收新的请求；二是使用 IP 欺骗，迫使服务器把合法用户的连接复位，从而影响合法用户的连接。

11.1.2 安全层次

为了实现系统安全的保障，通常划分出四个层次，并根据这四个层次来采取安全机制 (如图 11-1 所示)。

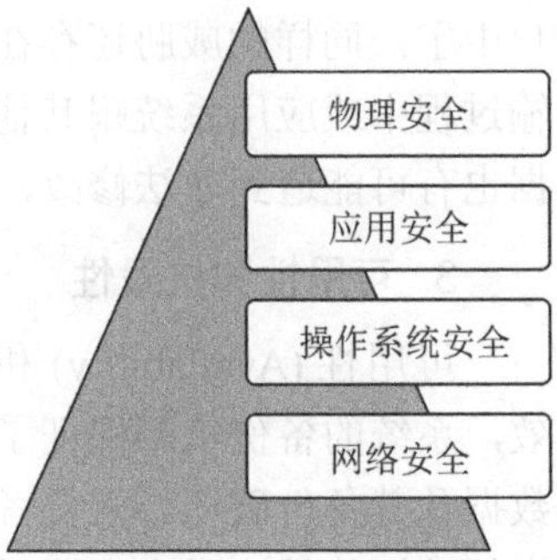

图 11-1 安全层次

1. 物理安全

物理安全涉及的是硬件设施方面的安全问题，是指计算机与网络的设备硬件自身的安全和信息系统硬件运行状态的稳定性。物理安全方面的威胁主要包括电磁泄漏、通信干扰、信号注入、人为破坏、自然灾害、设备故障等。对于物理安全问题，必须采取物理措施来保护计算机系统的站点，机房和能访问机器的终端或工作站都必须是安全的。

2. 应用安全

应用安全主要在于两方面：在应用程序方面，对各类应用程序进行保护，为其提供一个安全的工作环境，以保证应用程序正常的工作状态；在用户方面，安全保护着重于系统的保密性、完整性和可用性。必须谨慎地授权用户，以确保只有合适的用户能访问系统。另外，值得注意的是，必须保证应用程序本身是非恶意且不威胁系统安全的。

3. 操作系统安全

操作系统安全实际上是一种系统平台安全，操作系统必须防止自身遭受意外的或者有意的安全破坏。一个失去控制的进程可能导致一个意外的拒绝服务攻击，对服务一次询问可能暴露密码，一次栈溢出可能启动一个未授权的进程。操作系统安全的主要目标是标识系统中的用户，对用户身份进行认证，对用户的操作进行控制，防止恶意用户对计算机资源进行窃取、篡改、破坏等非法存取，防止合法用户操作不当危害系统安全，从而既保证系统运行的安全性，又保证系统自身的安全性。

4. 网络安全

确保网络安全，需要确保网络运输过程中的安全，以及对传输可能存在威胁的资源至终端进行防护与过滤。在网络数据传输方面，IPSec(Internet Protocol Security，IPSec) 簇通过对 IP 的分组进行加密和认证以便对 IP 实现保护，其主要功能包括数据加密、对网络单元的访问控制、数据源地址验证、数据完整性检查和防止重放攻击等。目前，Windows、Linux 等主流操作系统都对 IPSec 进行了实现。终端网络屏障的实现是通过 MPLSVPN 实现业务隔离，通过 VLAN 实现内部网络隔离，通过防火墙实现访问控制，以及实现信息分组过滤系统等。

系统必须为安全措施的实现提供保护，但往往安全是难以直接产生的，即需要针对各层次提供相应的对策和工具来确保系统安全。作为系统资源的管理者和软硬件的接口，操作系统位于软件系统的底层，需要为其上运行的各类应用服务提供支持，对所有系统软、硬件资源实施统一管理，起到承上启下的作用。应用软件对系统资源的使用与改变都是通过操作系统来实施的。因此，操作系统的安全在整个系统的安全性中起到至关重要的作用。

如果要确保操作系统的安全，则确保物理安全与应用安全是必须的。相对于系统中位于较低层的安全(操作系统与网络)，高层次的安全将不得不被优先考虑，即整个系统的安全需要更脆弱的部分有所保障。但是操作系统安全之下的网络安全也是同样重要的，只有保证了网络通信的安全，系统与系统间的安全才能得以保证。因此，从操作系统及操作系统间的安全角度出发，操作系统安全与网络安全的问题是首要研究的部分。

11.1.3 安全问题

操作系统的安全性问题是网络攻防的焦点所在。造成计算机安全问题的根本原因在于计算机系统，尤其是操作系统本身存在的脆弱性(Vulnerability)。操作系统的脆弱性是一切可导致威胁、破坏操作系统安全性(保密性、完整性、可用性等)的来源。正是由于脆弱性的存在，才形成了对计算机正常、安全使用的威胁。

由于操作系统的差异性，不同操作系统的脆弱性的偏重点是不同的，结合操作系统安全的划分，共同的脆弱性主要表现在以下几个方面。

1. 操作系统自身脆弱性

操作系统自身脆弱性主要指系统设计中本身所存在的问题，如技术错误、人为设计等。技术错误体现在代码编写时出现错误，导致无法弥补的缺陷；人为设计体现在操作系统设计过程中，在实现及时修补操作系统缺陷的前提下，设计能够绕过安全性控制而获取对操作系统访问权的方法。同时，底层协议安全问题也是共性问题。

2. 物理脆弱性

物理脆弱性主要体现在硬件问题，即由于硬件原因使编程人员无法弥补硬件的漏洞，使硬件的问题通过上层操作系统进行体现。

3. 逻辑脆弱性

技术缺陷为逻辑脆弱性的主要成因，即操作系统或应用软件在逻辑设计上存在缺陷，可以通过相应手段如打补丁、版本升级等进行修复。

4. 应用脆弱性

应用脆弱性主要因上层应用漏洞致使操作系统遇到如权限丢失、文件破坏、数据泄漏等问题。

5. 管理脆弱性

管理脆弱性是指操作系统在配置时，为了提高用户的体验，有意或无意间忽略操作系统的安全设置，导致安全性降低。其中，安全管理配置问题是指操作系统管理员在进行系统配置时，对系统安全措施设置不懂/不重视(如操作系统口令复杂度较低)，人员权限管理设置不严格，第三方维护人员管理、监控失责等，导致操作系统权限易丢失；安全审计问题是指操作系统自身审计易被篡改，且无法实现对攻击途径、手段的识别，导致安全审计部分成为操作系统安全建设的薄弱环节。

操作系统的安全问题除了其脆弱性之外，还可以从内、外两个主要的方位进行划分，即操作系统的内部安全和外部安全。

操作系统内部安全可视为防止正在运行的程序任意访问系统资源的手段。大多操作系统让普通程序可直接操作电脑的CPU，所以产生了一些问题。通用操作系统所生产的CPU通常于硬件层级上实践了一定程度的特殊指令保护概念。通常特权层级较低的程序想要运行某些特殊指令时会被阻断，例如直接访问像是硬盘之类的外部设备。因此，程序必须得经由询问操作系统，让操作系统运行特殊指令来访问磁盘，从而操作系统就有机会检查此程序的识别身份，并依此接受或拒绝它的请求。

在不支持特殊指令架构的硬件上，另一个也是唯一的保护方法，则是操作系统并不直接利用CPU运行用户的程序，而是借由模拟一个CPU或提供一组P-code机系统(伪代码运行机)，像Java一样让程序在虚拟机上运行。

操作系统的外部安全源自通常一个操作系统会为其他网络上的电脑或用户提供(主持)各种服务。这些服务通常借由端口或操作系统网络地址后的数字接入点提供。通常，此服务包括提供文件共享、打印共享、电子邮件、网页服务与文件传输协议。外部安全的最前线是诸如防火墙等的硬件设备。在操作系统内部也常设置许多种类的软件防火墙，软件防火墙可设置接受或拒绝在操作系统上运行的服务与外界的连线。因此，任何人都可以安装并运行某些不安全的网络服务，如Telnet或FTP，并且设置除了某些自用通道之外阻挡其他所有连线，以达成防堵不良连线的机制。

由于多层次多方位的脆弱性，操作系统面临着许多直接或间接的威胁，以及针对各方面的攻击。一个安全可靠的操作系统，如要能够免受对系统保密性、完整性和可用性的威胁，就需要针对系统进行脆弱性分析，并采取相应措施来改进。

一个邻近的概念是安全操作系统 (Secure Operating System)。安全操作系统是指计算机信息系统在自主访问控制、强制访问控制、标记、身份鉴别、客体重用、审计、数据完整性、隐蔽信道分析、可信路径、可信恢复等十个方面满足相应的安全技术要求。计算机系统中，安全内核 (Security Kernel) 是指能根据安全访问控制策略访问资源，确保系统用户之间的安全互操作，并位于操作系统和程序设计环境之间的核心管理机制。除此之外，网络安全 (Network Security) 问题在于防止一个网络系统受任何威胁与侵害，从而能正常地实现资源共享功能，其更侧重于网络传输的安全，与信息内容有密切相关。与此同时，存在更为宽泛的概念，信息安全 (Information Security) 意为保护信息及信息系统免受未经授权的进入、使用、披露、破坏、修改、检视、记录及销毁。信息安全与系统安全息息相关，保障系统安全是手段，保障信息安全是目的。但只有保障了系统安全，才能保障依赖于其提供服务的信息安全。

11.2 系统威胁的分类

11.2.1 系统漏洞

系统漏洞 (System Vulnerabilities) 是指应用软件或操作系统软件在逻辑设计上的缺陷或错误，被不法者利用，通过网络植入木马、病毒等方式来攻击或控制整个电脑，窃取电脑中的重要资料和信息，甚至破坏系统。在不同种类的软、硬件设备，同种设备的不同版本之间，由不同设备构成的不同系统之间，以及同种系统在不同的设置条件下，都会存在各自不同的安全漏洞问题。

漏洞产生的原因有：① 程序逻辑结构设计不合理，不严谨；② 程序设计错误；③ 由于目前硬件无法解决特定问题，致使编程人员只得通过软件设计来表现出硬件功能而产生的漏洞。

通常一个漏洞的生命周期有五个阶段，即客观存在→被发现→攻击者利用→大规模危害→逐渐消失。漏洞的生命周期详细过程如表 11-1 所示。

表 11-1 漏洞的生命周期

阶段	事 件	描 述
1	系统漏洞被发现，发布安全漏洞	由于系统设计考虑不周导致漏洞存在，研究员发现漏洞并上报商家，商家发布公告并提供补丁
2	病毒出现并传播	攻击者编写攻击程序并发布，如果用户没有及时安装补丁，就会为蠕虫爆发创造条件。该阶段危害较小
3	蠕虫病毒大肆爆发	蠕虫利用漏洞大范围传播，导致网络阻塞或瘫痪
4	系统漏洞被修复，但仍有发作	由于安装补丁，使得感染的主机逐渐清除，并使得蠕虫源减少
5	危害逐渐消失	系统逐渐完成补丁安装，或升级新的软件，漏洞造成的影响逐渐消失

系统漏洞防范：① 提升防火墙技术(应对网络安全漏洞，防火墙设置和功能升级，及时更新)；② 加强病毒防范措施；③ 注重漏洞扫描技术的应用；④ 强化端口解析(防止通过USB接口的病毒入侵)，以及加强数据备份工作。(防黑客盗取，摧毁数据)

Windows 系统漏洞问题是与时间紧密相关的。一个 Windows 系统从发布的那一天起，随着用户的深入使用，系统中存在的漏洞会被不断暴露出来，这些早先被发现的漏洞也会不断被系统供应商——微软公司发布的补丁软件修补，或在以后发布的新版系统中得以纠正。而在新版系统纠正了旧版本中具有漏洞的同时，也会引入一些新的漏洞和错误。例如，比较流行的是 ani 鼠标漏洞，它是由于木马作者利用了 Windows 系统对鼠标图标处理的缺陷，通过制造畸形图标文件而溢出，木马就可以在用户毫不知情的情况下执行恶意代码。

随着时间的推移，旧的系统漏洞会不断消失，而新的系统漏洞会不断出现。因此，系统漏洞问题也会长期存在。

11.2.2 恶意代码

恶意代码是指没有作用却会带来危险的代码，一个最安全的定义是把所有不必要的代码都看作是恶意的，不必要代码比恶意代码具有更宽泛的含义，包括所有可能与某个组织安全策略相冲突的软件。

恶意代码又称恶意软件。这些软件也可称为广告软件(Adware)、间谍软件(Spyware)、恶意共享软件(Malicious Shareware)，是指在未明确提示用户或未经用户许可的情况下，在用户计算机或其他终端上安装运行侵犯用户合法权益的软件。恶意代码的攻击机制可由图11-2所示来描述。

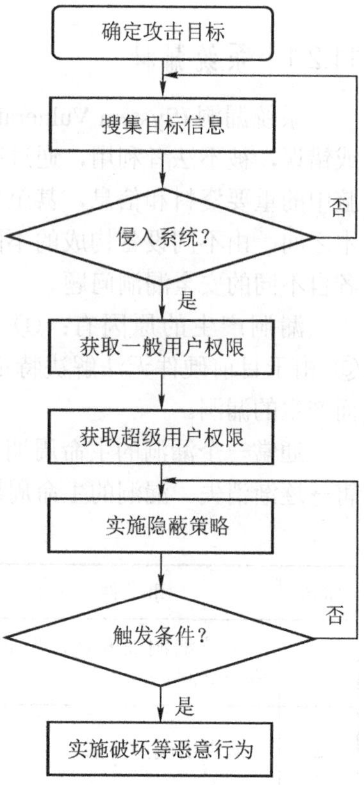

图 11-2 恶意代码的攻击机制

最常见的恶意代码有计算机病毒(简称病毒)、特洛伊木马(简称木马)、计算机蠕虫(简称蠕虫)、后门、逻辑炸弹等。

1. 计算机病毒

计算机病毒是指编制或者在计算机程序中插入破坏计算机功能或者破坏数据，影响计算机使用并且能够自我复制的一组计算机指令或者编程代码。病毒具有以下特性：

(1) 寄生性：寄生在其他程序中。

(2) 传染性：能自我复制及变种，从已感染的计算机扩散到未被感染的计算机。

(3) 潜伏性：就像定时炸弹，隐藏在磁盘中，需满足触发机制才会启动。

(4) 隐蔽性：检查不出来，时隐时现，变化无常。

(5) 破坏性：将文件删除、修改、移动、增加，使正常程序无法运行。

(6) 可触发性：满足触发机制(触发条件)即可启动。

病毒具有一定的危害性。其主要包括：破坏操作系统处理器的管理功能、破坏操作系统文件管理的功能、破坏操作系统存储管理的功能、直接破坏计算机系统的硬件功能等。

那么什么时候我们才能感觉到计算机中病毒了？一般情况下，当发现有这些现象的时候，就要怀疑电脑中毒了：机器不能正常启动，运行速度降低，内存空间减少，文件内容和长度改变，经常死机，外部设备工作异常等。

我们需要做好病毒防范工作，建立良好的安全习惯。注意：关闭或删除系统中不必要的服务，留意升级安全补丁。当需要使用密码的时候，注意尽量使用复杂密码。一旦发现有病毒入侵的现象时，迅速隔离受感染的计算机。平时多留意了解病毒知识，积极安装杀毒软件，全面监控、安装个人防火墙软件进行防黑等。

2. 计算机木马

计算机木马(又名间谍程序)是一种后门程序，常被黑客用作控制远程计算机的工具。

英文单词“Troj”，直译为“特洛伊”。“木马”程序是比较流行的病毒文件，与一般的病毒不同，它不会自我繁殖，也并不“刻意”地去感染其他文件，它通过伪装自身吸引用户下载执行，向施种木马者提供打开被种主机的门户，使施种者可以任意毁坏、窃取被种者的文件，甚至远程操控被种主机。木马病毒的产生严重危害着现代网络的安全运行。

一个完整的“木马”程序包含了两部分：服务器和控制器。植入电脑的是它的“服务器”部分，而所谓的“黑客”正是利用“控制器”进入运行了“服务器”的电脑。

众所周知，基于TCP/IP协议接入互联网的电脑有0到65 535共256×256个端口。通常，我们上网的时候，电脑通过139端口与外界保持联系。运行了木马程序的“服务器”以后，电脑就会有另一个或几个端口被打开，使黑客可以利用这些打开的端口进入系统，系统安全和个人隐私也就全无保障了。木马最有可能通过电子邮件的附件进行传播，除此之外，在下载文件、网页、聊天工具中也可能包含木马程序。

木马的危害极大，它可以盗取电子账号，威胁我们的虚拟财产的安全；盗取网银信息，威胁我们真实财产的安全；也可以利用即时通信软件盗取我们的身份，传播木马给我们的电脑打开后门，使我们的电脑可能被黑客控制。所以要高度重视对木马的防治，注意安装杀毒软件和个人防火墙并及时升级。设置好个人防火墙的安全等级，防止未知程序向外传输数据。最好使用安全性较好的浏览器和电子邮件客户端工具，如使用IE浏览器时应安装卡卡上网安全助手或360安全浏览器，防止恶意网站在自己的电脑上安装不明软件和浏览器插件，以免被木马趁机侵入。

3. 蠕虫病毒

蠕虫病毒是一种可以自我复制的代码，并且通过网络传播，通常无需人为干预就能传播。蠕虫病毒入侵并完全控制一台计算机之后，就会把这台机器作为宿主，进而扫描并感染其他计算机。当这些新的被蠕虫入侵的计算机被控制之后，蠕虫会以这些计算机为宿主继续扫描并感染其他计算机，这种行为会一直延续下去。蠕虫使用这种递归的方法进行传播，按照指数增长的规律分布自己，进而及时控制越来越多的计算机。注意：蠕虫病毒和普通病毒有很大的区别。其主要不同之处如表11-2所示。

表11-2 蠕虫病毒与普通病毒的区别

	普通病毒	蠕虫病毒
存在形式	寄存在文件中	以独立文件的形式存在
传染机制	宿主程序运行	指令代码执行主动攻击
传染目标	本地文件	网络上的计算机

蠕虫的基本结构包括以下三部分：

(1) 传播模块(负责蠕虫传播)：又分为扫描模块，攻击模块和复制模块。

(2) 隐藏模块：侵入主机后，隐藏蠕虫程序，防止被用户发现。

(3) 目的功能模块：实现对计算机的控制，监视或破坏等功能。

蠕虫传播过程一般可分为扫描、感染、复制三个步骤。经过大量扫描，当探测到存在漏洞的主机时，蠕虫主体就会迁移到目标主机，然后在被感染的主机上生成多个副本，实现对计算机的监控和破坏。

蠕虫病毒一般具有较强的独立性，会利用漏洞主动攻击(如红色代码病毒、熊猫烧香病毒等)，传播更快更广，危害性较大。为了加强蠕虫病毒的防范，注意安装正版的杀毒软件、个人防火墙等并及时升级，上网时打开杀毒软件实时监控。特别要注意，不浏览不良网站，不随意下载安装可疑插件，不接收QQ、MSN、E-mail等传来的可疑文件和链接。

病毒、蠕虫和木马的属性对比如表 11-3 所示。

表 11-3 病毒、蠕虫、木马的属性对比

属 性	病 毒	蠕 虫	木 马
自我繁殖	强	强	几乎没有
攻击对象	文件	计算机、进程	网络
传播途径	文件感染	漏洞	植入
欺骗性	一般	一般	强
攻击方式	破坏数据	消耗资源	窃取信息
远程控制	否	否	可
存在形式	寄生在宿主程序中	独立存在	隐藏
运行机制	条件触发	自主运行	自主运行

3. 后门

后门是指那些绕过安全性控制而获取对程序或系统访问权的程序方法。在软件的开发阶段，程序员常常会在软件内创建后门程序以便可以修改程序设计中的缺陷。但是，如果这些后门被其他人知道，或是在发布软件之前没有删除后门程序，那么它就存在安全隐患，容易被黑客当成漏洞进行攻击。传统意义上的后门程序往往只是能够让黑客获得一个SHELL，通过这个 SHELL 进行一些远程控制操作。后门程序跟我们通常所说的“木马”有联系也有区别。联系在于：它们都是隐藏在用户系统中向外发送信息，而且本身具有一定权限，以便远程机器对本机进行控制；区别在于：木马是一个非常完整的工具集合，而后门程序则体积较小且功能都很单一，所以木马提供的功能远远超过后门程序。

4. 逻辑炸弹

有些程序在正常操作下可以没有安全漏洞，但是，当某个条件得到满足，就触发恶意程序的执行并产生异常甚至灾难性后果。这种情况被称为逻辑炸弹。与病毒相比，它强调破坏作用本身，而实施破坏的程序不具有传染性。

总的来说，恶意代码编写者一般利用软件漏洞、用户本身或者两者的混合这三种途径来传播恶意代码。有些恶意代码是自启动的蠕虫和嵌入脚本，本身就是软件，这类恶意代码对人的活动没有要求。一些像特洛伊木马、电子邮件蠕虫等恶意代码，利用受害者的心理操纵他们执行不安全的代码；还有一些是哄骗用户关闭保护措施来安装恶意代码。

利用商品软件缺陷的恶意代码有 Code Red 、KaK 和 BubbleBoy，它们完全依赖商业软件产品的缺陷和弱点，比如溢出漏洞和可以在不适当的环境中执行任意代码；像没有打补丁的 IIS 软件就有输入缓冲区溢出方面的缺陷；利用 Web 服务缺陷的攻击代码有 Code

Red、Nimda；Linux 和 Solaris 上的蠕虫也利用了远程计算机的缺陷。

11.2.3 端口扫描威胁

端口扫描是指某些别有用心的人发送一组端口扫描消息，试图以此侵入某台计算机，并了解其提供的计算机网络服务类型(这些网络服务均与端口号相关)。端口扫描是计算机解密高手喜欢的一种方式。攻击者可以通过它了解到从哪里可探寻到攻击弱点。实质上，端口扫描包括向每个端口发送消息，一次只发送一个消息；接收到的回应类型表示是否在使用该端口并且可由此探寻弱点。

其原理是：当一个主机向远端一个服务器的某一个端口提出建立一个连接的请求时，如果对方有此项服务，就会应答；如果对方未安装此项服务，即使向相应的端口发出请求，对方仍无应答。利用这个原理，如果对所有熟知端口或自己选定的某个范围内的熟知端口分别建立连接，并记录下远端服务器所给予的应答，通过查看一记录就可以知道目标服务器上都安装了哪些服务，这就是端口扫描；通过端口扫描，就可以搜集到很多关于目标主机的各种很有参考价值的信息。例如，对方是否提供 FTP 服务、WWW 服务或其他服务。

端口扫描可以通过扫描器来实现，扫描器是一种自动检测远程或本地主机安全性弱点的程序，通过使用扫描器可以不留痕迹地发现远程服务器的各种 TCP 端口的分配及提供的服务和它们的软件版本，这就能让我们间接地或直观地了解到远程主机所存在的安全问题。扫描器并不是一个直接的攻击网络漏洞的程序，它仅仅能帮助我们发现目标机的某些内在的弱点。一个好的扫描器能对它得到的数据进行分析，帮助我们查找目标主机的漏洞，但它不会提供进入一个系统的详细步骤。

扫描器应该有三项功能：发现一个主机或网络的能力；一旦发现一台主机，就有发现什么服务正运行在这台主机上的能力；通过测试这些服务，发现漏洞的能力。

编写扫描器程序必须要有很多TCP/IP程序编写和C、Perl或SHELL语言的知识，还需要一些Socket编程的背景，一种在开发客户/服务应用程序的方法。开发一个扫描器是一个雄心勃勃的项目，通常能使程序员感到很满意。

11.3 系统安全防御

11.3.1 密码术

我们可能会遇到这种情况：由于计算机通信对网络的可靠性依赖太强，消息发送者实际上并不能准确地确认消息接收者。在计算机网络中，网络包通常会携带一个目的地址和源地址，如 IP 地址，我们据此判断消息的发送者和接收者。这里需要考虑两种情况：第一种情况是在通往目的地址的过程中，沿途的节点也会收到这个网络包，这些节点对这些网络包要如何处理？第二种情况是某些组织或个人为了窃取信息，很可能伪装成消息的发送者与对方通信，计算机要如何识别这种恶意用户并保证信息的安全性？

仅仅依靠网络是无法完成这种识别的，因特网引入了大量与以往不同的安全性弱点。因此，我们有必要采取适当的预防措施来防止通过各种方式造成的损失。这些方式包括资金转移、错误认证的结果、机密信息丢失、毁约等。密码术就是主要处理这类风险的。

为了防止计算机被攻击，系统设计人员和用户使用密码术。密码术是用来限制潜在的消息发送者和接收者的，现代密码术是基于那些被称为密钥的密文。简单来说，发送者用特定的密钥来加密它的信息，那些密钥被有选择地分布到网络中，用于加工消息。在密码术的帮助下，消息的接收者就能够确定消息是否由来自某台持有特定密钥的计算机。该密钥是消息的来源，只有持有该特定密钥的计算机才能破解该消息，这解决了上述的第一种情况阐述的问题。攻击者无法通过密钥产生的消息推测出密钥，也无法从其他公共信息中推测出密钥，这解决了上述第二种情况阐述的问题。

在加密算法的帮助下，消息的发送者可以做到只让那些拥有特定密钥的计算机读取该消息。从古至今，人们对加密算法的探索从未停止过。加密是一种约束消息的可能接收者的方法。数据加密的基本过程，就是对原来为明文的文件或数据按某种算法进行处理，使其成为不可读的一段代码，通常称为密文。通过这样的途径来达到保护数据不被非法人窃取、阅读的目的。加密的逆过程为解密，即将该编码信息转化为其原来数据的过程。加密算法有以下几个组成部分：

(1) 密钥集合 K。

(2) 消息集合 M。

(3) 密文集合 C。

(4) 编码函数 E：K → (M → C)。对任意 k ∈ K，E(k) 是一个根据消息产生密文的函数。E 和任意 k 的 E(k) 都必须是高效且可计算函数。

(5) 译码函数 D：K → (C → M)。对任意 k ∈ K，D(k) 是一个根据密文推算消息的函数。D 和任意 k 的 D(k) 都必须是高效且可计算函数。

如图 11-3 所示，加密算法必须提供的基本属性是：给定一个密文 c ∈ C，计算机只有在拥有 D(k) 时才能计算出满足条件 E(k)(m) =c 的 m。为了保证有且仅有持有 D(k) 的计算机可以将密文解密从而得到相应的明文，加密算法需要保证计算机无法仅根据密文推算出明文。

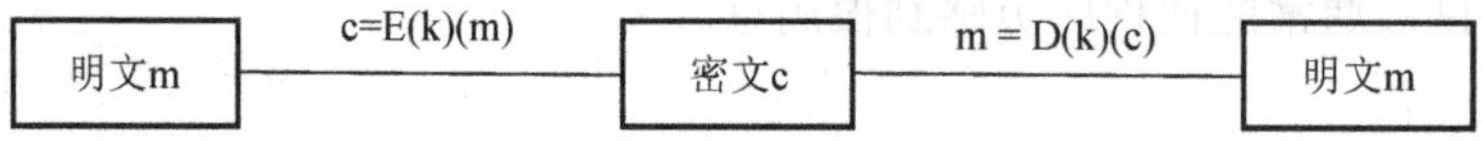

图 11-3　加密算法

加密算法可分为三类：对称加密算法、非对称加密算法和散列加密算法。

1. 对称加密算法

对称加密算法(Symmetric Encryption Algorithm，SEA)，是指加密和解密采用相同的密钥，是可逆的(即可解密)。它是应用较早的加密算法，又称为共享密钥加密算法。对于对称加密算法，可以从D(k) 推算出E(k)，也可以从E(k) 推算出D(k)，因此要对E(k)和D(k)实施同等程度的安全保护。在对称加密算法中，使用的密钥只有一个，发送和接收双方都使用这个密钥对数据进行加密和解密。这就要求加密和解密方事先都必须知道加密的密钥。对称加密算法用来对敏感数据等信息进行加密。常用的对称加密算法包括：

(1) 数据加密标准 (Data Encryption Standard，DES)。其速度较快，适用于加密大量数据的场合。DES 对密钥进行保密，而公开算法包括加密和解密算法。这样，只有掌握了和发送方相同密钥的人才能解读由 DES 加密算法加密的密文数据。因此，破译 DES 加密算法实际上就是搜索密钥的编码。对于56位长度的密钥来说，如果用穷举法来进行搜索的话，其运算次数为 2^{56} 次。由于DES每次以分组密码(Block Cipher)的大块为单位工作，对于同样的资源如果用相同的密钥加密，会得到同样的密文，这就给攻击者以可乘之机。因此，在加密该块之前先与之前的密文块进行异或运算，这被称为密码块链接(Cipher-block Chaining)。

(2) 三重DES(Triple DES，3DES)。由于现代计算机可以用穷举法搜索出密钥，因此DES在许多应用领域都被认为是不安全的。3DES是基于DES，对一块数据用三个不同的密钥进行三次加密，强度更高，3DES现在应用得很广泛。

(3) 高级加密标准(Advanced Encryption Standard，AES)。AES本身就是为了取代DES，所以具有更好的安全性、效率和灵活性。AES加密算法是密码学中的高级加密标准，该加密算法采用对称分组密码体制，密钥长度的最少支持为128位、192位、256位，分组长度为128位，算法应易于各种硬件和软件实现。这种加密算法是美国联邦政府采用的区块加密标准。

2. 非对称加密算法

非对称加密算法(Asymmetric Encryption Algorithm，AEA)，是指加密和解密采用不同的密钥(公钥和私钥)，因此非对称加密算法也称为公钥加密算法，是可逆的(即可解密)。它需要两个密钥，一个称为公开密钥(Public Key，即公钥)，另一个称为私有密钥(Private Key，即私钥)。公钥和私钥必须配对使用，否则不能打开加密文件。

使用非对称加密算法的加密和解密过程如下：A生成一对密钥并将其中的一把作为公钥向其他人公开，得到该公钥的B使用该密钥对机密信息进行加密后再发送给A，A再使用自己保存的另一把专用密钥(私钥)对加密后的信息进行解密。如果使用公钥对数据进行加密，只有用对应的私钥才能进行解密；如果使用私钥对数据进行加密，只有用对应的公钥才能进行解密。

常用的非对称性算法包括：

(1) RSA(River、Shamir、Adleman，RSA)。其由RSA公司发明，以发明者的名字命名，是一个支持变长密钥的公共密钥算法，需要加密的文件块的长度也是可变的。RSA是目前最有影响力的公钥加密算法，并且被普遍认为是目前最优秀的公钥方案之一。RSA是第一个能同时用于加密和数字签名的算法，它能够抵抗到目前为止已知的所有密码攻击，已被ISO推荐为公钥数据加密标准。

(2) 数字签名算法(Digital Signature Algorithm，DSA)。其是一种标准的DSS(数字签名标准)，严格来说不算加密算法。

(3) 椭圆曲线密码编码学(Elliptic Curves Cryptography，ECC)。其主要优势是在某些情况下，它比其他的方法(如RSA算法)使用更小的密钥，提供相当的或更高等级的安全级别。但加密和解密操作的实现比其他机制时间长(相比RSA算法，该算法对CPU消耗严重)。

对称加密算法和非对称加密算法都是可逆的(即可解密)，前者的加密和解密使用同一个密钥，适用于大量数据的加密，加密解密速度快，但安全性不高；后者适合小数据量的加密，加密解密使用不同的密钥(公钥和私钥)，安全性更高，但牺牲了加解密速度。两种算法对比如表11-4所示。

表 11-4 对称算法与非对称算法的对比

名称	密钥管理	安全性	适用场合	速度
对称算法	只使用一个密钥，不适合互联网，一般用于内部系统	中	大量数据的加解密	快
非对称算法	使用公钥和私钥，密钥容易管理	高	小数据的加解密	慢

3. 散列加密算法

散列加密算法又称哈希函数，是一种单向加密算法。在一些场景中，经常需要验证消息的完整性，散列 (Hash) 函数就提供了这一服务，它对不同长度的输入消息产生固定长度的输出，这个固定长度的输出称为原输入消息的散列或消息摘要 (Message digest)。散列加密算法不同于以上的两种加密算法，其结果是不可逆的，这就意味着通过散列结果，无法推出任何部分的原始信息。任何输入信息的变化，哪怕仅一位，都将导致散列结果的明显变化，这称之为雪崩效应。散列还应该是防冲突的，即找不出具有相同散列结果的两条信息。

散列加密算法一般用于产生消息摘要、密钥加密等。常用的散列加密算法包括：

(1) MD5(Message Digest Algorithm 5)。其是 RSA 数据安全公司开发的一种单向散列算法，是一种不可逆的加密算法，相同的明文产生相同的密文。目前是最牢靠的加密算法之一，尚没有能够逆运算的程序被开发出来，它对应的任何字符串都可以加密成一段唯一的固定长度的代码。严格来说，MD5 不是一种加密算法而是摘要算法。它的典型应用是对一段信息产生信息摘要，以防止被篡改。

(2) SHA1(Secure Hash Algorithm 1)。SHA1 是和 MD5 一样流行的消息摘要算法，SHA-1 摘要比 MD5 摘要长 32 位，所以 SHA-1 对强行攻击有更大的强度，比 MD5 更安全，抗穷举 (Brute-force) 性更好。但在相同的硬件上，SHA-1 的运行速度比 MD5 慢。SHA-1 是基于 MD5，可以被应用在检查文件完整性以及数字签名等场景。

(3) HMAC(Hash-based Message Authentication Code)。其利用哈希算法 (MD5、SHA1 等)，以一个密钥和一个消息为输入，生成一个消息摘要作为输出，也就是说 HMAC 是需要一个密钥的。HMAC 发送方和接收方利用密钥进行计算，而没有这把密钥的第三方，则是无法计算出正确的散列值的，这样就可以防止数据被篡改。

计算机网络通过分层的方式组织网络协议，每一层的一个协议若要将自己产生的消息发送到另外一台机器的对等协议时，它的做法是：将消息传递给网络协议栈中比它低一级的协议，通过它传送给另外一台机器的对等协议，以此类推，直至传递到对方机器；每层的消息传递给网络协议栈中比它高一级的协议，最后传递给相应的对等协议。密码术可以插入到ISO参考模型(ISO Reference Model)的任意层。例如，SSL协议在ISO参考模型的传输层提供安全。标准化的网络层(或IPSec)中定义的IP包格式中允许插入验证者，并对数据包内容进行加密。它使用对称加密和IKE协议进行密钥交换。虚拟私有网络(Virtual Private Networks，VPN)开始普遍采用IPSec，其中两个IPSec端点之间所有的通信被加密，以形成一个私有网络。其他一些协议也开始在应用中发展起来，但应用本身必须被安全地实现。

对于密码保护在协议栈中所处的位置来说，如果将保护放在协议栈中一个较低的位置，就会有更多的协议受到保护，但就无法为处于较高层的协议提供足够的保护。例如，一台运行 IPSec 的应用程序服务器可以验证有请求的客户端，然而，如果要验证客户端的用户，则可能需要另外用一个应用层的协议，比如让用户输入一个密码。

11.3.2 用户验证

操作系统的一个主要的安全问题就是用户验证(User Authentication)，用户验证即识别当前执行的程序和进程。用户验证依赖于计算机识别每个系统用户的能力。通常，用户验证基于以下三个条款中的一条或几条：用户持有的物品(一个密钥或卡)、用户的信息(一个用户鉴别和密码)或用户的特征属性(指纹、视网膜模型或者签名)。验证用户身份的最常用的方法就是密码，密码是与用户id或账户名匹配的。

除了对用户输入的密码进行匹配性鉴定之外，指纹、人脸、语音和虹膜识别等用户验证方式在近些年流行起来了。由于这些生物信息的特异性，常用作用户鉴定的标识。除了生物特性之外，为了使得验证更加方便和安全，人们引入了人类行为特征信息验证，如笔迹鉴定、步态分析和验证等。这些新的验证方式使得攻击者伪造验证信息更加困难和验证耗费时间更短，但尚有一定的技术壁垒，未能普及使用。

1. 密码

密码是验证用户身份的最古老和常用的一种方式。在现代计算机体系中，当用户输入账户名或用户 id 时，会提示输入密码。只有当用户输入的密码和系统存储的密码相匹配时，系统才会对该用户的合法性进行认定。

因其实现的便利性，密码的使用非常广泛。当系统要对某类资源的访问权限设限时，会要求用户提供相应的密码以获取访问权限，这就保护了用户资源的私密性。理论上，对不同类资源都应设置密码验证的方式，但这种设置会造成非常糟糕的用户体验，即用户必须频繁地输入密码以获取继续访问资源的权限。因此，一般操作系统只要求用户输入一次密码(比如计算机的开机密码)，以获得对这台计算机所有本地资源的访问权限。在这种情况下，安全性远不如便利性重要。

密码易于理解和使用，因此应用广泛，但密码也很容易被攻击者猜中，使其安全性被破坏。例如，一些用户为了防止遗忘密码，会使用具有一定特征的信息作为密码(如生日或其他纪念日等)，攻击者往往据此猜中密码而破解。另外，使用穷举法破解密码虽然耗费更多的时间，但在现代计算机的帮助下得以实现的代价并不太大。在暴力破解的方式下，位数较少的密码非常脆弱。因此，对密码的最小长度进行限制有利于提高密码的安全性。

2. 密码加密

为了在计算机中秘密地存储密码，系统需要对密码进行加密 (Encryption)，即系统包含一个极其复杂的、不可逆的函数，当给定一个值 x，很容易计算出函数值 f(x)，但给定一个函数值 f(x)，却无法推算出 x 的值。系统存储用户输入的密码的函数值，即加密后的密码，当进行用户验证时，系统计算用户输入的密码的函数值，并与存储的加密密码进行比较，若一致则对用户身份进行认定。这样，即使攻击者获得了系统存储的加密密码，也无法得到原密码。

但这种方法使得系统不再全权控制密码。密码虽然已被加密，但任何持有密码加密规则的人用计算机对选定的明文进行加密，比对计算出的密文结果与原密码的密文更易即可破解。

为了避免密码被暴力破解，系统可以使用一次性密码 (One Time Password，OTP)。一次性密码又称“一次性口令”，是指只能使用一次的密码。一次性密码是根据专门算法、每隔 60 秒生成一个不可预测的随机数字组合。一次性密码已在金融、电信、网游等领域被广泛应用，有效地保护了用户的安全。在一次密码实现的密码系统中，每个实例的密码都不一样，即攻击者在一次会话中获取的密码不能在另外一个会话中使用，亦即重放攻击 (Replay Attack)。一次性密码可以避免由密码泄露引起的错误验证。

对于一次性密码的实现，常常纳入了双因素验证 (Two-factor Authentication)，即系统除要求用户输入密码外，还要求输入个人身份号码 (Personal Identification Number，PIN)。这种情况下的硬件实现需要两种不同的组件，但双因素验证提供的验证保护比单因素验证提供的要好得多。

11.3.3 安全策略

改进计算机安全性的第一步是需要有一个安全策略(Security Policy)，它是指在某个安全区域内(通常是指属于某个组织的一系列处理和通信资源)，用于所有与安全相关活动的一套规则。这些规则是由此安全区域中所设立的一个安全权力机构建立的，并由安全控制机构来描述、实施或实现。

安全策略变化广泛，但通常包括保护内容的声明。安全策略是一张安全路线图，如果一个站点想从较少安全处转移到较高安全处，就需要这张路线图来了解如何到达。

安全策略是一个活文档 (Living Document)，能被定期检测和更新，以保证仍然适合当前系统并被遵循。按照授权的性质，安全策略分为以下几个方面：基于身份的安全策略、基于规则的安全策略和基于角色的安全策略。安全策略主要有三个实施原则：

(1) 最小特权原则：指主体执行操作时，按照主体所需权利的最小化原则分配给主体权利。

(2) 最小泄露原则：指主体执行任务时，按照主体所需要知道的信息最小化的原则分配给主体权利。

(3) 多级安全策略：指主体和客体间的数据流向和权限控制按照安全级别的绝密 (TS)、机密 (C)、秘密 (S)、限制 (RS) 和无级别 (U) 五级来划分。

考察一个安全策略是否被正确执行的最好办法是执行一个脆弱性评估。它的覆盖范围很广，从通过风险评估的社会工程学到端口扫描。通常，在计算机使用的较少时进行脆弱性评估，以减少对计算机的影响。脆弱性评估可应用到网络中，以定位一些网络安全问题。

绝大多数脆弱性评估的核心活动是渗透测试(Penetration Test，PT)，它指渗透人员在不同的位置(比如从内网、从外网等位置)利用各种手段对某个特定网络进行测试，以期发现和挖掘系统中存在的漏洞，然后输出渗透测试报告，并提交给网络所有者。网络所有者根据渗透人员提供的渗透测试报告可以清晰知晓系统中存在的安全隐患和问题。根据测试方法，渗透测试可分为以下几类：

(1) 黑箱测试 (Zero-Knowledge Testing)。渗透者完全处于对系统一无所知的状态，通常这类型测试，最初的信息获取来自于 DNS、Web、Email 及各种公开对外的服务器。

(2) 白盒测试。白盒测试与黑箱测试恰恰相反，测试者可以通过正常渠道向被测单位取得各种资料，包括网络拓扑、员工资料甚至网站或其他程序的代码片断，也能够与单位的其他员工(销售、程序员、管理者……)进行面对面的沟通。这类测试的目的是模拟企业内部雇员的越权操作。

(3) 隐秘测试。隐秘测试是对被测单位而言的，通常情况下，接受渗透测试的单位网络管理部门会收到通知：在某些时段进行测试。因此，隐秘测试能够监测网络中出现的变化。但由于是隐秘测试则被测单位也仅有极少数人知晓测试的存在，因此能够有效地检验单位中的信息安全事件监控、响应、恢复做得是否到位。

11.3.4　入侵检测

入侵检测 (Intrusion Detection) 通过检查操作系统的审计数据或网络数据包信息，监测系统中违背安全策略或危及系统安全的行为或活动。它帮助系统对付网络攻击，提高了信息安全基础结构的完整性。入侵检测的工作过程如图 11-4 所示。

其中，分析引擎主要有异常检测 (Anomaly Detection) 和基于签名的检测 (Signature-based Detection) 两种。

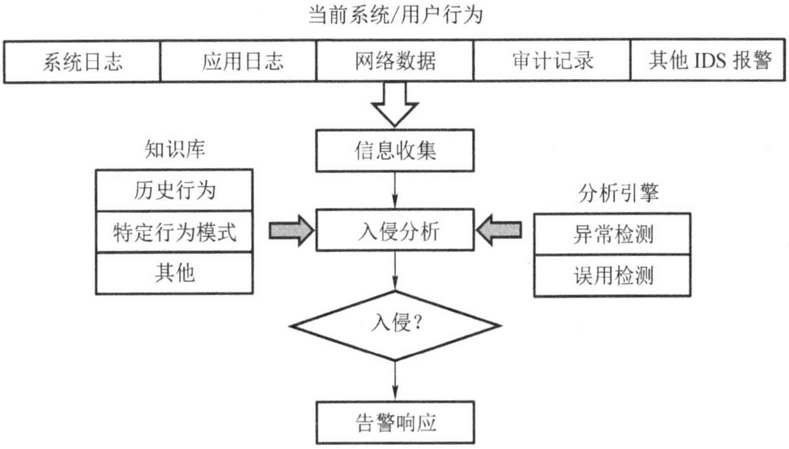

图 11-4　入侵检测系统

前者先要建立一个系统访问正常行为的模型，凡是访问者不符合这个模型的行为将被断定为入侵；后者则相反，先要将所有可能发生的、不利的、不可接受的行为归纳建立一个模型，凡是访问者符合这个模型的行为将被断定为入侵。

异常检测的漏报率很低，但是不符合正常行为模式的行为并不都是恶意攻击，因此这种策略误报率较高。基于签名的检测由于直接匹配比对异常的不可接受的行为模式，因此误报率较低；但恶意行为千变万化，可能没有被收集在行为模式库中，因此漏报率就很高。现在用户都采取两种模式相结合的策略。

基于标志的检测技术的核心是维护一个知识库。对于已知的攻击，它可以详细、准确地报告出攻击类型，但是对未知攻击却效果有限，而且知识库必须不断更新。基于异常的检测技术则无法准确判别出攻击的手法，但它可以判别更广范、甚至未发觉的攻击。

如今已有多种入侵检测的解决方案。

1. 入侵检测系统 (Intrusion-detection System, IDS)

这是一种对网络传输进行即时监视，在发现可疑传输时发出警报或者采取主动反应措施的网络安全设备。

该系统主要由四个组件组成，如图 11-5 所示。

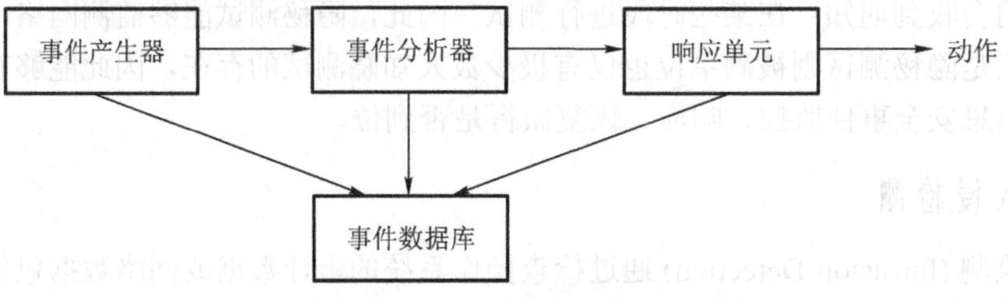

图 11-5 入侵检测系统

(1) 事件产生器 (Event Generators)。它的目的是从整个计算环境中获得事件，并向系统的其他部分提供此事件。

(2) 事件分析器 (Event Analyzers)。它经过分析得到数据，并产生分析结果。

(3) 响应单元 (Response Units)。它是对分析结果作出反应的功能单元，可以作出切断连接、改变文件属性等强烈反应，也可以只是简单的报警。

(4) 事件数据库 (Event Databases)。它是存放各种中间和最终数据的地方的统称，可以是复杂的数据库，也可以是简单的文本文件。

与防火墙不同的是，入侵检测系统 IDS 是一个旁路监听设备，没有也不需要跨接在任何链路上，无需网络流量流经它便可以工作。因此，对 IDS 部署的唯一要求：IDS 应当挂接在所有所关注流量都必须流经的链路上。

2. 入侵防御系统 (Intrusion-prevention System, IPS)

这是一部能够监视网络或网络设备的网络资料传输行为的计算机网络设备，能够即时的中断、调整或隔离一些不正常或是具有伤害性的网络资料传输行为。入侵预防系统主要分为以下几类：

(1) 基于主机的入侵防护 (HIPS)。HIPS 通过在主机或服务器上安装软件代理程序，防止网络攻击入侵 OS 以及应用程序。这类产品主要有 Cisco 公司的 Okena、NAI 公司的 McAfee Entercept 等。

(2) 基于网络的入侵防护 (NIPS)。NIPS 通过检测流经的网络流量，提供对网络系统的安全保护。NIPS 通常被设计成类似于交换机的网络设备，提供线速吞吐速率以及多个网络端口，因此需要具备很高的性能，以免成为网络的瓶颈。

(3) 应用入侵防护 (AIP)。应用入侵防护 (Application Intrusion Prevention，AIP) 是 NIPS 的一个特例，它把基于主机的入侵防护扩展成为位于应用服务器之前的网络设备。AIP 被设计成一种高性能的设备配置在应用数据的网络链路上，以确保用户遵守设定好的安全策略，从而保护服务器的安全。

入侵检测系统IDS在检测到入侵时响起警报；而入侵防御系统IPS作为一个路由器，除非检测到入侵(交通阻塞)，否则交通通畅。

11.3.5 病毒防护

病毒可能会对系统造成严重破坏，因此病毒防护是重要的安全问题。病毒防护主要有以下几种方法：

1. 应用防病毒软件

防病毒软件 (Anti-Virus) 是一种计算机程序，可进行检测、防护，并采取行动来解除或删除恶意软件程序，如病毒和蠕虫，从而提供病毒防护功能。它通过查找系统上所有的程序，查找已知的构成病毒的特定指令模式，找到一个已知的模式后就移除指令，取出程序的病毒。防病毒程序可能需要查找数以百万种病毒。

防病毒软件检测病毒的方法主要有以下几种：

(1) 执行一系列检测算法，在检测一个签名前能对压缩的病毒进行解压缩。

(2) 查找进程异常。

(3) 在允许进程无监控运行前，先在沙盒 (Sandbox) 中分析它的行为。

2. 预防

购买未拆封的软件、少使用免费软件和盗版软件、少交换磁盘是预防感染的最佳途径。对于宏病毒，可以在交换 Word 文档时采用一种被称为富文本格式 (Rich Text Format，RTF) 的文件格式。与原来的 Word 格式相比，RTF 没有附加宏的能力。在实际操作中，还应该注意：

(1) 不要打开来自未知用户的邮件的附件。

(2) 在开始时要完全格式化硬盘，特别是启动扇区。

(3) 只上传安全的软件，并为每个文件计算校验和。系统每次重启时，都有一个程序重新计算校验和，并将新的计算结果与原来的校验和列表进行比较，若不一致，系统就会给出一个可能感染病毒的警告。

11.3.6 审计、会计和日志

安全审计 (Security Audit) 主要是指对系统中与安全有关的活动的相关信息进行识别、记录、存储和分析。它根据一定的安全策略，在日志中记录历史操作事件、误操作警报的日期和时间，分析这些事件，从而发现安全漏洞及入侵行为，进一步改善系统性能和安全性。其功能如图 11-6 所示。

其中，所有的系统调用都可以被记录，以便分析程序行为(或不当行为)。

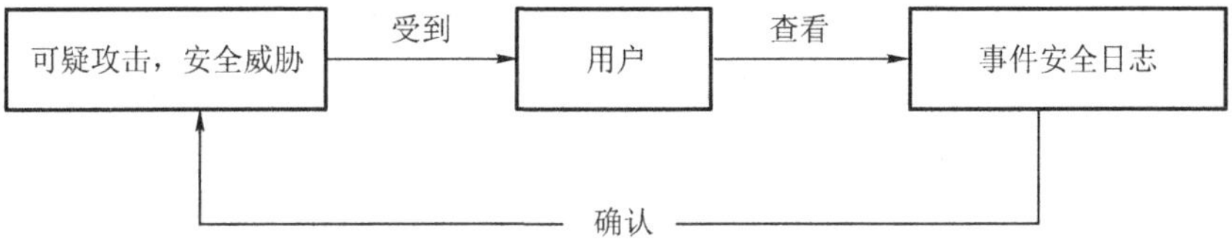

图 11-6　安全审计

安全审计主要分为以下两类：

(1) 被动式审计：简单记录一些活动，不处理。

(2) 主动式审计：结束一个登录会话，跟踪非法活动源位置，拒绝一些主机的访问。

安全审计威慑和警告潜在的攻击者和滥用授权的合法用户，并提供有价值的系统使用日志，帮助系统管理员及时发现系统入侵行为或者潜在的系统漏洞。在发生故障后，安全审计可以帮助评估故障的损失，重建事件和数据恢复。除此之外，安全审计对系统的控制、安全策略与规程中特定的改变作出评价和反馈，便于修订决策和部署。

会计是另一种有潜能的安全管理工具，它可用来发现性能改变，从而反过来揭露安全问题。

11.3.7 防火墙

防火墙技术是通过有机结合各类用于安全管理与筛选的软件和硬件设备，帮助计算机网络于其内、外网之间构建一道相对隔绝的保护屏障，以保护用户资料与信息安全性的一种技术。

防火墙 (Firewall) 限制安全域之间的网络访问，并且监控和记录所有的连接，还会根据源地址或目的地址、源端口或目的端口、或者连接的方向来限制连接。

逻辑上，防火墙是一个分离器，一个限制器，也是一个分析器，有效地监控了内部网和 Internet 之间的任何活动，保证了内部网络的安全。

实际上，一道网络防火墙可以将一个网络分离成几个域。一个通用的实现方法是：将 Internet 作为一个不可靠的域，即外网；将一个被称为非军事区或隔离区 (Demilitarized Zone，DMZ) 的半可靠、半安全网络作为另外一个域；将一个由公司的计算机组成的局域网作为第三个域，即内网。通常定义以下的访问控制策略以实现 DMZ 区的屏障功能：

- 内网可以访问外网

内网的用户显然需要自由地访问外网。在这一策略中，防火墙需要进行源地址转换。

- 内网可以访问 DMZ

此策略是为了方便内网用户使用和管理 DMZ 中的服务器。

- 外网不能访问内网

很显然，内网中存放的是公司内部数据，这些数据不允许外网的用户进行访问。

- 外网可以访问 DMZ

DMZ 中的服务器本身就是要给外界提供服务，所以外网必须可以访问 DMZ。同时，外网访问 DMZ 需要由防火墙完成对外地址到服务器实际地址的转换。

- DMZ 访问内网有限制

很明显，如果违背此策略，则当入侵者攻陷 DMZ 时，就可以进一步进攻到内网的重要数据。

- DMZ 不能访问外网

在网络中，非军事区 (DMZ) 是指为不信任系统提供服务的孤立网段，其目的是把敏感的内部网络和其他提供访问服务的网络分开，阻止内网和外网直接通信，以保证内网安全。

在没有 DMZ 的技术之前，需要使用外网服务器的用户必须在其防火墙上面开放端口

(Port)，使互联网的用户访问其外网服务器。显然，这种做法会因为防火墙对互联网开放了一些必要的端口而降低了需要受严密保护的内网区域的安全性，黑客们只需要攻陷外网服务器，那么整个内部网络就完全崩溃了。DMZ 的诞生恰恰为需用架设外网服务器的用户解决了内部网络的安全性问题。

防火墙的具体应用主要有两类：内网中的防火墙技术和外网中的防火墙技术。

1. 内网中的防火墙技术

防火墙在内网中的设定位置是比较固定的，一般将其设置在服务器的入口处，通过对外部的访问者进行控制，从而达到保护内部网络的作用；而处于内部网络的用户，可以根据自己的需求明确权限规划，使用户可以访问规划内的路径。

内网中的防火墙主要起到以下两个作用：一是认证应用。内网中的多项行为具有远程的特点，只有在约束的情况下，通过相关认证才能进行。二是记录访问记录，避免自身的攻击，形成安全策略。

2. 外网中的防火墙技术

应用于外网中的防火墙主要发挥其防范作用，外网在防火墙授权的情况下，才可以进入内网。针对外网布设防火墙时，必须保障全面性，促使外网的所有网络活动均可在防火墙的监视下，如果外网出现非法入侵，防火墙则可主动拒绝为外网提供服务。

基于防火墙的作用下，内网对于外网而言，处于完全封闭的状态，外网无法解析到内网的任何信息。防火墙成为外网进入内网的唯一途径，能够详细记录外网活动，汇总成日志；防火墙通过分析日常日志，判断外网行为是否具有攻击特性。

总的来说，防火墙具有以下功能：

(1) 入侵检测功能。

网络防火墙技术的主要功能之一就是入侵检测功能，主要有反端口扫描、检测拒绝服务工具、检测 CGI/IIS 服务器入侵、检测木马或者网络蠕虫攻击、检测缓冲区溢出攻击等功能，可以极大程度上减少网络威胁因素的入侵，有效阻挡大多数网络安全攻击。

(2) 网络地址转换功能。

利用防火墙技术可以有效实现内部网络或者外部网络的 IP 地址转换，可以分为源地址转换和目的地址转换。前者主要用于隐藏内部网络结构，避免受到来自外部网络的非法访问和恶意攻击，有效缓解地址空间的短缺问题；而后者主要用于外网主机访问内网主机，以此避免内部网络被攻击。

(3) 网络操作的审计监控功能。

通过此功能可以有效地对系统管理的所有操作以及安全信息进行记录，提供有关网络使用情况的统计数据，方便计算机网络管理以进行信息追踪。

(4) 强化网络安全服务功能。

防火墙技术管理可以实现集中化的安全管理，将安全系统装配在防火墙上，在信息访问的途径中就可以实现对网络信息安全的监管。

在具有上述卓绝功能的同时，防火墙也有一些缺点。

(1) 防火墙无法防止隧道攻击 (Tunnel)，或者在防火墙所允许的协议或连接内传播的攻击。防火墙允许 http 连接，但不能防止包含在 http 连接内容中的攻击，也无法阻止攻击者利用缓冲区溢出攻击网页服务器。

(2) 防火墙无法防止机欺骗 (Spoofing)。一台未授权主机满足一定的授权标准时，就可以伪装成一台授权主机。

除了常用的网络防火墙外，还有一些其他的新的防火墙。

个人防火墙 (Personal Firewall)：是一个软件层，包括在操作系统内或作为一个应用来加上去。与限制安全域间的通信不同，它只是限制与一个给定主机的通信。用户可以给自己的 PC 增加个人防火墙，以使特洛伊木马被拒绝访问 PC 所连接的网络。

应用代理防火墙 (Applicationproxy Firewall)：理解网络间会话的应用的协议。

系统调用防火墙 (System-call Firewall)：位于应用和内核之间，监控系统调用的执行情况。

11.4 Linux 安全基础

11.4.1 Linux 安全模块

Linux 除了提供了最基本的安全机制：用户、文件权限和进程 capabilities 之外，还补充提供了一个通用的安全访问控制框架——Linux 安全模块 (Linux Security Module，LSM)。该安全模块是通过可加载的内核模块实现的，可以支持现存的各种不同的安全访问控制系统。LSM 基本原理如图 11-7 所示。SELinux、DTE、LIDS、AppArmor、SELinuxSmack、TOMOYO Linux、Openwall 等都是通过 LSM 框架提供自己的服务。LSM 为安全模块提供了设置和管理内核数据结构安全域字段的 hook 函数接口。安全模块只需要实现这些函数，便可以灵活地对内核数据结构的安全信息进行设置和管理。例如，LSM 提供了 alloc_security 和 frce_security 函数用于申请和释放安全信息空间，也提供了 post_lookup 函数用于对 inode 查询之后修改的安全信息。

各种安全机制对安全的限制策略都通过 hook 点去实现，这样就兼容了大部分的安全方案。如果发现某个安全模式不好用，可以换其他的内核模块来提供内核安全保护。

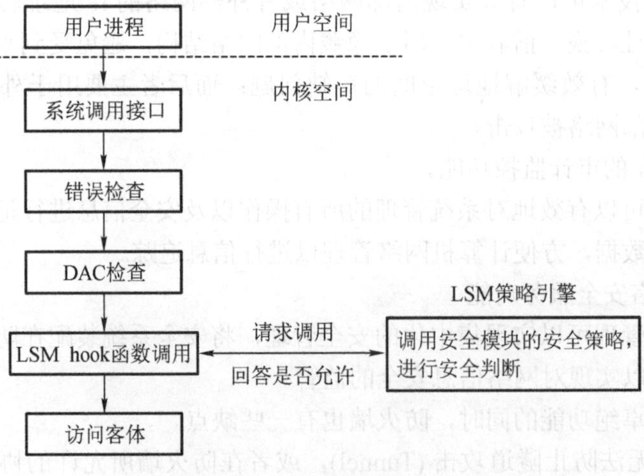

图 11-7　LSM 基本原理

11.4.2 Linux 权限系统

1. 内核中权限模型

Linux 中为了定义权限，设计了一个对象模型。这个模型的主要组件有 object、subject、context、action 和 rule。

1) object

常见的对象都是 object，如 Task、Files/inodes、Sockets、Message queues、Shared memory segments、Semaphores、Keys 等。

2) subject

当一个 object 作用在其他的 object 的时候，发起方就是 subject，最常见的变成 subject 的 object 就是 task。

3) context

无论是 object 还是 subject，都有自己的 context。context 主要是一些归属于自身的权限存储 (credentials)。

4) action

一个 subject 作用到另外一个 object 的动作叫作 action。

5) rule

限制一个 action 权限叫作 rule，rule 包括 MAC 和 DAC 两类。常见的 SELinux 规则就是在这里工作的。

整个模型动作起来，给所有的对象都赋予了静态和动态的权限，就形成了完整的权限系统。我们常见的用户和文件权限工作在 context 层次，即 credentials。目前有七种 credentials，需要同时满足这些权限检查，若不满足其中一个检查权限就不能通过安全检查。常见的权限检查有以下三种模式：

(1) 传统的 UID 系列设置在文件 object context credentials 层次，而 EUID 系列设置在 subject context credentials 层次。

(2) capabilities 是 Linux 独创的系统。其将系统分成了几个部分，权限是一个一个子系统地设置和删除。这是进程 subject context 的内容。

(3) LSM 是大部分大规模的安全系统所基于的内核安全机制，通过在常用的路径上安装钩子来实现，是完全独立于模型的机制。

Linux 内核中并没有专门的数据库存储用户和组的信息，而是依附在每个进程上，每个进程都可以有多种用户和组的设置。

2. 系统启动时的权限

由于 Linux 内核设计的进程继承关系，第一个进程是 init 进程，这个进程是 root 权限，拥有最高的完全权限。如果直接修改 init 程序，在里面实现逻辑，也是会具有完全权限的，内核的所有权限检查都可以完全通过。后来启动的进程全部是 init 进程派生出来的。启动低权限进程的过程，是一个不断降低权限的过程。降权的方法是使用高权限的进程调用特定的系统调用，如使用 unshare、prctl 或 setuid 来完成。

su 命令是常用的切换到其他用户执行命令的方法。它所使用的就是 setuid 系统调用方法将当前执行的具有 root 权限的用户降级为非 root 用户，或者 sudo -s 从低权限用户切换到 root 用户。

3. Linux 下的用户权限

Linux系统中每个进程都有两个id，分别为用户id(UID)和有效用户id(EUID)。UID一般表示进程的创建者(属于哪个用户创建)，而EUID表示进程对于文件和资源的访问权限(具备等同于哪个用户的权限)。C语言中，可以通过函数getuid()和geteuid()来获得进程的两个id值。

UID(又称为RUID，Real UID)用于在系统中标识一个用户是谁。当一个用户登录系统时，系统会将UID和EUID都赋值为/etc/passwd文件中的UID，一般情况下两个id是相同的。EUID(Effective UID)用于系统决定用户对系统资源的访问权限，通常情况下等于RUID。只有在运行SetUID程序时，EUID才会与RUID不同，如su。保存设置用户id，是进程刚开始执行时EUID的副本。这样，在执行exec调用之后还能重新恢复原来的EUID，用于对外权限的开放。与RUID及EUID是用一个用户绑定不同，SUID是和文件绑定而不是和用户绑定。

4. Linux 下的文件权限

Linux 下可以用 ls -l 命令来看到文件的权限。用 ls 命令所得到的表示法的格式是类似这样的：-rwxr-xr-x 。

下面解析一下格式所表示的意思。这种表示方法一共有十位：

9 8 7 6 5 4 3 2 1 0

\- r w x r - x r - x

其中，9号位表示文件类型，可以为p、d、l、s、c、b和-；其余编号0～8的9位表示不同用户对该文件的访问权限。三个字为一组，共分三组：0～2为第一组，对应创建文件的user对文件拥有的权限；3～5位对应同组用户的权限；6～8位对应其他用户的权限。e表示读权限，w表示写权限，x表示执行权限。有时还会看到这些权限位上显示其他字母，如t 或S，这又代表什么意思呢？如果某位为s，则代表一个文件被设置了SUID或SGID位，会分别表现在所有者或同组用户的权限的可执行位上。t表示sticky位，该位可以理解为防删除位。对一个目录设置sticky位，将能阻止用户删除或者重命名文件，除非用户是这个目录的所有者、文件所有者或者超级用户。它通常用来控制对共享目录(如/tmp)的访问。可以使用命令：chmod o+t temp，为temp目录加上sticky标志 (sticky一般只用于目录)。

S(s) 位的解释如下：

(1) 当一个设置了 SUID 位的可执行文件被执行时，该文件将以所有者的身份运行，也就是说无论谁来执行这个文件，它都有文件所有者的特权。如果所有者是 root 的话，那么执行人就有超级用户的特权了。

(2) 当一个设置了 SGID 位的可执行文件运行时，该文件将具有所属组的特权，可以任意存取整个组所能使用的系统资源。若一个目录设置了 SGID，则所有被复制到这个目录下的文件，其所属的组都会被重设为和这个目录一样，除非在复制文件时加上 -p (preserve，保留文件属性) 的参数，才能保留原来所属的群组设置。

例如：

-rwsr-xr-x 表示 SUID 和所有者权限中可执行位被设置。

-rwSr--r-- 表示 SUID 被设置，但所有者权限中可执行位没有被设置。

-rwxr-sr-x 表示 SGID 和同组用户权限中可执行位被设置。

-rw-r-Sr-- 表示 SGID 被设置，但同组用户权限中可执行位没有被设置。

实际上，在 Linux 的源码实现中，文件权限用 12 个二进制位表示，如果该位置上的值是 1，表示有相应的权限：

11 10 9 8 7 6 5 4 3 2 1 0

S G T r w x r w xr w x

其中，11 位为 SUID 位，10 位为 SGID 位，9 位为 sticky 位，8 ～ 0 位对应于上面的三组 rwx 位。如：

-rwsr-xr-x 的值为：1 0 0 1 1 1 1 0 1 1 0 1

-rw-r-Sr-- 的值为：0 1 0 1 1 0 1 0 0 1 0 0

5. 目录的读权限和执行权限

目录的读权限和执行权限是不同的。当用户对某个目录只有读权限时，那么该用户可以列出该目录下的文件列表(即可以使用ll来列出目录下的文件)，但是不能进入该目录(即不能通过cd 目录名来进入该目录)，即如果该目录是用户访问路径的某个组成部分的话，到这里是访问不了的。

当用户对某个目录只有执行权限时，该用户是可以进入该目录的(即可以通过cd 目录名来进入该目录)，因为一个用户要想进入一个目录，就必须具有可执行权限才可以。但该用户是不能列出这个目录下的文件列表的(即不能使用ll等命令列出该目录下的信息)。

当用户具有写权限时，用户可以在当前目录增加或者删除文件，但需要几个前提：需要有可执行权限；如果要想删除文件，那么需要 sticky bit 位是没有设置的。

6. Linux 安全体系

内核只管理权限。如果文件的所有者是普通进程，但是却调用了 reboot，只要执行的时候有 root 权限，这个程序就能够执行成功。所以，内核默认依赖于谁 (UID) 在执行程序，而不是依赖执行的内容。

大部分额外的安全系统(如Apparmor、SELinux、seccomp、capabilities、ACL等)都是对默认最有效的、基于用户的安全体系的补充，大多数作用于执行的内容，而不是执行的用户，并且作用在不同的位置。

Linux 中默认是基于用户的安全，并且有各个文件系统的权限位补充配合。后续发展的多种维度的、基于行为的安全机制成为 Linux 安全系统发展的方向。安全系统大部分都在内核中完成，内核只是一个管理和验证系统，并不是所有的安全验证都在内核中完成，系统层次可以完成相当多的权限验证。

小　结

系统安全的保障，通常可分成四个层次：物理安全、应用安全、操作系统安全、网络安全。总的来说，要很好地保护计算机系统的存储数据，防止它们被未授权者访问、被恶意损坏或更改、被意外地引入不一致。完全杜绝恶意滥用数据可能不太现实，但是可以采用一些有效措施，让破坏者付出足够的代价，来阻止绝大多数或全部未授权访问。

常见的恶意代码有计算机病毒(简称病毒)、特洛伊木马(简称木马)、计算机蠕虫(简称蠕虫)、后门、逻辑炸弹等。其中，病毒、木马和蠕虫三者之间的区别可参考表11-3。由于恶意软件的危害极大，所以需要做好各种防护措施。

端口扫描是计算机解密高手喜欢的一种方式。攻击者可以通过它了解到从哪里可探寻到攻击弱点。扫描器可以不留痕迹地发现远程服务器的各种 TCP 端口的分配及提供的服务和它们的软件版本，能让我们了解到远程主机所存在的安全问题，并做好防护。

密码术被用来提供存储或传输数据的安全性。加密算法可分为三类：对称加密算法、非对称加密算法和散列加密算法。前两者都是可逆的(即可解密)，前者的加密和解密使用同一个密钥，适用于大量数据的加密，且加密解密速度快，但安全性不高；后者适合小数据量的加密，加密解密使用不同的密钥(公钥和私钥)，安全性更高，但牺牲了加解密速度。

常见的几种检测意外安全事故的方法包括入侵检测、病毒防护、审计与日志、防火墙等。

Linux 除了提供了最基本的安全机制：用户、文件权限和进程 capabilities 之外，还补充提供了一个通用的安全访问控制框架——Linux 安全模块 (LSM)，是通过可加载的内核模块来实现的，可以支持现存的各种不同的安全访问控制系统。

习　题

1. 请谈一谈关于对保护和安全的理解。
2. 违反系统安全的常用攻击方法有哪些？
3. 针对操作系统安全的脆弱性，有哪些可能采取的手段？
4. 安全内核设计应当遵循的原则是什么？
5. 请谈一谈对系统安全和信息安全的联系的理解。
6. 一个完整的木马程序包含哪些部分？
7. 为什么需要加密算法？本章介绍了哪些加密算法？
8. 对称加密算法和非对称加密算法与散列加密算法相比有什么不同？
9. 联系用户验证在计算机中的应用，谈一谈除了密码之外，还有哪些用户验证方式。
10. 浅谈一下你对 Linux 操作系统安全方面采取的措施的理解。

第二篇

国产操作系统实例

第 12 章 EulerOS 操作系统

华为欧拉服务器操作系统软件(简称EulerOS)是华为技术有限公司为满足金融、电信等行业应用的关键业务，设计开发的一款企业级通用操作系统软件。EulerOS能够全面支持X86、ARM64等硬件架构平台，广泛适用于通用网络服务如Web服务、电信、金融、政府等企业级关键领域；它支持多种安装方式，提供完善的系统服务和网络服务，集成多种易用的编译器并支持众多开发语言；它在安全上也进行了加固，确保为关键应用提供安全、可控、稳定的服务。

EulerOS 是基于开源技术的、开放的企业级 Linux 操作系统软件，具备高安全性、高可扩展性、高性能等技术特性，能够满足客户 IT 基础设施和云计算服务等多业务场景需求。

EulerOS 基于 CentOS 稳定版本，为用户提供了富有竞争力的开放式 IT 平台。同时，EulerOS 集成了先进的 Linux 技术，在系统性能、安全性、可靠性以及容器技术等方面实现技术增强，为企业用户带来更多价值。

12.1 EulerOS 系统概述

12.1.1 EulerOS 系统的特点

EulerOS 以高效、稳定、安全为突破点，具有业界良好的虚拟化支持、全面的软硬件兼容，为用户提供了一个稳定、安全的高端服务器操作系统平台，让企业用户充分利用 Linux 的可伸缩、高性能和开放性的优势，从容面对业务的快速增长，迎接未来的挑战。EulerOS 具备以下特点。

1. 全面支持鲲鹏处理器

EulerOS 是目前支持泰山服务器最好的操作系统之一，在性能、兼容性、功耗等方面具备较强的竞争力。泰山服务器是华为新一代数据中心服务器，基于华为鲲鹏处理器，适合为大数据、分布式存储、ARM 原生、高性能计算和数据库等应用加速，旨在满足数据中心多样性计算、绿色计算的需求。它具有高效能计算、安全可靠和开放生态三大特点。泰山服务器的场景如图 12-1 所示。EulerOS 系统对于鲲鹏处理器的支持，主要优势在于：

(1) 提升了多核并发能力，增强了业务性能；通过 L2 Cache 共享技术，提升不同 OSD 进程间的访问效率；首次在鲲鹏处理器架构内实现内核热补丁。

(2) 通过和 Linaro 及绿色产业联盟合作，联合构建了绿色计算生态联盟，促进了鲲鹏生态发展。

(3) 通过鲲鹏处理器的关键特性使能，实现了核心业务场景性能突破，并在 Linux 内核、虚拟化、GCC、OpenJDK 及 Docker 等开源社区持续贡献，催熟产业生态。

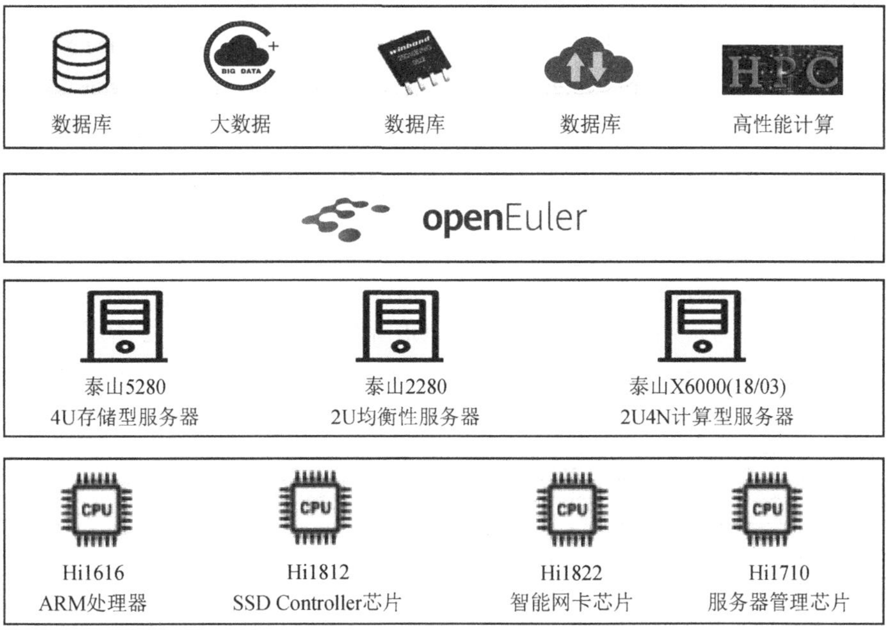

图 12-1　泰山服务器场景

2. 极致性能

EulerOS 在编译系统、虚拟存储系统、CPU 调度、I/O 驱动、网络和文件系统等方面做了大量的优化。作为高性能的操作系统平台，EulerOS 能够满足用户严苛的工作负载需求。

3. 高可靠/高保障

EulerOS客户能够向用户提供电信级超长期的可靠性和稳定性。维护团队将提供7×24小时的服务，以确保业务系统满足客户的要求。高可靠/高保障体现在以下方面：

- 设备热插拔(支持设备动态调整、在线设备维护)。
- 故障管理(故障预测、分析、纠正、隔离)。
- 软件故障修复(内核/用户态热补丁)。
- 7×24的服务保障体系(定制、调测、补丁升级、现场)。
- Unix03、IPv6 Ready、LSB、GB18030等行业标准认证体系。

4. 高安全

EulerOS 是目前最安全的操作系统之一，能够提供各种安全技术以防止入侵，从而保障系统安全。高安全体现在以下方面：

- 可配置加固策略(基于SEK加固)。
- 支持可信计算。
- 内核级OS安全能力(SELinux增强)。
- 通过CC EAL4+操作系统安全认证(遵从德国BSI PP标准)。
- 通过公安部信息安全技术操作系统安全技术要求四级认证。

5. 支持容器

容器是一种比传统虚拟机更轻量的软件虚拟化技术，它通过 namespace 技术实现虚拟和隔离系统资源，通过 Control group 技术保证资源的 QoS(Quality of Service)。EulerOS 基于 Linux 的容器技术和灵活的镜像管理方法，构建了高效可靠的容器技术方案，有效降低了用户业务应用的运维成本。

12.1.2 系统架构

EulerOS 不仅能够满足作为核心操作系统所必须具备的功能特性，而且还有许多其他的能力，能够成为业务应用的基础设施。EulerOS 系统架构图如图 12-2 所示。

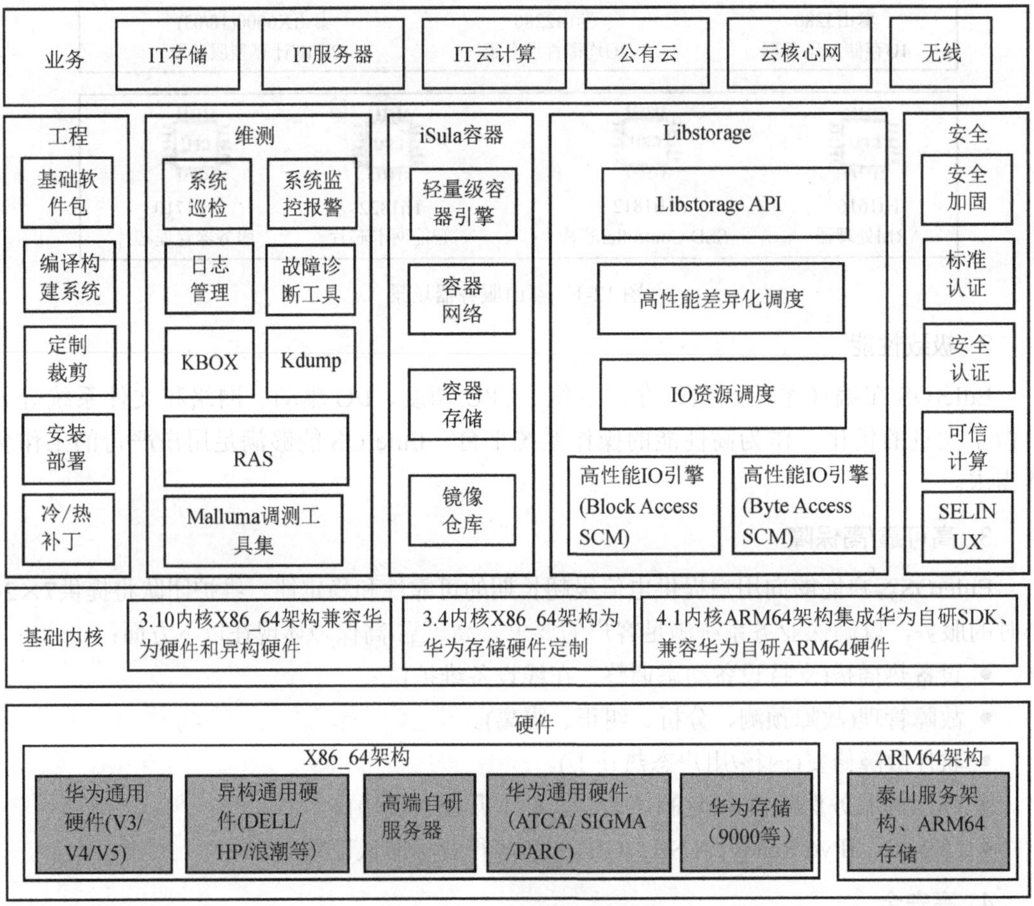

图 12-2　EulerOS 系统架构图

12.1.3 典型应用场景

通过华为云平台的广泛部署，EulerOS 已经成功运营在以下地方：

- 电信、移动、电力、航天科工、媒体、高校、政府等数百个局点。
- 俄罗斯、新加坡、墨西哥、印尼等数十家海外运营商领域。
- 欧洲航空、西班牙 BME、英国 ZYCKO、法国 YTO 等近百家海外大企业。

华为欧拉服务器操作系统软件提供了灵活的系统发布管理系统和高效的调测保障手

段，提升了商用平台运维体验。

华为欧拉服务器操作系统软件集成在核心网 IMS、软交换、分组核心网、无线控制器等华为电信产品中，在全球各大运营商中超过 10 万台设备稳定运行超过 5 年；在华为云计算 (FusionSphere)、存储设备中超过 5 万台设备稳定运行超过 5 年。

1. 公有云 Paas 业务场景

公有云 Paas 是基于开源 Kubernetes 和 Docker 技术的企业级容器服务，在开源原生平台的基础上增强了商用化特性，以满足客户实际使用的需求。其业务场景如图 12-3 所示。

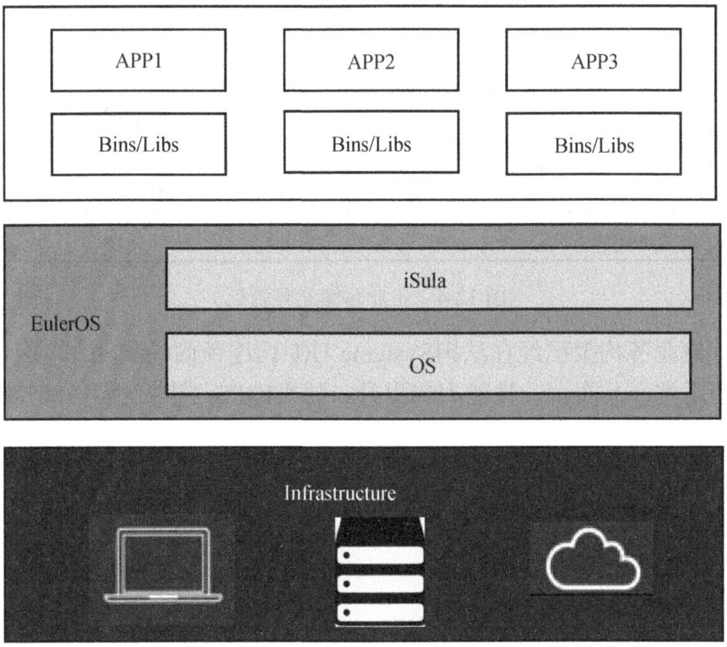

图 12-3　公有云 Paas 业务场景

云业务构架中，iSula容器的安全性得到了增强：通过seccomp技术，增强了Native容器隔离性，从而杜绝容器获取主机root，解决了云化场景下租户隔离痛点。利用iSula容器的三轻两快(OS轻、引擎轻、镜像轻；启动快、弹性伸缩快)，助力容器实例次秒级并发弹性，业务灵活计费。

Paas 2.0/2.1 版本，上线 HKT、移动咪咕，实现引擎在线热升级功能，并提供镜像分层工具，典型场景下镜像大小减少了 2/3，部署效率提升了 3、4 倍。

2. 企业存储业务场景

高效、简易、安全的企业级存储解决方案为企业用户消减了采购成本，提升了工作效率，保护了数据安全。企业存储业务场景如图 12-4 所示。

EulerOS 系统在解决企业存储业务问题的时候，具备较大的竞争优势：具有低时延调度技术，满足低时延条件下的 Dorado 产品高性能；EulerOS 系统拥有 V5 CPU 高性能加解密卸载技术，融合存储 NAS，性能提升了 100%；系统采用 ARM64 高性能软件技术，助力 ARM64 存储实现业界首发。

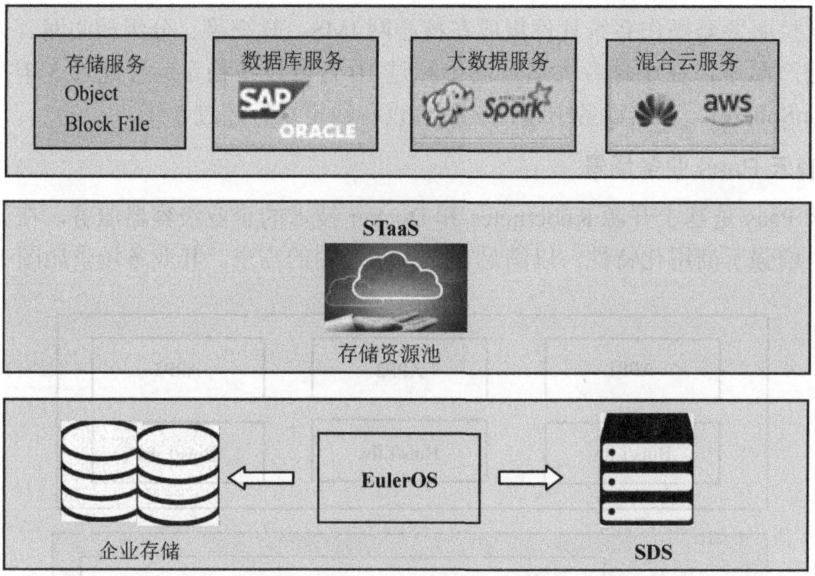

图 12-4 企业存储业务场景

采用上述存储业务构架已经在法国Systeme U(U氏连锁商场集团)单项目中标若干套，相比同期友商的同类产品而言，性能大幅提升，随机IOPS与带宽提升100%以上。

12.2 EulerOS系统的相关术语

12.2.1 虚拟机和容器

虚拟机就是带环境安装的一种解决方案，它可以在一种操作系统里面运行另一种操作系统。比如，在 Windows 系统里面运行 Linux 系统，应用程序对此毫无感知，因为虚拟机看上去跟真实系统一模一样，而对于底层系统来说，虚拟机就是一个普通文件。虽然用户可以通过虚拟机还原软件的原始环境，但是它存在以下缺点：

(1) 资源占用多。虚拟机会独占一部分内存和硬盘空间，当它运行时，其他程序就不能使用这些资源了。哪怕虚拟机里面的应用程序真正使用的内存只有 1 MB，虚拟机却需要几百 MB 的内存才能运行。一个系统一般只支持几十个虚拟机。

(2) 冗余步骤多。虚拟机是完整的操作系统，一些系统级别的操作步骤往往无法跳过，比如用户登录。

(3) 启动慢。启动系统需要多久，启动虚拟机就需要多久。可能要等几分钟，应用程序才能真正运行。

由于虚拟机存在这些缺点，Linux 发展出了另一种虚拟化技术——Linux 容器。Linux 容器不是模拟一个完整的操作系统，而是对程序进行隔离。或者说，在正常进程的外面套了一个保护层。对于容器里面的进程来说，它接触到的各种资源都是虚拟的，从而实现与底层系统的隔离。由于容器是进程级别的，因此相比虚拟机它有很多以下优势：

(1) 启动快。容器里面的应用直接就是底层系统的一个进程，而不是虚拟机内部的进程。所以，启动容器相当于启动本机的一个进程，而不是启动一个操作系统，速度就快很多。

(2) 资源占用少。容器只占用需要的资源，不占用那些没有用到的资源；虚拟机由于是完整的操作系统，不可避免要占用所有资源。另外，多个容器可以共享资源，虚拟机都是独享资源。一个单机上支持上千个容器。

(3) 体积小。容器只要包含用到的组件即可，而虚拟机是整个操作系统的打包，所以容器文件比虚拟机文件要小很多。

传统虚拟机技术是虚拟出一套硬件后，在其上运行一个完整的操作系统，在该系统上再运行所需应用进程；容器虚拟化的是操作系统而不是硬件，容器之间是共享同一套操作系统资源的，因此容器的隔离级别会稍低一些。

简单来说，容器和虚拟机具有相似的资源隔离和分配优势，但功能有所不同。因为容器虚拟化的是操作系统而不是硬件，所以容器更容易移植，效率也更高；而容器的应用进程直接运行于宿主的内核，容器内没有自己的内核，而且也没有进行硬件虚拟。因此，容器要比传统虚拟机更轻便。

容器是一个应用层抽象，用于将代码和依赖资源打包在一起。多个容器可以在同一台机器上运行，共享操作系统内核，但各自作为独立的进程在用户空间中运行。与虚拟机相比，容器占用的空间较少，瞬间就能完成启动。

Docker 是属于 Linux 容器的一种封装，提供简单易用的容器使用接口，它是目前最流行的 Linux 容器解决方案。Docker 将应用程序与该程序的依赖打包在一个文件里。运行这个文件就会生成一个虚拟容器。程序在这个虚拟容器里运行，就好像在真实的物理机上运行一样。有了 Docker，就不用担心环境问题。

总体来说，Docker 的接口相当简单，用户可以方便地创建和使用容器，把自己的应用放入容器。容器还可以进行版本管理、复制、分享、修改，就像管理普通的代码一样。

12.2.2 STaaS 解决方案

华为STaaS(Storage as a Service，STaas)解决方案提供自动化的存储服务发放和智能数据管理，支持关键业务云化，助力客户数据中心云化转型。该解决方案具有高效、灵活和可靠的特性。

STaaS 解决方案支持自动化服务发放，统一管理存储设备，将存储资源整合成池；基于服务水平协议，以服务化方式发放私有云、华为公有云上的存储资源，并且分钟级业务上线，快速应对业务需求。同时，它能进行智能运维：根据服务水平目标监测存储服务运行情况，实时掌控服务质量；提供性能和容量报表，并基于性能和容量趋势预测，支撑业务规划，以提升效率。

该解决方案灵活变通，支持服务等级变更和云上云下数据协同。

(1) 服务等级变更服务：在本地数据中心，基于统计报表和趋势预测，提供设备内和跨设备的在线数据流动服务，实现灵活的服务等级变更和性能调整，让存储更好地匹配业务需求。

(2) 云上云下数据协同：本地数据中心与公有云之间实现数据分级、备份和容灾，充分利用云上云下存储资源，让数据总是存放在合适的位置，业务更灵活。

在数据保护服务方面，支持对存储卷和云主机提供端到端的备份、容灾服务，提升云化业务可用性到99.9999%；支持混合云灾备方案，即提供本地数据中心与公有云之间的混合云备份和容灾方案，帮助本地数据中心空间有限的客户和无容灾中心的客户构建灾备方案，从而提升业务可靠性。

12.3 EulerOS 系统的架构支持

EulerOS V200R008C00 系统基础的规格参数如表 12-1 所示。这里，我们把它列出来提供给有兴趣的读者参考。

表 12-1 EulerOS V200R008C00 系统规格参数

类别	EulerOS V200R008C00
核心参数	Kernel 4.19
	Glibc 2.28
	GCC 7.3
	openssl 1.1.1
	systemd:239
支持产品	CE | CGP | PAAS/IAAS | IT Storage | FusionStorage | Single OSS
标准符合度	符合 POSIX 标准
	LSB4.1 or 5.0
	CGL 5.0
架构支持	AARCH64 HI1620
	AARCH64 HI1616 ACPI Version
	AARCH64 Hi 3559A
核心支持能力	内存支持（最大）： AARCH64：2TB（64TB 理论值）
	虚拟内存支持： AARCH64:256TB（USER/Kernel） Page size：4KB Translation tables level：4
	最大文件大小： Ext4：16TB
	文件系统最大支持： Ext4：16TB
	支持双核及多核处理器 支持并优化 NUMA 体系架构

续表

类别	EulerOS V200R008C00
安装	提供文本安装界面
	提供光盘、硬盘、网络引导安装方式
	提供 Kickstart 自动化安装
系统工具	提供软件包升级工具，支持远程和本地在线升级
	提供防火墙的配置管理工具
	提供常用的系统工具： 日志查看工具 内核黑匣子（Kbox） 内核崩溃转储工具（Kdump） 健康检查工具 监控告警（sysmonitor） 软件包管理工具（DNF）
虚拟化支持	提供对 KVM 的虚拟化支持，支持 guestos
	提供虚拟化管理工具实现单机环境下的虚拟机的创建、配置与管理
开发工具	提供丰富的开发工具和完整的 Linux 开发环境
	支持 GCC 包含的 C、C++、Objective C、Chill、Fortran 相应支持库（libstdc++、libgcj、…）
	支持 Python、Perl、Shell、Ruby、PHP 等脚本语言

EulerOS V200R008C00 支持的最小硬件规格如表 12-2 所示。

表 12-2　EulerOS V200R008C00 支持的最小硬件规格

部件名称	EulerOS 支持的最小硬件规格	说　明
架构	Aarch64	仅支持 ARM 的 64 位架构
CPU	海思 Hi1620 或者 Hi1616 芯片	同一集群计算节点物理服务器。CPU 强烈建议同一系列
内存	不小于 8 GB	—
硬盘	至少需要一块大于 120 GB 的硬盘	支持 IDE、SATA、SAS 等接口的硬盘
网口	NIC 网口数目≥1，推荐网卡数目为 6 个，业务功能和网络可靠性都能保证	至少存在一个网口支持 PXE 功能，否则不支持自动化部署。网卡速率一律要求千兆以上
RAID 卡（可选）	组建 RAID 后映射出一块逻辑盘，推荐使用 LSI3008 或 LSI3108 raid 卡	组建 RAID 后有助于提高硬盘可靠性。RAID 建议采用全组方式，不允许采用混搭方式，即出现 RAID 盘和散盘共存的情况

续表

部件名称	EulerOS 支持的最小硬件规格	说　明
HBA 卡（可选）	无特殊要求	选择 FC SAN 存储设备时必备
BMC/IPMI（可选）	兼容标准的 IPMI 规范	推荐提供
USB 接口（可选）	USB2.0 以上标准接口	可用于USB启动/USB光驱启动
CD-ROM（可选）	标准 CD/DVD 光驱	可使用光盘自行安装
其他	非必须	如确需其他特殊硬件，则要求能够获得对应驱动

EulerOS V200R008C00 支持的服务器类型如表 12-3 所示。注意：V1 使用 1616 芯片；BIOS 需支持 ACPI；V2 使用 1620 芯片。

表 12-3　EulerOS V200R008C00 支持的服务器类型

服务器类别	服务器型号
机架服务器	Taishan 5280 V1
机架服务器	Taishan 5280 V2
机架服务器	Taishan 2280 V1
机架服务器	Taishan 2280 V2
机架服务器	Taishan X6000 V1
机架服务器	Taishan X6000 V2

12.4　EulerOS 系统的主要软件支持

12.4.1　虚拟化平台

EulerOS 系统支持 FusionSphere6.1、FusionSphere66.3、FusionSphere6.5 虚拟化平台。FusionSphere 是华为自主知识产权的云操作系统，集虚拟化平台和云管理特性于一身，让云计算平台建设和使用更加简捷，专门满足企业和运营商客户云计算的需求。华为云操作系统专门为云设计和优化提供强大的虚拟化功能和资源池管理、丰富的云基础服务组件和工具、开放的 API 接口等，全面支撑传统和新型的企业服务，极大地提升 IT 资产价值和提高 IT 运营维护效率，从而降低运维成本。

FusionShpere 包括 FusionCompute 虚拟化引擎和 FusionManager 云管理等组件，能够为客户大大提高 IT 基础设施的利用效率，提高运营维护效率，从而降低 IT 成本。

FusionCompute 是云操作系统基础软件，主要由虚拟化基础平台和云基础服务平台组成，主要负责硬件资源的虚拟化，以及对虚拟资源、业务资源、用户资源的集中管理。它采用虚拟计算、虚拟存储、虚拟网络等技术，完成计算资源、存储资源、网络资源的虚拟化；同时，通过统一的接口对这些虚拟资源进行集中调度和管理，从而降低业务的运行成本，保证系统的安全性和可靠性，协助运营商和企业客户构建安全、绿色、节能的云数据中心。

FusionManager 是云管理系统，通过统一的接口对计算、网络和存储等虚拟资源进行集中调度和管理，以便提升运维效率，保证系统的安全性和可靠性，帮助运营商和企业构筑安全、绿色、节能的云数据中心。

12.4.2　数据库服务

EulerOS 系统支持的数据库类型如表 12-4 所示。

表 12-4　EulerOS 系统支持的数据库类型

软件名称	支持的版本	备注
MySQL	7.6.10	—
PostgreSQL	10.5-3.h1	—
Cassandra	3.11.0	—
GaussDB	GaussDB-100-V300R001C00SPC100B200	—
MariaDB	10.3.9-2	—
Redis	4.0.6	—

MySQL是一个关系型数据库管理系统，由瑞典MySQL AB 公司开发，属于 Oracle 旗下产品。MySQL 是最流行的关系型数据库管理系统之一，在 Web 应用方面，MySQL是最好的关系数据库管理系统(Relational Database Management System，RDBMS) 应用软件之一。

PostgreSQL 是备受业界青睐的关系型数据库，尤其是在地理空间和移动领域。通过 QingCloud 仅需 10 s 即可获得一个完整的 PostgreSQL 关系型数据库，具有自动备份、在线扩容以及监控告警等各种管理功能。

Cassandra 是一套开源分布式 NoSQL 数据库系统。它最初由 Facebook 开发，用于储存收件箱等简单格式数据，集 Google BigTable 的数据模型与 Amazon Dynamo 的完全分布式的架构于一身。Facebook 于 2008 将 Cassandra 开源，此后，由于 Cassandra 良好的可扩放性，被 Digg、Twitter 等知名 Web 2.0 网站所采纳，成为了一种流行的分布式结构化数据存储方案。

GaussDB 是华为推出的一款企业级 AI-Native 分布式数据库，取名 Gauss 是在致敬数学家高斯。GaussDB 也是全球首款人工智能原生(AI-Native)数据库。GaussDB 采用 MPP(Massive Parallel Processing) 架构，支持行存储与列存储，提供 PB(Petabyte，2的50次方字节)级别数据量的处理能力。它可以为超大规模数据管理提供高性价比的通用计算平台，也可用于支撑各类数据仓库系统、BI(Business Intelligence) 系统和决策支持系统，为上层应用的决策分析提供服务。

MariaDB 数据库管理系统是 MySQL 的一个分支，主要由开源社区维护，采用 GPL 授权许可 MariaDB 的目的是完全兼容 MySQL，包括 API 和命令行，使之能轻松成为 MySQL 的代替品。

Redis 是一个开源的使用 ANSI C 语言编写、遵守 BSD 协议、支持网络、可基于内存亦可持久化的日志型 Key-Value 数据库。Redis 可提供多种语言的 API。它通常被称为数据结构服务器，因为值 (Value) 可以是字符串 (String)、哈希 (Hash)、列表 (List)、集合 (Sets) 和有序集合 (Sorted Sets) 等类型。

12.4.3 分布式服务

EulerOS 系统支持的分布式服务软件类型如表 12-5 所示。

表 12-5 EulerOS 系统支持的分布式服务软件

类 别	软件名称	支持的版本
分布式运算和存储	Hadoop	2.7.4
分布式运算	storm	1.1.1
	Spark	2.1.0
分布式协调服务	zookeeper	3.4.10
分布式消息服务	Kafka	2.11-0.11.0.0
分布式存储服务	etcd	3.2.18
分布式内存对象缓存系统	Memcached	1.5.3

12.4.4 其他软件

EulerOS 系统支持的运维软件、Web 服务等软件类型如表 12-6 所示。

表 12-6 EulerOS 系统支持的其他软件

类 别	软件名称	支持的版本
日志分析平台	ELK	5.6.2
矩阵运算库	OpenBLAS	0.2.20
代理服务器	HAProxy	1.7.9
	nginx	1.12.1-14
	Squid	4.2-2
AI(人工智能)	tensorflow	1.2.1
运维工具	Ansible	2.4.0.0
	Puppet	5.3.3
网页服务	tomcat	8.5.38
消息中间件	ActiveMQ	5.15.9
消息队列库	zeroMQ	4.2.5

12.5　EulerOS 系统功能特性

12.5.1　系统管理

1. 系统守护进程 systemd

systemd 是 Linux 下的一种 init 软件，由 Lennart Poettering 带头开发，并在 LGPL 2.1 及其后续版本许可证下开源发布，开发目标是提供更优秀的框架以表示系统服务间的依赖关系，并依此实现系统初始化时服务的并行启动，同时达到降低 Shell 的系统开销的效果，最终代替常用的 System V 与 BSD 风格 init 程序。EulerOS 系统中：

(1) 在 systemd 中，大量并发 systemctl daemon-reload 和 systemctl start xxx.service 时，会出现 systemctl start 卡住的问题，建议只在修改服务的配置文件时，做一次 systemctl daemon-reload。

(2) 通过选项“StartLimitIntervalSec=, StartLimitBurst=”来设置单元的启动频率限制。默认情况下，一个单元在 10s 内最多允许启动 5 次。“StartLimitIntervalSec=”用于设置时长，默认值等于“DefaultStartLimitIntervalSec=”的值 (默认为 10s)，设为 0 表示不作限制。

(3) systemd 提供 systemctl 命令与 sysvinit 命令的功能类似。当前版本中依然兼容 service 和 chkconfig 命令。

更多 systemd 规格及约束限制请参见 https://www.freedesktop.org/software/systemd/man/。

2. 文件系统

EulerOS默认文件系统是Ext4，此系统高度可扩展(最大为 500 TB)。EulerOS还提供其他文件系统(Ext4、CIFS 和GFS2)，方便用户灵活定制存储架构，满足用户的数据要求。EulerOS服务器内置有存储管理功能，如快照和备份工具，可以帮助用户实现业务连续性以及系统崩溃后的数据恢复。值得注意的是，其余文件系统默认不支持。

3. glibc 库

glibc 是 GNU 发布的 libc 库，即 c 运行库。glibc 是 Linux 系统中最底层的 API，几乎其他任何运行库都会依赖于 glibc。glibc 除了封装 Linux 操作系统所提供的系统服务外，它本身也提供了许多其他一些必要功能服务的实现。在 EulerOS 系统中，MALLOC_ARENA_MAX 不设置的情况下，glibc 默认创建的 arena 最大个数为 CPU 核数 ×8。

4. RAS 技术

RAS是Reliability(可靠性)、Availability(有效性)、Serviceability(适合性)的简称，RAS 设计的核心指导理念就是“最大程度保证客户业务可持续正常运行”，尽量降低宕机的可能性。EulerOS系统需要注意：

(1) 热插拔会使大页(hugeTLB)的overcommit_memory参数不起作用。为了保证内存下线过程中大页迁移不会失败，大页迁移时，OS会跳过overcommit_memory这个判断，即使用户分配的大页不足，OS在下线过程中的内存迁移时也能分配超过阈值的大页。执行过一次节点下线(节点或单独的内存)后，overcommit_memory参数会失效，用户不能通过该接口限制大页的分配。

(2) 热插拔会破坏内存和node的绑定策略。mbind函数通过参数nodemask限制分配节点，执行过一次节点下线(节点或单独的内存)后，该功能会失效。

(3) XEN 平台虚拟机不支持 IPMI Watchdog 功能。

5. 负载均衡技术

LVS (Linux Virtual Server) 是一种集群 (Cluster) 技术，采用 IP 负载均衡技术和基于内容请求分发技术。LVS 特性只适用于 Layer 4 分发，不适用 Layer 7 分发；EulerOS 系统当前支持在物理机和 kvm 虚拟机上部署。在虚拟机上部署时，当前仅支持 virtio-net 虚拟网卡、1822 网卡 PCI 直通模式，其他类型网卡暂不支持；无需使用 ipvs-switch fnat 去切换模式，安装后自动切换；但重启后 ko 不会自动加载，需要手动使用 ipvs-switch 命令切换为 fnat 模式。受 arm 架构性能限制，keepalived 在 reload 过程中不能进行 stop，否则可能发生不可预测的错误。建议在 reload 过程完全结束后，再进行 stop 操作，或使用“kill -9 keepalived”命令停止 keepalived 服务。

6. 内核热补丁

内核热补丁是一种无需重启操作系统，动态为内核打补丁的技术。系统管理员基于该技术，可以在不重启系统的情况下，修复内核 BUG 或安全漏洞，可以在最大程度上减少系统宕机时间，增加系统的可用性。

内核热补丁能够动态地修复内核和模块的缺陷函数。在开发人员发现问题或者操作系统发现安全漏洞需要修复时，可以通过将缺陷函数或者安全补丁制作成内核热补丁打入系统中的方法，在不需要重启系统或者插拔模块、不中断业务的前提下修复缺陷。

内核热补丁也适用于在开发过程中进行调试和测试。比如，在模块或者内核的开发过程中，如果需要通过在某一个函数中添加打印信息，或者为函数中某一个变量赋予特定的值，可以通过内核热补丁的形式实现，而不需要重新编译内核、安装、重启的操作。

EulerOS 用户在使用内核热补丁功能时，请注意以下约束限制。

1) 不支持

(1) 不支持对初始化函数打补丁(初始化函数只执行一次，补丁函数执行不到)。

(2) 不支持汇编文件打补丁。

(3) 不支持对死循环、不退出函数打补丁(旧函数不退出调用栈，没有机会调用新函数)。

(4) 不支持对有前缀notrace修饰的函数打补丁(产品一般不涉及)。

(5) 不支持修改数据结构成员(热补丁原理是做函数替换)。

(6) 不允许删除函数内部静态局部变量。

(7) 不支持新增同名静态局部变量。

(8) 不支持对头文件进行修改。

(9) 不支持对非 C 语言编写的代码程序打热补丁。

(10) 不允许对NMI中断的处理函数打补丁(stop machine无法stop住NMI中断处理流程，补丁无法保证对该类函数打补丁的一致性和安全性)。

(11) 不支持修改全局变量初始值。

(12) 不支持删除函数。

(13) 不支持对修改前后内敛情况发生变化的函数打补丁。

(14) 不支持对包含以下弱符号的函数打补丁。

- "kallsyms_addresses"
- "kallsyms_num_syms"
- "kallsyms_names"
- "kallsyms_markers"
- "kallsyms_token_table"
- "kallsyms_token_index"

2) 支持

(1) 支持新增全局数据结构。

(2) 支持对内联函数打补丁。

(3) 支持对静态函数打补丁。

(4) 支持修改多个文件的多个函数。

(5) 支持新增全局变量。

制作热补丁时，用户必须保证编译环境包和基线代码所编译出的二进制与运行环境中一致。

7. TSX 特性

事务性同步扩展 (Transactional Synchronization Extension，TSX) 的动机是程序员在编程中往往倾向使用 spin_lock 锁住大颗粒的临界区，导致性能问题。TSX 针对此类问题进行优化，通过硬件指令判别临界区是否冲突，在非冲突的情况下可以显著提高并发性能。TSX 特性如下：

(1) 在临界区假冲突的场景性能提升明显，如果真冲突比较多，会导致事务 abort 增加。多读少写的场景更合适。

(2) RTM 基于 L1 cache line 检测冲突。操作临界区所需的内存大小会影响性能。

(3) L1 缓存容量有限，限制事务不能过大；可以依据具体的 CPU，把临界区限制在一定的范围。

(4) 当前平台 cache line 大小是 64B，默认允许的临界区最大为 8 KB。

(5) 避免在事务中进行内存分配和释放，避免页故障导致事务 abort。

(6) 内置的编译器优化会使高速缓存集中，导致事务冲突可能性变大。

(7) 临界区执行时间应尽量短，避免使用 mdelay 等函数。

(8) 使用 skylake 及以上的 intel cpu，支持 TSX 指令；同时 gcc 支持 4.8 以上版本，否则需要显式的使用编译参数才能使能 HLE。

8. 备电关核

备电场景需要关核降低功耗，关核需要满足预留一定的核数进行处理剩余的事物。在 EulerOS 系统中关核不能关第一个 online 的 CPU 核。注意：不能在中断上下文使用备电关核接口。对于 CPU 核被长时间占用导致关核超时，则由对应进程或中断的责任模块来解决。

12.5.2 网络

1. 网络链路故障检测

网络链路故障检测旨在为用户提供高性能的网络链路故障检测机制，并提供事件通知和查询链路状态的能力。针对 OceanStor 9000 系统全对称分布式架构，网络链路故障检测支持 Linux 用户态和内核态，内核态接口使用过程中可能会导致调用者阻塞，因此不适用于中断等不允许阻塞的上下文。监听链路上限为 4，只能检测同一交换域中的链路状态，目标节点具有回复 arp 报文的能力；重启 OS 后，需要重新配置目标节点 IP 地址；在严重异常网络环境中存在误报的可能。注意：不支持网络 namespace，不支持“—”作为网口名称。

2. bbr 算法

bbr 算法是一种 TCP 拥塞控制算法，主要是根据 RTT 和带宽的变化来调节窗口，进而控制链路带宽，应对网络可能拥塞的情况。其目的是提升 TCP 的带宽抢占能力。

tcpbbr 算法在无延时、无丢包的环境下，性能比 tcp 默认算法 cubic 稍差，约差 5% 左右。

3. ipvlan 接口

ipvlan 是从一个主机接口虚拟出多个虚拟网络接口，这些虚拟接口都有相同的 mac 地址，但拥有不同的 IP 地址。由于 ipvlan 所有接口都有相同的 mac 地址，因此在 DHCP 协议分配 IP 的时候一般使用 mac 地址作为机器的标识。这种情况下，客户端动态获取 IP 的时候需要配置唯一的 ClientID 字段，并且 DHCP server 也要正确配置使用该字段作为机器标识，而不是使用 mac 地址。

提醒一点：父接口只能选择一种模式，依附于它的所有虚拟接口都运行在该模式下，不能混用模式。

4. IPv6

IPv6是英文“Internet Protocol Version 6”(互联网协议第6版)的缩写，是互联网工程任务组(IETF)设计的用于替代IPv4的下一代IP协议，其地址数量号称可以为全世界的每一粒沙子编上一个地址。IPv6的地址长度为128位，是IPv4地址长度的4倍。

EulerOS 支持 IPv6 地址；chrony 支持全局地址，不支持链路本地地址；Firefox 支持通过 http/https 协议访问全局地址，不支持链路本地地址。

注意：Chrony 是一个开源的自由软件，它能帮助用户保持系统时钟与时钟服务器(NTP) 同步，因此可以使用户的时间保持精确。

5. 监听队列哈希桶元素

内核监听队列哈希桶元素个数默认个数为 32，这个数目可以进行配置。桶元素个数上限为 64×1024。元素个数过多会影响内存占用。

12.5.3　内存管理

1. 内存大页 vma 管理特性

Linux 操作系统对 TLB 的处理不能满足产品业务程序要求，EulerOS 保留内存大页 (EVMM_TLB) 通过提供特定的接口，使用大尺寸页表 (2MB+1GB) 管理保留的内存，减少 TLB MISS 的概率，解决业务程序 TLB MISS 过多的问题，以达到高性能的数据读写、多进程数据共享等。100 GB 大页映射耗时在 100 ms 以内；基于 3GB 内存映射耗时 250 μs。在性能等同 Taishan2280 服务器的机器上，纯大页页表建立模式下，页表建立 256 GB 长度内存耗时不多于 10 ms。

系统保留内存大页，默认使用大页页表对保留物理内存进行映射，不支持 4 KB 页的页表建立。同一段保留物理内存支持映射给多个进程，每个进程都按照 mmap 的方式建立映射，支持并发。内存故障情况下，产品感知故障内存地址，即便发生复位隔离，映射过程产品会自行剔除隔离块，EulerOS 不感知故障内存。

当前需求EulerOS仅支持全部映射和全部解映射，不支持部分解映射、重映射；欲映射内存区间(由mmap的pgoffset和length共同确定)需位于保留物理内存区间内，若超出可能会造成严重的物理内存泄露。当前需求采用了大页映射，如果要设置4 KB单位的只读，需要对大页拆分，而ARM64上对于大页拆分有低概率TLB 冲突问题。因此，当前需求不支持只读设置。

2. per_cpu 变量内存

EulerOS 系统为 per_cpu 变量静态分配最大预留内存 8 KB，动态分配最大预留内存。

3. Page Cache 管理

Page Cache 为页高速缓存，在 Linux 读写文件时，它用于缓存文件的逻辑内容，从而加快对磁盘上数据的访问。

系统使用 Page Cache 能够加快文件的读写，如限制 Page Cache 的使用后，文件读写的速度会有一定损耗。但是需要注意的是，如果 cache_reclaim_weight 设置过大，系统一次性回收过多的 Page Cache，可能会造成系统卡顿。

4. 内存预留

预留内存起始物理位置应尽量从 4 GB 以上的高地址开始，并以 4 KB 对齐。注意：预留内存区间尽量不要与非系统可用内存区间重叠，否则可能导致系统无法启动或其他异常。

12.5.4　处理器调度

1. 高性能自旋锁(MCS锁)

自旋锁 (Spinlock) 是一种在 Linux 内核中广泛运用的底层同步机制。EulerOS 系统 MCS 锁采用单向链表维护全体锁申请者的信息。

MCS 锁提供的接口为内核态接口，只能被内核模块调用。使用 MCS 锁接口需要引用头文件 <linux/mcs_lock.h>。所有接口不作入口参数检查，参数合法性由调用者保证。使用 MCS 锁前必须初始化，若 MCS 锁申请成功，必须在离开临界区时调用对应的接口释放锁。

调用申请 MCS 锁接口时会关闭内核抢占，调用释放 MCS 锁接口后恢复内核抢占。调用试探申请锁接口时，只尝试 1 次加锁操作，加锁不成功则返回，不进入自旋状态。

需要强调的是，系统禁止递归加锁(MCS锁的保持者重复加锁)。

2. 用户态进程禁抢占

系统提供了禁止用户态线程被 cfs 其他线程抢占的开关。本特性只对当前设置此功能的 task 生效，其子进程不会继承，如果子进程需要，就重新设置；用户态进程禁抢占的设置针对 cfs 调度的所有线程，对于实时类线程不生效，也就是说开启该特性的线程，依然可以被实时类线程抢占，实时类线程执行完毕后回到原线程。

开启非抢占功能的线程占住 CPU 后，该 CPU 上其他线程的唤醒都会受到阻延；如果一直占住 CPU，可导致 CPU 完全假死，并且 euler 没有检测手段。开启非抢占功能的线程可以主动放弃 CPU，但是如果同时开启了阻塞检测功能并设置阻塞检测标记，在主动放弃 CPU 的时候会发送 SIGUSR2 信号给此线程，并打印特征日志。

注意：gdb 等涉及中断的调测手段不在禁抢占范围内。

3. 高性能定时器

高性能定时器在使用过程中产生的中断数量少，对业务影响小。在系统正常负载下，精度为 1 s；在高负载情况下，精度无法保证。高性能内核态的定时器接口不可在中断上下文中使用。

4. 中断均衡 irqbalance

使用 irqbalance 服务可以在很大程度上均衡各个 CPU 核上的中断负载，达到充分利用多核资源以提升系统整体性能的效果。

中断均衡服务是通过改变中断的 CPU 亲和性来重新分布中断压力的，而某些中断的 CPU 亲和性不能或者没有必要修改，因此服务在生效时有一定的局限性。下述几类中断不会参与中断均衡：

- 标识为 IRQD_NO_BALANCING 的中断不能进行中断均衡。
- 标识为 IRQD_PER_CPU 的中断不能进行中断均衡。
- 特殊中断(/proc/interrupts中中断号包含非数字的中断)不能进行中断均衡。

12.5.5 调测运维

1. 监控报警

监控框架负责监控 OS 系统运行过程中的异常，并将监控到的异常上报报警模块，并通过报警模块上报到产品的告警平台。需要留意的是，监控框架不支持并发执行。在修改 /etc/sysconfig/sysalarm 配置文件后，需要重启 sysalrm 服务才能生效。

2. Kbox

Kbox提供一种记录内核信息的机制，在系统异常发生时，记录下内核的重要信息，并把这些信息保存到非易失存储介质中。Kbox日志存储区变更，最小支持2 MB，最大支持128 MB；单条日志上限最大能写满整个日志区(日志区大小用户可配置)，最多保存32次历史复位记录，支持配置导出历史日志个数，默认5个。

3. Kdump

Kdump是一种内核崩溃转储机制，在系统崩溃时收集整个内存信息，用于异常事件的定位分析。Kdump过程受到磁盘写速度、内存使用率、逻辑狗叫时间等因素限制，Kdump过程产生的vmcore可能存在不完整的情况。Kdump时间与内存规格相关，内存越大，dump时间越长，产生的vmcore就越大。Kdump不支持通过网络保存vmcore (如NFS或者网络盘)。Kdump配置文件修改后，必须重启Kdump服务。如果系统时间发生跳变(跳变成比修改时间早的时间)，重启服务检测不到配置文件有修改，那么修改就不会生效。由于3108 raid卡硬件问题，在使用了3108 raid卡的EulerOS arm64系统中不支持Kdump特性。

目前，XEN 平台不支持 Kdump。Kdump 只在物理机及 uvp kvm 虚拟化平台上被支持。

4. 日志

系统日志记录了系统内核及应用程序运行的重要过程数据，在系统出现问题时能够提供关键的定位信息。日志打印速度不要超过20 000条/s，超过这个速度会造成日志字符级乱序。日志输出和日志转储的自定义设置功能，只支持rsyslog打印的日志。

NVRAM 需要 BIOS 的支持，NVRAM 是 BIOS 在内存中划分出的一块连续存储区域，系统复位时里面的数据不会被清除。对于定时下盘，一个系统上只支持对一个目录进行定时下盘；对于定时时间，全系统上也只能设置一个。

一键式导出日志收集的日志压缩包解压后的文件布局方式不作为固定接口，随 EulerOS 版本的升级可能发生变化。

用户在卸载日志分区后重新挂载时，必须重启日志服务，保证日志服务正常运行，否则存在丢日志的风险。rsyslog 日志文件管理需要使用 /tmp 目录所在的分区，当该分区占满后 rsyslog 日志服务会出现异常，/tmp 目录所在分区恢复正常后，必须重启 rsyslog 恢复日志服务功能。

12.5.6　性能 / 开关说明

性能/开关说明如表12-7所示。

表12-7　性能/开关说明

特性名称	特性介绍	是否影响性能	默认状态(开/关)	备　注
Kdump	系统 crash 后，将系统内存快照保存成 vmcore 文件	否	未开启。要开启需保存 vmcore	建议产品在实验室环境下开启，生产环境关闭
Kbox	记录系统 panic/oom/oops/reboot/rlock 等临终遗言，依赖非遗失内存	否	开启	建议开启
Oom 增强	记录各个模块分配的内存	是	未开启	建议开启
Hungtask 增强	检测 Mutex 和 semaphore 死锁	是	未开启	建议开启

续表

特性名称	特性介绍	是否影响性能	默认状态(开/关)	备　注
D 状态进程检查	检查进程 D 状态	否	开启	建议 D 状态进程超过 900s 后，开启 panic
Sysmonitor	系统监控包括内存使用率、CPU 使用率、文件系统异常、磁盘分区使用率、inode 使用率、io 延时、系统文件句柄使用率、进程句柄使用量、系统进程数、关键进程监控、信号监控、网卡监控	是	开启	建议开启

12.6 容器的介绍

12.6.1 iSula 自研容器

轻量级容器引擎 (iSulad) 是一种新的容器解决方案，它提供统一的架构设计来满足 CT 和 IT 领域的不同需求。相比 Golang 编写的 docker，轻量级容器具有轻、灵、巧、快的特点，不受硬件规格和架构的限制，底座开销更小，应用领域更为广泛。

首先了解华为 iSula 容器平台，这是华为自研的容器平台，支持双容器引擎和五种不同的容器形态，如图 12-5 所示。

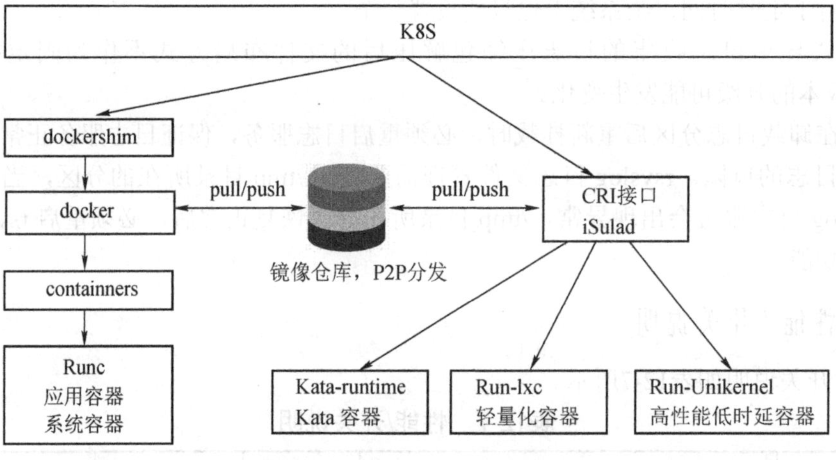

图 12-5　iSula 自研容器方案

1. 双容器引擎

双容器引擎包括 docker 容器引擎和 iSulad 容器引擎。

(1) docker 容器引擎：在 Linux 上基于 namespace 及 cgroups 实现应用之间的隔离，使用 Go 语言编写而成。

(2) iSulad 容器引擎：是使用 C 语言编写而成的华为纯自研容器引擎，相比 docker 容器引擎，突出的优点是性能高，资源占用小，在边缘计算等资源受控场景下有着非常耀眼的表现。

2. 五种容器形态

五种容器形态包括应用容器、系统容器、轻量化容器、高性能低时延容器和 Kata 容器。

(1) 应用容器：即大家熟知的 docker containers。

(2) 系统容器：在容器大浪潮中，各种不同类型的业务纷纷进行容器化，期望利用容器"build, ship and run"的能力最大化生产效率。相比微服务应用，传统的基于 systemd 的重型业务更加难以容器化，系统容器应运而生。系统容器内置 systemd 作为 init 进程，可帮助传统业务更轻松地完成容器化改造和使用。

(3) 轻量化容器：基于 LXC 打造的轻量化容器占用内存资源极少，主要用于 CT 或边缘计算等资源受控场景。

(4) 高性能低时延容器：使用 unikernel 技术将应用与定制化内核打包，一方面可以大大减小攻击面增强安全性，同时大幅度提高了应用的运行性能。高性能低时延容器可以为定制化场景提供最佳方案。

(5) Kata 容器：是融合传统虚拟化技术与容器技术创造的高安全性容器，一方面兼容了繁荣的容器生态，另一方面解决了传统容器隔离性不足的安全隐患。这也是华为云容器实例在 Serverless 架构下，用户最为关心的问题。

iSula 在集成 Kata Containers 优秀特性的同时，还会针对业务场景进行定制化改造。性能问题一直是大多数开源项目被诟病的地方，尤其是在超大型商业应用环境下更为明显。Kata Containers 也不例外，虽然 Kata 社区提供的技术方案已经可以很好地兼容 docker、containerd 及 crio 等容器运行，但出于性能等方面的考虑，iSula 并未直接使用社区方案，而是采用了性能更高的自研发方案。使用 iSula 自研方案，可以极大地缩短软件栈的深度，减少 RPC 调用开销，更好配合华为云自有高性能网络及存储资源，使得华为云容器服务能为用户提供更高性能的网络及存储方案。

单容器启动时间小于 1000 ms。iSulad 内存空载底噪约 15 MB(关闭透明大页)，10 个容器的 monitor 进程的 PSS 平均值小于 1024 KB，并发 100 容器启动时间小于 50 s。

12.6.2　容器存储 Elara

作为非存储领域的人，尝试从容器的角度理解基于容器的存储方案和传统的存储方案的区别。

(1) 容器更易变。存储要能随着容器迁移自动挂载，要能和已有容器调度框架整合。

(2) 容器更细粒度和高密度。这样场景下的复制、快照、Quota、流控有新的挑战。

(3) 容器和后端存储的对接。需要考虑在不同的环境下(公有云、自有机房等)，如何支持不同的存储后端、如何横向扩展、如何保证挂载速度(挂载了卷轴后是否还能做到容器秒级启动)、怎么更友好地动态显示容器的挂载状态(挂载中、等待中等)以及是否可以复用容器所在机器的存储资源等问题。

(4) 应用感知和云端感知。根据容器的部署信息，对后端存储作调度，数据贴近服务。比如，怎么根据运行节点和存储节点间的网络情况作相应的调度，识别云平台的可用区概念和地域。

在使用容器之前的几种简单的存储场景包括：在单机的情况下，使用很多 VPS 的场景，固定一台机器，数据不迁移；多机共享存储的场景，使用块存储 (SAN)、文件存储 (NAS)、

对象存储 (OSS)；多机数据复制的情况下，支持数据层复制 (rsync)、应用层复制 (如 mysql binlog)。

Flocker是较早推出的一个开源容器数据卷管理框架(如图12-6所示)，对接了SwarmKubernetsMesosphere，基于Ext4支持很多的存储后端。

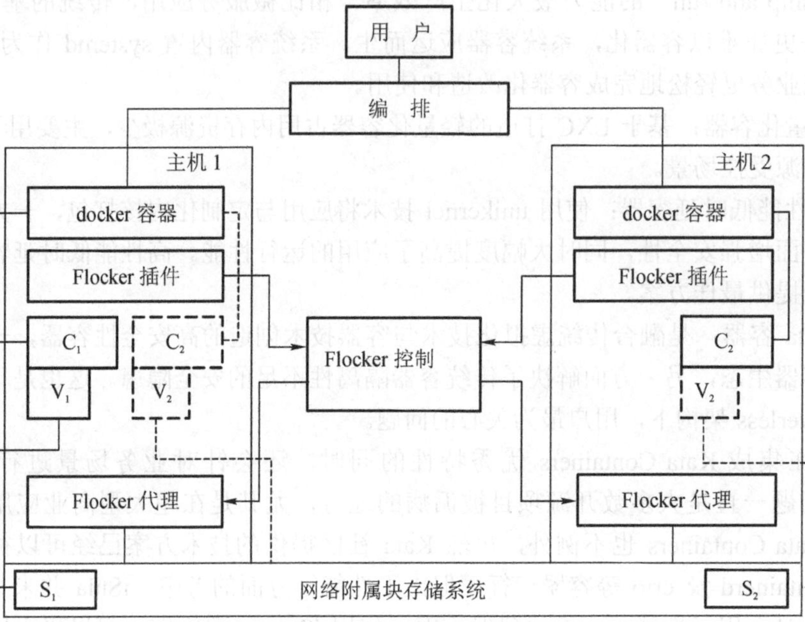

图 12-6 Flocker 框架

华为 Elara 定位于容器编排框架和底层存储之间的桥梁，相对于 Flocker，有一些设计上的区别：

(1) Flocker 有中心节点，而 Elara 的所有 Agent 是分布式无状态的，只依赖 kv。

(2) 目前，Flocker 依赖的 docker 的 volume plugin 接口比较少，只有创建和 Mount 的操作。Elara 在自己的 API 上额外支持了快照、备份和流控等接口，类似于 Cinder 支持存储资源调度。

Elara 提供的本地存储的特性及相应约束限制如表 12-8 所示。

表 12-8 Elara 本地存储特性清单

特性	特性描述	使用约束
二进制部署	Elara 采用二进制方式部署	单节点上只允许启动一个 Elara daemon，当之前停止的 Elara 有未清理资源时，会导致 Elara 无法启动
卷生命周期管理	管理卷的创建、挂载、卸载、删除	● 卷名必须保证全局唯一 ● 对卷格式化仅支持 Ext4 文件系统 ● 当出现时间跳变，可能会由于超时导致 elaractl 命令执行失败，需要重新调用命令
支持共享卷	多业务实例可以使用相同的卷	● 共享卷名需要全局保持唯一，私有卷实例内唯一 ● 单个共享卷，所有使用该共享卷的 hasen 实例名称长度总和不大于 2000 字节

续表

特性	特性描述	使用约束
本地资源池管理	通过 LVM 管理本地磁盘	● 要保证主机磁盘能加入到 LVM 管理 ● 资源池所在主机名必须唯一，且不可改变 ● 资源池名不能与 /dev 下的文件或者目录名相同 ● 资源池创建后，会有底座存储空间开销，单资源池计算公式： 20M×deviceNumber+0.1M/LV (说明：deviceNumber表示资源池内存储设备个数；LV表示单个存储卷。)
卷大小支持配置单位	卷大小可以按照单位配置	● 只支持 MB、GB 配置单位 ● 卷大小配置必须为整数
支持资源池条带化使能	资源池使能条带化功能后，从该资源池创建的卷都具有条带化能力	● 资源池创建后，不允许变更条带化能力 ● 使能条带化的资源池，不允许不配置磁盘 ● 条带化数和初始创建资源池时，配置的磁盘数一致
管理已存在资源池	用户创建的资源池，可以委托 Elara 进行管理	对于不属于 Elara 创建的资源池，必须配置 entrust 字段，且为 true
配置文件合法性检查	和节点已存在资源池进行对比，检查配置文件合法性	Elara 根据配置文件启动后，不允许对配置文件进行变更
支持管理数据恢复	根据节点数据，恢复 etcd 中保存的 Elara 管理数据，以达到数据一致	● 进行数据恢复时，必须在稳态下进行，不允许存在其他卷操作 ● 数据恢复过程中，出现错误，Elara 仅记录 log
支持资源池名长度限制	Elara 允许的资源池名最大为 64 字节	资源池名必须满足约束条件
支持更新资源池大小	用户通过 lvcreate 创建 lv 后，必须通知 Elara 更新资源池大小	● 该操作必须在所有业务启动前调用 ● 不关注对应命令行传入的大小参数
支持卷删除	用户通过命令删除 hasen 实例下所有卷或者指定卷	● 删除动作不考虑卷删除策略
支持卷信息查询	根据用户执行查询条件，查询满足条件的卷	无
支持卷自动回收	根据 Hasen 实例创建、回收未使用的卷	只回收 Hasen 实例创建的卷
支持单实例 LV 规格	Elara 对 LV 功能限制	Hasen 单实例使用 LV 的限制必须满足的约束如下： ● 单 LV 容量最大支持 64T ● 单 Hasen 实例使用 LV 的个数最大为 15 个 ● 单节点上，上述两个约束不能同时达到最大值 ● 单节点上，最多允许两个 Hasen 实例使用 LV 的个数达到 15 个，其他 Hasen 实例平均 5 个 LV 卷

12.6.3 云核 IVS 场景

云核 IVS 场景设置如表 12-9 所示。

表 12-9　云核 IVS 场景设置

特性	特性描述	使用约束
本地存储	存储能力限制	Elara 提供本地存储能力，资源池规格限制如下： ● 单节点 VG 中最大 VG 数为 16 ● 单 VG 中最大 PV 数为 32 ● 单 VG 中最大 LV 数为 255，LV 大小范围为 [4M，64T] ● 资源池名称最大长度为 64 字符 ● 支持条带化配置。在条带化的场景下，如果多个盘的大小不一致，则实际可用大小会小于条带化盘的总大小
本地存储	修改主机名	● 待修改的主机名必须集群内唯一，CSP 保证主机名的唯一性 ● CSP 保证单节点上，不存在并发修改主机名处理 ● CSP 修改主机名流程处理成功前，不能进行后续处理 ● CSP 需要确保先把主机名修改完成后，再调用 elaractl 接口的时序关系 ● 由新版本(支持主机名修改版本)回退到旧版本(不支持主机名修改版本)时，CSP保证主机名要回退到旧版本对应的主机名
本地存储	扩缩容	● 卷扩缩容前，需要停止使用该卷的业务容器 ● 产品保证不会对共享卷进行扩缩容 ● 卷扩容前，需要保证产品资源充足 ● 卷缩容采用删除重建的方式，业务数据由产品缩容前备份，缩容成功后根据备份数据恢复 ● 卷扩缩容失败，Elara 不进行回退处理；提供回退处理的接口，由 CSP 决定是否进行回退处理 ● Elara不再对LV大小进行合法性判断，仅作为功能执行者，根据下发的大小配置执行对应处理(扩容&缩容) ● 相同 LV，Hasen 前后调用 Elara 接口下发的卷配置一致性，由 Hasen 保证 ● 单 Hasen 实例多 LV 垂直扩缩容场景下，ElaraA 不区分部分 LV 成功和部分 LV 失败情况，将存在处理失败的 LV，统一返回错误 ● Hasen 保证当前实例 id 生成规格不变：APPID 是固定前 10 位 _UUID ● 共享卷最大支持 32 实例 ● 在做卷垂直扩容时，参数 fsType、volumeType、deletePolicy 字段不能改变，否则垂直扩容失败
本地存储	LVM	● LVM 的 archive 功能关闭 ● LVM 元数据损坏后，Elara 部分功能会不可用，且不提供自动恢复能力；需要根据元数据损坏情况进行手动恢复，特别严重场景下，LVM 数据无法恢复

12.7　安全的管理

EulerOS 系统对文件权限、账户口令进行了安全加固，从而造成用户使用习惯上的变更。具体细节如下。

1. 字符界面等待超时限制

当字符界面长时间处在空闲状态时，字符界面会自动退出。当用户通过 SSH 登录时，超时时间由 /etc/profile 文件的 TMOUT 字段和 /etc/ssh/sshd_config 文件的 ClientAliveInterval 字段两个值中较小的值决定，当前为 300 s。

2. 口令复杂度限制

口令长度最小为 8 位，口令至少包含大写字母、小写字母、数字和特殊字符中的 3

种。系统中所有用户不能设置简单的口令，口令必须符合复杂度要求。

3. 限定登录失败时的尝试次数

当用户登录系统时，口令连续输错 3 次，账户将被锁定 300 s，锁定期间不能登录系统。

4. 用户默认 umask 值限制

设置所有用户的默认 umask 值为 077，使用户创建文件的默认权限为 600、目录权限为 700。用户需要按照需求修改指定文件或目录的权限。

5. 口令有效期

口令有效期的设置通过修改 /etc/login.defs 文件来实现，加固默认值为口令最大有效期 90 天，两次修改口令的最小间隔时间为 0，口令过期前开始提示天数为 7。

口令过期后用户重新登录时，提示口令过期并强制要求修改，不修改则无法进入系统。

6. su 权限限制

su 命令用于在不同账户之间切换。为了增强系统安全性，有必要对 su 命令的使用权进行控制，只允许 root 和 wheel 群组的账户使用 su 命令，限制其他账户使用。普通账户执行 su 命令失败时，必须加入 wheel 群组才可以使 su 命令成功。

7. 禁止 root 账户直接 SSH 登录系统

设置 /etc/ssh/sshd_config 文件的 PermitRootLogin 字段的值为 no 时，用户无法使用 root 账户直接 SSH 登录系统。此时，用户需要先使用普通账户 SSH 登录后，再切换至 root 账户。

8. SSH 强加密算法

SSH服务的MACs和Ciphers配置，禁止对CBC、MD5、SHA1算法进行支持，应修改为CTR、SHA2算法。当前，Windows下使用的部分低版本的Xshell、PuTTY不支持aes128-ctr、aes192-ctr、aes256-ctr、hmac-sha2-256、hmac-sha2-512算法，可能会出现无法SSH登录系统的情况，请使用最新的PuTTY(0.63版本以上)、Xshell(5.0版本及以上版本)进行登录。

附录 A EulerOS 系统部分接口

为了帮助读者熟悉 EulerOS 系统环境，了解各种应用场景中的编程细节，本附录列出了部分常用的接口细节，供读者参考（用微信扫描相应的二维码，即可获得细节内容）。

A.1 系统管理类的接口

二维码 A.1

A.2 通用产品系统调测接口

二维码 A.2

A.3 容器接口

二维码 A.3

注：本附录中列出的是部分 EulerOS 系统的接口，由于产品版本升级或其他原因，系统接口内容会在华为官方网站上不定期进行更新。除非另有约定，本附录仅做参考，想要了解全部接口的详细情况，请访问华为官方网站的技术文件。

附录 B　Linux 常用命令

本附录采用比较通俗的描述方法介绍了常用的 Linux 命令的用法及简单示例，方便初学用户快速使用 Linux 系统（用微信扫描相应的二维码，即可获得细节内容）。若读者需要了解其他命令以及命令中的其他参数或选项，可以直接访问 Linux 的官方网站：https://www.kernel.org/ 或国内 Linux 社区网站。

二维码 B Linux 常用命令

附录 C 操作系统实验指导书

为了密切配合课堂教学实施，强化学生对操作系统内核工作原理的理解，本附录提供了 8 个实验方案，每个实验方案都有详细的实施细节（用微信扫描相应的二维码，即可获得细节内容），便于教师指导学生完成实践内容。

本附录部分的实验平台是 Linux 操作系统，为了便于开展实验，推荐安装 VMware 虚拟机，然后在虚拟机上安装并运行 Ubuntu 系统。实验 1 ～ 4 的主要内容是模拟实现操作系统的核心功能；实验 5 ～ 8 的内容则需要对 Linux 的内核进行修改。教师或学生可以根据自己的兴趣选做。

C.1 实验环境的安装配置

二维码 C.1

C.2 实验 1：多线程和多进程的调度和管理

二维码 C.2

C.3 实验 2：进程间通信

二维码 C.3

C.4 实验 3：进程调度与同步

二维码 C.4

C.5　实验 4：内存管理

二维码 C.5

C.6　实验 5：内核编译与添加系统调用

二维码 C.6

C.7　实验 6：编写内核模块

二维码 C.7

C.8　实验 7：向内核中插入块设备

二维码 C.8

C.9　实验 8：劫持系统调用

二维码 C.9

参 考 文 献

[1] 余华兵. Linux 内核深度解析. 北京：人民邮电出版社，2019.
[2] 汤小丹，等. 计算机操作系统. 4 版. 西安：西安电子科技大学出版社，2019.
[3] 朱庆生，古平. Java 程序设计. 2 版. 北京：清华大学出版社，2017.
[4] 刘京洋，韩方. 深入 Linux 内核架构与底层原理. 北京：电子工业出版社，2017.
[5] 谭浩强. C 程序设计. 4 版. 北京：清华大学出版社，2017.
[6] 费翔林，骆斌. 操作系统教程. 5 版. 北京：高等教育出版社，2014.
[7] 张尧学，宋虹，张高.计算机操作系统教程. 4 版. 北京：清华大学出版社，2013.
[8] 沈晴霓，等. 操作系统安全设计. 北京：机械工业出版社，2013.
[9] (美) LOVE R. Linux内核设计与实现. 3 版. 陈莉君，康华，译. 北京：机械工业出版社，2011.
[10] (美) STALLINGS W. 操作系统精髓与设计原理. 6 版. 陈向群，陈渝，译. 北京：电子工业出版社, 2011.
[11] (美)西尔伯查茨，高尔文，加根. 操作系统概念. 7 版. 郑扣根，译. 北京：高等教育出版社，2010.
[12] 孟庆昌. 操作系统原理. 北京：机械工业出版社，2010.
[13] 谭耀铭. 操作系统. 北京：中国人民大学出版社，2007.
[14] PTkin. 信息系统安全威胁[EB/OL]. (2016-03-18)[2020-1-4]. https://blog.csdn.net/PTkin/article/details/50927445.
[15] 才焕. 操作系统的安全威胁[EB/OL]. (2019-09-14)[2020-1-4]. https://blog.csdn.net/CH_wu9/article/details/100823144.